建筑工程项目部高级管理人员岗位丛书

项目质量总监岗位实务知识

建筑工程项目部高级管理人员岗位丛书编委会　组织编写

阚咏梅　邹德勇　于　锋　主编

中国建筑工业出版社

图书在版编目(CIP)数据

项目质量总监岗位实务知识/建筑工程项目部高级管理人员岗位丛书编委会组织编写，阚咏梅等主编. —北京：中国建筑工业出版社，2008
（建筑工程项目部高级管理人员岗位丛书）
ISBN 978-7-112-10333-1

Ⅰ.项… Ⅱ.①建…②阚… Ⅲ.建筑工程—工程质量—质量管理 Ⅳ.TU712

中国版本图书馆CIP数据核字(2008)第137603号

本书是建筑工程项目部高级管理人员岗位丛书的一本，是项目部质量总监的岗位指南，阐述了项目质量总监应该掌握的各种知识和能力，主要从各分部工程质量管理实务、质量计划与控制管理等方面介绍了质量总监应该具备的专业素质。内容包括：工程项目质量管理概论，建设工程项目的分类和组成，地基与基础工程施工质量管理实务，砌体结构工程施工质量管理实务，混凝土结构工程施工质量管理实务，建筑装饰装修工程施工质量管理实务，屋面工程施工质量管理实务，建筑地面工程施工质量管理实务，机电工程施工质量管理实务，工程项目施工质量计划与控制管理，工程项目法规及相关知识等。本书可供项目质量总监岗位培训和平时学习参考使用，也可作为施工企业质量主管人员以及质量员、技术员等管理人员的参考用书。

* * *

责任编辑：刘　江　岳建光
责任设计：赵明霞
责任校对：孟　楠　王金珠

建筑工程项目部高级管理人员岗位丛书
项目质量总监岗位实务知识
建筑工程项目部高级管理人员岗位丛书编委会　组织编写
阚咏梅　邹德勇　于　锋　主编

*

中国建筑工业出版社出版、发行（北京西郊百万庄）
各地新华书店、建筑书店经销
北京天成排版公司制版
北京建筑工业印刷厂印刷

*

开本：787×1092毫米　1/16　印张：25¼　字数：630千字
2008年11月第一版　2008年11月第一次印刷
印数：1—3000册　定价：**54.00元**
ISBN 978-7-112-10333-1
(17136)

版权所有　翻印必究
如有印装质量问题，可寄本社退换
（邮政编码　100037）

《建筑工程项目部高级管理人员岗位丛书》
编写委员会名单

主任：鹿　山　艾伟杰

编委：鹿　山　张国昌　彭前立　赵保东

　　　艾伟杰　阚咏梅　张　巍　张荣新

　　　张晓艳　刘善安　张庆丰　李春江

　　　赵王涛　邹德勇　于　锋　尹　鑫

　　　曹安民　李杰魁　程传亮　危　实

　　　吴　博　徐海龙　张萍梅　郭　嵩

出 版 说 明

建筑工程施工项目经理部是一个施工项目的组织管理机构,这个管理机构的组织体系一般包括三个层次,第一层是项目经理,第三层是各个担负具体实施和管理任务的职能部门,如生产部、技术部、安全部、质量部等等,而第二层次则是一般所称的项目副职,或者叫项目班子成员,包括项目现场经理(生产经理)、项目商务经理、项目总工程师(主任工程师)、项目质量总监、项目安全总监,他们的岗位十分重要,各自分管项目中一整块的工作,是项目经理的左膀右臂,是各个职能部门的直接领导,也是项目很多制度的直接制定者、贯彻者和监督者。除了需要有扎实的专业知识外,他们还需要有很强的管理能力、协调能力和领导能力。目前,针对第一层次(项目经理)和第三层次(五大员、十大员等)的图书很多,而专门针对第二层次管理人员的图书基本没有,因此,我们组织中建一局(集团)有限公司精心策划了这套专门写给项目副职的图书《建筑工程项目部高级管理人员岗位丛书》,共5本,包括:

◇ 《项目现场经理岗位实务知识》
◇ 《项目商务经理岗位实务知识》
◇ 《项目总工程师岗位实务知识》
◇ 《项目质量总监岗位实务知识》
◇ 《项目安全总监岗位实务知识》

本套丛书以现行国家规范、标准为依据,以项目高级管理人员的实际工作内容为依托,内容强调实用性、科学性和先进性,可作为项目高级管理人员的岗位指南,也可作为其平时的学习参考用书。希望本套丛书能够帮助广大项目副职人员顺利完成岗位培训,提高岗位业务能力,从容应对各自岗位的管理工作。也真诚地希望各位读者对书中不足之处提出批评指正,以便我们进一步完善和改进。

中国建筑工业出版社
2008年10月

前　言

建筑企业项目质量总监是现场施工专业管理人员中最为重要的岗位之一，对工程质量起着举足轻重的作用。很多企业已经将其列入项目部领导班子成员之一。因此，要求质量总监必须具备较强的专业管理知识和技术知识，并在施工实践中善于梳理、总结、积累、丰富自己的专业知识，做到理论与实践相结合，不断强化质量意识，提高自身管理水平，更加有效地开展质量管理工作。

本书在广泛征求意见的基础上，以新颁发的法律法规和建筑行业新标准、新规范为依据，体现了科学性、实用性、系统性和可操作性的特点，既注重了内容的全面性又重点突出，做到理论联系实际。

全书共包括 11 章内容：工程项目质量管理概论、建设工程项目的分类和组成、地基与基础工程施工质量管理实务、砌体结构工程施工质量管理实务、混凝土结构工程施工质量管理实务、建筑装饰装修工程施工质量管理实务、屋面工程施工质量管理实务、建筑地面工程施工质量管理实务、机电工程施工质量管理实务、工程项目施工质量计划与控制管理以及工程项目法规及相关知识。

本书由阚咏梅、邹德勇、于锋共同编写，可供广大项目质量总监作为工作指导用书，同时也可作为基层施工管理人员学习参考用书，由于作者学识有限，编写时间较紧，书中内容的选取以及文字的提炼推敲可能存在不足之处，敬请专家与同行指正，以期不断完善。

本书在编写过程中参阅并吸收了大量的文献，在此对他们的工作、成果表示深深的谢意。

目 录

第一章 工程项目质量管理概论 ··· 1
  第一节 工程项目质量管理体系 ··· 1
    一、工程项目质量管理体系的建立 ··· 1
    二、工程项目质量管理组织机构 ··· 18
    三、工程项目质量责任制内容 ··· 22
  第二节 质量管理策划 ··· 24
    一、工程项目质量管理运行程序 ··· 24
    二、精品工程质量管理策划 ··· 26
    三、项目质量控制组织协调 ··· 28
    四、质量管理策划实例 ··· 42

第二章 建设工程项目的分类和组成 ··· 50
  第一节 建筑物的系统组成 ··· 50
    一、建筑物的分类和组成 ··· 50
    二、土建结构 ··· 53
    三、装饰装修 ··· 77
    四、机电专业 ··· 81
  第二节 建筑工程质量验收的划分 ··· 84
    一、建筑工程质量验收划分 ··· 84
    二、检验批质量验收划分实例 ··· 89

第三章 地基与基础工程施工质量管理实务 ······································· 92
  第一节 土石方和地基工程 ··· 92
    一、土方工程质量的管理 ··· 92
    二、土石方和地基工程质量实例 ··· 93
    三、某工程换填砂石垫层实例 ··· 104
  第二节 基础工程 ··· 105
    一、刚性基础施工 ··· 105
    二、扩展基础施工 ··· 107
    三、杯形基础施工 ··· 109
    四、筏形基础施工 ··· 110
  第三节 地下防水工程 ··· 113
    一、特殊施工法防水工程 ··· 113
    二、排水工程 ··· 115
    三、分部工程验收 ··· 117
    四、地下防水工程质量实例 ··· 118

第四章 砌体结构工程施工质量管理实务 ··· 121

第一节 基本规定	121
第二节 砌筑砂浆	123
一、材料要求	123
二、砂浆要求	123
三、砂浆拌制	124
四、砖和砂浆的使用	124
五、砂浆强度等级	124
第三节 砖砌体工程	125
一、一般规定	125
二、施工质量控制	125
三、施工质量验收	127
第四节 混凝土小型空心砌块砌体工程	129
一、一般规定	130
二、施工质量控制	130
三、施工质量验收	132
第五节 配筋砌体工程	132
一、一般规定	132
二、施工质量控制	133
三、施工质量验收	134
第六节 填充墙砌体工程	135
一、一般规定	135
二、施工质量控制	136
三、施工质量验收	137
第七节 子分部工程验收	138
第八节 砌体结构工程质量实例	139

第五章 混凝土结构工程施工质量管理实务 …… 142

第一节 模板分项工程	142
一、一般规定	142
二、施工质量控制	142
三、施工质量验收	144
第二节 钢筋分项工程	147
一、材料质量要求	147
二、施工质量控制	148
三、施工质量验收	149
第三节 预应力分项工程	153
一、材料质量要求	153
二、施工质量控制	156
三、施工质量验收	158
第四节 混凝土分项工程	163
一、材料质量要求	163
二、混凝土施工质量控制	165
三、施工质量验收	169

第五节　现浇结构分项工程 …………………………………………………… 171
　　　　一、一般规定 ……………………………………………………………… 171
　　　　二、施工质量验收 ………………………………………………………… 172
　　第六节　装配式结构分项工程 ………………………………………………… 174
　　　　一、材料(构件)质量要求 ………………………………………………… 174
　　　　二、施工质量控制 ………………………………………………………… 174
　　　　三、施工质量验收 ………………………………………………………… 175
　　第七节　混凝土结构子分部工程 ……………………………………………… 178
　　　　一、结构实体检验 ………………………………………………………… 178
　　　　二、混凝土结构子分部工程验收 ………………………………………… 178
　　第八节　混凝土结构工程质量实例 …………………………………………… 179
第六章　建筑装饰装修工程施工质量管理实务 …………………………………… 182
　　第一节　抹灰工程 ……………………………………………………………… 182
　　　　一、一般规定 ……………………………………………………………… 182
　　　　二、一般抹灰工程 ………………………………………………………… 182
　　　　三、装饰抹灰工程 ………………………………………………………… 184
　　　　四、清水砌体勾缝工程 …………………………………………………… 185
　　第二节　门窗工程 ……………………………………………………………… 185
　　　　一、一般规定 ……………………………………………………………… 185
　　　　二、木门窗制作与安装工程 ……………………………………………… 186
　　　　三、金属门窗安装工程 …………………………………………………… 188
　　　　四、塑料门窗安装工程 …………………………………………………… 190
　　　　五、特种门安装工程 ……………………………………………………… 191
　　　　六、门窗玻璃安装工程 …………………………………………………… 193
　　第三节　吊顶工程 ……………………………………………………………… 194
　　　　一、一般规定 ……………………………………………………………… 194
　　　　二、暗龙骨吊顶工程 ……………………………………………………… 194
　　　　三、明龙骨吊顶工程 ……………………………………………………… 195
　　第四节　轻质隔墙工程 ………………………………………………………… 196
　　　　一、一般规定 ……………………………………………………………… 196
　　　　二、板材隔墙工程 ………………………………………………………… 197
　　　　三、骨架隔墙工程 ………………………………………………………… 198
　　　　四、活动隔墙工程 ………………………………………………………… 199
　　第五节　玻璃隔墙工程 ………………………………………………………… 200
　　第六节　饰面板(砖)工程 ……………………………………………………… 201
　　　　一、一般规定 ……………………………………………………………… 201
　　　　二、饰面板安装工程 ……………………………………………………… 201
　　　　三、饰面砖粘贴工程 ……………………………………………………… 202
　　第七节　幕墙工程 ……………………………………………………………… 204
　　　　一、一般规定 ……………………………………………………………… 204
　　　　二、玻璃幕墙工程 ………………………………………………………… 205
　　　　三、金属幕墙工程 ………………………………………………………… 209

目录

四、石材幕墙工程 …………………………………………………………… 210
第八节 涂饰工程 ………………………………………………………………… 212
　一、一般规定 ………………………………………………………………… 212
　二、水性涂料涂饰工程 ……………………………………………………… 213
　三、溶剂型涂料涂饰工程 …………………………………………………… 214
　四、美术涂饰工程 …………………………………………………………… 215
第九节 裱糊与软包工程 ………………………………………………………… 215
　一、一般规定 ………………………………………………………………… 215
　二、裱糊工程 ………………………………………………………………… 216
　三、软包工程 ………………………………………………………………… 217
第十节 细部工程 ………………………………………………………………… 217
　一、一般规定 ………………………………………………………………… 217
　二、橱柜制作与安装工程 …………………………………………………… 218
　三、窗帘盒、窗台板和散热器罩制作与安装工程 ………………………… 219
　四、门窗套制作与安装工程 ………………………………………………… 219
　五、护栏和扶手制作与安装工程 …………………………………………… 220
　六、花饰制作与安装工程 …………………………………………………… 221
第十一节 分部工程质量验收 …………………………………………………… 221
第十二节 装饰装修工程质量实例 ……………………………………………… 223

第七章 屋面工程施工质量管理实务 …………………………………………… 228
第一节 卷材防水屋面 …………………………………………………………… 228
　一、材料质量要求 …………………………………………………………… 228
　二、施工质量控制 …………………………………………………………… 230
　三、施工质量验收 …………………………………………………………… 234
第二节 涂膜防水屋面工程 ……………………………………………………… 239
　一、材料质量要求 …………………………………………………………… 239
　二、施工质量控制 …………………………………………………………… 241
　三、施工质量验收 …………………………………………………………… 243
第三节 刚性防水屋面工程 ……………………………………………………… 244
　一、材料质量要求 …………………………………………………………… 244
　二、施工质量控制 …………………………………………………………… 245
　三、施工质量验收 …………………………………………………………… 246
第四节 屋面接缝密封防水 ……………………………………………………… 247
　一、材料质量要求 …………………………………………………………… 247
　二、施工质量控制 …………………………………………………………… 248
　三、施工质量验收 …………………………………………………………… 249
第五节 瓦屋面工程 ……………………………………………………………… 250
　一、平瓦屋面 ………………………………………………………………… 250
　二、油毡瓦屋面 ……………………………………………………………… 251
　三、金属板材屋面 …………………………………………………………… 253
第六节 隔热屋面工程 …………………………………………………………… 254
　一、施工质量控制 …………………………………………………………… 254

二、施工质量验收 …………………………………………………… 256
第七节　屋面细部构造防水 …………………………………………… 257
　　一、施工质量控制 …………………………………………………… 257
　　二、施工质量验收 …………………………………………………… 258
第八节　分部工程验收 ………………………………………………… 260
第九节　屋面工程质量实例 …………………………………………… 261

第八章　建筑地面工程施工质量管理实务 …………………………… 262
第一节　基本规定 ……………………………………………………… 262
第二节　基层铺设 ……………………………………………………… 264
　　一、一般规定 ………………………………………………………… 264
　　二、基土 ……………………………………………………………… 264
　　三、垫层 ……………………………………………………………… 265
　　四、找平层 …………………………………………………………… 271
　　五、隔离层 …………………………………………………………… 272
　　六、填充层 …………………………………………………………… 274
第三节　整体面层铺设 ………………………………………………… 276
　　一、基本规定 ………………………………………………………… 276
　　二、水泥混凝土面层 ………………………………………………… 277
　　三、水泥砂浆面层 …………………………………………………… 278
　　四、水磨石面层 ……………………………………………………… 280
　　五、水泥钢(铁)屑面层 ……………………………………………… 282
　　六、防油渗面层 ……………………………………………………… 284
　　七、不发火(防爆的)面层 …………………………………………… 286
第四节　板块面层铺设 ………………………………………………… 288
　　一、一般规定 ………………………………………………………… 288
　　二、砖面层 …………………………………………………………… 289
　　三、大理石面层和花岗石面层 ……………………………………… 291
　　四、预制板块面层 …………………………………………………… 292
　　五、料石面层 ………………………………………………………… 294
　　六、塑料板面层 ……………………………………………………… 295
　　七、活动地板面层 …………………………………………………… 297
第五节　木、竹面层铺设 ……………………………………………… 299
　　一、一般规定 ………………………………………………………… 299
　　二、实木地板面层 …………………………………………………… 300
　　三、实木复合地板面层 ……………………………………………… 302
　　四、中密度(强化)复合地板面层 …………………………………… 304
　　五、竹地板面层 ……………………………………………………… 305
第六节　分部(子分部)工程验收 ……………………………………… 307
第七节　地面工程质量实例 …………………………………………… 307

第九章　机电工程施工质量管理实务 ………………………………… 310
第一节　建筑给水排水与采暖工程 …………………………………… 310
　　一、给水管道安装质量标准 ………………………………………… 310

二、排水管道安装质量标准 ………………………………………………………… 312
　　三、卫生洁具安装质量标准 ………………………………………………………… 314
　　四、给排水工程质量实例 …………………………………………………………… 316
第二节　通风与空调工程 ………………………………………………………………… 318
　　一、风管制作质量标准 ……………………………………………………………… 318
　　二、风管安装质量标准 ……………………………………………………………… 326
　　三、设备安装质量标准 ……………………………………………………………… 330
　　四、通风与空调工程质量实例 ……………………………………………………… 336
第三节　建筑电气工程 …………………………………………………………………… 337
　　一、钢管敷设质量标准 ……………………………………………………………… 337
　　二、管内穿绝缘导线安装质量标准 ………………………………………………… 339
　　三、开关、插座、风扇安装质量标准 ……………………………………………… 340
　　四、电气工程质量实例 ……………………………………………………………… 341

第十章　工程项目施工质量计划与控制管理 ……………………………………… 344
第一节　工程项目施工质量计划 ………………………………………………………… 344
　　一、工程项目质量计划体系 ………………………………………………………… 344
　　二、工程项目质量目标控制原理和方法 …………………………………………… 347
第二节　工程项目施工计划与管理实务 ………………………………………………… 350
　　一、工程项目施工质量计划实例 …………………………………………………… 350
　　二、工程项目施工质量管理控制、验收实务 ……………………………………… 363
第三节　质量问题管理实务 ……………………………………………………………… 379
　　一、质量问题处理实务 ……………………………………………………………… 379
　　二、重大质量事故处理实务 ………………………………………………………… 381

第十一章　工程项目法规及相关知识 ……………………………………………… 382
第一节　工程项目质量管理法规相关知识 ……………………………………………… 382
第二节　工程技术标准 …………………………………………………………………… 382
　　一、按工程建设标准的级别分 ……………………………………………………… 382
　　二、按工程建设标准的执行程度分 ………………………………………………… 383
　　三、按标准内容分 …………………………………………………………………… 384
　　四、监督管理 ………………………………………………………………………… 384
第三节　工程项目现场管理相关法规节选 ……………………………………………… 384
　　一、《中华人民共和国建筑法》(节选) …………………………………………… 384
　　二、《建设工程质量管理条例》(节选) …………………………………………… 386
　　三、《中国建筑工程鲁班奖(国家优质工程)评选办法》(节选) ……………… 389

参考文献 …………………………………………………………………………………… 391

第一章 工程项目质量管理概论

第一节 工程项目质量管理体系

一、工程项目质量管理体系的建立

1. 质量的概念及工程质量的特点

(1) 质量

质量在现代生产、生活中使用非常广泛,2000 版 GB/T 19000—ISO 9000 族标准中对其的定义通常是指一组固有特性满足要求的程度。上述定义可以从以下几方面去理解:

1) 质量不仅是指产品质量,也可以是某项活动或过程的工作质量,还可以是质量管理体系运行的质量。质量是由一组固有特性组成,这些固有特性是指满足顾客和其他相关方的要求的特性,并由其满足要求的程度加以表征。

2) 特性是指区分的特征。特性可以是固有的或赋予的,可以是定性的或定量的。特性有各种类型,如一般有:物质特性(如机械的、电的、化学的或生物的特性),官感特性(如嗅觉、触觉、味觉、视觉及感觉控测的特性),行为特性(如礼貌、诚实、正直),人体工效特性(如语言或生理特性、人身安全特性),功能特性(如飞机的航程、速度)。质量特性是固有的特性,并通过产品、过程或体系设计和开发及其后之实现过程形成的属性。固有的意思是指在某事或某物中本来就有的,尤其是那种永久的特性。赋予的特性(如某一产品的价格)并非是产品、过程或体系的固有特性,不是它们的质量特性。

3) 满足要求就是应满足明示的(如合同、规范、标准、技术、文件、图纸中明确规定的)、通常隐含的(如组织的惯例、一般习惯)或必须履行的(如法律、法规、行业规则)的需要和期望。与要求相比较,满足要求的程度才反映为质量的好坏。对质量的要求除考虑满足顾客的需要外,还应考虑其他相关方即组织自身利益、供应商和分包商的利益和社会的利益等多种需求。例如需考虑安全性、环境保护、节约能源等外部的强制要求。只有全面满足这些要求,才能评定为合格的质量。

4) 顾客和其他相关方对产品、过程或体系的质量要求是动态的、发展的和相对的。质量要求随着时间、地点、环境的变化而变化。如随着技术的发展、生活水平的提高,人们对产品、过程或体系会提出新的质量要求。因此应定期评定质量要求、修订规范标准,不断开发新产品、改进老产品,以满足已变化的质量要求。另外,不同国家不同地区因自然环境条件不同,技术发达程度不同、消费水平不同和民俗习惯等的不同会对产品提出不同的要求,产品应具有这种环境的适应性,对不同地区应提供不同性能的产品,以满足该地区用户的明示或隐含的要求。

(2) 建设工程质量

建设工程质量简称工程质量。工程质量是指工程满足业主需要的，符合国家法律、法规、技术规范标准、设计文件及合同规定的特性综合。

建设工程作为一种特殊的产品，除具有一般产品共有的质量特性，如性能、寿命、可靠性、安全性、经济性等满足社会需要的使用价值及其属性外，还具有特定的内涵。

建设工程质量的特性主要表现在以下六个方面：

1) 适用性。即功能，是指工程满足使用目的的各种性能。包括理化性能，如：尺寸、规格、保温、隔热、隔声等物理性能，耐酸、耐碱、耐腐蚀、防火、防风化、防尘等化学性能；结构性能，指地基基础牢固程度、结构的足够强度、刚度和稳定性；使用性能，如民用住宅工程要能使居住者安居，工业厂房要能满足生产活动需要，道路、桥梁、铁路、航道要能通达便捷等。建设工程的组成部件、配件、水、暖、电、卫器具、设备也要能满足其使用功能；外观性能，指建筑物的造型、布置、室内装饰效果、色彩等美观大方、协调等。

2) 耐久性。即寿命，是指工程在规定的条件下，满足规定功能要求使用的年限，也就是工程竣工后的合理使用寿命周期。由于建筑物本身结构类型不同、质量要求不同、施工方法不同、使用性能不同的个性特点，目前国家对建设工程的合理使用寿命周期还缺乏统一的规定，仅在少数技术标准中，提出了明确要求。

3) 安全性。是指工程建成后在使用过程中保证结构安全、保证人身和环境免受危害的程度。建设工程产品的结构安全度、抗震、耐火及防火能力，人民防空的抗辐射、抗核污染、抗爆炸波等能力，是否能达到特定的要求，都是安全性的重要标志。工程交付使用之后，必须保证人身财产、工程整体都有能免遭工程结构破坏及外来危害的伤害。工程组成部件，如阳台栏杆、楼梯扶手、电器产品漏电保护、电梯及各类设备等，也要保证使用者的安全。

4) 可靠性。是指工程在规定的时间和规定的条件下完成规定功能的能力。工程不仅要求在交工验收时要达到规定的指标，而且在一定的使用时期内要保持应有的正常功能。如工程上的防洪与抗震能力、防水隔热、恒温恒湿措施、工业生产用的管道防"跑、冒、滴、漏"等，都属可靠性的质量范畴。

5) 经济性。是指工程从规划、勘察、设计、施工到整个产品使用寿命周期内的成本和消耗的费用。工程经济性具体表现为设计成本、施工成本、使用成本三者之和。包括从征地、拆迁、勘察、设计、采购（材料、设备）、施工、配套设施等建设全过程的总投资和工程使用阶段的能耗、水耗、维护、保养乃至改建更新的使用维修费用。通过分析比较，判断工程是否符合经济性要求。

6) 与环境的协调性。是指工程与其周围生态环境协调，与所在地区经济环境协调以及与周围已建工程相协调，以适应可持续发展的要求。

上述六个方面的质量特性彼此之间是相互依存的，总体而言，适用、耐久、安全、可靠、经济、与环境适应性，都是必须达到的基本要求，缺一不可。但是对于不同门类不同专业的工程，如工业建筑、民用建筑、公共建筑、住宅建筑、道路建筑，可根据其所在的特定地域环境条件、技术经济条件的差异，有不同的侧重面。

(3) 工程质量形成过程与影响因素分析

1) 工程建设各阶段对质量形成的作用与影响

工程建设的不同阶段，对工程项目质量的形成起着不同的作用和影响。

① 项目可行性研究

项目可行性研究是在项目建议书和项目策划的基础上，运用经济学原理对投资项目的有关技术、经济、社会、环境及所有方面进行调查研究，对各种可能的拟建方案和建成投产后的经济效益、社会效益和环境效益等进行技术经济分析、预测和论证，确定项目建设的可行性，并在可行的情况下，通过多方案比较从中选择出最佳建设方案，作为项目决策和设计的依据。在此过程中，需要确定工程项目的质量要求，并与投资目标相协调。因此，项目的可行性研究直接影响项目的决策质量和设计质量。

② 项目决策

项目决策阶段是通过项目可行性研究和项目评估，对项目的建设方案做出决策，使项目的建设充分反映业主的意愿，并与地区环境相适应，做到投资、质量、进度三者协调统一。所以，项目决策阶段对工程质量的影响主要是确定工程项目应达到的质量目标和水平。

③ 工程勘察、设计

工程的地质勘察是为建设场地的选择和工程的设计与施工提供地质资料依据。而工程设计是根据建设项目总体需求（包括已确定的质量目标和水平）和地质勘察报告，对工程的外形和内在的实体进行筹划、研究、构思、设计和描绘，形成设计说明书和图纸等相关文件，使得质量目标和水平具体化，为施工提供直接依据。

工程设计质量是决定工程质量的关键环节，工程采用什么样的平面布置和空间形式、选用什么样的结构类型、使用什么样的材料、构配件及设备等等，都直接关系到工程主体结构的安全可靠，关系到建设投资的综合功能是否充分体现规划意图。在一定程度上，设计的完美性也反映了一个国家的科技水平和文化水平。设计的严密性、合理性，也决定了工程建设的成败，是建设工程的安全、适用、经济与环境保护等措施得以实现的保证。

④ 工程施工

工程施工是指按照设计图纸及相关文件的要求，在建设场地上将设计意图付诸实现的测量、作业、检验，形成工程实体建成最终产品的活动。任何优秀的勘察设计成果，只有通过施工才能变为现实。因此工程施工活动决定了设计意图能否体现，它直接关系到工程的安全可靠、使用功能的保证，以及外表观感能否体现建筑设计的艺术水平。在一定程度上，工程施工是形成实体质量的决定性环节。

⑤ 工程竣工验收

工程竣工验收就是对项目施工阶段的质量通过检查评定、试车运转，考核项目质量是否达到设计要求；是否符合决策阶段确定的质量目标和水平，并通过验收确保工程项目的质量。所以工程竣工验收对质量的影响是保证最终产品的质量。

2）影响工程质量的因素

影响工程的因素很多，但归纳起来主要有五个方面，即人、材料、机械、方法和环境。

① 人员素质

人是生产经营活动的主体，也是工程项目建设的决策者、管理者、操作者，工程建设的全过程，如项目的规划、决策、勘察、设计和施工，都是通过人来完成的。人员的素质，即人的文化水平、技术水平、决策能力、管理能力、组织能力、作业能力、控制能力、身体素质及职业道德等，都将直接和间接地对规划、决策、勘察、设计和施工的质量产生影响，而规划是否合理、决策是否正确、设计是否符合所需要的质量功能、施工能否满足合同、规范、技术标准的需要等，都将对工程质量产生不同程度的影响，所以人员素质是影响工程质量的一个重要因素。因此，建筑行业实行经营资质管理和各类专业从业人员持证上岗制度是保证人员素质的重要管理措施。

② 工程材料

工程材料泛指构成工程实体的各类建筑材料、构配件、半成品等，它是工程建设的物质条件，是工程质量的基础。工程材料选用是否合理、产品是否合格、材质是否经过检验、保管使用是否得当等等，都将直接影响建设工程的结构刚度和强度，影响工程外表及观感，影响工程的使用功能，影响工程的使用安全。

③ 机械设备

机械设备可分为两类：一是指组成工程实体及配套的工艺设备和各类机具，如电梯、泵机、通风设备等，它们构成了建筑设备安装工程或工业设备安装工程，形成完整的使用功能。二是指施工过程中使用的各类机具设备，包括大型垂直与横向运输设备、各类操作工具、各种施工安全设施、各类测量仪器和计量器具等，简称施工机具设备，它们是施工生产的手段。机具设备对工程质量也有重要的影响。工程用机具设备其产品质量优劣，直接影响工程使用功能质量。施工机具设备的类型是否符合工程施工特点，性能是否先进稳定，操作是否方便安全等，都将会影响工程项目的质量。

④ 方法

方法是指工艺方法、操作方法和施工方案。在工程施工中，施工方案是否合理，施工工艺是否先进，施工操作是否正确，都将对工程质量产生重大的影响。大力推进采用新技术、新工艺、新方法，不断提高工艺技术水平，是保证工程质量稳定提高的重要因素。

⑤ 环境条件

环境条件是指对工程质量特性起重要作用的环境因素，包括：工程技术环境，如工程地质、水文、气象等；工程作业环境，如施工环境作业面大小、防护设施、通风照明和通信条件等；工程管理环境，主要指工程实施的合同结构与管理关系的确定，组织体制及管理制度等；周边环境，如工程邻近的地下管线、建(构)筑物等。环境条件往往对工程质量产生特定的影响。加强环境管理，改进作业条件，把握好技术环境，辅以必要的措施，是控制环境对质量影响的重要保证。

(4) 工程质量的特点

建设工程质量的特点是由建设工程本身和建设生产的特点决定的。建设工程(产品)及其生产的特点：一是产品的固定性，生产的流动性；二是产品多样性，生产的单件，三是产品形体庞大、高投入、生产周期长、具有风险性；四是产品的社会性，生产的外部约束性。正是由于上述建设工程的特点而形成了工程质量本身有以下特点。

1) 影响因素多

建设工程质量受到多种因素的影响，如至关重要的管理因素(包括质量经济性决策因素和组织因素)、环境因素(自然环境、作业环境、管理环境)、社会因素(经营理念、规范程度等)、材料、机具设备、施工方法、施工工艺、技术因素(包括先进的生产技术、检验技术)、人员因素(个人的质量意识及活动能力和项目策划各方的实体组织)、工期、工程造价等,这些因素直接或间接地影响工程项目质量。

2) 质量波动大

由于建筑生产的单件性、流动性,不像一般工业产品的生产那样,有固定的生产流水线、有规范化的生产工艺和完善的检测技术、有成套的生产设备和稳定的生产环境,所以工程质量容易产生波动且波动大。同时由于影响工程质量的偶然性因素和系统性因素比较多,其中任一因素发生变动,都会使工程质量产生波动。如材料规格品种使用错误、施工方法不当、操作未按规程进行、机械设备过度磨损或出现故障、设计计算失误等等,都会发生质量波动,产生系统因素的质量变异,造成工程质量事故。为此,要严防出现系统性因素的质量变异,要把质量波动控制在偶然性因素范围内。

3) 质量隐蔽性

建设工程在施工过程中,分项工程交接多、中间产品多、隐蔽工程多,因此质量存在隐蔽性。若在施工中不及时进行质量检查,事后只能从表面上检查,就很难发现内在的质量问题,这样就容易产生判断错误,即第二类判断错误(将不合格品误认为合格品)。

4) 终检的局限性

工程项目建成后不可能像一般工业产品那样依靠终检来判断产品质量,或将产品拆卸、解体来检查其内在的质量,或对不合格零部件可以更换。而工程项目的终检(竣工验收)无法进行工程内在质量的检验,发现隐蔽的质量缺陷。因此,工程项目的终检存在一定的局限性。这就要求工程质量控制应以预防为主,防患于未然。

5) 评价方法的特殊性

工程质量的检查评定及验收是按检验批、分项工程、分部工程、单位工程进行的。检验批的质量是分项工程乃至整个工程质量检验的基础,检验批合格质量主要取决于主控项目和一般项目经抽样检验的结果。隐蔽工程在隐蔽前要检查合格后验收,涉及结构安全的试块、试件以及有关材料,应按规定进行见证取样检测,涉及结构安全和使用功能的重要分部工程要进行抽样检测。工程质量是在施工单位按合格质量标准自行检查评定的基础上,由监理工程师(或建设单位项目负责人)组织有关单位、人员进行检验确认验收。这种评价方法体现了"验评分离、强化验收、完善手段、过程控制"的指导思想。

2. 质量管理的发展

最早提出质量管理的国家是美国。日本在第二次世界大战后引进美国的整套质量管理技术和方法,结合本国实际,又将其向前推进,使质量管理走上了科学的道路。取得了世界瞩目的成绩。质量管理作为企业管理的有机组成部分,它的发展也是随着企业管理的发展而发展的,其产生、形成、发展和日益完善的过程大体经历了以下几个阶段。

(1) 质量检验阶段(20世纪20~40年代)

20世纪前,主要是手工作业和个体生产方式,依靠生产操作者自身的手艺和经验来保证质量,只能称为"操作者质量管理"时期。进入20世纪,由于资本主义生产力的发展,机器化大生产方式与手工作业的管理制度的矛盾,阻碍了生产力的发展,于是出现了管理革命。美国的泰勒研究了从工业革命以来的大工业生产的管理实践,创立了"科学管理"的新理论。他提出了计划与执行、检验与生产的职能需要分开的主张,即企业中设置专职的质量检验部门和人员,从事质量检验。这使产品质量有了基本保证,对提高产品质量、防止不合格产品出厂或流入下一道工序有积极的意义。这种制度把过去的"操作者质量管理"变成了"检验员的质量管理",标志着进入了质量检验阶段。由于这个阶段的特点是质量管理单纯依靠事后检查、剔除废品。因此,它的管理效能有限。按现在的观点来看,它只是质量管理中的一个必不可少的环节。

1924年,美国统计学家休哈特提出了"预防缺陷"的概念。他认为,质量管理除了事后检查以外,还应做到事先预防,在有不合格产品出现的苗头时,就应发现并及时采取措施予以制止。他创造了统计质量控制图等一套预防质量事故的理论。与此同时,还有一些统计学家提出了抽样检验的办法,把统计方法引入了质量管理领域使得检验成本得到降低,但由于当时不为人们充分认识和理解,故未得到真正执行。

(2) 统计质量管理阶段(20世纪40~50年代)

第二次世界大战初期,由于战争的需要,美国许多民用生产企业转为军用品生产。由于事先无法控制产品质量,造成废品量很大,耽误了交货期,甚至因军火质量差而发生事故,同时,军需品的质量检验大多属于破坏性检验。不可能进行事后检验。于是人们采用休哈特的"预防缺陷"的理论。美国国防部请休哈特等研究制定了一套美国战时质量管理,强制生产企业执行。这套方法主要是采用统计质量控制图。了解质量变动的先兆,进行预防,使不合格产品率大为下降,对保证产品质量收到了较好的效果。这种用数理统计方法来控制生产过程影响质量的因素,把单纯的质量检验变成了过程管理。使质量管理从"事后"转到了"事中",较单纯的质量检验进了一大步。战后,许多工业发达国家生产企业也纷纷采用和仿效这种质量工作模式。但因为对数理统计知识的掌握有一定的要求,在过分强调的情况下,给人们以统计质量管理是少数数理统计人员责任的错觉,而忽略了广大生产与管理人员的作用,结果是既没有充分发挥数理统计方法的作用,又影响了管理功能的发展,把数理统计在质量管理中的应用推向了极端。到了50年代人们认识到统计质量管理方法并不能全面保证产品质量,进而导致了"全面质量管理"新阶段的出现。

(3) 全面质量管理阶段(20世纪60年代以后)

60年代以后,随着社会生产力的发展和科学技术的进步,经济上的竞争也日趋激烈。特别是一大批高安全性、高可靠性、高科技和高价值的技术密集型产品和大型复杂产品的质量在很大程度上依靠对各种影响质量的因素加以控制,才能达到设计标准和使用要求。人们对控制质量的认识有了深化,意识到单纯靠统计检验手段已不能满足要求了,大规模的工业化生产,质量保证除与设备、工艺、材料、环境等因素有关外,与职工的思想意识、技术素质,企业的生产技术管理等息息相关。同时检验质量的标准与用户所需求的功能标准之间也存在偏差。必须及时地收集反馈信息,修改制定满足用户需要的质量标准,使产品具有竞争性。60年代,美国的菲根堡姆首先提出了较系统的"全面质量管理"概念。其中心意思是,数理统计方法是重要的,但不能单纯依靠它。只有将它和企业管理结合起来,才能保证产品质量。这一理论很快应用于不同行业生产企业(包括服务行业和其他行业)的质量工作,此后,这一概念通过不断完善,便形成了今天的"全面质量管理"。

全面质量管理阶段的特点是针对不同企业的生产条件、工作环境及工作状态等多方面因素的变化,把组织管理、数理统计方法以及现代科学技术、社会心理学、行为科学等综合运用于质量管理,建立适用和完善的质量工作体系,对每一个生产环节加以管理,做到全面运行和控制。通过改善和提高工作质量来保证产品质量;通过对产品的形成和使用全过程管理，全面保证产品质量；通过形成生产（服务）企业全员、全企业、全过程的质量工作系统。建立质量体系以保证产品质量始终满足用户需要，使企业用最少的投入获取最佳的效益。

全面质量管理的核心是"三全"管理；全面质量管理的基本观点是全面质量的观点、为用户服务的观点、预防为主的观点、用数据说话的观点；全面质量管理的基本工作方法是 PDCA 循环法。现就其主要内容简述于下：

1) "三全"管理

所谓"三全"管理，主要是指全过程、全员、全企业的质量管理。

① 全过程的质量管理

这是指一个工程项目从立项、设计、施工到竣工验收的全过程，或指工程项目施工的全过程，即从施工准备、施工实施、竣工验收直到回访保修的全过程。全过程管理就是对每一道工序都要有质量标准，严把质量关，防止不合格产品流入下一道工序。

② 全员的质量管理

要使每一道工序质量都符合质量标准，必然涉及每一位职工是否具有强烈的质量意识和优秀的工作质量。因此，全员质量管理要强调企业的全体员工用自己的工作质量来保证每一道工序质量。

③ 全企业的质量管理

所谓"全企业"主要是从组织管理来理解。在企业管理中，每一个管理层次都有相应的质量管理活动，不同层次的质量管理活动的重点不同。上层侧重于决策与制定项目目标、方针；下层侧重于执行其质量职能；基层（施工班组）侧重于严格按技术标准和操作规程进行施工。

2) 全面质量管理的基本观点

① 全面质量的观点

全面质量的观点是指除了要重视产品本身的质量特性外，还要特别重视数量（工程量）、交货期（工期）、成本（造价）和服务（回访保修）的质量以及各部门各环节的工作质量。把产品质量建立在企业各个环节的工作质量的基础上，用科学技术和高效的工作质量来保证产品质量。因此，全面质量管理要有全面质量的观点，才能在企业中建立一个比较完整的质量保证体系。

② 为用户服务的观点

为用户服务就是要满足用户的期望，让用户得到满意的产品和服务，把用户的需要放在第一位，不仅要使产品质量达到用户要求，而且要价廉物美，供货及时，服务周到；要根据用户的需要，不断地提高产品的技术性能和质量标准。

为用户服务还应贯穿于整个施工过程中，明确提出"下道工序就是用户"的口号，使每一道工序都为下一道工序着想，精心地提高本工序的工作质量，保证不为下道工序留下质量隐患。

③ 预防为主的观点

工程质量是在施工过程中形成的，而不是检查出来的。为此，全面质量管理中的全过程质量管理就是强调各道工序、各个环节都要采取预防性控制，重点控制影响质量的因素，把各种可能产生质量隐患的苗头消灭在萌芽之中。

④ 用数据说话的观点

数据是质量管理的基础，是科学管理的依据。一切用数据说话，就是用数据来判别质量标准；用数据来寻找质量波动的原因，揭示质量波动的规律；用数据来反映客观事实，分析质量问题，把管理工作定量化，以便于及时采取对策、措施，对质量进行动态控制。这是科学管理的重要标志。

3) 全面质量管理的基本工作方法

全面质量管理的基本工作方法为 PDCA 循环法。美国质量管理专家戴明博士把全面质量管理活动的全过程划分为计划(Plan)、实施(Do)、检查(Check)、处理(Action)四个阶段。即按计划→实施→检查→处理四个阶段周而复始地进行质量管理，这四个阶段不断循环下去，故称 PDCA 循环。它是提高产品质量的一种科学管理工作方法，在日本称为"戴明环"。PDCA 循环，事实上就是认识→实践→再认识→再实践的过程。做任何工作总有一个设想、计划或初步打算；然后根据计划去实施；在实施过程中或进行到某一阶段，要把实施结果与原来的设想、计划进行对比，检查计划执行的情况，最后根据检查的结果来改进工作，总结经验教训，或者修改原来的设想、制订新的工作计划。这样，通过一次次的循环，便能把质量管理活动推向一个新的高度，使产品的质量不断地得到改进和提高。

(4) 质量管理与质量管理标准的形成

质量检验、统计质量管理和全面质量管理三个阶段的质量管理理论和实践的发展。促使世界各发达国家和企业纷纷制定出新的国家标准和企业标准，以适应全面质量管理的需要。这样的做法虽然促进了质量管理水平的提高，却也出现了各种各样的不同标准。各国在质量管理术语概念、质量保证要求、管理方式等方面都存在很大差异，这种状况显然不利于国际经济交往与合作的进一步发展。

近 30 年来国际化的市场经济迅速发展，国际间商品和资本的流动空间增长，国际间的经济合作、依赖和竞争日益增强，有些产品已超越国界形成国际范围的社会化大生产。特别是不少国家把提高进口商品质量作为限制进口的保护手段，利用商品的非价格因素竞争设置关贸壁垒。为了解决国际间质量争端，消除和减少技术壁垒，有效地开展国际贸易，加强国际间技术合作，统一国际质量工作语言，制订共同遵守的国际规范，各国政府、企业和消费者都需要一套通用的、具有灵活性的国际质量保证模式。在总结发达国家质量工作经验基础上，20 世纪 70 年代末，国际标准化组织着手制定国际通用的质量管理和质量保证标准。1980 年 5 月国际标准化组织的质量保证技术委员会在加拿大应运而生。它通过总结各国质量管理经验，于 1987 年 3 月制定和颁布了 ISO 9000 系列质量管理及质量保证标准。此后又不断对它进行补充、完善。标准一经发布，相当多的国家和地区表示欢迎，等同或等效采用该标准，指导企业开展质量工作。

质量管理和质量保证的概念和理论是在质量管理发展的三个阶段的基础上，逐步形成的，是市场经济和社会化大生产发展的产物，是与现代生产规模、条件相适应的质量管理工作模式。因此，ISO 9000 系列标准的诞生，顺应了消费者的要求；为生产方提供了当代企业寻求发展的途径；有利于一个国家对企业的规范化管理，更有利于国际间贸易和生产合作。它的诞生顺应了国际经济发展的形势，适应了企业和顾客及其他受益者的需要。因而它的诞生具有必然性。

3. 工程项目质量管理体系建立

(1) 建立质量管理的八项原则

在 ISO 9000—2000 标准中增加了八项质量管理原则,这是在近年来质量管理理论和实践的基础上提出来的,是组织领导做好质量管理工作必须遵循的准则。八项质量管理原则已成为改进组织业绩的框架,可帮助组织达到持续成功。

1) 以顾客为关注焦点

组织依存于其顾客。因此,组织应理解顾客当前和未来的需求,满足顾客的要求并争取超越顾客的期望。

组织贯彻实施以顾客为关注焦点的质量管理原则,有助于掌握市场动向,提高市场占有率,提高企业经营效益。以顾客为中心不仅可以稳定老顾客、吸引新顾客,而且可以招来回头客。

2) 领导作用

强调领导作用的原则,是因为质量管理体系是最高管理者推动的,质量方针和目标是领导组织策划的,组织机构和职能分配是领导确定的,资源配置和管理是领导决定安排的,顾客和相关方要求是领导确认的,企业环境和技术进步、质量管理体系改进和提高是领导决策的。所以,领导者应将本组织的宗旨、方向和内部环境统一起来,并创造使员工能够充分参与实现组织目标的环境。

3) 全员参与

各级人员是组织之本。只有他们的充分参与,才能使他们的才干为组织带来收益。

质量管理是一个系统工程,关系到过程中的每一个岗位和每一个人。实施全员参与这一质量管理原则,将会调动全体员工的积极性和创造性,努力工作、勇于负责、持续改进、做出贡献,这对提高质量管理体系的有效性和效率,具有极其重要作用。

4) 过程方法

过程方法是将活动和相关的资源作为过程进行管理,可以更高效地得到期望的结果。因为过程概念反映了从输入到输出具有完整的质量概念,过程管理强调活动与资源结合,具有投入产出的概念。过程概念体现了用 PDCA 循环改进质量活动的思想。过程管理有利于适时进行测量保证上下工序的质量。通过过程管理可以降低成本、缩短周期,从而可更高效地获得预期效果。

5) 管理的系统方法

管理的系统方法是将相互关联的过程作为系统加以识别、理解和管理,有助于组织提高实现目标的有效性和效率。

系统方法包括系统分析、系统工程和系统管理三大环节。系统分析是运用数据、资料或客观事实,确定要达到的优化目标;然后通过系统工程,设计或策划为达到目标而采取的措施和步骤,以及进行资源配置;最后在实施中通过系统管理而取得高有效性和高效率。

在质量管理中采用系统方法,就是要把质量管理体系作为一个大系统,对组成质量管理体系的各个过程加以识别、理解和管理,以实现质量方针和质量目标。

6) 持续改进

持续改进是组织永恒的追求、永恒的目标、永恒的活动。为了满足顾客和其他相关方对质量更高期望的要求,为了赢得竞争的优势,必须不断地改进和提高产品及服务的质量。

7) 基于事实的决策方法

有效决策建立在数据和信息分析的基础上。基于事实的决策方法，首先应明确规定收集信息的种类、渠道和职责，保证资料能够为使用者得到。通过对得到的资料和信息分析，保证其准确、可靠。通过对事实分析、判断，结合过去的经验做出决策并采取行动。

8) 与供方互利的关系

供方是产品和服务供应链上的第一环节，供方的过程是质量形成过程的组成部分。供方的质量影响产品和服务的质量，在组织的质量效益中包含有供方的贡献。供方应按组织的要求也建立质量管理体系。通过互利关系，可以增强组织及供方创造价值的能力，也有利于降低成本和优化资源配置，并增强对付风险的能力。

上述八项质量管理原则之间是相互联系和相互影响的。其中，以顾客为关注焦点是主要的，是满足顾客要求的核心。为了以顾客为关注焦点，必须持续改进，才能不断地满足顾客不断提高的要求。而持续改进又是依靠领导作用、全员参与和互利的供方关系来完成的。所采用的方法是过程方法（控制论）、管理的系统方法（系统论）和基于事实的决策方法（信息论）。可见，这八项质量管理原则，体现了现代管理理论和实践发展的成果，并被人们普遍接受。

(2) 建立质量管理体系文件的构成

1) 企业是需要建立形成文件的质量管理体系，而不是只建立质量管理体系的文件。建立质量管理体系文件的价值是便于沟通意图、统一行动，有利于质量管理体系的实施、保持和改进。所以，编制质量管理体系文件不是目的，而是手段，是质量管理体系的一种资源。

编制和使用质量管理体系文件是一项具有动态管理要求的活动。因为质量管理体系的建立、健全要从编制完善的体系文件开始，质量管理体系的运行、审核与改进都是依据文件的规定进行，质量管理实施的结果也要形成文件，作为证实产品质量符合规定要求及质量管理体系有效的证据。

2) 在 GB/T 19000 中规定，质量管理体系应包括：

① 形成文件的质量方针和质量目标；

② 质量手册：规定组织质量管理体系的文件，也是向组织内部和外部提供关于质量管理体系的信息文件；

③ 质量管理标准所要求的各种生产、工作和管理的程序性文件（提供如何完成活动的信息文件，如质量计划：规定用于某一具体情况的质量管理体系要素和资源的文件，也是表述质量管理体系用于特定产品、项目或合同的文件）；

④ 为确保其过程的有效策划、运行和控制所需的文件；

⑤ 质量管理标准所要求的质量记录。

不同组织的质量管理体系文件的多少与详略程度取决于：组织的规模和活动的类型；过程及其相互作用的复杂程度；人员的能力。

3) 质量方针和质量目标

质量方针是组织的质量宗旨和质量方向，是实施和改进组织质量管理体系的推动力。质量方针提供了质量目标制定和评审的框架，是评价质量管理体系有效性的基础。质量方针一般均以简洁的文字来表述，应反映用户及社会对工程质量的要求及企业对质量水平和服务的承诺。

质量目标是指在质量方面所追求的目的。质量目标在质量方针给定的框架内制定并展开，也是组织各职能和层次上所追求并加以实现的主要工作任务。

4）质量手册

① 质量手册定义

质量手册是质量体系建立和实施中所用主要文件的典型形式。

质量手册是阐明企业的质量政策、质量管理体系和质量实践的文件，它对质量体系作概括的表达，是质量体系文件中的主要文件。它是确定和达到工程产品质量要求所必须的全部职能和活动的管理文件，是企业的质量法规，也是实施和保持质量管理体系过程中应长期遵循的纲领性文件。

② 质量手册的性质

企业的质量手册应具备以下6个性质：

a. 指令性

质量手册所列文件是经企业领导批准的规章，具有指令性，是企业质量工作必须遵循的准则。

b. 系统性

包括工程产品质量形成全过程应控制的所有质量职能活动的内容。同时将应控制内容，展开落实到与工程产品形成直接有关的职能部门和部门人员的质量责任制，构成完整的质量管理体系。

c. 协调性

质量手册中各种文件之间应协调一致。

d. 先进性

采用国内外先进标准和科学的控制方法，体现以预防为主的原则。

e. 可操作性

质量手册的条款不是原则性的理论，应当是条文明确、规定具体、切实可以贯彻执行的。

f. 可检查性

质量手册中的文件规定，要有定性、定量要求，便于检查和监督。

③ 质量手册的作用

a. 质量手册是企业质量工作的指南，使企业的质量工作有明确的方向。

b. 质量手册是企业的质量法规，使企业的质量工作能从"人治"走向"法治"。

c. 有了质量手册，企业质量体系审核和评价就有了依据。

d. 有了质量手册，使投资者（需方）在招标和选择施工单位时，对施工企业的质量保证能力、质量控制水平有充分的了解，并提供了见证。

5）程序文件

质量管理体系程序文件是质量手册的支持性文件，是企业各职能部门为落实质量手册要求而规定的细则。

GB/T 19000标准规定文件控制、记录控制、不合格品控制、内审、纠正措施和预防措施六项要求必须形成程序文件，但不是必须要6个，如果将文件和记录控制合为一个，将纠正和预防措施合为一个,虽然只有四个文件,但覆盖了标准的要求,也是可以的。

为确保过程的有效运行和控制,在程序文件的指导下,需按每个项目管理需要编制相关文件,如作业指导书、具体工程的质量计划等,因为每个项目是一个一次性的质量控制工作体系。

6) 质量记录

质量记录可提供产品、过程和体系符合要求及体系有效运行的提供客观证据的文件。根据各组织的类型、规模、产品、过程、顾客、法律和法规以及人员素质的不同,质量管理体系文件的数量、详尽程度和媒体种类也会有所不同。组织应制定形成文件的程序,以控制对质量记录的标识(可用颜色、编号等方式)、贮存(如环境要适宜)、保护(包括保管的要求)、检索(包括对编目、归档和查阅的规定)、保存期限(应根据工程特点、法规要求及合同要求等决定保存期)和处置(包括最终如何销毁)。

质量记录应清晰、完整地反映质量活动实施、验证和评审的情况,并记载关键活动的过程参数,具有可追溯性的特点。

(3) 工程项目质量管理体系的建立与运行

1) 质量管理体系系统概念

质量管理体系系统可大可小,对于企业:大的系统如建筑企业,小的系统如某个建设项目。系统取决于人们对客观事物的观察方式,不同系统的目标不同,从而形成不同的组织观念、组织方法和组织手段。

建设工程项目作为一个系统,它与一般的系统相比,有其明显的特征,如:

建设项目都是一次性,没有两个完全相同的项目;

建设项目全寿命周期一般由决策阶段、实施阶段和售后服务阶段组成,各阶段的工作任务和工作目标不同,其参与或涉及的单位也不相同,它的全寿命周期持续时间长;

一个建设项目的任务往往有多个,甚至很多个单位共同完成,它们的合作多数不是固定的合作关系,并且一些参与单位的利益不尽相同,甚至相对立。

2) 建立质量管理体系的基本工作

主要有:确定质量管理体系过程,明确和完善体系结构,质量管理体系要文件化,要定期进行质量管理体系审核与质量管理体系复审。

首先明确质量管理体系过程。施工企业的产品是工程项目,无论其工程复杂程度,结构形式怎样变化,无论是高楼大厦还是一般建筑物,其建造和使用的过程、环节和程序基本是一致的。施工项目质量管理体系过程,一般可分为以下8个阶段。

① 工程调研和任务承接;
② 施工准备;
③ 材料采购;
④ 施工生产;
⑤ 试验与检验;
⑥ 建筑物功能试验;
⑦ 交工验收;
⑧ 回访与维修。

其次要建立和完善质量管理体系的程序。按照国家标准 GB/T 19000 建立一个新的质量管理体系或更新、完善现行的质量管理体系，企业决策层领导及有关管理人员要负责质量管理体系的建立、完善、实施和保持各项工作的开展，使企业质量管理体系达到预期目标。

质量管理体系的有效运行要依靠相应的组织机构网络。这个机构要严密完整，充分体现各项质量职能的有效控制。对建筑业企业来讲，一般有集团（总公司）、公司、分公司、工程项目经理部等各级管理组织，但由于其管理职责不同所建质量管理体系的侧重点可能有所不同，但其组织机构应上下贯通，形成一体。特别是直接承担生产与经营任务的实体公司的质量管理体系更要形成覆盖全公司的组织网络，该网络系统要形成一个纵向统一指挥。分级管理，横向分工合作、协调一致、职责分明的统一整体。一般讲，一个企业只有一个质量管理体系，其下属基层单位的质量管理和质量保证活动以及质量机构和质量职能只是企业质量管理体系的组成部分，是企业质量管理体系在该特定范围的体现。对不同产品对象的基层单位，如混凝土构件厂、实验室、搅拌站……则应根据其生产对象和生产环境特点补充或调整体系要素，使其在该范围更适合产品质量保证的最佳效果。

一般有以下步骤：

① 领导决策

最高管理者亲自决策，以便获得各方面的支持和在质量体系建立过程中所需的资源保证。由最高管理者或授权管理者代表成立工作小组负责建立体系。工作小组的成员要覆盖组织的主要职能部门，组长最好由管理者代表担任，以保证小组对人力、资金、信息的获取。

人员要求：人员要求经过一定知识培训，经考试合格，并有一定工作经验，了解建立体系的重要性，了解标准的主要思想和内容。

根据工作需要把人员分为四个层次，即

a. 最高管理层；

b. 中层领导和授权管理者代表；

c. 具体建立体系的主管；

d. 普通员工。

② 编制工作计划

工作计划包括培训教育、体系分析、职能分配、文件编制、配备仪器仪表设备等内容。

③ 分层次教育培训

组织学习 GB/T 19000 系列标准，结合本企业的特点，了解建立质量管理体系的目的和作用，详细研究与本职工作有直接联系的要素，提出控制要素的办法。

④ 分析企业特点

结合建筑施工企业的特点和具体情况，确定采用哪些要素和采用程度。

要素要对控制工程实体质量起主要作用，能保证工程的适用性、符合性。

⑤ 落实各项要素

企业在选好合适的质量管理体系要素后，要进行二级要素展开。制定实施二级要素所必需的质量活动计划，并把各项质量活动落实到具体部门或个人。

一般，企业在领导的亲自主持下，合理地分配各级要素与活动，使企业各职能部门都明确各自在质量管理体系中应担负的责任、应开展的活动和各项活动的衔接办法。分配各级要素与活动的一个重要原则就是责任部门只能是一个,但允许有若干个配合部门。

在各级要素和活动分配落实后,为了便于实施、检查和考核,还要把工作程序文件化,即把企业的各项管理标准、工作标准、质量责任制、岗位责任制形成与各级要素和活动相对应的有效运行的文件。

⑥ 编制质量管理体系文件

文件是质量管理体系中必需的要素。质量管理文件能够起到沟通意图和统一行动的作用。

质量管理体系文件按其作用可分为法规性文件和见证性文件两类。质量管理体系法规性文件是用以规定质量管理工作的原则,阐述质量管理体系的构成,明确有关部门和人员的质量职能,规定各项活动的目的要求、内容和程序的文件。在合同环境下这些文件是供方向需方证实质量管理体系适用性的证据。质量管理体系的见证性文件是用以表明质量管理体系的运行情况和证实其有效性的文件(如质量记录、报告等)。这些文件记载了各质量管理体系要素的实施情况和工程实体质量的状态,是质量管理体系运行的见证。根据质量管理体系策划确定组织机构职责和筹划,按照各种运行程序,制定和落实各种方案。体系文件包括管理手册、质量程序文件、质量作业文件。建立文件化的质量管理体系只是开始,只有通过实施文件化质量管理体系才能变成增值活动。

⑦ 初始状态评审

初始状态评审是对组织过去和现在的自身工程项目管理信息、业主、供应商、分包的信息、状态进行收集、调查分析、识别和获取现有的适用的法律法规和其他要求,进行识别和评价。评审的结果将作为制定管理方案、编制质量体系文件的基础。

⑧ 质量文件的审查、审批和发布。

3) 质量管理体系的运行

保持质量管理体系的正常运行和持续实用有效,是企业质量管理的一项重要任务,它贯穿于生产及服务的全过程,按工程项目质量管理体系文件所制定的程序、标准、工作要求及目标分解的岗位职责进行运作,是质量管理体系发挥实际效能、实现质量目标的主要阶段。

质量管理体系运行是执行质量体系文件,在运行的过程中,按各类体系文件的要求,监视、测量和分析过程的有效性和效率,做好文件规定的记录,持续收集、记录并分析过程的数据和信息,全面反映质量管理水平和过程符合要求,并具有可追溯的效能,按文件规定的办法进行项目质量管理评审和审核。对过程运行的评审考核工作,应针对发现的主要问题,采取必要的改进措施,使这些过程达到所策划的结果并实现对过程的持续改进,更好地满足顾客和自身的需要。

质量管理体系的有效运行是依靠体系的组织机构进行组织协调、实施质量监督、开展信息反馈、进行质量管理体系审核和复审实现的。

① 组织协调

质量管理体系的运行是借助于质量管理体系组织结构的组织和协调来进行的。组织和协调工作是维护质量管理体系运行的动力。质量管理体系的运行涉及企业众多部门的活动。就建筑业企业而言,计划部门、施工部门、技术部门、试验部门、测量部门、检查部门等都必须在目标、分工、时间和联系方面协调一致,责任范围不能出现空挡,保持体系的有序性,落实到人。这些都需要通过组织和协调工作来实现。实现这种协调工作的人,应是企业的主要领导,只有主要领导主持,质量管理部门负责,通过组织协调才能保持体系的正常运行。

建立动力机制是质量管理体系的核心机制,他是通过建设项目的实施过程的各主体参与价值增值的过程,只有保持合理的各方关系,才能形成合力,是建设项目成功的重要保证。

② 质量监督

质量管理体系在运行过程中,各项活动及其结果不可避免地会有发生偏离标准的可能。为此,必须实施质量监督。

质量监督有企业内部监督和外部监督两种,需方或第三方对企业进行的监督是外部质量监督。需方的监督权是在合同环境下进行的,就建筑业企业来说,叫做甲方的质量监督,按合同规定,从地基验槽开始,甲方对隐蔽工程进行检查签证。第三方的监督,对单位工程和重要分部工程进行质量等级核定,并在工程开工前检查企业的质量管理体系。施工过程中,监督企业质量管理体系的运行是否正常。

质量监督是符合性监督。质量监督的任务是对工程实体进行连续性的监视和验证。发现偏离管理标准和技术标准的情况时及时反馈,要求企业采取纠正措施,严重者责令停工整顿。从而促使企业的质量活动和工程实体质量均符合标准所规定的要求。

实施质量监督是保证质量管理体系正常运行的手段。外部质量监督应与企业本身的质量监督考核工作相结合,杜绝重大质量事故的发生,促进企业各部门认真贯彻各项规定。

③ 质量信息管理

企业的组织机构是企业质量管理体系的骨架,而企业的质量信息系统则是质量管理体系的神经系统,是保证质量管理体系正常运行的重要系统。在质量管理体系的运行中,通过质量信息反馈系统对异常信息的反馈和处理,进行动态控制,从而使各项质量活动和工程实体质量保持受控状态。

质量信息管理和质量监督、组织协调工作是密切联系在一起的。异常信息一般来自质量监督,异常信息的处理要依靠组织协调工作,三者的有机结合,是使质量管理体系有效运行的保证。

④ 质量管理体系审核与评审

质量管理体系能够发挥作用,并不断改进提高工作质量,主要是在建立体系后坚持质量管理体系审核和评审活动。

为了查明质量管理体系的实施效果是否达到了规定的目标要求,企业管理者应制定内部审核计划,定期进行质量管理体系审核。

质量管理体系审核由企业胜任的管理人员对体系各项活动进行客观评价,这些人员独立于被审核的部门和活动范围。质量管理体系审核范围如下:组织机构;管理与工作程序;人员、装备和器材;工作区域、作业和过程;在制品(确定其符合规范和标准的程度);文件、报告和记录。

质量管理体系审核一般以质量管理体系运行中各项工作文件的实施程度及产品质量水平为主要工作对象,一般为符合性评价。

质量管理体系的评审和评价,一般称为管理者评审,它是由上层领导亲自组织的,对质量管理体系、质量方针、质量目标等项工作所开展的适合性评价。就是说,质量管理体系审核时主要精力放在是否将计划工作落实,效果如何;而质量管理体系评审和评价重点为该体系的计划、结构是否合理有效,尤其是结合市场及社会环境,企业情况进行全面的分析与评价,一旦发现这些方面的不足,就应对其体系结构、质量目标、质量政策提出改进意见,以便企业管理者采取必要的措施来保持质量管理体系持续有效运行。

质量管理体系的评审和评价也包括各项质量管理体系审核范围的工作。

与质量管理体系审核不同的是,质量管理体系评审更侧重于质量管理体系的适合性(质量管理体系审核侧重符合性),而且,一般评审与评价活动要由企业领导直接组织。

4)质量管理体系认证与监督

由于工程行业产品具有单项性,不能以某个项目作为质量认证的依据。因此,只能对企业的质量管理体系进行认证。

质量管理体系认证是指根据有关的质量保证模式标准,由第三方机构对供方(承包方)的质量管理体系进行评定和注册的活动。这里的第三方机构指的是经国家质量监督检验检疫总局质量管理体系认可委员会认可的质量管理体系认证机构。质量管理体系认证机构是个专职机构,各认证机构具有自己的认证章程、程序、注册证书和认证合格标志。国家质量监督检验检疫总局对质量认证工作实行统一管理。

① 质量管理体系认证的特征

a. 认证的对象是质量管理体系而不是工程实体;

b. 认证的依据是质量保证模式标准,而不是工程的质量标准;

c. 认证的结论不是证明工程实体是否符合有关的技术标准,而是质量管理体系是否符合标准,是否具有按规范要求,保证工程质量的能力;

d. 认证合格标志只能用于宣传,不得用于工程实体;

e. 认证由第三方进行,与第一方(供方或承包单位)和第二方(需方或业主)既无行政隶属关系,也无经济上的利益关系,以确保认证工作的公正性。

② 企业质量管理体系认证的意义

1992年我国按国际准则正式组建了第一个具有法人地位的第三方质量管理体系认证机构,开始了我国质量管理体系的认证工作。我国质量管理体系认证工作起步虽晚,但发展迅速,为了使质量管理尽快与国际接轨,各类企业纷纷"宣贯"标准,争相通过认证。

a. 促使企业认真按GB/T 19000族标准去建立、健全质量管理体系,提高企业的质量管理水平,保证施工项目质量。由于认证是第三方的权威性的公正机构对质量管理体系的评审,企业达不到认证的基本条件不可能通过认证,这就可以避免形式主义地去"贯标",或用其他不正当手段获取认证的可能性。

b. 提高企业的信誉和竞争能力。企业通过了质量管理体系认证机构的认证,就获得了权威性机构的认可,证明其具有保证工程实体的能力。因此,获得认证的企业信誉提高,大大增强了市场竞争能力。

c. 加快双方的经济技术合作。在工程的招投标中,不同业主对同一个承包单位的质量管理体系的评审中,80%以上的评审内容和质量管理体系要素是重复的。若投标单位的质量管理体系通过了认证,对其评定的工作量大大减小,省时、省钱,避免了不同业主对同一承包单位进行的重复评定,加快了合作的进展,有利于选择合格的承包方。

d. 有利于保护业主和承包单位双方的利益。企业通过认证,证明了它具有保证工程实体的能力,保护了业主的利益。同时,一旦发生了质量争议,也是承包单位自我保护的措施。

e. 有利于国际交往。在国际工程的招投标工作中,要求经过 GB/T 19000 标准认证已是惯用的做法,由此可见,只有取得质量管理体系的认证才能打入国际市场。

③ 质量管理体系的申报及批准程序

a. 提出申请

申请认证者按照规定的内容和格式向体系认证机构提出书面申请,并提交质量手册和其他必要的资料。认证机构由申请认证者自己选择。

认证机构在收到认证申请之日起 60 天内作出是否受理申请的决定,并书面通知申请者;如果不受理申请应说明理由。

b. 体系审核

由体系认证机构指派审核组对申请的质量管理体系进行文件审查和现场审核。文件审查的目的主要是审查申请者提交的质量手册的规定是否满足所申请的质量保证标准的要求;如果不能满足,应进行补充或修改。只有当文件审查通过后方可进行现场审核,现场审核的主要目的是通过收集客观证据检查评定质量管理体系的运行与质量手册的规定是否一致,证实其符合质量保证标准要求的程度,作出审核结论,向体系认证机构提交审核报告。

c. 审批发证

体系认证机构审查审核组提交的审核报告,对符合规定要求的批准认证,向申请者颁发体系认证证书,证书有效期三年;对不符合规定要求的亦应书面通知申请者。体系认证机构应公布证书持有者的注册名录。

d. 监督管理

对获准认证后的监督管理有以下几项规定:

标志的使用。体系认证证书的持有者应按体系认证机构的规定使用其专用的标志,不得将标志使用在产品上。

通报。证书持有者改变其认证审核时的质量管理体系,应及时将更改情况报体系认证机构。体系认证机构根据具体情况决定是否需要重新评定。

监督审核。体系认证机构对证书持有者的质量管理体系每年至少进行一次监督审核,以使其质量管理体系继续保持。

监督后的处置。通过对证书持有者的质量管理体系的监督审查,如果符合规定要求时,则保持其认证资格;如果不符合要求时,则视其不符合的严重程度,由体系认证机构决定暂停使用认证证书和标志或撤销认证资格,收回其体系认证证书。

换发证书。在证书有效期内,如果遇到质量管理体系标准变更,或者体系认证的范围变更,或者证书的持有者变更时,证书持有者可申请换发证书,认证机构决定作必要的补充审核。

注销证书。在证书有效期内,由于体系认证规则或体系标准变更或其他原因,证书的持有者不愿保持其认证资格的,体系认证机构应收回认证证书,并注销认证资格。

二、工程项目质量管理组织机构

1. 工程项目质量管理系统的目标和系统的组织的关系

影响一个系统目标实现的主要因素，如图 1-1 所示。

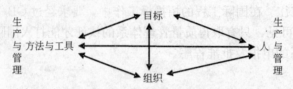

图 1-1　影响一个系统目标实现的主要因素

除了组织以外，还有：

人的因素，它包括质量管理人员的数量和质量（包括主动性、素质、思路等）；

方法与工具，它包括质量管理的方法与工具。

结合建设工程项目的特点，其中人的因素包括：建设单位和该项目所有参与单位的管理人员的数量和质量。

系统的质量目标决定了系统的组织，而组织是质量目标能否实现的决定性因素，这是组织论的一个结论。我们把建设项目的项目质量管理视为一个系统，其目标决定了项目质量管理的组织，而项目质量管理的组织是项目质量管理目标能否实现的决定性因素，由此可见项目质量管理的组织的重要性。

控制项目质量目标的主要措施包括组织措施、管理措施、经济措施和技术措施，其中组织措施是最重要的措施。如果对一个建设工程的项目质量管理进行诊断，首先应分析其组织方面存在的问题。

2. 组织论和组织工具

组织论是一门学科，主要研究系统的组织结构模式和工作流程组织，它是与项目管理学相关的一门非常重要的基础理论学科。

工作流程组织包括质量管理工作流程组织、信息处理工作流程组织、物质流程组织。

组织结构模式反映了一个组织系统中各子系统中之间或各元素（各工作部门或各管理人员）之间的指令关系。指令关系指的是哪一个工作部门或哪一位管理人员可以对哪一个工作部门或哪一位管理人员下达工作指令。

其中组织结构模式包括：职能组织结构、线形组织结构、矩阵组织结构。

组织分工反映了一个组织系统中各子系统或各元素的工作任务分工和管理职能分工。

组织分工包括：工作任务分工、管理职能分工。

组织结构模式和组织分工都是一种相对静态的组织关系。

工作流程组织则可反映一个组织系统中各项工作之间的逻辑关系，是一种动态关系。

如工程项目管理工作流程组织对于工程项目而言，指的是项目实施任务的工作流程组织，也可以是工程项目管理实施策划方案。

组织工具是组织论的应用手段，用图或表等形式表示各种组织关系，它包括：项目结构图；组织结构图（管理组织结构图）；工作任务分工表；管理职能分工表；工作流程图等。

第一节 工程项目质量管理体系

项目结构图是一个组织工具,它通过树状图的方式对一个项目的结构进行逐层分解,以反映组成该项目的所有工作任务。

同一个建设工程项目可有不同的项目结构的分解方法,项目结构的分解应与整个工程实施的部署相结合,并与将采用的合同结构相结合,其相应的项目结构不相同。

如某个建筑群体工程分别发包相应的项目结构和整体作为一个标段发包,其相应的项目结构,如图1-2所示。

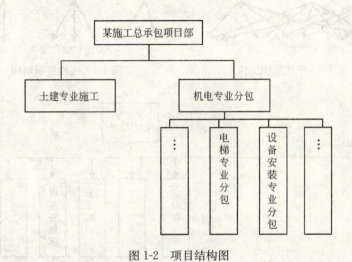

图1-2 项目结构图

由于项目结构不相同,施工时交界面有区别,对工程的组织与管理区别很大。综上所述,项目结构分解并没有统一的模式,但应结合项目的特点和参考以下原则进行:

(1) 考虑项目进展的总体部署;
(2) 考虑项目的组成;
(3) 有利于项目实施任务(方案设计、施工和物资采购)的发包,并结合合同结构;
(4) 有利于项目目标的控制;
(5) 结合项目管理的组织结构等。

3. 掌握项目管理的组织结构

(1) 项目结构图、组织结构图、合同结构图的区别如表1-1。

项目结构图、组织结构图、合同结构图的区别表　　　　表1-1

	表达的含义	图中矩形框的含义	矩形框连接的表达
项目结构图	对一个项目的结构进行逐层分解,以反映组成该项目的所有工作任务(该项目的组成部分)	一个项目的组成部分	直线
组织结构图	反映一个组织系统中各组成部门(组成元素)之间的组织关系(指令关系)	一个组织系统中的组成部分(工作部门)	单向箭线
合同结构图	反映一个建设项目参与单位之间的合同关系	一个建设项目的参与单位	双向箭线

常用的组织结构模式包括职能组织结构(如图 1-3 所示)、线性组织结构(如图 1-4 所示)和矩阵组织结构(如图 1-5 所示)等。这几种常用的组织结构模式既可以在企业管理运用,也可在建设项目管理中运用。

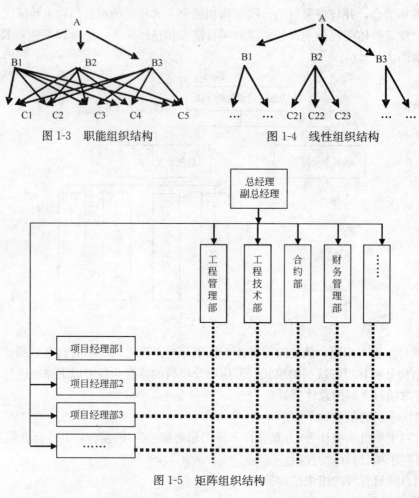

图 1-3　职能组织结构　　　　　　　图 1-4　线性组织结构

图 1-5　矩阵组织结构

组织结构模式反映了一个组织系统中各子系统之间或各元素(各工作部门)之间的指令关系。组织分工反映了一个组织系统中各子系统或各元素的工作任务分工和管理职能分工。组织结构模式和组织分工都是一种相对静态的组织关系。而工作流程组织则反映一个组织系统中各项工作之间的逻辑关系,是一种动态关系。在一个建设工程项目实施过程中,其管理工作的流程、信息处理的流程,以及设计工作、物资采购和施工的流程的组织都属于工作流程组织的范畴。

(2) 职能组织结构的特点及其应用

在人类历史发展过程中,当手工业作坊发展到一定的规模时,一个企业内需要设置对人、财、物和产、供、销管理的职能部门,这样就产生了初级的职能组织结构。因此,职能组织结构是一种传统的组织结构模式。在职能组织结构中,每一个职能部门可根据它的管理职能对其直接和非直接的下属工作部门下达的工作指令,它就会有多个矛盾的指令源。一个工作部门的多个矛盾的指令源会影响企业管理机制的运行。

第一节 工程项目质量管理体系

在一般的工业企业中，设有人、财、物和产、供、销管理的职能部门，另有基建处、后勤等组织机构。虽然基建处并不一定是职能部门的直接下属部门，但要服务于各职能部门，因此，各职能管理部门可以在其管理的职能范围内对基建处下达工作指令以反映其要求，这是典型的职能组织结构。

我国多数的国企、学校、事业单位目前还沿用这种传统的组织结构模式。许多建设项目也还用这种传统结构模式，在工作中常出现交叉和矛盾的工作指令关系，严重影响了项目管理机制的运行和项目目标的实现。在职能组织结构图所示中，A、B1、B2、B3、C1至C5都是工作部门，A可以对B1、B2、B3下达指令；B1、B2、B3都可以在其管理的职能范围内对C1和C5下达指令；因此C1和C5有多个指令源，其中有些指令可能是矛盾的。

(3) 线性组织结构的特点及其应用

在中小型项目组织系统中，组织纪律非常严格，项目经理、副经理、部门经理、工长、班组长的组织关系是指令按逐级下达，一级指挥一级和一级对一级负责。在线性组织结构中，每一个工作部门只能对其直接的下属部门下达工作指令，每一个工作部门也只有一个直接的上级部门，因此，每一个工作部门只有惟一一个指令源，避免了由于矛盾的指令而影响组织系统的运行。

在国际上，线性组织结构模式是建设项目管理组织系统的一种常用模式，因为一个建设项目的参与单位很多，少则数十，多则数百，大型项目的参与单位将数以千计，在项目实施过程中矛盾的指令会给工程项目目标的实现造成很大的影响，而线性组织结构模式可确保工作指令的惟一性。但在一个特大的组织系统中，由于线性组织结构模式的指令路径过长，有可能会造成组织系统在一定程度上运行的困难，所以通常采用矩阵组织结构模式。

图1-4所示的线性组织结构图中：
- A可以对其直接的下属部门B1、B2、B3下达指令；
- B2可以对其直接的下属部门C21、C22、C23下达指令；
- 虽然B1和B3比C21、C22、C23高一个组织层次，但是，B1和B3并不是C21、C22、C23的直接上级部门，它们不允许对C21、C22、C23下达指令。

在该组织结构中，每一个工作部门的指令源是惟一的。

(4) 矩阵组织结构的特点及其应用

矩阵组织结构是一种较新型的组织结构模式。在矩阵组织结构最高指挥者(部门)下和横向两种不同类型的工作部门。纵向工作部门如人、财、物、产、供、销的职能管理部门，横向工作部门如项目经理部等。一个施工企业，如采用矩阵组织结构模式，则纵向工作部门可以是工程管理部、工程技术部、合约部和财务管理部门等，而横向工作部门可以是项目经理部。矩阵组织结构适宜用大的组织系统。

在矩阵组织结构中，每一项纵向和横向交汇的工作(如投资宣传费的问题)，指令来自于纵向和横向两个工作部门，因此其指令源为两个。当纵向和横向工作部门的指令发生矛盾时，由该组织系统的最高指挥者(部门)进行协调或决策。

在矩阵组织结构中为避免纵向和横向工作部门指令矛盾对工作的影响，可以采用以纵向工作部门指令为主或以横向工作部门指令为主的矩阵组织结构模式，这样也可减轻该组织系统的最高指挥者(部门)的协调工作量。

(5) 项目管理的组织结构图

对一个项目的组织结构进行分解，并用图的方式表示，就形成项目组织结构图(OBS图 Diagram of Organizational Breakdown Structure)，或称项目管理组织结构图。项目组织结构图反映一个组织系统(如项目管理班子)中各子系统之间和各元素(如各工作部门)之间的组织关系，反映的是各工作部门和各工作人员之间的组织关系。而项目结构图描述的是工作对象之间的关系。

一个建设工程项目的实施除了业主方外，还有许多单位参加，如设计单位、施工单位、供货单位和工程管理咨询单位以及有关的政府行政管理部门等，项目组织结构图应注意表达业主方以及项目的参与单位有关的各工作部门之间的组织关系。

业主方、设计方、施工方、供货方和工程管理咨询方的项目管理的组织结构都可用各自的项目组织结构图予以描述。项目组织结构图应反映项目经理和费用(投资或成本)控制、进度控制、质量控制、合同管理、信息管理和组织与协调等主管工作部门或主管人员之间的组织关系。

图1-6是一个线性组织结构的项目组织结构图示例，在线性组织结构中每一个工作部门只有惟一的上级工作部门，其指令来源是惟一的。如总经理不对项目经理部员工直接下达指令，而是总经理通过项目经理部下达指令；而业主代表也不对施工方等直接下达指令，他通常通过建筑工程总承包方下达指令，否则就会出现矛盾的指令。项目的实施方(如设计方、施工方和甲供物资方)的惟一指令来源是建筑工程总承包方，这有利于项目的顺利进行。

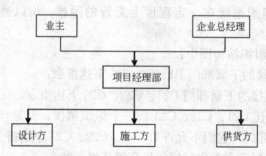

图1-6 线性组织结构的项目组织结构图示例

三、工程项目质量责任制内容

1. 质量管理责任制

(1) 各项目在开工前必须按照国家的有关法律、法规和公司的相关规定，建立健全项目经理部各职能部门工程质量责任制，明确各部门在工程质量管理方面的具体任务。

(2) 项目经理的质量管理职责

1) 项目经理是项目工程质量的第一责任人，对项目的工程质量负全面领导责任。

2) 保证国家、行业、地方及企业的工程质量规章制度在项目实施中得到贯彻落实。

3) 按照企业的有关规定，建立项目的工程质量保证体系，并保证体系的正常运行。

4) 贯彻落实企业总体工程质量目标，并主持编制项目的质量目标和质量计划。

5）主持编制施工组织设计。

6）及时了解项目的工程质量状况，参加项目的工程质量专题会议，支持项目分管工程质量的副经理及项目专职质量员的工作。

7）及时向上级报告工程质量事故，负责配合有关部门进行事故调查和处理，并提出处理意见。

（3）项目分管副经理的工程质量管理职责

1）协助项目经理进行工程质量管理，对项目的工程质量负直接管理责任。

2）认真执行工程质量的各项法规、标准、规范及规章制度。

3）组织区域责任工程师、专业质量工程师认真贯彻执行项目质量计划及精品策划书，并定期进行监督与检查。

4）组织本项目的工程质量检查，并对发现的质量问题组织批改。

5）组织项目的工程质量专题会议，及时向项目经理汇报工程质量状况。

6）组织工程各阶段的验收工作。

7）组织对项目人员的质量教育，提高项目全员的质量意识。

8）及时向项目经理报告工程质量事故，负责工程质量事故的调查。

（4）项目技术负责人（总工）的质量管理职责

1）在项目经理和企业技术负责人的领导下，对项目的工程质量负技术责任。

2）严格执行国家工程质量技术标准，规范的各项有关规定。

3）具体负责组织有关人员编写施组、专项施工方案或技术措施、质量计划、精品策划书等，并及时上报企业有关部门和技术领导批准，从技术上对工程质量给予可靠保证。

4）组织开展施组、方案交底工作，检查施工组织设计、施工方案、技术措施、技术质量交底的落实情况。

5）领导与组织项目质量保证体系的运行，通过加强全过程质量管理，确保项目质量目标的实现。

6）参加项目内部质量检查工作。

7）参加项目分阶段工程质量验收工作。

8）参加工程质量事故调查，分析技术原因，制定事故处理的技术方案及防范措施。

（5）项目质量总监的质量管理职责

1）在项目经理和上级质量管理部门的领导下，负责项目的工程质量监督检查工作，认真贯彻执行公司的质量方针和项目的质量计划，对项目的工程质量负监督管理责任。

2）参加对施工作业班组的技术质量交底，熟悉每个分部、分项工程的技术质量标准。

3）组织每天对施工作业面的工程质量进行检查，及时纠正违章、违规操作，防止发生质量隐患或事故。

4）组织对各分部、分项工程的每一检验批进行实测实量，严格按国家工程质量验收标准或企业的质量标准组织内部质量验收。

5）会同建设方、监理方共同对每一检验批进行质量验收，并按质量标准对每一检验批进行质量评定。

6）发现工程质量存在隐患，或经检查工程质量不合格时，有权下达停工整改决定，并立即向上级领导报告。

7) 组织每周召开质量例会讲评；组织月度工程质量讲评会，对工程质量情况进行具体研究与分析，找出存在问题并采取措施预防。

8) 有权对项目的作业队伍和操作人员提出处罚和奖励意见，并有质量一票否决权。

9) 参加工程结构验收与竣工交验。

10) 组织对分包单位施工管理人员的质量意识教育。

11) 参与工程质量事故的调查和处理。

(6) 项目专业施工员的质量管理职责

1) 对管辖区域的工程质量负直接领导责任。

2) 严格按施工程序组织施工，负责交接检验。

3) 对质量工艺和成品保护进行交底。

4) 负责所管辖区域质量问题的处理及质量事故的调查，并提出具体意见呈报质量总监。

5) 核实材料来源并督促材料选样送检。

6) 做好施工日志。

7) 记录并收集本专业的工程技术质量保证资料原始记录，并及时反馈资料员。

8) 参加工程结构验收及竣工交验。

2. 质量监督部部门职责

1) 严格执行国家规范及质量检验评定标准，行使质量否决权。确保项目总目标和阶段目标的实现。

2) 制定项目"质量检验计划"，增加施工预控能力和过程中的检查，使质量问题消除在萌芽之中。

3) 负责将质量目标的分解，制定质量创优实施计划，并将分解的质量目标下达给各部门，作为考评部门工作的指标。

4) 负责项目质量检查与监督工作，监督和指导分包质量体系的有效运行，定期组织分包单位管理人员进行规范和评定标准的学习。

5) 结合工程实际情况制定质量通病预防措施。

6) 参与质量事故的调查、分析、处理，并跟踪检查，直至达到要求。

7) 负责质量评定的审核，分项工程报监理工作和质量评定资料的收集工作。

8) 组织、召集各阶段的质量验收工作，并做好资料申报填写工作。负责填写周、月质量情况报表，上报公司质量保证部。

9) 监督施工过程、材料的使用及检验结果，负责进货检验监督，过程试验监督。

10) 负责工程创优实体照片的拍摄。

第二节 质量管理策划

一、工程项目质量管理运行程序

1. 项目质量管理应按照"精品工程管理"流程实施，如图1-7～图1-11所示。

2. 系统化总结

第二节 质量管理策划

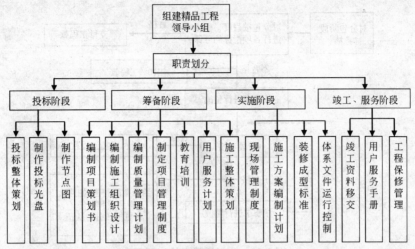

图 1-7 项目质量管理组织图

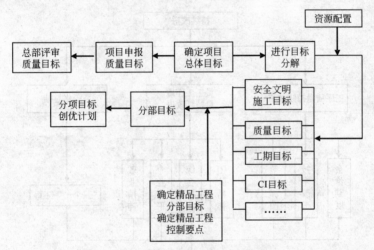

图 1-8 项目质量目标分解图

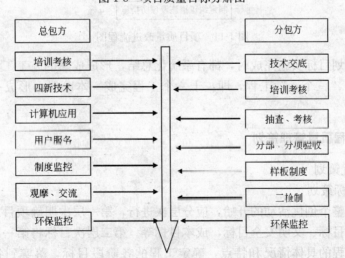

图 1-9 项目质量管理流程图

第一章 工程项目质量管理概论

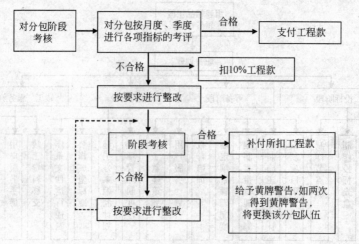

图1-10 项目质量考核流程图

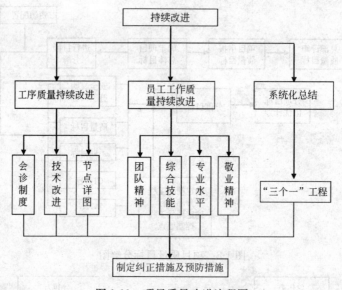

图1-11 项目质量改进流程图

在每一个策划目标实施完成时，都有系统化总结，形成成熟的施工工法及施工技术总结，实现并完善"三个一"工程，即：干一个工程完成一本画册、形成一张光盘、出一本书。

二、精品工程质量管理策划

1. 项目创优策划

（1）创优目标策划

目标管理是整个创优活动的开始，应分层次进行，第一层次明确项目总体目标，包括质量目标、工期目标、文明安全目标、成本目标等。第二层次目标将第一层次目标进行细化分解，结合工程的具体情况和特点，确定工程的各阶段目标，落实到各分部、分项工程，并落实责任人。

(2) 管理体系和制度策划

根据工程创优目标，项目在开工初期，即应建立健全管理制度，落实各相应岗位管理人员的职责，并编制《施工组织设计》、《创优计划》、《精品工程策划书》、《质量检验计划》等质量管理手册，确保在整个工程施工中，质量管理处于受控状态。

2.《精品工程策划书》的编制

《精品工程策划书》编制提纲：

(1) 工程概况，工程特点与难点。
(2) 精品工程策划书的管理。
(3) 适用范围和编制依据。
(4) 管理办法：

1) 目标管理：

① 经营理念与质量、环境与职业健康安全卫生体系方针；
② 项目的整体目标及目标分解；
③ 产品与过程识别；
④ 环境因素识别与评价、重大环境因素；
⑤ 危险因素识别与评价、重大危险因素；
⑥ 法律法规的识别。

2) 精品策划：

① 项目组织机构与职责；
② 资源配备与管理；
a. 项目人力资源配备管理；
b. 基础设施、施工条件的配备；
c. 安全生产与劳动保护；
③ 技术方案与过程控制；
④ 重大环境因素的控制方法；
⑤ 重大危险因素的控制方法；
⑥ 法律法规的识别、更新与控制；
⑦ 项目文化的创建。

3) 过程监控：

① 合同评审；
② 设计和开发；
③ 产品实现；
④ 成品保护；
⑤ 分承包方的管理；
⑥ 物资采购与管理；
⑦ 现场安全防护、临时用电、特殊脚手架、机械设备安全管理；
⑧ 文明安全施工、现场管理；
⑨ 职业病防治与卫生防疫管理；
⑩ 设备的维护管理；

⑪ 污染物(扬尘、噪声、废水、废弃物)管理;
⑫ 能源、资源管理(如水、电成本控制);
⑬ 化学危险品管理;
⑭ 监视和测量装置管理;
⑮ 应急准备与响应;
⑯ 文件记录管理;
⑰ 体系月度检查。
4) 阶段考核:
① 绩效考核与测量;
② 用户满意评价;
③ 分承包方的动态考核;
④ 自我评价。
5) 持续改进:
① 持续改进的基础信息;
② 持续改进。

三、项目质量控制组织协调

1. 项目前期准备工作

项目前期准备工作是项目施工管理过程中的重要环节,为确保工程质量,工程中标后,由工程管理部组织相关部门、相关分公司召开项目中标研讨会和项目前期准备会。通过两个会议使相关部门及专业公司对项目有一定的了解后,进行项目前期工作。其工作流程见表1-2,主要问题和处理办法见表1-3。

项目前期准备工作流程表　　　　　　　　　　表 1-2

工作程序	输入内容	管理职责	输出内容
1. 召开中标研讨会,策划生产要素和资源配置	项目基本情况	工程管理部组织,工程技术部等相关部门、主管副总经理参加	确定项目领导班子确定主要分包模式
2. 组建项目经理部	项目大小、特点、难易程度、分包模式	工程管理部组织,工程技术部等相关部门、主管副总经理参加	完整的项目经理部
3. 项目前期准备会	工程情况、合同情况、困难、风险	由工程管理部组织,项目经理部和有关部门、主管副总经理参加	准备会会议纪要
4. 承包合同评审	合同条款	合约部	承包合同
5. 项目分包队伍确定	分包招标文件评审/分包队伍招标评审/分包合同评审	工程管理部组织、合约部、机电工程部、主管副总经理参加	分包合同

第二节 质量管理策划

续表

工作程序	输入内容	管理职责	输出内容
6. 项目施工组织设计/施工方案	工程情况、合同条件	项目经理部编制、审核，按权限专人审批	项目施工组织设计/施工方案
7. 项目现场经费的核定	工程规模/工程难易程度及项目综合管理能力	工程管理部、人力资源部、财务管理部负责核定	现场经费总额
8. 项目临建	工程情况	项目经理部编制，工程管理部、工程技术部、合约部审批	项目临建方案
9. 工程项目管理责任目标委托书（考核）	公司要求、合同条件、项目情况	工程管理部牵头各部门核定指标	工程项目管理责任目标委托书授权委托书
10. 项目开工	开工报告	项目经理部负责向公司工程管理部交书面开工报告	工程管理部向其他相关部门转发项目开工报告
11. 进入项目实施阶段	落实各项责任目标	项目经理部、各部门依据目标进行考核指导	考核结果

主要问题和处理办法　　　　　　　　　　　　　　　　　　　表 1-3

工作事项	准备材料	落实部门	协调部门
1. 工地食堂办理卫生许可证、工人体检证	工人身份证复印件、工资表、花名册	项目经理部	工程管理部
2. 授权去城管大队、派出所办事	企业营业执照，身份证复印件、授权委托书申请备案表	项目经理部	工程管理部
3. 去劳动局处理民工工资相关事宜	需企业资质、营业执照、安全生产许可证、三个认证盖章、授权委托书申请备案表	项目经理部	工程管理部
4. 培训	职务证明、身份证复印件	项目经理部	工程管理部
5. 路政局施工排水申请、防汛职责状，消防局临建	企业资质证书、营业执照、安全生产许可证、申请表	项目经理部	工程管理部
6. 处理项目资金贷款	项目申请表	项目经理部	工程管理部
7. 借款申请	项目申请表	项目经理部	工程管理部
8. 项目兑现考核	项目兑现考核申请表	项目经理部	工程管理部
9. 自律保证书	自律保证书文函	项目经理部	工程管理部
10. 授权分公司对项目进行履约管理	授权委托书申请备案表	项目经理部	工程管理部
11. 接修排水户线开工核准表	企业资质证书、营业执照、安全生产许可证、申请表	项目经理部	工程管理部
12. 项目管理班子变更情况报告表	子公司上报变更项目管理人员申请表	项目经理部	工程管理部
13. 开工申请表	企业资质证书、营业执照、安全生产许可证、渣土销纳方案	项目经理部	工程管理部

续表

工 作 事 项	准 备 材 料	落实部门	协调部门
14. 关于项目履约的承诺函	子公司(项目部)提交履约保证书	项目经理部	工程管理部
15. 质量监督备案登记表(质检站、消防局、人防办、环保局、环卫局、建委、规委、土地局等)	提供备案人员清单和申请表	项目经理部	质量部
16. 授权去建委处理安全隐患问题	填写授权委托书申请备案表	项目经理部	工程管理部
17. 施工申请劳务中心备案表	填报申请表和施工申请备案表	项目经理部	劳务中心
18. 授权子公司对项目质量问题处理	填写授权委托书申请备案表	项目经理部	工程管理部

(1) 召开工程中标研讨会，确定生产要素和资源配置

1) 公司工程管理部牵头，召开工程中标研讨会，主管项目副总经理、工程技术部、人力资源部、合约部、党委工作部、群众工作部参加。

2) 工程管理部介绍项目大小、特点、难易程度、资金情况、风险大小等项目实际情况。

3) 会议讨论解决如下问题：

① 项目领导班子的组成，项目定员数量；

② 土建、装饰、机电分包模式；

③ 主要材料和机械的采购模式；

④ 业主合同交底；

⑤ 明确各专业公司在项目上应做的工作；

⑥ 公司各部门就前期准备工作提出计划和意见；

⑦ 其他需要解决的问题。

会议讨论的决议由工程管理部负责落实。没有达成决议的问题也由工程管理部会后负责解决和落实。

(2) 组建项目经理部

1) 项目定员的确定：

根据中标研讨会的决议，由工程管理部和人力资源部提出定员方案，报主管项目的公司领导及相关领导审定实施。

中标会上此项没有达成具体的决议，由工程管理部会同人力资源部根据公司相关文件和本项目施工工期、建筑面积、施工难易程度等情况进行评估，然后由工程管理部和人力资源部提出定员方案，报项目主管领导及相关领导审定后实施。

2) 项目领导班子的确定：

根据中标研讨会的决议，由工程管理部和人力资源部组织考核，考核合格后按干部任免程序由相关领导审批后行文聘任。

中标会上此项如没有达成具体的决议，则项目班子成员的配备由工程管理部组织策划实施，采取项目经理和相关业务部门推荐，工程管理部和人力资源部组织进行考核。考核合格后按干部任免程序由相关领导审批后行文聘任。京外区域公司项目执行《某企业公司京外区域管理试行办法》的相关内容。

3) 机电人员的确定：

工程管理部和机电工程部、人力资源部，组织会议，根据机电承包方式确定安装管理人员配备，工程管理部、机电工程部和人力资源部联合进行考核。考核合格后按干部任免程序由相关领导审批后行文聘任。

4) 其他人员的确定和日常调配：

其他项目员工的确定和日常调配由工程管理部根据岗位需求情况组织实施。项目经理部在公司提供的专业人才满足不了工作需要的前提下，可向社会招聘专业人才，但须经公司人力资源部认可。项目经理部自行聘用人员须与公司签订外聘合同。公司人力资源部按照国家及地方相关规定签订外聘合同、办理各项统筹等手续。京外区域公司项目执行《某企业公司京外区域管理试行办法》的相关内容。

5) 人员的调整：

由工程管理部和人力资源部定期到各项目经理部对各类人员的搭配、工作状况、施工进展等情况进行调查、分析，作为各项目的定员调整提供依据。项目经理部根据不同施工阶段，随时向工程管理部和人力资源部提交人员调配计划，工程管理部和人力资源部根据项目需要及公司整体考虑、统筹安排。

6) 项目经理部机构的设立和制度的确定

项目基本人员确定后，正式建立项目经理部和各项制度。

① 项目经理部的设立：在人员基本确定以后，由人力资源部下文确认，单位代码及印章事务由工程管理部协调处理。

② 项目经理部所属部门的设立：由项目经理部本着机构精简、提高工作效率、避免重复劳动的原则，结合项目实际及对接业主、监理单位的需要自行设立，但需经工程管理部审批后，报人力资源部备案。

③ 项目主要部门设置一览：

a. 工程部——具体负责施工管理；

b. 质量部——具体负责项目施工质量控制及各类体系认证管理；

c. 技术部——具体负责项目技术管理；

d. 物资部——具体负责项目物资管理；

e. 安全部——具体负责项目安全、文明施工、消防保卫及各类体系认证管理；

f. 机电工程部——具体负责项目各类安装施工管理；

g. 商务部——具体负责项目合同、经营、成本、资金管理；

h. 办公室——具体负责项目行政、后勤管理；

i. 项目工会联合会——具体负责项目工会会员健康福利生活。

④ 描绘项目经理部组织机构图：根据项目部门设置情况及领导班子分工，项目经理部绘制《项目经理部组织机构图》。

⑤ 项目经理部的规章制度应包括下列各项：

a. 项目管理人员岗位责任制度；
b. 项目质量管理制度；
c. 项目技术管理制度；
d. 项目安全管理制度；
e. 项目计划、统计与进度管理制度；
f. 项目成本核算制度；
g. 项目材料、机械设备管理制度；
h. 项目现场管理制度；
i. 项目分配与奖励制度；
j. 项目例会与施工日志制度；
k. 项目分包及劳务管理制度；
l. 项目组织协调制度；
m. 项目信息管理制度。

(3) 项目前期准备会

1) 召集项目前期准备会：由公司工程管理部牵头组织，在中标研讨会之后一周内，召集项目前期准备会。需参加会议的部门人员包括项目经理及经理部相关人员，公司合约部、财务管理部、资金部、机电工程部、工程技术部、人力资源部、质量部、安全部、市场部、党委工作部、群众工作部、主管领导等人。

2) 工程情况介绍：由项目主跟踪人和公司市场部介绍项目的承接情况。合约部介绍项目的合同条款、承包范围、质量要求、让利、承诺、垫资情况、收益率预测分析、各种风险等情况。工程技术部介绍工程特点难点、技术要求、工期、资源配置、投入等情况。

表式：工程情况调查表或中标交底书。

编制：市场部、合约部、技术部。

3) 项目前期需解决问题：项目经理或公司合约部负责将项目目前需要解决的困难向会议进行通报，工程管理部根据会议决议明确各部门分工，在规定期限完成相应的施工前期准备工作。

表式：项目策划会会议纪要。

编制：工程管理部。

(4) 承包合同评审——总包合同评审

合同评审概念：本处合同评审对象是总包合同。是指收到"中标通知书"后至正式合同签订之前，公司相关部门对合同条款进行的评审工作。对于特殊条件下的工程，如"三边"工程及其他先开后议的工程项目，合同评审可分为两个步骤进行，首先完成对前期进场协议的初步评审，待正式合同签订时，再进行合同评审。

对于新增工程的承包合同，召开评审会，由几个主要部门即合约部(机电工程部)、工程管理部、法律部、办公室按评审要求进行评审。

(5) 分包队伍确定

1) 依据：《分包队伍管理办法》、《分项工程专业及劳务分包招标管理办法》、《分项工程分包/分供合同评审管理办法》

2) 分包队伍确定范围：工程主要分供/分包商，比如土建劳务分包、机电分包(装饰分包可在开工后适当时候确定）。

3) 分包队伍招标评审：

招标评标原则：公开、公平、公正。

分包队伍的选择必须在合约部（机电工程部）和劳务公司登记管理的合格分包方范围内进行。项目经理部或其他单位、个人在平时或分包招标期间均可推荐分包方，但需经合约部、工程部和劳务公司考察确认为合格分供方，方可参加投标。

① 推荐：分包投标队伍统一由工程管理部与合约部（机电工程部）和劳务公司共同推荐，具体由合约部和劳务公司首先提出初步推荐意见，项目经理与其他单位也可参与推荐，合约部在综合各推荐意见的基础上，在劳务公司管理注册的合格分包方范围内，向招标工作组提出正式的投标队伍的推荐名单。

② 组织：分包招标工作由合约部牵头组织，公司授权项目经理部进行的招标工作由项目经理牵头组织，总部各部门予以配合。

③ 评审：由合约部经理组织招标评审，主管或分管领导为主持人，项目管理部、项目经理部、工程技术部，合约部将招标结果分别报总经济师和生产副总经理在达成共同意见的基础后上报常务副总经理，如有分歧意见最终由总经理决策。

④ 机电工程部组织招标的机电专业分包招标：由机电工程部经理组织招标评审，合约部、工程管理部、项目经理部、工程技术部、主管项目的副总经理根据评审意见决策中标队伍。重要分包招标评审应有总经理参与。

⑤ 公司授权项目经理部牵头组织的招标工作：由项目经理部组织招标评审，项目经理为主持人，合约部、工程管理部、工程技术部参与评审，机电类分包招标，应有机电工程部参与。项目经理（项目商务经理）根据评审意见决策中标队伍，合约部经理具有一票否决权，机电类的分包招标，合约部在合理范围内对价格有否决权，工程管理部和机电工程部应对使用的队伍具有否决权。重要分包招标评审应有总经理参与。

根据分包招标评审的结果，公司合约部具体组织分包的招标、评标工作。确定中标人，发放"中标通知书"。

4) 承包合同评审——分包合同评审

① 分包合同评审是指给中标单位发出"中标通知书"后至正式分包合同签订之前，为使合同内容更加规范、合法和严谨，公司相关部门对分包合同条款进行的评审工作。

② 对于特殊条件下的分包工程项目，如"三边"工程及未同业主签订承包合同的工程项目，分包合同评审可分为两个步骤进行，首先完成对前期进场协议的初步评审，待正式分包合同签订时，再进行分包合同评审。

③ 合同评审牵头单位为：

对于合约部直接组织招标的土建专业分包工程由合约部合约经理牵头组织进行；

对于公司合约部授权项目经理部组织招标的土建专业分包工程由项目经理部商务经理牵头组织进行。

④ 评审方式：

对于合约部直接组织招标的土建专业分包工程：由合约经理组织合同评审，合约部经理或分管领导担任评审主持人，由合约部合约主办负责填写评审表，工程管理部、合约部、法律部、项目经理部及相关专业的主管人员分别对分包合同的相关条款进行评审，评审意见填写在评审表上，分包合同最后须由评审主持人签署评审意见后，由总经济师或总经理其他授权人批准签署后，方可到公司合约部加盖公司合同专用章。评审表留在合约部存档。

对于公司合约部授权项目经理部组织招标的分包工程：由项目经理部商务经理负责填写评审表，工程管理部、合约部、法律部、劳务公司、资金部、项目经理部及相关专业的主管人员分别对分包合同的相关条款进行评审，评审意见填写在评审表上，分包合同最后须由评审主持人签署评审意见后，方可到公司合约部加盖公司合同专用章。评审表留合约部存档。

对于重大复杂的分包合同应征求公司法律部的意见。

评审主持人综合各评审人的评审意见，根据分包工程具体情况决定是否予以采纳；需要更改分包合同条款的，要与分包方达成一致意见，评审主持人应要求原评审表填表人将分包合同条款进行改动后再行签订，评审主持人对分包合同内容全面负责。

5) 对分包方管理的职责

① 劳务公司管理职责：

协助分包队伍办理施工所需的全部资质条件及各种必备手续，使其具备项目施工的合法手续；在建委外管处办理工程或劳务注册手续，在职业介绍服务中心办理《外来人员就业证》等手续。

负责按公司主管领导的委托与中标单位签订《建设工程劳务分包合同》。

负责对分包队伍的日常管理，使其达到公司对分包队伍的各项要求，满足对工程项目服务的要求。

参与合约部(机电专业为机电工程部)、工程管理部、工程技术部对分包队伍履约过程中的纠纷进行处理及裁决。

② 项目经理部管理职责：

代表公司签订或履行专业分包和劳务分包合同。

具体负责合约部委托进行招标的分项工程的分包招标。

参与项目分包方式的确定与投标单位的确定。

项目经理部须设专(兼)职分包队伍管理人员。

负责对所使用分包队伍的日常管理。

负责对所使用分包队伍在质量、工期、安全、文明施工、环境等方面进行控制与管理，并对其管理资源、劳动力资源及其他各项生产要素负责管理调配。

项目经理部须每季度末向劳务公司报(现场)分包队伍动态表。

项目经理部负责检查监督分包队伍的务工手续(外地施工队伍进京施工许可证、队伍花名册、《外来人员就业证》等)。

项目经理部根据《分包队伍考核办法》定期对分包队伍进行考核，合同结束后进行有实效的具体评估，考核与评估表报劳务公司。

项目经理部负责分包队伍的入场、安全、环保等教育与培训。

6) 承包方与分包方的沟通

项目经理受总经理委托全权负责分包合同的履行。

在分包合同履行过程中，由于承包方要求或其他客观因素影响，需要变更原分包合同文件的某项要求时，项目经理根据变更影响程度分别处理：

工程分包合同在履约过程中发生变更，由项目经理部书面向合约部（机电工程部）通报有关情况，总部达成一致意见后，合约部（机电工程部）负责一并与分包进行谈判，根据谈判结果报主管副总经理书面审批，双方签订分包合同补充协议，并下发项目管理部、资金部、物资部、项目经理部以及相关部门，原件留合约部（机电工程部）存档。

项目经理部负责填写《修订分包合同文件登记表》后，并报公司合约部（机电工程部）存档。

对于在项目建设过程中出现的分包方履约不力、劳动力不足等等，项目经理部要做好积极帮助和调整，同时细致地做好反索赔纪录，作为项目最终分包结算的合同依据。

发生下列情况之一，公司可以与分包队伍解除协力合作、合约关系或暂停与其合作关系：

分包队伍违反了国家法律或北京市的有关规定；

分包队伍已不具备进一步的履约能力（包括劳动力保证能力、技术保证能力、质量安全保证能力、资金保证能力等），或者破产、降级不再具备原有资质；

分包队伍不能按要求完成项目施工任务或施工质量严重不合格；

分包队伍不按所签合约施工，严重违反了合同约定，经协商仍不能解决的，可以与其解除合同关系；

经半年、年度、竣工考核，实际管理、施工水平达不到公司要求，不具备相应资质的；

其他原因，造成双方无法继续协作的，经双方协商，可以解除协作关系。

(6) 施工组织设计/施工方案

1) 施工组织设计分类

① 投标施工组织设计：为承揽工程项目，根据招标文件的要求，结合工程的特点、重点和难点，在投标阶段应编制的施工组织设计。该施工组织设计具有双重作用：一是为承揽工程项目，二是在项目中标之后为项目经理部完善和细化施工组织设计提供指导性文件的依据。

② 整体工程施工组织总设计：在设计图纸和设计文件齐备的前提下，在投标施工组织设计的基础上进行补充、细化和完善，使其更具针对性、可操作性和经济性，它包括工程整体施工组织设计的各个方面（不再另行编制专项施工组织设计）。

③ 专项施工组织设计：在设计文件不全或边设计边施工或业主有特殊要求的情况下，某一个或某几个分部工程应分阶段编制的施工组织设计（诸如结构工程、装修工程、机电工程、幕墙工程等）。但所有专项施工组织设计均作为整体工程施工组织设计的一个组成部分，最终形成完整的工程施工组织总设计。

2) 施工组织设计/施工方案的编制：

① 一般情况下，工程项目的施工组织设计/施工方案的编制工作在项目经理部主任（总）工程师的领导下组织进行。具体编制工作由项目经理部技术部或机电部牵头负责完成。

② 对于一些高、大、精、尖、特的工程项目的施工组织设计或施工方案，项目经理部难以或无力单独完成，则由公司工程技术部牵头组织，公司总部与项目经理部共同

完成。

③ 对于一些极其特殊的、技术难度很高、施工难度很大的施工组织设计/施工方案，由公司总工程师牵头组织完成。

3) 施工组织设计/施工方案的评审、审核、会审

① 施工组织设计/施工方案的评审。在提交审核前，所有参编人员及项目质量、安全、三合一体系管理等相关专业人员应认真填写评审意见表。表中的子目应根据实际情况删减或增加，应用时还应根据实际情况编辑、调整。

② 施工组织设计/施工方案的审核

需提交公司审批的施工组织设计/施工方案（包括由各指定/专业分包商制定的），都必须由项目主任（总）工程师负责认真修改、把关，并负责审核签字；由项目主任（总）工程师负责审批的施工方案，由项目技术部（项目机电经理负责审核机电施工方案）负责认真修改、把关，并负责审核签字。项目的重要方案项目主任工程师审核完后应提交工程技术部进行评审，必要时工程技术部应聘请有关专家对方案进行论证，项目经理部相关负责人应参加论证会。

③ 施工组织设计/施工方案的会审：凡提交公司审批的施工组织设计/施工方案，由公司工程技术部负责组织会审工作，并填写会审表。

2. 项目对外联络

(1) 现场地盘交接

经理部进驻现场后，应马上办理现场地盘交接，并填写"地盘交接单"。

现场地盘交接内容如下：

1) 红线范围及红线与建筑物轮廓线的关系；
2) 红线桩、水准点、位置及有关数据；
3) 水源、电源及施工道路的位置；
4) 场地平整情况；
5) 场内障碍物情况（原有建筑物、树木、地下管线、人防等）；
6) 除将简要情况在表内说明外，还应绘制平面图，将上述有关内容在平面图中标明；
7) 其余需说明事宜可在备注中予以补充说明。

本表一式四份，业主、监理、工程管理部、项目经理部各一份。

地盘交接后，经理部应根据现场情况同建设单位协商，落实未完成的工作，组织地下管网的保护或迁移工作。以便尽快具备开工条件。

施工时发现文物、古迹、爆炸物、电缆等，应当停止施工，保护好现场，及时向有关部门报告，按照有关规定处理后方可继续施工。

表式：地盘交接单。

填写：项目经理部。

(2) 规划许可证

规划许可证包括建设用地规划许可证和建设工程规划许可证。在开工前由业主方负责提供给项目经理部，项目经理部将规划许可证报工程管理部备案。

(3) 施工许可证

建设工程开工前，建设单位应当按照国家有关规定向工程地县级以上人民政府建设行

政主管部门申请领取施工许可证。

申请施工许可证，应当具备下列条件：

1) 已经承保了"建筑施工人员意外伤害保险"；
2) 已经办理该建筑工程用地批准手续；
3) 在城市规划区内的建筑工程，已经取得规划许可证；
4) 需要拆迁的，其拆迁进度符合施工要求；
5) 已经确定建筑施工企业；
6) 有满足施工需要的施工图纸及技术资料；
7) 有保证工程质量和安全的具体措施；
8) 建设资金已经落实；
9) 法律、行政法规规定的其他条件。

建设单位应当自领取施工许可证之日起3个月内开工。因故不能按期开工的，应当向发证机关申请延期。

在建的建筑工程因故中止施工的，建设单位应当自中止施工之日起一个月内，向发证机关报告，并按照规定做好建筑工程的维护管理工作。

建筑工程恢复施工时，应当向发证机关报告；中止施工满一年的工程恢复施工前，建设单位应当报发证机关核验施工许可证。

(4) 质量监督

工程具备开工条件后，由建设单位携带有关文件，到市质量监督站、人防办、消防局办理质量监督手续及缴纳质量监督费用。

1) 受理质量监督申报

在工程项目开工前，政府质量监督机构在受理建设工程质量监督的申报手续时，对建设单位提供的文件资料进行审查，审查合格签发有关质量监督文件。

2) 开工前的质量监督

开工前召开项目参与各方参加的首次监督会议，公布监督方案，提出监督要求，并进行第一次监督检查。监督检查的主要内容为工程项目质量控制系统及各施工方的质量保证体系是否已经建立，以及完善的程度。具体内容为：

① 检查项目各施工方的质保体系，包括组织机构、质量控制方案及质量责任制等制度；
② 审查施工组织设计、监理规划等文件及审批手续；
③ 检查项目各参与方的营业执照、资质证书及有关人员的资格证书；
④ 检查的结果记录保存。

3) 施工期间的质量监督

① 在建设工程施工期间，质量监督机构按照监督方案对工程项目施工情况进行不定期的检查。其中在基础和结构阶段每月安排监督检查。检查内容为工程参与各方的质量行为及质量责任制的履行情况、工程实体质量和质保资料的状况。

② 对建设工程项目结构主要部位(如桩基、基础、主体结构)除了常规检查外，还要在分部工程验收时，要求建设单位将施工、设计、监理、建设方分别签字的质量验收证明在验收后3天内报监督机构备案。

③ 对施工过程中发生的质量问题、质量事故进行查处；根据质量检查状况，对查实的问题签发"质量问题整改通知单或暂停施工指令单"，对问题严重的单位也可根据问题情况发出"临时收缴资质证书通知书"等处理意见。

④ 竣工阶段的质量监督

政府建设工程质量监督机构按规定对工程竣工验收备案工作实施监督。

a. 做好竣工验收前的质量复查

对质量监督检查中提出质量问题的整改情况进行复查，了解其整改情况。

b. 参与竣工验收会议

对竣工工程的质量验收程序、验收组织与方法、验收过程等进行监督。

c. 编制单位工程质量监督报告

工程质量监督报告作为竣工验收资料的组成部分提交竣工验收备案部门。

d. 建立建设工程质量监督档案

建设工程质量监督档案按单位工程建立；要求归档及时，资料记录等各类文件齐全，经监督机构负责人签字后归档，按规定年限保存。

(5) 设计交底及图纸会审

1) 施工合同签订后，项目经理部应索取设计图纸和技术资料，指定专人管理并公布有效文件目录。

2) 设计交底由建设单位组织，可同图纸会审一并进行。设计单位、承包单位和监理单位的项目负责人及有关人员参加。

3) 通过设计交底应了解的基本内容：

① 建设单位对本工程的要求，施工现场的自然条件(地形、地貌)，工程条件与水文地质条件等；

② 设计主导思想，建筑艺术要求与构思，使用的设计规范，抗震烈度和等级，基础设计，主体结构设计，装修设计，设备设计(设备选型)等；

③ 对基础、结构及装修施工的要求，对建材的要求，对使用新技术、新工艺、新材料的要求，以及施工中应特别注意的事项等；

④ 设计单位对承包单位和监理单位提出的施工图之中问题的答复。

设计交底应有纪录，会后由建设单位或建设单位委托监理单位负责整理；工程变更应经建设单位、设计单位、监理单位、承包单位签认。

图纸会审内审：项目经理部接到工程图纸后应按质量程序文件要求组织有关人员进行审查，对设计疑问及图纸存在的问题按专业加以汇总后报建设单位，由建设单位提交设计单位做图纸会审准备。

图纸会审外审：由建设单位负责组织，项目经理部、设计、监理公司参加，重要工程要通知公司总工程师、工程管理部、工程技术部、质量部、安全部及分包施工单位的技术领导和工程负责人等参加。对会审中涉及的所有问题要按专业进行汇总、整理，形成图纸会审记录，记录中要明确记录会审时间、地点、参加单位、参加人姓名、职务、提出问题以及解决问题的办法。

图纸会审记录由设计单位、建设单位、监理单位和施工单位的项目相关负责人签认，形成正式的图纸会审记录。不得擅自在会审记录上涂改或变更内容。

施工图纸会审记录是工程施工的正式设计文件，不允许在会审记录上涂改或变更其内容。

(6) 施工测量放线

本市行政区域内的单位使用本市基础测绘成果，须持单位公函和有关资格证书等报市规划局批准。

建设单位持规划许可证及规划局审批过的总平面图至测绘院，由测绘院提供红线桩及高程点测量成果。

项目经理部应依据设计文件和设计技术交底的工程控制点进行复测。当发现问题时，应与业主协商处理，并应形成纪录。

承包单位应将施工测量方案、红线桩的校核成果、水准点的引测结果填写"施工测量放线报验表"并附工程定位测量纪录报项目监理部查验。

承包单位在施工现场设置平面坐标控制网(或控制导线)及高程控制网后，应填写"施工测量放线报验表"并附基槽验线记录报项目监理部查验。

承包单位应对红线桩、水准点、工程的控制桩等采取有效的保护措施。

(7) 施工过程试验

工程项目均应设试验室，并设标养室，可委托有资质的试验室负责过程试验并出具试验报告。

项目经理部应依据设计文件和设计技术交底向试验室交底，由试验室派人(或有资质的操作人员)进行施工过程中检验批的试块制作、养护、试验，并出具试验报告。

(8) 第一次工地会议

1) 第一次工地会议由建设单位主持，在工程正式开工前进行。

2) 第一次工地会议应由下列人员参加：

① 建设单位驻现场代表及有关职能人员；

② 承包单位项目经理部经理及有关职能人员、分包单位主要负责人；

③ 监理单位项目监理部总监理工程师及全体监理人员；

④ 质量监督站人员。

3) 会议主要内容：

① 建设单位负责人宣布项目总监理工程师并向其授权；

② 建设单位负责人宣布承包单位及其驻现场代表(项目经理部经理)；

③ 建设单位驻现场代表、总监理工程师和项目经理相互介绍各方组织机构、人员及其专业、职务分工；

④ 项目经理汇报施工现场施工准备的情况；

⑤ 会议各方协商确定协调的方式，参加监理例会的人员、时间及安排。

4) 其他事项：

第一次工地会议后，由监理单位负责整理编印会议纪要，分发有关各方。

(9) 施工监理交底

1) 施工监理交底由总监理工程师主持，中心内容为贯彻项目监理规划。

2) 参加人员：

① 承包单位项目经理部经理及有关职能人员、分包单位主要负责人；

② 监理单位项目监理部总监理工程师及有关监理人员。
3) 施工监理交底的主要内容：
① 明确适用的国家及本市发布的有关工程建设监理的政策、法令、法规；
② 阐明有关合同约定的建设单位、监理单位和承包单位的权利和义务；
③ 介绍监理工作内容；
④ 介绍监理控制工作的基本程序和方法；
⑤ 提出有关表格的报审要求及有关工程资料的管理要求。
4) 项目监理部应编写会议纪要，发承包单位。
(10) 工程动工报审表
承包单位认为达到开工条件应向项目监理部申报"工程动工报审表"。
监理工程师应核查下列条件：
1) 政府主管部门已签发"北京市建设工程开工证"；
2) 施工组织设计已经项目总监理工程师审批；
3) 测量控制桩已查验合格；
4) 承包单位项目经理部管理人员已到位，施工人员、施工设备已按计划进场，主要材料供应已落实；
5) 施工现场道路、水、电、通讯等已达到开工条件。
监理工程师审核认为具备开工条件时，由总监理工程师在承包单位报送的"工程动工报审表"上签署意见，并报建设单位。
(11) 工程开工报告
"工程开工报告"由施工单位填写一式三份，在开工当日送建设单位签章后送工程管理部一份，双方签章单位各执一份，应注意保存作为交工资料。
由于建设单位变更设计等通知停工，而后经解决再通知复工，亦填写此表。
(12) 施工扰民补偿协议
建设工程所在地区的建设行政主管部门负责组织公安交通、环保部门和街道办事处、公安派出所单位协助建设单位和施工单位做好工程周围居民的工作，共同维护正常的施工秩序，以保证城市建设工程的顺利进行。在各区、县政府的领导和有关街道办事处的组织下，由街道办事处、居民代表、派出所、建设单位、施工单位参加，共同开展创建文明工地活动。
国家和本市重点工程一般建设项目的土方工程以及按照设计要求必须连续施工的工程，需要在22时至次日6时进行施工的，施工单位在施工前必须向工程所在地区的建设行政主管部门提出申请，经审查批准后到工程所在地区的环保部门备案。未经批准，禁止施工单位在22时至次日6时进行超过国家标准噪声限值的作业。
施工单位在施工前应公布连续施工的时间，向工程周围的居民做好解释工作。
开挖土方量10万 m^3 以上或者需连续运输土方15日以上的深基础作业，由施工单位提出申请，经工程所在地的建设行政主管部门审核批准后，报公安交通管理部门核发指定行车路线的专用通行证。
居民以施工干扰正常生活为由，对经批准的夜间施工提出投诉的，建设单位、施工单位应当向工程所在地的环保部门申请，由环保部门按国家规定的噪声值标准进行测定。施工噪声超过标准值时，环保部门应当确定噪声扰民的范围，并出具测定报告书。

凡经环保部门测定,并确定补偿范围和签订补偿协议的,签约双方应当按照协议认真执行,不得以任何理由违约。

建设单位对确定为夜间施工噪声扰民范围内的居民,根据居民受噪声污染的程度,按批准的超噪声标准值夜间施工工期,以每户每月 30 元至 60 元的标准给予补偿。

因各类抢险施工造成噪声扰民的,对附近居民不予补偿。由抢险工程所在地的政府负责组织有关部门做好抢险工程周围居民的工作,确保抢险工程顺利进行。

建设单位应当在当地建设行政主管部门和街道办事处的组织下与接受补偿的居民签订补偿协议,补偿费由工程所在地的街道办事处组织发放。

(13) 施工现场消防安全许可证

建设工程施工现场的消防安全由施工单位负责。施工单位开工前必须向公安消防机构申报,经公安消防机构核发《施工现场消防安全许可证后》,方可施工。

下列建设工程的施工组织设计和方案,由施工单位报送市级公安消防机构:

1) 国家重点工程;
2) 建筑面积 2 万 m^2 以上的公共建筑工程;
3) 建筑总面积 10 万 m^2 以上的居民住宅工程;
4) 基建投资 1 亿元人民币以上的工业建设工程。

上述范围以外和市级公安消防机构指定监督管理的建设工程的施工组织设计和方案,由施工单位报送建设工程所在地的区、县级公安消防机构。

(14) 项目管理人员安全生产资格证书

1) 建筑企业中项目管理人员必须经过安全资质培训、考核,取得安全资质,持北京市经委统一印制的《安全生产资质证书》后方可上岗。
2) 安全资质培训、考核,统一由公司质量部、安全部负责。

分包单位必须持有《施工企业安全资格审查认可证》方可承揽工程。该证由分包单位自行办理,进场后交项目备案。同时备案的还有:

① 营业执照(复印件);
② 企业技术资质等级证书;
③ 安全管理组织体系;
④ 安全生产管理制度;
⑤ 外省市进京施工企业的进京许可证。

(15) 分包单位劳务用工注册手续

1) 外地建筑企业来本市施工,到市建委管理办公室办理登记注册必须符合下列规定:

① 承包建设工程的,持营业执照、企业等级证书和所在地区省级建筑业主管机关的批准证件,办理登记注册。其中参加投标的,必须领有投标许可证,中标后再办理登记注册。注册期限按承建工程的合同工期确定。注册期满,工程未能按期完工的,必须办理延期注册手续。

② 提供劳务的,持营业执照、企业等级证书和所在地区县以上建筑业主管机关的批准证件,办理登记注册。注册期限按年度确定,每年登记注册一次。

外地建筑企业在本市的营业范围,由市建筑业管理办公室根据该企业等级和曾承建的工程质量等情况核定。外地建筑业应按企业等级和核定的营业范围经营。

由公司劳务公司协助分包单位到社会劳动保障局办理企业职工就业证。

2) 外地建筑企业在本市施工期间，必须遵守下列规定：

① 向施工所在区、县建委办理施工管理备案，并按规定向市和区、县建委报送统计资料；

② 按规定向公安机关办理企业职工暂住户口登记，申请暂住证，签订治安责任书；

③ 按规定向劳动部门申领安全生产合格证；

④ 按规定办理企业职工健康证。

四、质量管理策划实例

【案例 1】

以下以示例了解企业管理，彰显企业的管理实力，增强员工归属感、荣誉感。

1. 企业概况

经过半个多世纪的发展，某建筑企业已成长为具有国家特级工程总承包资质，集设计、科研、施工、安装、物流配送、房地产开发于一体，跨行业、跨地区经营的大型多元化建筑企业集团，现有全资企业和控股企业 30 余家，在国内各区域和主要城市设立子公司、分公司、办事处 40 多家，市场范围遍及全国，年经营规模在 100 亿元以上，并与国外著名建筑公司保持长期合作伙伴关系。作为某建筑企业核心企业的某建筑有限公司，是中国最大房屋建筑承包商、最大建筑房地产综合企业集团、最大国际工程承包商。

2. 企业的安全生产资质

某建筑企业以诚信作为企业的核心价值观，以建筑与绿色公升，发展和生态协调为环境观，奉行"今天的质量是明天的市场，企业的信誉是无形的市场，用户的满意是永恒的市场"的市场理念，追求"至诚至信的完美服务，百分之百的用户满意"。以一贯的高效、优质服务和重合同、守信誉的严谨作风赢得了广大客户、行业主管部门、金融机构的充分信赖，先后荣获全国用户满意施工企业、全国优秀施工企业、北京市守信企业、北京质量效益型企业等荣誉称号，长期拥有 AAA 级信用等级证书，是国内惟一荣获全国质量管理奖、国家质量管理卓越企业的建筑企业。某建筑企业具有强大的科技开发应用能力和设计能力，拥有国家级企业技术中心和国家级建筑节能实验室，建立了完备的企业施工技术方案信息库和材料价格信息库，取得了一大批有价值的科研成果。

3. 质量、环境、职业安全健康保证体系

某建筑企业推行"总部服务控制、项目授权管理、专业施工保障、社会协力合作"的统一的项目管理模式，以集团实力为后盾，充分发挥总部对项目的支持保障能力和服务控制能力，对项目进行统一的施工方案策划、质量策划、CI 策划，以"只有不同的业主需求，没有不同的项目管理"为标准，全力建设"项目精品连锁店"。某建筑企业恪守"满足顾客、保护环境，珍爱生命，用我们的承诺和智慧雕塑时代的艺术品"的质量、环境、职业健康安全理念并得到质量、环境、职业健康安全三合一体系的认证，不断健全和完善"过程精品、动态管理、目标考核、严格奖罚"的质量运行机制和"目标管理、创优策划、过程监控、阶段考核、持续改进"的创优机制，全力倡导全员全过程"零缺陷管理"的质量文化，打造"精品工程生产线"。

4. 工程业绩

近年来,承建了一大批精品工程,目前在建的工程有世界最高钢筋混凝土结构建筑工程、中国最高钢筋混凝土结构建筑工程等众多标志性工程。累计荣获国家建筑最高奖——鲁班奖26项,国家优质工程奖18项,省部级以上工程质量奖450余项次。某建筑企业集55年"建筑铁军"光荣传统和现代经营管理理念于一身,积极建设具有凝聚力和包容性的企业文化,注重与业主的文化交汇和感情融合,以"建一项工程,创一座精品,交一批朋友"为目标,追求在愉悦的合作中与业主的共同促进,共同发展。

5. 管理体系优势

(1) 品牌优势:某企业以强大的实力在世界级国际承包商中位居前列,享有极高的商誉,"中国建筑"品牌已经成为世界建筑业公认的国际知名品牌。作为"中国建筑"的重要骨干企业——某企业为做强做大中建集团、创建"中国建筑"品牌发挥了关键性作用。某企业始终致力于"打造具有国际竞争力的现代建筑企业集团"的事业,以务实创新、与时俱进的精神,外拓市场、内强管理,精心浇铸中建集团基业,不断提升"中国建筑"价值。

(2) 经营机制优势:某企业已由过去单一的参与工程承包,发展为合作、合资进行房地产开发、工程总承包、国际贸易合作的新格局,拥有民用商住、市政道路、环保水利、地铁隧道以及现代化设施和功能的综合性群体建筑的总承包能力,具有总承包大型工程的物资管理及仓储运输等综合服务能力,成为具备施工、科研、设计和物资采购四位一体的跨地区、跨行业、跨所有制经营能力的企业集团。

(3) 管理优势:某企业在遵循国际工程承包惯例的基础上,结合我国的国情创立的以"总部服务控制、项目授权管理、专业施工保障、社会协力合作"为内涵的项目管理模式,在市场竞争中显示出充分的优越性。在集团内部管理上积累了规范化、程序化的成熟经验,在方针目标、市场营销、财务资金、人力资源、科研技术、项目施工、质量安全、投标报价、体系贯标、分包分供等10个方面建立了系统性文件化的管理手册,各系统的全过程运行都遵守规范化的程序。

(4) 人才优势:某企业崇尚"留在企业的都是人才"的人才观,最大限度地开发和利用好人力资源。某企业具有健全和完善的人力资源管理体系,从培养、选拔、考核、任用四个环节提高员工的业务素质和工作能力,并通过企业理念和规章制度的培训提升员工对企业的认同感和忠诚度。某企业在人才结构上实施"三化"战略,即特殊人才职业化、专业人才序列化、操作工人技能化,基本完成了建筑企业从劳务密集型向技术智力密集型的转变。人才在某企业能充分实战自身的才华,从而实现企业和个人价值的双赢。

(5) 融资能力优势:某企业以一贯的高效、优质服务和重合同、守信誉的严谨作风,赢得了广大客户、行业主管部门、金融机构的充分信赖,连年被评为信用特级企业,长期持有AAA级信用等级证书。某企业作为华厦银行等商业银行的股东,与金融界建立了良好的协作关系,具备较强的融资能力。

(6) 科技开发优势:某企业依靠科技进步抢占市场竞争的制高点,形成了独具特色的专业技术优势和以技术中心为核心的技术发展体系。具有以建造规模大、技术难度高的群体工程和超深、超高工程及特殊结构工程施工技术为特点的技术体系,在各类工程的结构施工、安装施工、高级装饰施工、施工详图设计、钢结构设计制作安装、高层滑模施工、建筑模板设计与拼装、智能型楼宇自控电子设备安装、机电安装、超高层高速电梯安装、超净化系统安装等领域处于国内领先水平。在清水混凝土、绿色施工、节能技术研究等方面走在国内建筑业的前列。

（7）规模经营优势：某企业以提高发展质量为主题，努力推动规模与效益的均衡快速增长，各项指标屡创历史最好水平。目前集团年经营规模在150亿元以上，承建了俄罗斯联邦大厦、国家游泳中心、北京地铁四号线等大批高端领域项目。工程质量、合同履约、利税总额、全员劳动生产率、资产保值增值率等指标连创历史最好水平，在全国同行业中保持领先的地位，企业形象、社会知名度、综合实力稳步提高，是全国建筑行业公认的"王牌"。

（8）市场开拓优势：某企业承接施工了众多国家、省市优质工程，积累了丰富的工程总承包经验。

（9）企业信誉优势：某企业以诚信作为企业的核心价值观，奉行"今天的质量是明天的市场，企业的信誉是无形的市场，用户的满意是永恒的市场"的市场观念，追求"至诚至信的完美服务，百分之百的用户满意"。

（10）资质优势：某企业拥有房屋建筑总承包特级资质企业2家，房屋建筑总承包一级资质企业7家，机电安装总承包一级资质企业1家，专业承包一级资质企业6家，是国内为数不多的双特级资质建筑企业集团。全集团具有3个类别、13项次的施工总承包壹级以上资质，具有10个类别、34项次的专业承包壹级资质。公司具有市政总承包一级、公路总承包二级、化工石油总承包二级等总承包资质；设计院具有设计甲级资质，装饰公司具有装饰设计甲级资质，钢结构公司具有轻钢设计乙级资质。

（11）资源优势：目前，某企业在以北京为中心的华北区，以大连为中心的东北区，以上海为中心的华东区，以广东为中心的华南区，以合肥为中心的华中区，以成都为中心的西南区，均保持着持续增长的客户群体，并形成向中、西部地区伸展之态势。客户涵盖政府、外资、国有、股份、民间等各个资本领域，服务功能覆盖公共建筑、金融、工业、民用、文化教育、体育、医药卫生、电力电信、环境环卫、机场车站、宾馆商厦等各业经济需求。几十年来，企业发展足迹遍及大半个中国，涉足国民经济发展各行各业，与各地、各时代、各领域客户，共同打造起飞的中国经济。

该企业组织机构图见图1-12。

项目组织机构图见图1-13。

【案例2】

了解工程概况，明确工程特点与难点，建立项目质量组织机构。

1. 工程概况

（1）编制依据

① 工程合同。

② 工程施工图纸。

③ 工程应用的主要规程、规范。

④ 工程应用的主要图集。

⑤ 工程应用的主要标准。

第二节 质量管理策划

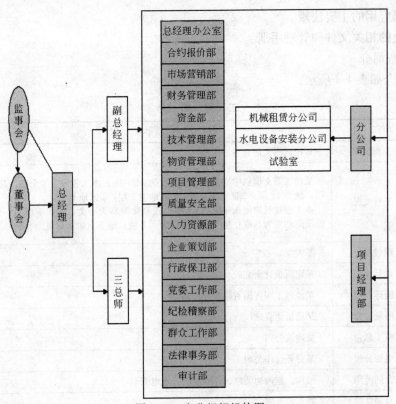

图 1-12 企业组织机构图

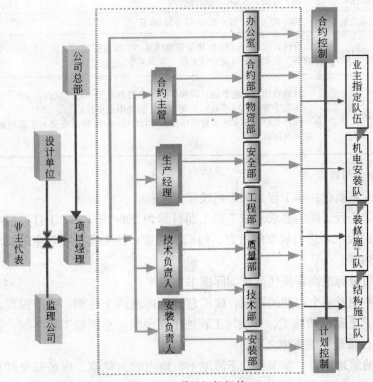

图 1-13 项目组织机构

⑥ 工程应用的主要法规。
⑦ 企业的相关文件和管理手册。

(2) 工程简介

工程简介如表1-4所示。

工程简介   表1-4

序号	项目	内容
1	工程名称	某校区图文信息中心工程
2	工程概况	某校区图文信息中心工程建筑高度为51.50m。本工程分为4个区,其中1区地下1层,地上12层;2区地上5层;3区地上2层;4区地上2层。 本工程建筑物耐久年限为50年;建筑物类别为一类,耐火等级为一级;建筑物抗震设防烈度为八度;屋面防水等级为:Ⅱ级;地下室防水等级为Ⅰ级
3	建设单位	某大学
4	设计单位	某建筑设计研究院
5	监理公司	某监理工程咨询有限责任公司
6	质量监督	某质量监督站
7	施工总包	某建筑公司
8	主要分包	某劳务合作公司
9	合同范围	结构、室内初装修、外墙装饰、水电安装
10	合同性质	总承包合同
11	投资性质	国家计委、教委、交通部投资
12	合同工期	2004年8月1日~2006年5月30日
13	质量目标	合格,保持ISO 9000质量管理体系,实施过程精品,确保实现四川省优质工程"天府杯"金奖,创国家建筑工程"鲁班奖"
14	安全目标	杜绝重伤、死亡事故;轻伤事故频率控制在千分之六以内; 不发生重大机械事故、火灾事故、急性中毒事故; 保持ISO 14001环境管理体系和OHSAS18001职业安全卫生管理体系的有效运行,并实现持续改进

2. 工程特点与难点

(1) 工程的重要性:本工程是某市高校重点工程。

(2) 业主对工程工期的要求:该工程工期目标为2006年8月31日以前竣工,如何通过人、机、料的投入,进行科学的策划、组织、管理,使工程按照业主的要求完成是本工程十分重要的内容。

(3) 施工质量标准高:现代高校国际图书馆水平。

(4) 两个冬期及一个雨期的影响:施工总工期内逢两个冬期、一个雨期。其中基础工程施工在冬期,上部结构施工、外装饰工程施工在雨期,总图施工在冬期,因此合理的安排和组织是项目管理中的重中之重。

(5) 特殊的地理位置:本工程位于河滩上,地点较为荒凉、现场安全以及组织交通运输和材料设备进出场要求十分严格。

(6) 底板混凝土：底板混凝土的施工质量关系到结构的抗渗、防水质量能否达到要求，须加强管理和监测，以避免底板混凝土出现收缩裂缝而影响混凝土的防水质量。

(7) 外墙装饰复杂：根据建筑设计要求，外墙装饰由玻璃幕墙、涂料、石材和外墙砖组成，不同材料的分界线比较多，需加强前期工作准备。

(8) 本工程建筑造型较为复杂：平面为"弧线形"，在工期紧张的情况下，各专业工种立体交叉作业多，需要加强施工组织和调度。

(9) 新材料、新工艺、新技术的应用：如冷轧钢筋、玻璃幕墙、干挂石材的施工。

(10) 外围交通的影响：解决外围交通不利的影响是工程施工的重要工作。

(11) 特殊的使用功能：本工程除众多的常规性用房外，还包括特殊的各类储藏室、大小阅览室、声控室、报告厅等，而且墙体结构变化较多、楼内功能分区较多，鉴于学校的特殊性对材料环保标准和档次的确定以及施工工艺提出了更高的要求。

(12) 特殊的机电要求：本工程除常规的机电专业外，尤为重要的是体现现代化学校的特殊机电工程和建筑物智能化弱电系统，对特殊机电工程尤其是智能化弱电系统的二次设计、系统功能和设备材料标准档次的确定和现场安装工艺等提出了很高的要求。

3. 工程项目质量管理体系的建立

(1) 项目施工质量组织系统

项目经理部由公司总部授权管理，按照企业项目管理模式建立的质量、环境职业安全健康保证体系来运作，形成以全面质量管理为中心环节，以专业管理和计算机管理相结合的科学化管理体制。

项目经理部按照公司颁布的《项目管理手册》、《质量保证手册》、《CI工作手册》、《项目技术管理手册》、《项目质量管理手册》、《项目安全管理手册》、《项目成本管理手册》执行。

1) 项目经理部了解项目管理体系总部部门管理职能及项目经理部管理职能，明确质量部是公司质量系统工程质量管理工作的综合管理部门，并负责归口公司工程质量管理工作，以便于质量总监的统筹考虑，各项工作的对接，充分发挥总部对项目的支持作用。

2) 项目经理部根据工程概况，划分任务，建立质量管理组织结构体系图，明确各岗位要求，建立岗位责任制，分工职责，落实施工责任，各岗位各行其职。按照各种生产、工作和管理的程序性文件运行。定期对项目各级管理人员进行考核，并与奖金直接挂钩，奖励先进、督促后进。

其中项目部管理人员配备根据项目大小配置，必须配备有一定素质的人员。

项目组织机构如图1-14所示。

(2) 建立完善的项目质量保证体系

建立由公司到项目层层控制体制，项目经理领导，总工程师策划、组织实施，现场经理和安装经理组织施工控制，质量总监检查和监控的管理系统，形成从项目经理部到各层管理、承包方、作业班组的质量管理网络。质量保证体系如图1-15所示。

(3) 项目部组建说明

项目部人员组建：质量总监要求持证上岗，定期进行教育和考核，明确职位说明书，如表1-5所示。

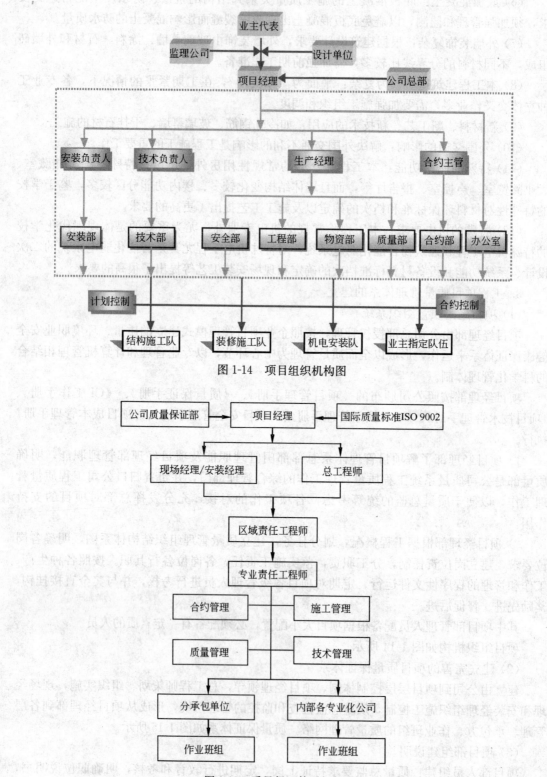

图 1-14 项目组织机构图

图 1-15 质量保证体系框架图

第二节 质量管理策划

质量总监职位说明书

表 1-5

职位名称：质量总监 (POSITION)	所在部门：项目经理部 (DEPT)
职位编码：06 (CODE)	编制日期：2006 年 9 月 (DATE)

职位职责(DUTY AND RESPONSIBLITY)

1. 负责执行公司的质量方针，参与编制项目质量、环境、职业安全与健康管理计划，负责质量体系的现场运行；
2. 严格执行国家、行业及地方的规范、标准和规程，行使质量否决权，确保项目总体和阶段质量目标的实现；
3. 参与编制项目创优规划，负责质量目标的分解，并将分解的目标下达给各部门，作为项目内部考核指标；
4. 全面负责项目质量检查监督工作；督促分承包方建立有效的质量管理体系并监督其有效运行；指导分包方现场质量管理；
5. 按工程形象进度，分阶段提出质量控制要点并组织落实；参与编制过程识别与控制书，对特殊和关键过程实施全过程跟踪检查；
6. 结合工程实际情况制定质量通病预防措施；
7. 对潜在不合格隐患发出整改通知，对产生质量问题的责任方依情节严重程度进行处罚；
8. 定期召开质量例会或分析会，并根据情况组织召开专题质量分析会，研究质量状况及存在问题，并提出有效的纠正和预防措施；
9. 监督施工过程、物资的使用及检验结果，参与进货检验监督，过程试验监督；
10. 参与编制质量教育规划并组织实施，加强分承包方的质量意识；
11. 参与质量事故的调查、分析、处理，并跟踪检查，直至达到要求；
12. 组织、召集检验批、分项、分部(子分部)工程的质量验收工作，并负责资料申报工作；
13. 参加工程结构验收和竣工验收；
14. 编制、上报质量月报，保证公司总部对项目质量状况有及时、全面的了解。
15. 参与工程质量管理全过程(包括创优)音像资料的记录、保存工作。

任职资格(REQUIREMENT)

项目(CATEGORY)	必备要求(JUNIOR)	期望要求(SENIOR)
学历及专业要求	建筑工程相关专业，中专以上学历	
所需资格证书	质量员岗位证书；中级以上专业技术职称	
工作经验	特大型工程项目：8 年以上工程管理经验；大型工程项目：6 年以上工程管理经验；中型工程项目：4 年以上工程管理经验；小型工程项目：3 年以上工程管理经验	
知识要求	熟知国家在工程建设质量管理方面的法律、法规，及集团项目管理方面的各项规章制度，及施工中质量管理的相关知识	
技能要求	较熟练的计算机操作技能	
能力要求	具有较强的组织指导和协调能力	
个性要求	严谨务实，善于沟通，果断，忠诚敬业	

主要关系(CONNECTION)

关系性质	关系对象
直接上级	项目总(主任)工程师
直接下级	质检员
内部沟通	项目各部门
外部沟通	甲方、政府部门、监理、公司总部相关部门、分包方

第二章 建设工程项目的分类和组成

第一节 建筑物的系统组成

一、建筑物的分类和组成

1. 建筑物的分类

建筑是根据人们物质生活和精神生活的要求，为满足各种不同的社会过程的需要，而建造的有组织的内部和外部的空间环境。建筑一般包括建筑物和构筑物。满足功能要求并提供活动空间和场所的建筑称为建筑物，是供人们生活、学习、工作、居住以及从事生产和文化活动的房屋，如工厂，住宅、学校、影剧院等。仅满足功能要求的建筑称为构筑物，如水塔、纪念碑等。

(1) 建筑物按使用性质分

1) 工业建筑

工业建筑是指供人们从事各类工业生产的房屋。包括各类生产用房和为生产服务的附属用房。如生产车间、辅助车间、动力车间、仓储建筑等。

2) 民用建筑

民用建筑是供人们工作、学习、生活、居住和从事各种政治、经济、文化活动的房屋。包括居住建筑和公共建筑两大部分。

(2) 工业与民用建筑工程的分类及组成

1) 工业建筑的分类

① 按厂房层数分

a. 单层厂房。指层数仅为一层的工业厂房。适用于有大型机器设备或有重型起重运输设备的厂房。

b. 多层厂房。指层数在2层以上的厂房，常用的层数为2～6层。多用于食品、电子、精密仪器工业等生产设备及产品较轻的厂房。

c. 混合层数的厂房。同一厂房内即有多层的厂房称为混合层数的厂房。多用于化学工业、热电站的主厂房等。

② 按工业建筑用途分

a. 生产厂房。它是指进行产品的备料、加工、装配等主要工艺流程的厂房。如机械制造厂中有铸工车间、电镀车间、热处理车间、机械加工车间和装配车间等。

b. 生产辅助厂房。它是指为生产厂房服务的厂房，如机械制造厂房的修理车间、工具车间等。

c. 动力用厂房。它是指为生产提供动力源的厂房，如发电站、变电所、锅炉房等。

d. 仓储建筑。它是贮存原材料、半成品、成品房屋（一般称仓库）。
　　e. 仓储用建筑。它是管理、储存及检修交通运输工具的房屋，如汽车库、机车库、起重车库、消防车库等。
　　f. 其他建筑。如水泵房、污水处理建筑等。
　③ 按厂房跨度的数量和方向分
　　a. 单跨厂房。它是指只有一个跨度的厂房。
　　b. 多跨厂房。它是指由几个跨度组合而成的厂房，车间内部彼此相通。
　　c. 纵横相交厂房。它是指由两个方向的跨度组合而成的工业厂房，车间内部彼此相通。
　④ 按厂房跨度尺寸分
　　a. 小跨度。它是指小于或等于12m的单层工业厂房。这类厂房的结构类型以砌体结构为主。
　　b. 大跨度。它是指15～36m的单层工业厂房。其中15～30m的厂房以钢筋混凝土结构为主，跨度在36m及36m以上时，一般以钢结构为主。
　⑤ 按车间生产状况分
　　a. 冷加工车间。这类车间是指在常温状态下，加工非燃烧物质和材料的生产车间，如机械制造类的金工车间、修理车间等。
　　b. 热加工车间。这类车间是指在高温和熔化状态下，加工非燃烧的物质和材料的生产车间，如机械制造类的铸造、锻压、热处理等车间。
　　c. 恒温湿车间。这类车间是指产品生产需要在稳定的温、湿度下进行的车间，如精密仪器、纺织等车间。
　　d. 洁净车间。产品生产需要在空气净化、无尘甚至无菌的条件下进行，如药品、集成电路车间等。
　　e. 其他特种状况的车间。有的产品生产对环境有特殊的需要，如防放射性物质、防电磁波干扰等车间。
　2）单层工业厂房的组成
　　单层工业厂房的结构组成一般分为两种类型，即墙体承重结构和骨架承重结构。
　① 墙体承重结构
　　是指外墙采用砖、砖柱的承重结构。
　② 骨架承重结构
　　是由钢筋混凝土构件或钢构件组成骨架的承重结构。厂房的骨架由屋盖结构、吊车梁、柱子、基础、外墙围护系统、柱间支撑和屋盖支撑构件组成。
　3）民用建筑的分类
　① 按建筑物的规模与数量分
　　a. 大量性建筑。单体建筑规模不大，但兴建数量多、分布面广的建筑，如住宅、学校、商店等。
　　b. 大型性建筑。建筑规模大、耗资多、影响较大的建筑，如大型车站、体育馆、航空站、大会堂、纪念馆等。
　② 按建筑物的层数和高度分

a. 低层建筑：1~3层。
b. 多层建筑：4~6层。
c. 中高层建筑：7~9层。
d. 高层建筑：10层及10层以上或高度超过28m的建筑。
e. 超高层建筑：100m以上的建筑物。

③ 按主要承重结构材料分

a. 木结构。如木板墙、木柱、木楼板、木屋顶等做成的建筑。
b. 砖木结构。建筑物的主要承重构件用砖木做成，其中竖向承重构件的墙体、柱子采用砖砌，水平承重构件的楼板、屋架采用木材。
c. 砖混结构。用钢筋混凝土作为水平的承重构件，以砖墙或砖柱作为承受竖向荷载的构件。
d. 钢筋混凝土结构。主要承重构件，如梁、板、柱采用钢筋混凝土材料，非承重墙用砖砌或其他轻质材料做成。
e. 钢结构。主要承重构件均由钢材构成。

④ 按结构的承重方式分

a. 墙承重结构。用墙体支承楼板及屋顶传来的荷载。
b. 骨架承重结构。用柱、梁、板组成的骨架承重，墙体只起围护作用。
c. 内骨架承重结构。内部采用柱、梁、板承重，外部采用砖墙承重。
d. 空间结构。采用空间网架、悬索及各种类型的壳体承受荷载。

⑤ 按施工方法分

a. 现浇、现砌式。房屋的主要承重构件均在现场砌筑和浇筑而成。
b. 部分现砌、部分装配式。房屋的墙体采用现场砌筑，而楼板、楼梯、屋面板均在加工厂制成预制构件，这是一种既有现砌，又有预制的施工方法。
c. 部分现浇、部分装配式。内墙采用现浇钢筋混凝土墙体，而外墙、楼板及屋面均采用预制构件。
d. 全装配式。房屋的主要承重构件，如墙体、楼板、楼梯、屋面板等均为预制构件，在施工现场吊装、焊接、处理节点。

2. 建筑物的组成

建筑物的主要部分，一般都由基础、墙与柱、楼地面、楼梯、屋顶和门窗六大部分组成。这些构件处在不同的部分，发挥各自的作用。

① 基础

基础是位于建筑物最下部的承重构件，它承受建筑物的全部荷载，并将其传递到地基上。因此，基础必须具有足够的强度，并能抵御地下各种有害因素的侵蚀。

② 墙与柱

墙起着承重、围护和分隔作用。承重墙承受着屋顶、楼板传来的荷载，并加上自身重量再传给基础；当柱承重时，柱间的墙仅起维护作用和分隔作用；作为维护构件，外墙起着抵御自然界各种因素的影响与破坏；内墙起着分隔空间、组成房间、隔声作用。

③ 楼地面

楼板将整个建筑物分成若干层，是建筑物的水平承重构件，承受着作用其上的荷载，并连同自重一起传递给墙和柱，同时对墙体起水平支撑作用和保温、隔热及防水作用。

④ 屋顶

屋顶是建筑物顶部的围护和承重构件，由屋面层和承重结构两大部分组成。屋面层起着抵御自然界风、雨、雪及保温、隔热等作用，结构层承受屋顶的全部荷载，并将这些荷载传给墙和柱。因此屋顶必须具有足够的强度、刚度及防水、保温、隔热等作用。

⑤ 楼梯

楼梯是建筑物的垂直交通设施，供人们上下楼层和紧急疏散之用。

⑥ 门窗

门主要用作内外交通联系与分隔房间，门的大小和数量以及开启方向是根据通行能力、使用方便和防火要求决定的；窗的作用是采光和通风。门窗是房屋维护结构的一部分，亦需考虑保温、隔热、隔声、防风沙等要求。

建筑物除由上述六大基本部分组成外，还有一些附属部分。如阳台、雨篷、散水、勒脚、防潮层等，有的还有特殊要求，如楼层之间还要设置电梯，自动扶梯或坡道等。

二、土建结构

1. 地基与基础

(1) 地基与基础的关系

基础是建筑物的地下部分，是墙、柱等上部结构的地下的延伸，是建筑物的一个组成部分，它承受建筑物的全部荷载，并将其传给地基。地基是指基础以下的土层，承受由基础传来的建筑物的荷载，地基不是建筑物的组成部分。

(2) 地基的分类

地基分为天然地基和人工地基两大类。天然地基是指天然土层具有足够的承载能力，不需经过人工加固便可作为建筑的承载层，如岩石、砂土、黏土等。人工地基是指天然土层的承载力不能满足荷载要求，经过人工处理的土层。

人工地基处理的方法主要有：压实法、换土法、化学处理法、打桩法等。天然地基施工简单、造价较低，而人工地基比天然地基施工复杂，造价也高。因此在一般情况下，应尽量采用天然地基。

1) 压实法：地基土是由土壤颗粒、水、空气三部分组成。当土壤中水及空气含量过大时，土壤的承载力就低，且压缩变量也大。含水量大、密实性差的地基土，可预先人工加压，排走一定量的空气和水，使土壤板结，提高地基土的承载力。这种方法不消耗建筑材料，较为经济，但收效较慢。

2) 换土法：当地基的上表层部分为承载能力低的软弱土(如淤泥、杂土)时，可将软弱土层全部挖走，换成坚硬土(或垫上砂、碎石，或垫上按一定比例配制的砂石混合体)，这种方法称为换土法。这种方法处理的地基强度高，见效快，但成本较大。

3) 化学处理法：对局部地基强度不足的建筑物或已建建筑物，可以采用注入化学物质，促使土壤板结，提高地基承载力。

4) 打桩法：是将钢筋混凝土桩打入或灌注入土中，把土挤实，由桩和桩间土层一起组成复合地基，从而提高地基的承载力。常见的桩基有钻孔桩、振动桩、爆扩桩等。

(3) 基础的类型

基础的类型与建筑物上部结构形式、荷载大小、地基的承载能力、地基上的地质、水文情况、材料性能等因素有关。

基础按受力特点及材料性能可分为刚性基础和柔性基础;按构造的方式可分为条形基础、独立基础、片筏基础、箱形基础等。

1) 按材料及受力特点分类

① 刚性基础。刚性基础所用的材料如砖、石、混凝土等,它们的抗压强度较高,但抗拉及抗剪强度偏低。用此类材料建造的基础,应保证其基底只受压,不受拉。由于受地耐力的影响,基底应比基顶墙(柱)宽些。根据材料受力的特点,不同材料构成的基础,其传递压力的角度也不相同。刚性基础中压力分角 α 称为刚性角。在设计中,应尽力使基础大放脚与基础材料的刚性角相一致,以确保基础底面不产生拉应力,最大限度地节约基础材料。受刚性角限制的基础称为刚性基础。构造上通过限制刚性基础宽高比来满足刚性角的要求。

a. 砖基础。砖基础具有就地取材、价格较低、设施简便的特点,在干燥和温暖的地区应用很广。砖基础的剖面为阶梯形,称为放脚。每一阶梯挑出的长度为砖长的1/4(即60mm)。为保证基础外挑部分在基底反力作用下不至发生破坏,大放脚的砌法有两皮一收和二一间隔收两种。两皮一收是每砌两皮砖,收进1/4砖长;二一间隔收是砌两皮砖,收进1/4砖长,再砌一皮砖,收进1/4砖长,如此反复。在相同底宽的情况下,二一间隔收可减少基础高度,但为了保证基础的强度,因此对砂浆与砖的强度等级,根据地区的潮湿程度和寒冷程度有不同的要求。

b. 灰土基础。灰土基础即灰土垫层,是由石灰或粉煤灰与黏土加适量的水拌合经夯实而成的。灰土与土的体积比为2:8或3:7。灰土每层需铺22~25cm,夯层15cm为一步。三层以下建筑灰土可做二步,三层以上建筑可做三步。由于灰土基础抗冻、耐水性能差,所以灰土基础适用于地下水位较低的地区,并与其他材料基础共用,充当基础垫层。

c. 三合土基础。三合土基础是由石灰、砂、骨料(碎石或碎砖)按体积比1:2:4或1:3:6加水拌和夯实而成,每层虚铺22cm,夯至15cm。三合土基础宽不应小于600mm,高不小于300mm,三合土基础一般多用于地下水位较低的四层以下的民用建筑工程中。

d. 毛石基础。毛石基础是由强度较高而未风化的毛石和砂浆砌筑而成。它具有抗压强度高,抗冻、耐水、经济等特点。毛石基础的断面尺寸多为阶梯形,并常与砖基础共用,用作砖基础的底层。为了保证锁结力,每一阶梯宜用三排或三排以上的毛石砌筑。由于毛石尺寸较大,毛石基础的宽度及台阶高度不应小于400mm。

e. 混凝土基础。混凝土基础具有坚固、耐久、刚性角大,可根据任意改变形状的特点。常用于地下水位高,受冰冻影响的建筑物。混凝土基础台阶宽度比为1:1~1:1.5,实际使用时可把基础断面做成锥形或阶梯形。

f. 毛石混凝土基础。在上述混凝土基础中加入粒径不超过300mm的毛石,且毛石体积不超过毛石和混凝土总体积的20%~30%,称为毛石混凝土基础。毛石混凝土基础阶梯高度一般不得小于300mm。混凝土基础水泥用量较大,造价也比砖、石基础高。如基础体积较大,为了节约混凝土用量,在浇灌混凝土时,可掺入毛石,做成毛石混凝土基础。

② 柔性基础。鉴于刚性基础受其刚性角的限制,要想获得较大的基底宽度,相应的

基础埋深也应加大，这显然会增加材料消耗和挖方量，也会影响施工工期。在混凝土基础底部配置受力钢筋，利用钢筋抗拉，这样基础可以承受弯矩，也就不受刚性角的限制，所以钢筋混凝土基础也称为柔性基础。在相同条件下，采用钢筋混凝土基础比混凝土基础可节省大量的混凝土材料和挖土工程量。

钢筋混凝土基础断面可做成锥形，最薄处高度不小于 200mm；也可做成阶梯形，每踏步高 300～500mm。通常情况下，钢筋混凝土基础下面设有素混凝土垫层，厚度 100mm 左右；无垫层时，钢筋保护层为 75mm，以保护受力钢筋不受锈蚀。

2) 按基础的构造形式分类

① 独立基础（单独基础）：

a. 柱下单独基础。单独基础是柱子基础的主要类型。它所用材料根据柱的材料和荷载大小而定，常采用砖、石、混凝土和钢筋混凝土等。

现浇柱下钢筋混凝土基础的截面可做成阶梯形或锥形，预制柱下的基础一般做成杯形基础，等柱子插入杯口后，将柱子临时支撑，然后用细石混凝土将柱周围的缝隙填实。

b. 墙下单独基础。墙下单独基础是当上层土质松软，而在不深处有较好的土层时，为了节约基础材料和减少开挖土方量而采用的一种基础形式。砖墙砌在单独基础上边的钢筋混凝土地梁上。地梁的跨度一般为 3～5m。

② 条形基础。条形基础是指基础长度远大于其宽度的一种基础形式。按上部结构形式，可分为墙下条形基础和柱下条形基础。

a. 墙下条形基础。条形基础是承重墙基础的主要形式，常用砖、毛石、三合土或灰土建造。当上部结构荷载较大而土质较差时，可采用钢筋混凝土建造，墙下钢筋混凝土条形基础一般做成无肋式；如地基在水平方向上压缩性不均匀，为了增加基础的整体性，减少不均匀沉降，也可做成肋式的条形基础。

b. 柱下钢筋混凝土条形基础。当地基软弱而荷载较大时，采用柱下单独基础，底面积必然很大，因而互相接近。为增强基础的整体性并方便施工，节约造价，可将同一排的柱基础连通做成钢筋混凝土条形基础。

c. 柱下十字交叉基础。荷载较大的高层建筑，如土质软弱，为了增强基础的整体刚度，减少不均匀沉降，可以沿柱网纵横方向设置钢筋混凝土条形基础，形成十字交叉基础。

d. 片筏基础。如地基基础软弱而荷载又很大，采用十字基础仍不能满足要求或相邻基槽距离很小时，可用钢筋混凝土做成混凝土的片筏基础。按构造不同它可分为平板式和梁板式两类。平板式又分为两类，一类是在底板上做梁，柱子支承在梁上；另一类是将梁放在底板的下方，底板上面平整，可作建筑物底层底面。

e. 箱形基础。为了使基础具有更大刚度，大大减少建筑物的相对弯矩，可将基础做成由顶板、底板及若干纵横隔墙组成的箱形基础，它是筏片基础的进一步发展。一般都是由钢筋混凝土建造，减少了基础底面的附加应力，因而适用于地基软弱土层厚、荷载大和建筑面积不太大的一些重要建筑物，目前高层建筑中多采用箱形基础。

以上是常见基础的几种基本形式，此外还有一些特殊的基础形式，如壳体基础、圆板、圆环基础等。

(4) 基础的埋深

从室外设计地面至基础底面的垂直距离称为基础的埋深。建筑物上部荷载的大小,地基土质的好坏,地下水位的高低,土壤冰冻的深度以及新旧建筑物的相邻交接等,都影响基础的埋深。埋深大于4m的称为深基础,小于等于4m的称为浅基础。为了保证基础安全,同时减少基础的尺寸,要尽量把基础放在良好的土层上。但基础埋置过深,不但施工不便,且会提高基础造价,因此应根据实际情况各选择一个合理的埋置深度。原则是在保证安全可靠的前提下,尽量浅埋,但不应浅于0.5m;靠近地表的土体,一般受气候变化的影响较大,性质不稳定,且又是生物活动、生长的场所,故一般不宜作为地基的持力层。基础顶面应低于设计地面100mm以上,避免基础外露,遭受外界的破坏。

(5) 地下室的防潮与防水构造

在建筑物底层以下的房间叫地下室。

1) 地下室的分类

按功能可把地下室分为普通地下室和人防地下室两种;按形式可把地下室分为全地下室和半地下室两种;按材料可把地下室分为砖混结构地下室和混凝土结构地下室。

2) 地下室防潮

当地下室地坪位于常年地下水位以上时,地下室需做防潮处理。对于砖墙,其构造要求是:墙体必须采用水泥砂浆砌筑,灰缝要饱满;在墙外侧设垂直防潮层。其具体做法是在墙体外表面先抹一层20mm厚的水泥砂浆找平层,再涂一道冷底子油和两道热沥青,然后在防潮层外侧回填低渗透土壤,并逐层夯实。土层宽500mm左右,以防地面雨水或其他地表水的影响。

另外,地下室的所有墙体都必须设两道水平防潮层。一道设在地下室地墙附近,具体位置视地坪构造而定;另一道设置在室外地面散水以上150~200mm的位置,以防地下潮气沿地下墙身或勒脚渗入室内。凡在外墙穿管、接缝等处,均应嵌入油膏填缝防潮。当地下室使用要求较高时,可在围护结构内侧涂抹防水涂料,以消除或减少潮气渗入。

地下室地面,主要借助混凝土材料的憎水性能来防潮,但当地下室的防潮要求较高时,地层应做防潮处理。一般在垫层与地面面层之间,且与墙身水平防潮层在同一水平面上。

3) 地下室防水

当地下室地坪位于最高设计地下水位以下时,地下室四周墙体及底板均受水压影响,应有防水功能。应有防水功能的地下室防水可用卷材防水层,也可用加防水剂的钢筋混凝土来防水。卷材防水层的做法是在土层上先浇混凝土垫层地板,板厚约100m,将防水层铺满整个地下室,然后于防水层抹20mm厚水泥砂浆保护层,地坪防水层应与垂直防水层搭接,同时做好接头防水层。

2. 主体结构

在一般砖混结构房屋中,墙体是主要的承重构件。墙体的重量占建筑物总重量的40%~45%,墙的造价占全部建筑造价的30%~40%。在其他类型的建筑中,墙体可能是承重构件,也可能是围护构件,但它所占的造价比重也较大。

(1) 墙的类型

墙在建筑物中主要起承重、围护及分隔作用,按墙在建筑物中的位置、受力情况、所用材料和构造方式不同可分不同类型。

第一节 建筑物的系统组成

根据墙在建筑物中的位置，可分为内墙、外墙、横墙和纵墙；按受力不同，墙可分为承重和非承重墙。建筑物内部只起分隔作用的非承重墙称隔墙。

按所用材料，有砖墙、石墙、土墙、混凝土以及各种天然的、人工的或工业废料制成的砌块墙、板材墙等。按构造方式不同，又分为实体墙、空体墙和组合墙三种类型。实体墙是由一种材料构成，如普通砖墙、砌块墙；空体墙也是一种材料构成，但墙内留有空格，如空斗墙、空气间层墙等；组合墙则由两种以上材料组合而成的墙。

墙体材料选择时，要贯彻"因地制宜，就地取材"的方针，力求降低造价。在工业城市中，应充分利用工业废料。

(2) 墙体构造

1) 墙体材料和砌筑方式

① 砖墙材料。砖墙是用砂浆将砖按一定技术要求砌筑成的砌体，其主要材料是砖和砂浆。

a. 砖。普通砖是指孔洞率小于15%的砖，空心砖是指孔洞率大于等于15%的砖。我国普通砖尺寸为240mm×115mm×53mm，如包括灰缝，其长、宽、厚之比为4∶2∶1，即一个砖长等于两个砖宽加灰缝(115×2+10)，或等于四个砖厚加灰缝(53×4+9.3×3)。空心砖尺寸分两种：一种是符合现行模数制，如90mm×90mm×190mm、90mm×190mm×190mm、190mm×190mm×190mm 等；第二种是符合现行普通砖模数，如240mm×115mm×90mm、240mm×180mm×115mm 砖。砖的强度用强度等级来表示，分 MU7.5、MU10、MU15、MU20、MU30 五级。

b. 砂浆。砂浆按其成分有水泥砂浆、石灰砂浆、混合砂浆等。水泥砂浆属水硬性材料，强度高，适合砌筑处于潮湿环境下的砌体。石灰砂浆属水硬性材料，强度不高，多用于砌筑次要的建筑地面上的砌体。混合砂浆由水泥、石灰膏、砂合水拌合而成，强度较高，和易性和保护性较好，适用于砌筑地面以上的砌体。砂浆的强度等级分为 M0.4、M1、M2.5、M5、M7.5、M10、M15。常用砌筑砂浆是 M1~M5。

② 砖墙的组砌方式。砖墙的组砌方式是指砖在墙内的排列方式。为了保证砌块间的有效连接，砖墙的砌筑应遵循内外搭接，上下错缝的原则，上下错缝不小于60mm，避免出现垂直通缝。

实心砖墙的组砌方法。实心砖墙的组砌方式有：一顺一丁式、多顺一丁式、十字式、全顺式、两平一侧式。一顺一丁式的特点是整体性好，但墙体交接处砍砖较多；多顺式，墙体整体性较好，外形美观，常用于清水砖墙；全顺式只适用于半砖厚墙体，两平一侧式只适用于180mm厚墙体。

空心砖墙的组砌方法。空心墙的组砌方式分为有眠和无眠两种。其中有眠空心墙常见的有：一斗一眠、二斗一眠、三斗一眠。

2) 墙体构造组成

砖墙厚度有120mm(半砖)、240mm(一砖)、370mm(一砖半)、490(两砖)、620mm(两砖半)等。有时为节省材料，砌体中有些砖砌体，构成180mm等按1/4砖厚进位的墙体。

① 防潮层。在墙身中设置防潮层的目的是防止土壤中的水分沿基础墙上升和勒脚部位的地面水影响墙身。它的作用是提高建筑物的耐久性，保持室内干燥卫生。当室内地面

均为实铺时，外墙墙身防潮层在室内地坪以下60mm处；当建筑物墙体内侧地坪不等高时，在每侧地表下60mm处，防潮层应分别设置，并在两个防潮层间的墙上加设垂直防潮层；当室内地面采用架空木地板时，外墙防潮层应设在室外地坪以上，地板木搁栅垫木之下。墙身防潮层一般有油毡防潮层、防水砂防潮层、细石混凝土防潮层和钢筋混凝土防潮层等。

② 勒脚。勒脚是指外墙与室外地坪接近的部分。它的作用是防止地面水、屋檐滴下的雨水对墙面的侵蚀，从而保护墙面，保证室内干燥，提高建筑物的耐久性，同时，还有美化建筑外观的作用。勒脚经常采用抹水泥砂浆、水刷石，或在勒脚部位将墙体加厚，或用坚固材料来砌，如石块、天然石板、人造板贴面。勒脚的高度一般为室内地坪与室外地坪高差，也可以根据立面的需要而提高勒脚的高度尺寸。

③ 散水和明沟。为了防止地表水对建筑基础的侵蚀，在建筑物的四周地面上设置明沟适用于降水量大于900mm的地区。散水宽度一般为600～1000mm，坡度为3％～5％。明沟和散水可用混凝土现浇，也用有弹性的防水材料嵌缝，以防渗水。

④ 窗台。窗洞口的下部应设置窗台。窗台根据窗子的安装位置可形成内窗台和外窗台。外窗台是防止在窗洞底部积水，并流向室内。内窗台则是为了排除窗上的凝结水，以保护室内墙面。外窗台有砖窗台和混凝土窗台做法，砖窗台有平砌挑砖和立砌挑砖两种做法。表面可抹1∶3水泥砂浆，并应有10％左右的坡度，挑出尺寸大多为60mm。混凝土窗台一般是现场浇制而成。内窗台的做法也有两种：水泥砂浆窗台，一般是在窗台上表面抹20mm厚的水泥砂浆，并应突出墙面50mm为好，窗台板，对于装修外窗台外挑部分应做滴水，滴水可做成水槽或鹰嘴形，窗框与窗台交接缝处不能渗水，以防窗框受潮腐烂。

⑤ 过梁。过梁是门窗等洞口上设置的横梁，承受洞口上部墙体与其他构件（楼层、屋顶等）传来的荷载，它的部分自重可以直接传给洞口两侧墙体，而不由过梁承受。

过梁可直接用砖砌筑，也可用木材、型钢和钢筋混凝土制作。砖砌过梁和钢筋混凝土采用得最为广泛。

⑥ 圈梁。圈梁是沿外墙、内纵墙和主要横墙设置的处于同一水平内的连续封闭梁。它可以提高建筑物的空间刚度和整体性，增加墙体稳定，减少由于地基不均匀沉降而引起的墙体开裂，并防止较大振动荷载对建筑物的不良影响。在抗震设防地区，设置圈梁是减轻震害的重要构造措施。

圈梁有钢筋混凝土圈梁和钢筋砖圈梁两种。钢筋砖圈梁多用于非抗震区，结合钢筋过梁沿外墙形成，钢筋混凝土圈梁其宽长一般同墙厚，对墙厚较大的墙体可做到墙厚的2/3，高度不小于120mm。常见的尺寸为180mm、240mm。圈梁的数量与抗震设防等级和墙体的布置有关，一般情况下，槽口和基础处必须设置，其余楼层的设置可根据要求采用隔层设置和层层设置。圈梁宜设在楼板标高处，尽量与楼板结构连成整体，也可设在门窗洞口上部，兼起过梁作用。

当圈梁遇到洞口不能封闭时，应在洞口上部设置截面不小于圈梁截面的附加梁，其搭接长度不小于1m，且应大于两梁高差的2倍，但对有抗震要求的建筑物，圈梁不宜被洞口截断。

⑦ 构造柱。圈梁在水平方向将楼板与墙体箍住，构造柱则从竖向加强附加梁，与圈梁一起构成空间骨架，提高了建筑物的整体刚度和墙体的延性，约束墙体裂缝的开展，从

而增加建筑物承受地震作用的能力。因此，有抗震设防要求的建筑物中须设钢筋混凝土构造柱。

构造柱一般在墙的某些转角部位（如建筑物四周、纵横墙相交处、楼梯间转角处等）设置，沿整个建筑高度贯通，并与圈梁、地梁现浇成一体。施工时先砌墙并留马牙槎，随着墙体的上升，逐段浇筑混凝土。要注意构造柱与周围构件的连接，应与基础与基础梁有良好的连接。

⑧ 变形缝。变形缝包括伸缩缝、沉降缝和防震缝，它的作用是保证房屋在温度变化、基础不均匀沉降或地震时能有一些自由伸缩，以防止墙体开裂，结构破坏。

a. 伸缩缝又称温度缝。主要作用是防止房屋因气温变化而产生裂缝。其做法为：沿建筑物长度方向每隔一定距离预留缝隙，将建造物从屋顶、墙体、楼层等地面以上构件全部断面，基础因受温度变化影响较小，不必断开。伸缩缝的宽度一般为20～30mm，缝内应填保温材料，间距在结构规范中有明确规定。

b. 沉降缝。当房屋相邻部分的高度、荷载和结构形式差别很大而地基又较弱时，房屋有可能产生不均匀沉降，致使某些薄弱部位开裂。为此，应在适当位置如复杂的平面或体形转折处、高度变化处、荷载、地基的压缩性和地基处理的方法明显不同处设置沉降缝。沉降缝与伸缩缝不同之处是除屋顶、楼板、墙身都要断开外，基础部分也要断开，即使相邻部分也可自由沉降、互不牵制。沉降缝宽度要根据房屋的层数定；二、三层时可取50～80mm；四、五层时可取80～120m；五层以上时不应小于120mm。

c. 防震缝。地震区设计多层砖混结构房屋，为防止地震使房屋破坏，应用防震缝将房屋分成若干形体简单、结构刚度均匀的独立部分。防震缝一般从基础顶面开始，沿房屋全高设置。缝的宽度按建造物高度和所在地区的地震烈度来确定。一般多层砌体建筑的缝宽取50～100mm；多层钢筋混凝土结构建筑，高度15m及以下时，缝宽为70mm；当建筑高度超过15m时，按烈度增大缝宽。

变形缝的构造较复杂，设置变形缝对建筑造价会有增加，特别是缝的两侧采用双墙或双柱时，无论构件的数量与构造都会增加而更复杂；故有些大工程采取加强建筑物的整体性，使其具有足够的强度与刚度，以阻遏建筑物产生裂缝，但第一次投资会增加，维修费用可以节省。

⑨ 烟道与通风道。烟道用于排除燃煤灶的烟气。通风道主要用来排除室内的污浊空气。烟道设于厨房内，通风道常设于暗厕内。

烟道与通风道的构造基本相同，主要不同之处是烟道道口靠墙下部，距楼地面600～1000mm，通风道道口靠墙上方，离楼板底约300mm。烟道与通风道宜设于室内十字形或丁字形墙体交接处，不宜设在外墙内。烟道与通风道不能共用，以免串气。

⑩ 垃圾道。垃圾道由垃圾管道（砖砌或预制）、垃圾斗、排气道口、垃圾出灰口等组成。垃圾管道垂直布置，要求内壁光滑。垃圾管道可设于墙内或附于墙内。垃圾道常设置在公共卫生间或楼梯间两侧。

(3) 其他材料墙体

1) 加气混凝土墙。有砌块、外墙板和隔墙板。加气混凝土砌块墙如无切实有效措施，不得在建筑物±0.000以下，或长期浸水、干湿交替部位，受化学侵蚀的环境，制品表面经常处于80℃以上的高温环境。当用于外墙时，其外表面均应做饰面保护层，规格有三种，长×高为 600mm×250mm、600mm×300mm 和 600mm×200mm；厚度从 50mm 起，按模数 25 和 60 进位，设计时应充分考虑砌块规格，尽量减少切锯量。外墙厚度（包括保温块的厚度）可根据当地气候条件、构造要求和材料性能进行热工计算后确定。加气混凝土墙可作承重墙或非承重墙，设计时应进行排块设计，避免浪费，其砌筑方法与构造基本与砌墙类似。在门窗洞口设钢筋混凝土圈梁，外包保温块。在承重墙转角处每隔墙高 1m 左右放钢筋，以增加抗震能力。

加气混凝土外墙板的规格有：宽度 600mm 一种。如需小于 600mm，可根据板材锯切割。厚度可根据不同地区、不同建筑物性质满足建筑热工要求，达到或优于传统墙体材料的效益，北京地区厚度不小于 175mm。长度可根据墙板布置形式、建筑结构构造形式、开间、进深、层高和生产厂切割机的累进值等综合考虑，尽可能做到构件简单、组合多样。如横向布置墙板主要符合层高和构造要求，可根据层高减去圈梁或叠合层的高度，如 3.0m 层高的框架结构，一般可采用 28m 为主的规格。

加气混凝土墙板的布置，按建筑物结构构造特点采用三种形式：横向布置墙板、竖向布置板和拼装大板。

2）压型金属板墙。压型金属板材是指采用各种薄型钢板（或其他金属板材），经过辊压冷弯成型为各种断面的板材，是一种轻质高强的建筑材料，有保温与非保温型。目前已在国内外得到广泛的应用，如上海宝钢主厂房大量采用彩色压型钢板和国产压型铝板作屋面、墙面，由于自重轻、建筑速度快，取得了明显的经济效果。无论是保温的或非保温的压型钢板，对不同的墙面、屋面形状的适应性是不同的，每种产品都有各自的构造图集与产品目录可供选择。

3）现浇与预制钢筋混凝土墙：

① 现浇钢筋混凝土墙身的施工工艺主要有大模板、滑升模板、小钢模板三种，其墙身构造基本相同，内保温的外墙由现浇混凝土主体结构、空气层、保温层、内面层组成。

② 预制混凝土外墙板。预制外墙板是装配在预制或现浇框架结构上的围护外墙，适用于一般办公楼、旅馆、医院、教学、科研楼等民用建筑。装配式墙体的建造构造，设计人员应根据确定的开间、进深、高层，进行全面墙板设计。

③ 装配式外墙以框架网格为单元进行划分，可以组成三种体系，即水平划分的横条板体系，垂直划分的竖条板体系和一个网格为一块墙板的整间板体系（大开间网格分为两块板）。三种体系可以用于同一幢建筑。

④ 石膏板墙。主要有石膏龙骨石膏板、轻钢龙骨石膏板、增强石膏空心条板等，适用于中低档民用和工业建筑中的非承重内隔墙。

⑤ 舒乐舍板墙。舒乐舍板由聚苯乙烯泡沫塑料芯材、两侧钢丝网片和斜插腹丝组成，是钢丝网架轻质夹芯板类型中的一个新品种，由韩国研制成功的。芯板厚 50mm，两侧钢丝网片相距 70mm，钢丝网格距 50mm，每个网格焊一根腹丝，腹丝倾角为 45℃，每行腹丝为同一方向，相邻一行腹丝倾角方向相反。规格 1200mm×2400mm×70mm，也可根据需要由用户选定板长。舒乐舍板两侧铺或喷涂 25mm 水泥砂浆后形成完整的板材，总厚度约为 110mm，其表面可以喷涂各种涂料、粘贴瓷砖等装饰块材，具有强度高、自重轻、保温隔热、防火及抗震等良好的综合性能，适用于框架建筑的围护外墙及轻质内墙、承重的外保温复合外墙的保温层、低层框架的承重墙和屋面板等，综合效益显著。

(4) 隔墙

隔墙是分隔室内空间的非承重构件。由于隔墙不受任何外来荷载,且本身的重量还要由楼板或墙下小梁来承受,因此设计应使隔墙自重轻、厚度薄、便于安装和拆卸,有一定的隔声能力,同时还要能够满足特殊使用部位如厨房、卫生间等处的防火,防水、防潮等要求。

隔墙的类型很多,按其构造方式可分为轻骨架隔墙、块材隔墙、板材隔墙三大类。

1) 块材隔墙。块材隔墙是用普通砖、空心砖、加气混凝土等块材砌筑而成的,常用的有普通砖隔墙和砌块隔墙。普通砖隔墙一般采用半砖(120mm)隔墙。半砖隔墙用普通砖顺砌,砌筑砂浆宜大于 M2.5。在墙体高度超过 5m 时应加固,一般沿高度每隔 0.5m 砌入 $\phi 4$ 钢筋 2 根,或每隔 1.2~2.5m 设一道 30~50mm 厚的水泥砂浆层,内放 2 根 $\phi 6$ 钢筋,顶部与楼板相接处用立砖斜砌,填塞墙与楼板间的空隙。隔墙上有门时,要预埋铁件或将带有木楔的混凝土预制砌入隔墙中以固定门框。半砖隔墙坚固耐久,有一定的隔声能力,但自重大、湿作业多,施工麻烦。

为了减少隔墙的重量,可采用质轻块大的各种砌块,目前最常用的是加气混凝土块、粉煤灰硅酸盐砌块、水泥炉渣空心砖等砌筑的隔墙。隔墙厚度由砌块尺寸而定,一般为 90~120mm。砌块大多具有质轻、孔隙率大、隔热性能好等优点,但吸水性强。因此砌筑时应在墙下先砌 3~5 皮黏土砖。

砌块隔墙厚度较薄,也需采取加强稳定性措施,其方法与砖隔墙类似。

2) 轻骨架隔墙。轻骨架隔墙由骨架和面层两部分组成,由于是先立墙筋(骨架)后再做面层,因而又称为立筋式隔墙。

① 骨架。常用的骨架有木骨架和型骨架。近年来,为节约木材和钢材,出现了不少采用工业废料和地方材料及轻金属制成的骨架,如石棉水泥骨架、浇筑石膏骨架、水泥刨花骨架、轻钢和铝合金骨架等。

木骨架由上槛、下槛、墙筋、斜撑及横挡组成,上、下槛及墙筋断面尺寸为 45~50mm×70~100mm,斜撑与横挡断面相同或略小些,墙筋间距常用 400mm。横挡间距可与墙筋相同,也可适当放大。

轻钢骨架是由各种形式的薄壁型钢制成,其主要优点是强度高、刚度大、自重轻、整体性好、易于加工和大批量生产,还可根据需要拆卸和组装。常用的薄壁型钢有 0.8~1mm 厚槽钢和工字钢。

② 面层。轻骨架隔墙的面层常用人造板材面层。人造板材面层可用木骨架或轻钢骨架。

人造板材面层钢骨架隔墙的面板多为人造面板,如胶合板、纤维板、石膏板、塑料板等。胶合板是用阔叶树或松木经旋切,胶合等多种工序制成,硬质纤维板是用碎木加工而成的,石膏板是用一、二级建筑石膏加入适量纤维、胶粘剂、发泡剂等经辊压等工序制成。胶合板、硬质纤维板等以木材为原料的板材多用木骨架,石膏面板多用石膏或轻钢骨架。

人造板与骨架的关系有两种:一种是在骨架的两面或一面,用压打压缝或不用压条压缝即贴面式;另一种是将板材置于骨架中间,四周用压条压住,称为镶板式。

人造板在骨架上的固定方法有钉、粘、卡三种。采用轻钢骨架时,往往用骨架上的舌片或特制的夹具将面板卡到轻钢骨架上。这种做法简便、迅速，有利于隔墙的组装和拆卸。

③ 板材隔墙。板材隔墙是指单板高度相当房间净高，面积较大，且不依赖骨架，直接装配而成的隔墙。目前，采用的大多为条板，如加气混凝土条板、石膏条板、碳化石灰板，蜂窝纸板、水泥刨花板等。

a. 加气混凝土条板隔墙。加气混凝土由水泥、石灰、砂、矿渣等加发泡剂（铝粉）、经过原料处理，配料浇筑、切割、蒸压养护工序制成。

b. 碳化石灰板隔墙。碳化石灰板是以磨细的生石灰为主要原料，掺3%～4%（质量比）的短玻璃纤维，加水搅拌，振动成型，利用石灰窑的废气碳化而成的空心板。一般的碳化石灰板的规格为长2700～3000mm，宽500～800mm，厚90～120mm。

c. 增强石膏空心板。增强石膏空心板分为普通条板，钢木窗框条板及防水条板三种，在建筑中按各种功能要求配套使用。石膏空心板能满足防火、隔声及抗撞击的功能要求。

d. 复合板隔墙。用几种材料制成的多层板为复合板。复合板的面层有石棉水泥板、石膏板、铝板、树脂板、硬质纤维板、压型钢板等。夹心材料可用矿棉、本质纤维、泡沫塑料和蜂窝状材料等。

复合板充分利用材料的性能，大多具有强度高，耐火性、防水性、隔声性能好的优点，且安装、拆卸简便，有利于建筑工业化。

(5) 框架结构

由柱、纵梁组成的框架来支承屋顶与楼板荷载的结构，叫框架结构。由框架、墙板和楼板组成的建筑叫框架板材建筑。框架建筑的基本特征是由柱、梁和楼板承重，墙板仅作为围护和分隔空间的构件。框架之间的墙叫填充墙，不承重。由轻型墙板作为围护与分隔构件的叫框架轻板建筑。

框架建筑的主要优点是空间分隔灵活，自重轻，有利于抗震，节省材料，其缺点是钢材和水泥用量较大，构件的总数量多，吊装次数多，接头工作量大，工序多。

框架建筑适合于要求具有较大空间的多、高层民用建筑、多层工业厂房、地基较软弱的建筑和地震区的建筑。

1) 框架类型

按所用的材料分为钢框架和钢筋混凝土框架。前者自重轻，施工速度快；后者防水性能好，造价较低，比较适合我国国情。钢筋混凝土纯框架，一般不宜超过10层；框剪结构可用于10～25层；更高的建筑采用钢框架比较适宜。

框架按主要构件组成再分为四种类型：

① 板、柱框架系统。由楼板和柱组成。板柱框架中不设梁，柱直接支承楼板的四个角，呈四角支承。楼板的平面形式为正方形或接近正方形。楼板可以是梁板合一的大型肋形楼板，也可以是空心大楼扳。由于去掉了梁，室内顶棚表面没有突出物，增大了净空，空间体现规整。板柱框架建筑适用于楼层内大空间布置。

② 梁、板、柱框架系统。由梁、柱组成的横向或纵向框架，再由楼板或连系梁（上面再搭楼板）将框架连接而成，是通常采用的框架形式。

③ 剪力墙框架系统。简称框剪系统，是在梁、板、柱框架或板、柱框架系统的适当位置，在柱与柱之间设置几道剪力墙。其刚度比原框架增大许多倍。剪力墙承担大部分水

平荷载，框架只承受垂直荷载，简化了框架节点构造。框剪结构普遍用于高层建筑中。

④ 框架—筒体结构。利用建筑物的垂直交通、电梯、楼梯以及各种上下管道竖井集中组成封闭筒状的抗剪构件，布置在建筑物的中心，形成剪力核心。这个筒状核心，可以看成一个耸立在地面上的箱形断面悬臂梁，具有很好的刚度。

框架—筒体结构是采用密排柱与每层楼板处的较高的窗裙梁拉接而组成的一种结构。这种结构的优点是可以建造较高层的建筑物（可高达55层），而且要以在较大的楼层面积中取消柱子，增加了房间使用的灵活性。

框架—筒体结构的密排柱沿建筑物周边布置，柱距一般为1.2~3.0m，窗裙墙梁高通常在0.6~1.5m，宽度为0.2~1.5m。

2) 框架建筑外墙

框架建筑外墙一般采用轻型墙板，但有时由于技术和经济等原因，以加气混凝土砌块、陶粒混凝土砌块或空心砖代替轻板。轻型墙板根据材料不同，又可分为混凝土类外墙轻板和幕墙。

3. 楼板

楼板是多层建筑中沿水平方向分隔上下空间的结构构件。它除了承受并传递竖向荷载和水平荷载外，还应具有一定程度的隔声、防火、防水等能力。同时，建筑物中的各种水平设备管线，也将在楼板内安装。它主要有楼板结构层、楼面面层、板底顶棚几个组成部分。

地面是指建筑物底层与土相接触的水平结构部分，它承受地面上的荷载并均匀地传给地基。

(1) 楼板的类型

根据楼板结构层所采用的材料不同，可分为木楼板、砖拱楼板、钢筋混凝土楼板以及压型钢板与钢梁组合的楼板等多种形式。

木楼板具有自重轻、表面温暖、构造简单等优点，但不耐火、隔声，且耐久性较差。为节约木材，现已极少采用。

砖拱楼板可以节省钢材、水泥和木材，曾在缺乏钢材、水泥的地区采用过。由于它自重大、承载能力差，且不宜用于有振动和地震烈度较高的地区，加上施工繁杂，现已趋于不用。

钢筋混凝土楼板具有强度高、刚度好、耐久、防火，且具有良好的可塑性，便于机械化施工等特点，是目前我国工业与民用建筑楼板的基本形式。近年来，由于压型钢板在建筑上的应用，出现了以压型钢板为底模的钢衬板楼板。

(2) 钢筋混凝土楼板

钢筋混凝土楼板按施工方式的不同可以分为现浇整体式、预制装配式和装配整体式楼板。

1) 现浇钢筋混凝土楼板

在施工现场支模，绑扎钢筋，浇筑混凝土井养护，当混凝土强度达到规定的拆模强度，并拆除模板后形成的楼板，称为现浇钢筋混凝土楼板。

由于是在现场施工又是湿作业，且施工工序多，因而劳动强度较大，施工周期相对较长，但现浇钢筋混凝土楼盖具有整体性好，平面形状根据需要任意选择，防水、抗震性能好等优点，在一些房屋特别是高层建筑中被经常采用。

现浇钢筋混凝土楼板主要分为板式、梁板式、井字形密肋式、无梁式四种。

① 板式楼板。整块板为一厚度相同的平板。根据周边支承情况及板平面长短边边长的比值，又可把板式楼板分为单向板、双向板和悬挑板几种。

单向板（长短边比值大于或等于3，四边支承）仅短边受力，该方向所布钢筋为受力筋，另一方向所配钢筋（一般在受力筋上方）为分布筋。板的厚度一般为跨度的1/40～1/35，且不小于80mm。

双向板（长短边比值小于2，四边支承）是双向受力，按双向配置受力钢筋。长短边比值大于或等于2，小于3时，一般按双向板设计。

悬挑板只有一边支承，其主要受力钢筋摆在板的上方，分布钢筋放在主要受力筋的下方板厚为挑长的1/35，且根部不小于80mm。由于悬挑的根部与端部承受弯矩不同，悬挑板的端部厚度比根部厚度要小些。房屋中跨度较小的房间（如厨房、厕所、贮藏室、走廊）及雨篷、遮阳等常采用现浇钢筋混凝土板式楼板。

② 梁板式肋形楼板。板式肋形楼板由主梁，次梁（肋）、板组成。它具有传力线路明确、受力合理的特点。当房屋的开间、进深较大，楼面承受的弯矩较大，常采用这种楼板。

梁板式肋形楼板的主梁沿房屋的短跨方向布置，其经济跨度为5～8m，梁高为跨度的1/4～1/8，梁宽为梁高的1/3～1/2，且主梁的高与宽均应符合有关模数规定。

次梁与主梁垂直，并把荷载传递给主梁，主梁间距即为次梁的跨度，次梁的跨度比主梁跨度要小，一般为4～6m，次梁高为跨度的1/6～1/12，梁宽为梁高的1/3～1/2，次梁的高与宽均应符合有关模数的规定。

板支承在次梁上，并把荷载传递给次梁。其短边跨度即为次梁的间距，一般为1.7～3mm，板厚一般为板跨的1/40～1/35，常用厚度为60～80mm，并符合模数规定。

梁和板搁置在墙上，应满足规范规定的搁置长度。板的搁置长度不小于120mm，梁在墙上的搁置长度与梁高有关，梁高小于或等于500mm，搁置长度不小于180mm；梁高大于500mm时，搁置长度不小于240mm。通常，次梁搁置长度为240mm，主梁的搁置长度为370mm。值得注意的是，当梁上的荷载较大，梁在墙上的支承面积不足时，为了防止梁下墙体因局部抗压强度不足而破坏，需设置梁垫，以扩散由梁传来的过大集中荷载。

③ 井字型肋楼板。与上述板式肋形楼板所不同的是，井字形密肋楼板没有主梁，都是次梁（肋），且肋与肋间的跨离较小，通常只有1.5～3m，肋高也只有180～250mm，肋宽120～200mm。当房间的平面形状近似正方形，跨度在10m以内时，常采用这种楼板。井字形密肋楼板具有顶棚整齐美观，有利于提高房屋的净空高度等优点，常用于门厅、会议厅等处。

④ 无梁楼板。对于平面尺寸较大的房间或门厅，也可以不设梁，直接将板支承于柱上，这种楼板称无梁楼板。无梁楼板分无柱帽和有柱帽两种类型。当荷载较大时，为避免楼板太厚，应采用有柱帽无梁楼板，以增加板在柱上的支承面积。无梁楼板的柱网一般布置成方形或矩形，以方形柱网较为经济，跨度一般不超过6m，板厚通常不小于120mm。

无梁楼板的底面平整，增加了室内的净空高度，有利于采光和通风，但楼板厚度较大，这种楼板比较适用于荷载较大、管线较多的商店和仓库等。

2）预制装配式钢筋混凝土楼板

预制装配式钢筋混凝土楼板是在工厂或现场预制好的楼板，然后人工或机械吊装到房屋上经坐浆灌缝而成。此做法可节省模板，改善劳动条件，提高效率，缩短工期，促进工业化水平。但预制楼板的整体性不好，灵活性也不如现浇板，更不宜在楼、板上穿洞。

目前，被经常选用的钢筋混凝土楼板有普通型和预应力型两类。

普通型就是把受力钢筋置于板底，并保证其有足够的保护层，浇筑混凝土，并经养护而成。由于普通板在受弯时较预应力板先开裂，使钢筋锈蚀，因而跨度较小，在建筑物中仅用作小型配件。

预应力型就是给楼板的受拉区预先施加压力，以达到延缓板在受弯后受拉区开裂时限。目前，预应力钢筋混凝土楼板常采用先张法建立预应力，即先在张拉平台上张拉板内受力筋，使钢筋具有所需的弹性回缩力，浇筑混凝土并养护，当混凝土强度达到规定值时，剪断钢筋，由钢筋回缩力给板的受拉区施加预压力。与普通型钢筋混凝土构件相比，预应力钢筋混凝土构件可节约钢材 30%～50%，节约混凝土 10%～30%，因而被广泛采用。

① 预制钢筋混凝土板的类型：

a. 实心平板。预制实心平板的跨度一般较小，不超过 2.4m，如做成预应力构件，跨度可达 2.7m。板厚一般为板跨的 1/30，即 50～100mm，宽度为 600mm 或 900mm。

预制实心平板由于跨度较小，常被用作走道板、贮藏室隔板或厨房、厕所板等。它制作方便，造价低，但隔声效果不好。

b. 槽形板。槽形板是由四周及中部若干根肋及顶面或底面的平板组成，属肋梁与板的组合构件。由于有肋，它的允许跨度可大些。当肋在板下时，称为正槽板。正槽板的受力较合理，但安装后顶棚因一根根肋梁而显得凹凸不平。当肋在板上时，称为反槽板。它的受力不合理，安装后楼面上有凸出板面的一根根肋梁，但天棚平整。采用反槽板楼盖时，楼面上肋与肋间可填放松散材料，再在肋上架设木地板等作地面。这种楼面具有保温、隔声等特点，常用于有特殊隔声、保温要求的建筑。

c. 空心板。空心板是将平板沿纵向抽孔而成。孔的断面有圆形、方形、长方形和长圆形等，其中以圆孔板最为常见。空心板与实心平板比较，在不增加混凝土用量及钢筋用量的前提下，提高截面抗弯能力，增强结构刚性。空心楼板具有自重小、用料少、强底高、经济等优点，因而在大量的建筑中被广泛采用。

空心板的厚度尺寸视板的跨度而定，一般多为 110～240mm，宽度为 500～1200mm，跨度为 2.4～7.2m，其中较为经济的跨度为 2.4～4.2m。

② 钢筋混凝土预制板的细部构造：

a. 板的搁置构造。板的搁置方式有两种。一种是板直接搁置在墙上，形成板式结构；另一种是将板搁置在梁上，梁支承在墙或柱子上，形成梁板式结构。板的布置方式视结构布置方案而定。

板在墙上必须具有足够的搁置长度，一般不宜小于 100mm。为使板与墙有可靠的连接，在板安装前，应先在墙上铺设水泥砂浆，俗称坐浆，厚度不小于 10mm。板安装后，板端缝内须用细石混凝土或水泥砂浆灌缝，若为空心板，则应在板的两端用砖块或混凝土堵孔，以防板端在搁置处被压坏，同时，也能免避板缝灌浆时细石混凝土流入孔内。空心板靠墙一侧的纵向边应靠墙布置，并用细石混凝土将板边与墙之间的缝隙灌实。为增加建筑物的整体刚度，可用钢筋将板与墙、板与板之间进行拉结。拉结钢筋的配置视建筑物对整体刚度的要求及抗震情况而定。

板在梁上的搁置方式有两种：一是搁置在梁的顶面，如矩形梁，二是搁置在梁出挑的翼缘上，如花篮梁。后一种搁置方式，板的上面表与梁的顶面平齐，此时板的跨度尺寸是梁的中心跨减去梁顶面宽度。

6. 板的侧缝有 V 形缝、U 形缝、凹槽缝三种形式。为便于施工，在进行板的布置时，一般要求的规格、类型越少越好，通常一个房间的预制板宽度尺寸的规格不超过两种。因此，在房间的楼板布置时，板宽方向的尺寸与房间的平面尺寸之间可能会产生差额，即出现不足以排开一块板的缝隙。这时，应根据剩余缝隙大小不同，分别采取相应的措施补隙。当缝差在 60mm 以内时，调整板缝宽度；当缝差在 60～120mm 时，可沿墙边挑两皮砖解决；当缝差超过 200mm，则需重新选择板的规格。

3）装配整体式钢筋混凝土楼板

装配整体式钢筋混凝土楼板是将楼板中的部分构件预制安装后，再通过现浇的部分连接成整体。这种楼板的整体性较好，可节省模板，施工速度较快。

① 叠合楼板。叠合楼板是由预制板和现浇钢筋混凝土层叠合而成的装配整体式楼板。预制板既是楼板结构的组成部分，又是现浇钢筋混凝土叠合层的永久性模板，现浇叠合层内应设置负弯矩钢筋，并可在其中敷设水平设备管线。叠合楼板的预制部分，可以采用预应力实心薄板，也可采用钢筋混凝土空心板。

② 密肋填充块楼板。密肋填充块楼板的密肋小梁有现浇和预制两种。现浇密肋填充块楼板以陶土空心砖、矿渣混凝土空心块等作为肋间填充块，然后现浇密肋和面板。填充块与肋和面板相接触的部位带有凹槽，用来与现浇肋或板咬接，使楼板的整体性更好。密肋填充块楼板底面平整，隔声效果好，能充分利用不同材料的性能，节约模板，且整体性好。

4. 楼梯

建筑空间的竖向交通联系，主要依靠楼梯、电梯、自动扶梯、台阶、坡道以及爬梯等设施进行。其中，楼梯作为竖向交通和人员紧急疏散的主要交通设施，使用最为广泛。

楼梯的宽度、坡度和踏步级数都应满足人们通行和搬运家具、设备的要求。楼梯的数量，取决于建筑物的平面布置、用途、大小及人流的多少。楼梯应设在明显易找和通行方便的地方，以便在紧急情况下能迅速安全地疏散到室外。

(1) 楼梯的组成

楼梯一般由梯段、平台、栏杆与扶手三部分组成。

1）楼梯段

楼梯段是联系两个不同标高平台的倾斜构件。为了减轻疲劳，梯段的踏步步数一般不宜超过 18 级，且一般不宜少于 3 级，以防行走时踩空。

2）平台

按平台所处位置和高度不同，有中间平台和楼层平台之分。两楼层之间的平台称为中间平台，用来供人们行走时调节体力和改变行进方向。而与楼层地面标高齐平的平台称为楼层平台，除起着与中间平台相同的作用外，还用来分配从楼梯到达各楼层的人流。

3）栏杆与扶手

第一节 建筑物的系统组成

栏杆是布置在楼梯梯段和平台边缘处有一定安全保障度的围护构件。扶手一般附设于栏杆顶部，供作倚扶用。扶手也可附设于墙上，称为靠墙扶手。

(2) 楼梯的类型

按所在位置，楼梯可分为室外楼梯和室内楼梯两种；按使用性质，楼梯可分为主要楼梯、辅助楼梯、疏散楼梯、消防楼梯等几种；按所用材料，楼梯可分为木楼梯、钢楼梯、钢筋混凝土楼梯等几种，按形式，楼梯可分为直跑式、双跑式、双分式、双合式、三跑式、四跑式、曲尺式、螺旋式、圆弧形、桥式、交叉式等数种。

楼梯的形式视使用要求、在房屋中的位置、楼梯间的平面形状而定。

(3) 钢筋混凝土楼梯构造

钢筋混凝土楼梯按施工方法不同，主要有现浇整体式和预制装配式两类。

1) 现浇钢筋混凝土楼梯

现浇钢筋混凝土楼梯是在施工现场支模绑扎钢筋并浇筑混凝土而形成的整体楼梯。楼梯段与休息平台整体浇筑，因而楼梯的整体刚性好，坚固耐久。现浇钢筋混凝土楼梯按楼梯段传力的特点可以分为板式和梁式两种。

① 板式楼梯。板式楼梯的梯段是一块斜放的板，它通常由梯段板、平台梁和平台板组成。梯段板承受着梯段的全部荷载，然后通过平台梁将荷载传给墙体或柱子。必要时，也可取消梯段板一端或两端的平台梁，使平台板与梯段板连为一体，形成折线形的板直接支承于墙或梁上。

近年来在一些公共建筑和庭园建筑中，出现了一种悬臂板式楼梯，其特点是梯段和平台均无支承，完全靠上下楼梯段与平台组成的空间板式结构与上下层楼板结构共同来受力，其特点为造型新颖，空间感好。

板式楼梯的梯段底面平整，外形简洁，便于支撑施工。当梯段跨度不大时，常采用它。当梯段跨度较大时，梯段板厚度增加，自重较大，不经济。

② 梁式楼梯。梁式楼梯段是由斜梁和踏步板组成。当楼梯踏步受到荷载作用时，踏步为一水平受力构造，踏步板把荷载传递给左右斜梁，斜梁把荷载传递给与之相连的上下休息平台里梁，最后，平台梁将荷载传给墙体或柱子。

梯梁通常设两根，分别布置在踏步板的两端。梯梁与踏步板在竖向的相对位置有两种，一种为明步，即梯梁在踏步板之下，踏步外露；另一种为暗步，即梯梁在踏步板之上，形成反梁，踏步包在里面。梯梁也可以只设一根，通常有两种形式，一种是踏步板的一端设梯梁，另一端搁置在墙上；另一种是用单梁悬挑踏步板。

当荷载或梯段跨度较大时，采用梁式楼梯比较经济。

2) 预制装配式钢筋混凝土楼梯

装配式钢筋混凝土楼梯根据构件尺度的差别，大致可分为：小型构件装配式、中型构件装配式和大型构件装配式。

① 小型构件装配式楼梯。小型构件装配式楼梯是将梯段、平台分割成若干部分，分别预制成小构件装配而成。按照预制踏步的支承方式分为悬挑式、墙承式、梁承式三种。

a. 悬挑式楼梯。这种楼梯的每一踏步板为一个悬挑构件，踏步板的根部压砌在墙体内，踏步板挑出部分多为L形断面，压在墙体内的部分为矩形断面。由于踏步板不把荷载直接传递给平台，这种楼梯不需要设平台梁，只设有平台板，因而楼梯的净空高度大。

b. 墙承式楼梯。预制踏步的两端支承在墙上，荷载直接传递给两侧的墙体。墙承式楼梯不需要设梯梁和平台梁。平台板为简支空心板、实心板，槽形板等。踏步断面为L形或一字形。它适宜于直跑式楼梯，若为双跑楼梯，则需要在楼梯间中部砌墙，用以支撑踏步。两跑间加设一道墙后，阻挡上下楼行人视线，为此要在这道隔墙上开洞。这种楼梯不利于搬运大件物品。

　　c. 梁承式楼梯。预制踏步支承在梯梁上，形成梁式梯段，梯梁支承在平台梁上。平台梁一般为L形断面。梯梁的断面形式，视踏步构件的形式而定。三角形踏步一般采用矩形梯梁；楼梯为暗步时，可采用L形梯梁；L形和一字形踏步应采用锯齿形梯梁。预制踏步在安装时，踏步之间以及踏步与梯梁之间应用水泥砂浆坐浆。L形和一字形踏步预留孔洞应与锯齿形梯梁上预埋的插铁套接，孔内用水泥砂浆填实。

　　② 中型及大型构件装配式楼梯。中型构件装配式楼梯一般是由楼梯段和带有平台梁的休息平台板两大构件组合而成，楼梯段直接与楼梯休息平台梁连接，楼梯的栏杆与扶手在楼梯结构安装后再进行安装。带梁休息平台形成一类似槽形板构件，在支承楼梯段的一侧，平台板肋断面加大，并设计成L形断面以利于楼梯段的搭接。楼梯段与现浇钢筋混凝土楼梯类似，有梁板式和板式两种。

　　大型构件装配式楼梯，是将楼梯段与休息平台一起组成一个构件，每层由第一跑及中间休息平台和第二跑及楼层休息平台板两大构件组合而成。

　　(4) 楼梯的细部构造

　　1) 踏步面层及防滑构造

　　楼梯踏步面层应便于行走、耐磨、防滑并保持清洁。通常面层可以选用水泥砂浆、水磨石，大理石和防滑砖等。

　　为防止行人使用楼梯时滑倒，踏步表面应有防滑措施，对表面光滑的楼梯必须对踏步表面进行处理，通常是在接近踏口处设置防滑条，防滑条的材料主要有：金刚砂、马赛克、橡皮条和金属材料等。

　　2) 栏杆、栏板和扶手

　　楼梯的栏杆、栏板是楼梯的安全防护设施。它既有安全防护的作用，又有装饰作用。栏杆多采用方钢、圆钢、扁钢、钢管等金属型材焊接而成，下部与楼梯段锚固，上部与扶手连接。栏杆与梯段的连接方法有预埋铁件焊接、预留孔洞插接、螺栓连接。

　　栏板多由现浇钢筋混凝土或加筋砖砌体制作，栏板顶部可另设扶手，也可直接抹灰作扶手。楼梯扶手可以用硬木、钢管、塑料、现浇混凝土抹灰或水磨石制作。采用钢栏杆、木制扶手或塑料扶手时，两者间常用木螺丝连接；采用金属栏杆金属扶手时，常采用焊接连接。

　　(5) 台阶与坡道

　　因建筑物构造及使用功能的需要，建筑物的室内外地坪有一定的高差，在建筑物的入口处，可以选择台阶或坡道来衔接。

　　1) 室外台阶

　　室外台阶一般包括踏步和平台两部分。台阶的坡度应比楼梯小，通常踏步高度为100～150mm，宽度为300～400mm。台阶一般由面层、垫层及基层组成。面层可选用水泥砂浆；水磨石、天然石材或人造石材等块材，垫层材料可选用混凝土、石材或砖砌体；

基层为夯实的土壤或灰土。在严寒地区，为了防止冻害，在基层与混凝土垫层之间应设砂垫层。

2) 坡道

考虑车辆通行或有特殊要求的建筑物室外台阶处，应设置坡道或用坡道与台阶组合。与台阶一样，坡道也应采用耐久、耐磨和抗冻性好的材料。坡道对防滑要求较高或坡度较大时可设置防滑条或做成锯齿形。

5. 阳台与雨篷

(1) 阳台

阳台是楼房中人们与室外接触的场所。阳台主要由阳台板和栏杆扶手组成。阳台板是承重结构，栏杆扶手是围护安全的构件。阳台按其与外墙的相对位置分为挑阳台、凹阳台、半凹半挑阳台、转角阳台。

1) 阳台的承重构件

挑阳台属悬挑构件，凹阳台的阳台板常为简支板。阳台承重结构的支承方式有墙承式、悬挑式等。

① 墙承式。是将阳台板直接搁置在墙上，其板型和跨度通常与房间楼板一致。这种支撑方式结构简单，施工方便，多用于凹阳台。

② 悬挑式。是将阳台板悬挑出外墙。为使结构合理、安全。阳台悬挑长度不宜过大，而考虑阳台的使用要求，悬挑长度又不宜过小，一般悬挑长度为 1.0~1.5m，以 1.2m 左右最常见。悬挑式适用于挑阳台或半凹半挑阳台。按悬挑方式不同有挑梁式和挑板式两种。

a. 挑梁式。是从横墙上伸出挑梁，阳台板搁置在挑梁上。挑梁压入墙内的长度一般为悬挑长度的 1.5 倍左右，为防止挑梁端部外露而影响美观，可增设边梁。阳台板的类型和跨度通常与房间楼板一致。挑梁式的阳台悬挑长度可适当大些，而阳台宽度应与横墙间距(即房间开间)一致。挑梁式阳台应用较广泛。

b. 挑板式。是将阳台板悬挑，一般有两种做法：一种是将阳台板和墙梁现浇在一起利用梁上部的墙体或楼板来平衡阳台板，以防止阳台倾覆。这种做法阳台底部平整，外形轻巧，阳台宽度不受房间开间限制，但梁受力复杂，阳台悬挑长度受限，一般不宜超过 1.2m。另一种是将房间楼板直接向外悬挑形成阳台板。这种做法构造简单，阳台底部平整，外形轻巧，但板受力复杂，构件类型增多，由于阳台地面与室内地面标高相同，不利于排水。

2) 阳台细部构造

① 阳台栏杆与扶手。阳台的栏杆(栏板)及扶手是阳台的安全围护设施，既要求能够承受一定的侧压力，又要求有一定的美观性。栏杆的形式可分为空花栏杆、实心栏杆和混合栏杆三种。

空花栏杆按材料分为金属栏杆和预制混凝土栏杆两种。金属栏杆一般采用圆钢、方钢、扁钢或钢管等。栏杆与阳台板(或边梁)应有可靠的连接，通常在阳台板顶面预埋通长扁钢与金属栏杆焊接，也可采用预留孔洞插接等方法。组合式栏杆中的金属栏杆有时须与混凝土栏板连接，其连接方法一般为预埋铁件焊接。预制混凝土栏杆与阳台板的连接，通常是将预制混凝土栏杆端部的预留钢筋与阳台板顶面的后浇混凝土挡水边坎现浇在一起，也可采用预埋铁件焊接或预留孔洞插接等方法。

栏板按材料来分有混凝土栏板、砖砌栏板等。混凝土栏板有现浇和预制两种。现浇混凝土栏板通常与阳台板（或边梁）整浇在一起，预制混凝土栏板可预留钢筋与阳台板的后浇混凝土挡水边坎浇筑在一起，或预埋铁件焊接。砖砌栏板的厚度一般为120mm，为加强其整体性，应在栏板顶部设现浇钢筋混凝土扶手。或在栏板中配置通长钢筋加固。

栏板和组合式栏杆顶部的扶手多为现浇或预制钢筋混凝土扶手。栏板或栏杆与钢筋混凝土扶手的连接方法和它与阳台板的连接方法基本相同。空花栏杆顶部的扶手除采用钢筋混凝土扶手外，对金属栏杆还可采用木扶手或钢管扶手。

② 阳台排水处理。为避免落入阳台的雨水泛入室内，阳台地面应低于室内地面30~50mm，并应沿排水方向做排水坡，阳台板的外缘设挡水边坎，在阳台的一端或两端埋设泄水管直接将雨水排出。泄水管可采用镀锌钢管或塑料管，管口外伸至少80mm。对高层建筑应将雨水导入雨水管排出。

（2）雨篷

雨篷是设置在建筑物外墙出入口的上方用以挡雨并有一定装饰作用的水平构件。雨篷的支承方式多为悬挑式，其悬挑长度一般为0.9~1.5m。按结构形式不同，雨篷有板式和梁板式两种。板式雨篷多做成变截面形式，一般板根部厚度不小于70mm，板端部厚度不大于50mm。梁板式雨篷为使其底面平整，常采用翻梁形式。当雨篷外伸尺寸较大时，其支承方式可采用立柱式，即在入口两侧设柱支承雨篷，形成门廊，立柱式雨篷的结构形式多为梁板式。

雨篷顶面应做好防水和排水处理。通常采用刚性防水层，即在雨篷顶面用防水砂浆抹面，当雨篷面积较大时，也可采用柔性防水。雨篷表面的排水有两种，一种是无组织排水。雨水经雨篷边缘自由泻落，或雨水经滴水管直接排至地表。另一种是有组织排水。雨篷表面集水经地漏、雨水管有组织地排至地下。为保证雨篷排水通畅，雨篷上表面向外侧或向滴水管处或向地漏处应做有1%的排水坡度。

6. 门与窗

门和窗是建筑物中的围护构件。门在建筑中的作用主要是交通联系，并兼有采光、通风之用；窗的作用主要是采光和通风。门窗的形状、尺寸、排列组合以及材料，对建筑物的立面效果影响很大。门窗还要有一定的保温、隔声、防雨、防风砂等能力，在构造上，应满足开启灵活、关闭紧密、坚固耐久，便于擦洗、符合模数等方面的要求。

（1）门、窗的类型

1）按所用的材料分

有木、钢、铝合金、玻璃钢、塑料、钢筋混凝土门窗等几种。

① 木门窗。选用优质松木或杉木等制作。它具有自重轻，加工制作简单造价低，便于安装等优点。但耐腐蚀性能一般，且耗用木材。

② 钢门窗。由轧制成型的型钢经焊接而成的。可大批生产；成本较低，又可节约木板。它具有强度大，透光串大，便于拼接组合等优点，但易锈蚀，且自重大，目前采用较少。

③ 铝合金门窗。由经表面处理的专用铝合金型材制作构件，经装配组合制成。它具有高强轻质，美观耐久，透光率大，密闭性好等优点，但其价格较高。

④ 塑料门窗。由工程塑料经注模制作而成。它具有密闭性好、隔声、表面光洁，不需油漆等优点，但其抗老化性能差，通常只用于洁净度要求较高的建筑。

⑤ 钢筋混凝土门窗。主要是用预应力钢筋混凝土做门窗框，门窗扇由其他材料制作。它具有耐久性好、价格低、耐潮湿等优点，但密闭性及表面光洁度较差。

2) 按开启方式分类

可分为平开门、弹簧门、推拉门、转门、折叠门、卷门、自动门等。窗分为平开窗、推拉窗、悬窗、固定窗等几种形式。

3) 按镶嵌材料分类

可以把窗分为玻璃窗、百叶窗、纱窗、防火窗、防爆窗、保温窗、隔声窗等几种。按门板的材料，可以把门分为镶板门、拼板门、纤维板门、胶合板门、百叶门、玻璃门、纱门等。

(2) 门、窗的构造组成

1) 门的构造组成

一般门的构造主要由门樘和门扇两部分组成。门樘又称门框，由上槛、中槛和边框等组成，多扇门还有中竖框。门扇由上冒头、中冒头、下冒头和边梃等组成。为了通风采光，可在门的上部设腰窗(俗称上亮子)，有固定、平开及上、中、下、悬等形式，其构造同窗扇，门框与墙间的缝隙常用木条盖缝，称门头线，俗称贴脸。门上还有五金零件，常见的有铰链、门锁、插销、拉手、停门器、风钩等。

2) 窗的构造组成

窗主要由窗樘和窗扇两部分组成。窗樘又称窗框，一般由上框、下框、中横框、中框及边框等组成。窗由上冒头、中冒头、下冒头及边梃组成。依镶嵌材料的不同有玻璃窗扇、纱窗扇和百叶窗扇等。窗扇与窗框用五金零件连接，常用的五金零件有铰链、风钩、插销、拉手及导轨、滑轮等。窗框与墙的连接处，为满足不同的要求，有时加有贴脸、窗台板、窗帘盒等。

3) 木门窗构造

① 平开木窗构造

a. 窗框。窗框的断面尺寸主要按材料的强度和接榫的需要确定，一般多为经验尺寸。窗框的安装方式有立口和塞口两种。立口是施工时先将窗框立好，后砌窗间墙；塞口则是在砌墙时先留出洞口，以后再安装窗框，为便于安装，预留洞口应比窗框外缘尺寸多20～30mm。窗框的位置要根据房间的使用要求、墙身的材料及墙体的厚度确定。有窗框内平、窗框居中和窗框外平三种情况。窗框与墙间的缝隙应填塞密实，以满足防风、挡雨、保温、隔声等要求。一般情况下，洞口边缘可采用平口，用砂浆或油膏嵌缝。

b. 窗扇。当窗关闭时，均嵌入窗框的裁口内。为安装玻璃的需要，窗芯、边梃、上下冒头均应设有裁口，裁口宽为10mm，深为12～15mm。普通窗一般都采用3mm厚的平板玻璃，若窗扇过大，可选用5mm的玻璃。

② 平开木门的构造

a. 门框。门框的断面形状与窗框类似，但由于门受到的各种冲撞荷载比窗大，故门框的断面尺寸要适当增加。门框的安装、与墙的关系与窗框相同。

b. 门扇。门扇嵌入到门框中，门的名称一般以门扇的材料名称命名，门扇的名称又反映了它的构造。

镶板门。它是最常用的一种，一般用于建筑的外门。门扇是由骨架和门芯板组成。骨架一般由上冒头、下冒头及边梃组成。骨架中心镶填门芯板，门芯扳一般厚度为10～15mm。木板横向拼接成整块，门芯板端头与骨架裁口内缘应留有一定空隙，以防门板吸潮膨胀鼓起。

拼板门。拼板的四周骨架与镶板门类似，门芯板厚度为15～20mm，竖向拼接。

夹板门。夹板门采用小规格木料做骨架，在两侧贴上纤维板或胶合板，四周再用木条封闭。

百叶门、纱门。百叶门是在门扇骨架内全部或部分安装百叶片，常用于卫生间、贮藏间等处。纱门是在门扇骨架内固定纱网。

7. 屋顶

屋顶是房屋顶部的覆盖部分。屋顶的作用主要有两点，一是围护作用，二是承重作用。屋顶主要由屋面面层、承重结构层、保温层、顶棚等几个部分组成。

(1) 屋顶的类型

由于地域不同、自然环境不同、屋面材料不同、承重结构不同，屋顶的类型也很多。归纳起来大致可分为三大类：平屋顶、坡屋顶和曲面屋顶。

1) 平屋顶

平屋顶是指屋面坡度在10%以下的屋顶。这种屋顶具有屋面面积小、构造简便的特点，但需要专门设置屋面防水层。这种屋顶是多层房屋常采用的一种形式。

2) 坡屋顶

坡屋顶是指屋面坡度在10%以上的屋顶。它包括单坡、双坡、四坡、歇山式、折板式等多种形式。这种屋顶的屋面坡度大，屋面排水速度快。其屋顶防水可以采用构件自防水（如平瓦、石棉瓦等自防水）的防水形式。

3) 曲面屋顶

屋顶为曲面，如球形、悬索形、鞍形等等。这种屋顶施工工艺较复杂，但外部形状独特。

(2) 平屋顶的构造

与坡屋顶相比，平屋顶具有屋面面积小，减少建筑所占体积，降低建筑总高度，屋面便于上人等特点，因而被广泛采用。

1) 平屋顶的排水

① 平屋顶起坡方式。要使屋面排水通畅，平屋顶应设置不小于1%的屋面坡度。形成这种坡度的方法有两种：第一是材料找坡，也称垫坡。这种找坡法是把屋顶板平置，屋面坡度由铺设在屋面板上的厚度有变化的找坡层形成。设有保温层时，利用屋面保温层找坡；没有保温层时，利用屋面找平层找坡。第二种方法是结构起坡，也称搁置起坡。把顶层墙体或圈梁、大梁等结构构件上表面做成一定坡度，屋面板依势铺设形成坡度。

② 平屋顶排水方式。可分为有组织排水和无组织排水两种方式。

③ 屋面落水管的布置。屋面落水管的布置量与屋面集水面积大小、每小时最大降雨量、排水管管径等因素有关。它们之间的关系可用下式表示：

$$F=438D^2/H$$

式中　　F——单根落水管允许集水面积(水平投影面积，m^2)；

　　　　D——落水管管径(cm，采用方管时面积可换算)；

　　　　H——每小时最大降雨量(mm/h，由当地气象部门提供)。

例：某地 $H=145mm/h$，落水管径 $D=10cm$，每个落水管允许集水面积为：
$$F=438\times 10^2/145=302.07(m^2)$$

若某建筑的屋顶集水面积(屋顶的水平投影面积)为 $1000m^2$，则至少要设置 4 根落水管。

并不是说通过上述经验公式计算得到落水管数量后，就一定符合实际要求。在降雨量小或落水管管径较粗时，单根落水管的集水面积就大，落水管间的距离也大，天沟必然要长，由于天沟要起坡，天沟内的高差也大。很显然，过大的天沟高差，对屋面构造不利。在工程实践中，落水管间的距离(天沟内流水距离)以 10~15m 为宜。当计算间距大于适用距离时，应按适用距离设置落水管；当计算间距小于适用间距时，按计算间距设置落水管。

2) 平屋顶防水及构造

平屋顶的防水是屋顶使用功能的重要组成部分，它直接影响整个建筑的使用功能。平屋顶的防水方式根据所用材料及施工方法的不同可分为两种：柔性防水和刚性防水。

① 柔性防水平屋顶的构造。柔性防水屋顶是以防水卷材和沥青类胶结材料交替粘贴组成防水层的屋顶。常用的卷材有：沥青纸胎油毡、油纸、玻璃布、无纺布、再生橡胶卷材、合成橡胶卷材等。沥青胶结材料有：热沥青、沥青玛碲脂及各类冷沥青胶结材料。

a. 卷材防水屋面。防水卷材应铺设在表面平整、干燥的找平层上，找平层一般设在结构层或保温层上面，用 1：3 水泥砂浆进行找平，其厚度为 15~20mm。待表面干燥后作为卷材防水屋面的基层，基层不得有酥松、起砂、起皮现象。为了改善防水胶结材料与屋面找平层间的连接，加大附着力，常在找平层表面涂冷底子油一道(汽油或柴油溶解的沥青)，这层冷底子油称为结合层。油毡防水层是由沥青胶结材料和油毡卷材交替粘合而形成的屋面整体防水覆盖层。它的层次顺序是：沥青胶、油毡、沥青胶……由于沥青胶结在卷材的上下表面，因此沥青总是比卷材多一层。当屋面坡度小于 3% 时，卷材平行于屋脊，由檐口向屋脊一层层地铺设，各类卷材上下层应搭接，多层卷材的搭接位置应错开。为了防止屋面防水层出现龟裂现象，一是阻断来自室内的水蒸气，构造上常采取在屋面结构层上的找平层表面做隔汽层(如油纸一道，或一毡两油，或一布两胶等)，阻断水蒸气向上渗透。二是在屋面防水层下保温层内设排汽通道，并使通道开口露出屋面防水层，使防水层下水蒸气能直接从透气孔排出。

保护层是防水层上表面的构造层。它可以防止太阳光的辐射而致防水层过早老化。对上人屋面而言，它直接承受人在屋面活动的各种作用。柔性防水顶面的保护层可选用豆石、铝银粉涂料、现浇或装配细石混凝土面层等。为防止冬季室内热量向外的过快传导通常在屋面结构层之上、防水层之下设置保温层。保温层的材料为多孔松散材料，如膨胀珍珠岩、蛭石、炉渣等。

b. 柔性防水屋面细部构造。卷材防水屋面必须特别注意各个节点的构造处理。泛水与屋面相交处基层应做成钝角(>135°)或圆弧($R=50~100mm$)，防水层向垂直面的上卷高度不宜小于 250mm，常为 300mm；卷材的收口应严实，以防收口处渗水。卷材防水檐口分为自由落水、外挑檐，女儿墙内天沟几种形式。

当屋面采用有组织排水时，雨水需经雨水口排至落水管。雨水口分为设在挑天沟底部雨水口和设在女儿墙垂直面上的雨水口两种。雨水口处应排水通畅，不易堵塞，不渗漏。雨水口与屋面防水层交接处应加铺一层卷材，屋面防水卷材应铺设至雨水口内，雨水入口应有挡杂物设施。

② 刚性防水平屋顶的构造。刚性防水就是防水层为刚性材料，如密实性钢筋混凝土或防水砂浆等。

a. 刚性防水材料。刚性防水材料主要为砂浆和混凝土。由于砂浆和混凝土在拌合时掺水，且用水量超过水泥水化时所耗水量，混凝土内多余的水蒸发后，形成毛细孔和管网，成为屋面渗水的通道。为了改进砂浆和混凝土的防水性能，常采用加防水剂、膨胀剂，提高密实性等措施。

b. 刚性防水屋面构造。刚性防水层做法：刚性防水屋面的找平层、隔汽层、保温层、隔热层，做法参照卷材屋面，防水层构造做法如表2-1所示。

刚性防水面层做法表　　　　　　　　　　　　表2-1

名　称	编号	做　　　法	备　注
刚性防水层	1	40mm厚C30密实性细石混凝土内配 φ4@150（200mm双向钢筋网）	常用于装配式屋面
	2	40mm厚矾石膨胀及混凝土	常用于现浇屋面
	3	25mm厚防水砂浆（内掺5％防水剂）	常用于现浇屋面

刚性防水层屋面为了防止因温度变化产生无规则裂缝，通常在刚性防水屋面上设置分仓缝（也叫分格缝）。其位置一般在结构构件的支承位置及屋面分水线处。屋面总进深在10m以内，可在屋脊处设一道纵向分仓缝；超出10m，可在坡面中间板缝内设一道分仓缝。横向分仓缝可每隔6～12m设一道，且缝口在支承墙上方。分仓缝的宽度在20mm左右，缝内填沥青麻丝，上部20～30mm深油膏。横向及纵向屋脊处分仓缝可凸出屋面30～40mm；纵向非屋脊处应做成平缝，以免影响排水。

（3）坡屋顶的构造

所谓坡屋顶是指屋面坡度在10％以上的屋顶。与平屋顶相比较，坡屋顶的屋面坡度大，因而其屋面构造及屋面防水方式均与平屋面不同。坡屋面的屋面防水常采用构件自防水方式，屋面构造层次主要由屋顶天棚、承重结构层及屋面面层组成。

1）坡屋顶的承重结构

① 硬山搁檩。横墙间距较小的坡屋面房屋，可以把横墙上部砌成三角形，直接把檩条支承在三角形横墙上，叫做硬山搁檩。

檩条可用木材、预应力钢筋混凝土、轻钢桁架、型钢等材料。檩条的斜距不得超过1.2m。木质檩条常选用Ⅰ级杉圆木，木檩条与墙体交接段应进行防腐处理，常用方法是在山墙上垫上油毡一层，并在檩条端部涂刷沥青。

② 屋架及支撑。当坡屋面房屋内部需要较大空间时，可把部分横向山墙取消，用屋架作为横向承重构件。坡屋面的屋架多为三角形（分豪式和芬克式两种）。屋架可选用木材（Ⅰ级杉圆木），型钢（角钢或槽钢）制作，也可用钢木混合制作（屋架中受压杆件为木材，

受拉杆件为钢材),或钢筋混凝土制作。若房屋内部有一道或两道纵向承重墙,可以考虑选用三点支承或四点支承屋架。

为了防止屋架的倾覆,提高屋架及屋面结构的空间稳定性,屋架间要设置支撑。屋架支撑主要有垂直剪刀撑和水平系杆等。

房屋的平面有凸出部分时,屋面承重结构有两种做法。当凸出部分的跨度比主体跨度小时,可把凸出部分的檩条搁置在主体部分屋面檩条上,也可在屋面斜天沟处设置斜梁,把凸出部分檩条搭接在斜梁上。当凸出部分跨度比主体部分跨度大时,可采用半屋架。半屋架的一端支承在外墙上,另一端支承在内墙上;当无内墙时,支承在中间屋架上。对于四坡形屋顶,当跨度较小时,在四坡屋顶的斜屋脊下设斜梁,用于搭接屋面檩条;当跨度较大时,可选用半屋架或梯形屋架,以增加斜梁的支承点。

2) 坡屋顶屋面

① 平瓦屋面。平瓦有水泥瓦和黏土瓦两种,其外形按防水及排水要求设计制作,平瓦的外形尺寸约为 400mm×230mm,其在屋面上的有效覆盖尺寸约为 330mm×200mm,每平方米屋面约需 15 块瓦。

平瓦屋面的主要优点是瓦本身具有防水性,不需特别设置屋面防水层,瓦块间搭接构造简单,施工方便。缺点是屋面接缝多,如不设屋面板,雨、雪易从瓦缝中飘进,造成漏水。为保证有效排水,瓦屋面坡度不得小于 1:2(26°34′)。在屋脊处需盖上鞍形脊瓦,在屋面天沟下需放上镀锌铁皮,以防漏水。平瓦屋面的构造方式有下列几种:

a. 有椽条、有屋面板平瓦屋面。在屋面檩条上放置椽条,椽条上稀铺或满铺厚度在 8~12mm 的木板(稀铺时在板面上还可铺芦席等),板面(或芦席)上方平行于屋脊方向铺干油毡一层,钉顺水条和挂瓦条,安装机制平瓦。采用这种构造方案,屋面板受力较小,因而厚度较薄。

b. 屋面板平瓦屋面。在檩上钉厚度为 15~25mm 的屋面板(板缝不超过 20mm)平行于屋脊方向铺油毡一层,钉顺水条和挂瓦条,安装机制平瓦。这种方案屋面板与檩条垂直布置,为受力构件因而厚度较大。

c. 冷摊瓦屋面。这是一种构造简单的瓦屋面,在檩条上钉上断面 35mm×60mm,中距 500mm 的椽条,在椽条上钉挂瓦条(注意挂瓦条间距符合瓦的标志长度),在挂瓦条上直接铺瓦。由于构造简单,它只用于简易或临时建筑。

② 波形瓦屋面。波形瓦屋面包括水泥石棉波形瓦、钢丝网水泥瓦、玻璃钢瓦、钙塑瓦、金属钢板瓦、石棉菱苦土瓦等。根据波形瓦的波浪大小又可分为大波瓦、中波瓦和小波瓦三种。波形瓦具有重量轻、耐火性能好等优点,但易折断,强度较低。

③ 青瓦屋面。小青瓦屋面在我国传统房屋中采用较多,目前有些地方仍然采用。小青瓦断面呈弧形,尺寸及规格不统一。铺设时分别将小青瓦仰俯铺排,覆盖成垅,仰铺瓦成沟,俯铺瓦盖于仰铺瓦纵向接缝处,与仰铺瓦间搭接瓦长 1/3 左右。上下瓦间的搭接长在少雨地区为搭六露四,在多雨区为搭七露三。小青瓦可以直接铺设于椽条上,也可铺于望板(屋面板)上。

3) 坡屋面的细部构造

① 檐口。坡屋面的檐口式样主要有两种:一是挑出檐口,要求挑出部分的坡度与屋面坡度一致;另一种是女儿墙檐口,要做好女儿墙内侧的防水,以防渗漏。

$a.$ 砖挑檐。砖挑檐一般不超过墙体厚度的 1/2，且不大于 240mm。每层砖挑长为 60mm，砖可平挑出，也可把砖斜放，用砖角挑出，挑檐砖上方瓦伸出 50mm。

$b.$ 椽木挑檐。当屋面有椽木时，可以用椽木出挑，以支承挑出部分的屋面。挑出部分的椽条，外侧可钉封檐板，底部可钉木条并油漆。

$c.$ 屋架端部附本挑檐或挑檐木挑檐。如需要较大挑长的挑檐，可以沿屋架下弦伸出附木，支承挑出的檐口木，并在附木外侧面钉封檐板，在附木底部做檐口吊顶。对于不设屋架的房屋，可以在其横向承重墙内压砌挑檐木并外挑，用挑檐木支承挑出的檐口。

$d.$ 钢筋混凝土挑天沟。当房屋屋面集水面积大、檐口高度高、降雨量大时，坡屋面的檐口可设钢筋混凝土天沟，并采用有组织排水。

② 山墙。双坡屋面的山墙有硬山和悬山两种。硬山是指山墙与屋面等高或高于屋面成女儿墙。悬山是把屋面挑出山墙之外。

③ 斜天沟。坡屋面的房屋平面形状有凸出部分，屋面上会出现斜天沟。构造上常采用镀锌铁皮折成槽状，依势固定在斜天沟下的屋面板上，以作防水层。

④ 烟囱泛水构造。烟囱四周应做泛水，以防雨水的渗漏。一种做法是镀锌铁皮泛水，将镀锌铁皮固定在烟囱四周的预埋件上，向下披水。在靠近屋脊的一侧，铁皮伸入瓦下，在靠近槽口的一侧，铁皮盖在瓦面上。另一种做法是用水泥砂浆或水泥石灰麻刀砂浆做抹灰泛水。

⑤ 檐沟和落水管。坡屋面房屋采用有组织排水时，需在檐口处设檐沟，并布置落水管。坡屋面排水计算、落水管的布置数量、落水管、雨水斗、落水口等要求同平屋顶有关要求。坡屋面檐沟和落水管可用镀锌铁皮、玻璃钢、石棉水泥管等材料。

4）坡屋顶的顶棚、保温、隔热与通风

① 顶棚

坡屋面房屋为室内美观及保温隔热的需要，多数均设顶棚(吊顶)，把屋面的结构层隐蔽起来，以满足室内使用要求。

顶棚可以沿屋架下弦表面做成平天棚，也可沿屋面坡向做成斜天棚。吊顶棚的面层材料较多，常见的有抹灰天棚(扳条抹灰、芦席抹灰等)、板材天棚(纤维板顶棚、胶合板顶棚、石膏板顶棚等)。

顶棚的骨架主要有：主吊顶筋(主搁橱)与屋架或檩条拉接；天棚龙骨(次搁栅)与主吊顶筋连接。按材质，顶棚骨架又可分为木骨架、轻钢骨架等。

② 坡屋面的保温

当坡屋面有保温要求时，应设置保温层。若屋面设有吊顶，保温层可铺设于吊顶棚的上方；不设吊顶时，保温层可铺设于屋面板与屋面面层之间。保温层材料可选用木屑、膨胀珍珠岩、玻璃棉、矿棉、石灰稻壳、柴泥等。

③ 坡屋面的隔热与通风

坡屋面的隔热与通风有以下几种方法：

$a.$ 做通风屋面。把屋面做成双层，从槽口处进风带走屋面的热量，以降低屋面的温度。利用空气的流动，带走屋面的热量，降低屋面的温度。

$b.$ 吊顶隔热通风。吊顶层与屋面之间有较大的空间，通过在坡屋面的槽口下，山墙处或屋面上设置通风窗，使吊顶层内空气有效流通，带走热量，降低室内温度。

三、装饰装修

建筑主体工程构成了建筑物的骨架,装饰后的建筑物则能够完善建筑设计的构想,甚至弥补某些不足,使建筑物最终以丰富、完美的面貌呈现在人们面前。

1. 装饰构造的类别

装饰构造的分类方法很多,这里着重介绍按装饰的位置不同如何进行分类。

(1) 墙面装饰

墙面装饰也称饰面装修,分为室内和室外两部分,是建筑装饰设计的重要环节。它对改善建筑物的功能质量、美化环境等都有重要作用。墙面装饰有保护改善墙体的热功能性及美观方面的功能。

(2) 楼地面装饰

楼地面的构造前面已有论述,以下着重讲解属于装饰范畴的面层构造。楼面和地坪的面层,在构造上做法基本相同,对室内装修而言,两者可统称地面。它是人们日常生活、工作、学习必须接触的部分,也是建筑中直接承受荷载,经常受到摩擦、清扫和冲洗的部分。

(3) 顶棚(天花)装饰

顶棚的高低、造型、色彩。照明和细部处理,对人们的空间感受具有相当重要的影响。顶棚本身往往具有保温、隔热、隔声、吸声等作用,此外人们还经常利用顶棚来处理好人工照明、空气调节、音响、防火等技术问题。

2. 墙体饰面装修构造

按材料和施工方式的不同,常见的墙体饰面可分为抹灰类、贴面类、涂料类、裱糊类和铺钉类等。

饰面装修一般由基层和面层组成,基层即支托饰面层的结构构件或骨架,其表面应平整,并应有一定的强度和刚度。饰面层附着于基层表面起美观和保护作用,它应与基层牢固结合,且表面需平整均匀。通常将饰面层最外表面的涂料,作为饰面装修构造类型的命名。

(1) 抹灰类

墙面抹灰分装饰抹灰和一般抹灰。水刷石、斩假石、干粘石、假面砖等属于装饰抹灰;而一般抹灰是指用石灰砂浆、水泥砂浆、水泥石灰混合砂浆、聚合物水泥砂浆。膨胀珍珠岩水泥砂浆,以及麻刀灰、纸筋灰、石膏灰等作为饰面层的装修做法。它主要的优点在于材料的来源广泛、施工操作简便和造价低廉。但也存在着耐久性差、易开裂、湿作业量大,劳动强度高、工效低等缺点。 般抹灰按质量要求分为普通抹灰和高级抹灰。

为保证抹灰层与基层粘结牢固,表面平整均匀,避免裂缝和脱落,在抹灰前应将基层表面的灰尘、污垢、油渍等清除干净,并洒水湿润。同时还要求抹灰层不能太厚,并分层完成。普通标准的抹灰一般由底层和面层组成;装修标准较高的房间,当采用高级抹灰时,还要在面层与底层之间加一层或多层中间层。

(2) 贴面类

贴面类是指利用各种天然石材或人造板、块,通过绑、挂或直接粘贴于基层表面的饰面做法。这类装修具有耐久性好、施工方便、装饰性强、质量高、易于清洗等优点。常用贴面材料有陶瓷面砖，陶瓷锦砖（马赛克），以及水泥预制板和天然的花岗石、大理石板等。其中，质地细腻的材料常用于室内装修，如瓷砖、大理石板等。而质感粗放的材料，如陶瓷面砖、陶瓷锦砖（马赛克）、花岗石板等，多用作外装修。

1）陶瓷面砖类装修。对陶瓷面砖陶瓷锦砖（马赛克）等尺寸小、重量轻的贴面材料，可用砂浆直接粘贴在基层上。在做外墙面时，其构造多采用10～15mm厚1:3水泥砂浆打底找平，用8～10mm厚1:1水泥细砂浆粘贴各种装饰材料。粘贴面砖时，常留13mm左右的缝隙，以增加材料的透气性，并用1:1水泥细砂浆勾缝。在做内墙面时，多用10～15mm厚1:3水泥砂浆或1:1:6水泥石灰混合砂浆打底找平，用8～10mm厚1:0.3:3水泥石灰砂浆粘贴各种贴面材料。

2）天然或人造石板类装修。这类贴面材料的平面尺寸一般为500mm×500mm、600mm×600mm、600mm×800mm等，厚度一般为20mm，由于每块板重量较大，不能用砂浆直接粘贴，而多采用绑或挂的做法。

（3）涂料类

涂料类是指利用各种涂料敷于基层表面，形成完整牢固的膜层，起到保护墙面和美观的一种饰面做法，是饰面装修中最简便的一种形式。它具有造价低、装饰性好、工期短、工效高、自重轻，以及施工操作、维修、更新都比较方便等特点，是一种最有发展前途的装饰材料。

建筑材料中涂料的品种很多，选用时应根据建筑物的使用功能、墙体周围环境、墙身不同部位，以及施工和经济条件等，选择附着力强、耐久、无毒、耐污染、装饰效果好的涂料。例如，用于外墙面的涂料，应具有良好的耐久、耐冻、耐污染性能。内墙涂料除应满足装饰要求外，还应有一定的强度和耐擦洗性能。炎热多雨地区选用的涂料，应有较好的耐水性、耐高温性和防霉性。寒冷地区则对涂料的抗冻性要求较高。

涂料按其成膜物的不同可分无机涂料和有机涂料两大类。无机涂料包括石灰浆、大白浆、水泥浆及各种无机高分子涂料等，如JH80-1型、JHN84-1和F832型等。有机涂料依其稀释剂的不同，分溶剂型涂料、水溶性涂料和乳胶涂料等，如812建筑涂料、106内墙涂料及PA1型乳胶涂料等。设计中，应充分了解涂料的性能特点，合理、正确地选用。

（4）裱糊类

裱糊类是将各种装饰性墙纸、墙布等卷材裱糊在墙面上的一种饰面做法。依面层材料的不同，有塑料面墙纸（PVC墙纸），纺织物面墙纸、金属面墙纸及天然木纹面墙纸等。墙布是指可以直接用作墙面装饰材料的各种纤维织物的总称。包括印花玻璃纤维墙面布和锦缎等材料。

墙纸或墙布的裱贴，是在抹灰的基层上进行，它要求基层表面平整、阴阳角顺直。

（5）铺钉类

铺钉类指利用天然板条或各种人造薄板借助于钉、胶粘等固定方式对墙面进行的饰面做法。选用不同材质的面板和恰当的构造方式，可以使这类墙面具有质感、细腻、美观大方，或给人以亲切感等不同的装饰效果。同时，还可以改善室内声学等环境效果，满足不同的功能要求。铺钉类装修是由骨架和面板两部分组成，施工时先在墙面上立骨架（墙筋），然后在骨架上铺钉装饰面板。

骨架有木骨架和金属骨架，木骨架截面一般为 50mm×50mm，金属骨架多为槽形冷轧薄钢板。常见的装饰面板有硬木条（板）、竹条、胶合板、纤维板、石膏板、钙塑板及各种吸声墙板等。面板在木骨架上用圆钉或木螺钉固定，在金属骨架上一般用自攻螺钉固定。

3. 楼地面装饰构造

地面的材料和做法应根据房间的使用要求和装修要求并结合经济条件加以选用。地面按材料形式和施工方式可分为四大类，即整体浇筑地面、板块地面、卷材地面和涂料地面。

(1) 整体浇注地面

整体浇注地面是指用现场浇注的方法做成整片的地面。按地面材料不同有水泥砂浆地面、水磨石地面、菱苦土地面等。

1) 水泥砂浆地面。水泥砂浆地面通常是用水泥砂浆抹压而成。一般采用 1:2.5 的水泥砂浆一次抹成。即单层做法，但厚度不宜过大，一般为 15~20mm。水泥砂浆地面构造简单，施工方便，造价低，且耐水，是目前应用最广泛的一种低档地面做法。但地面易起灰，无弹性，热传导性高，且装饰效果较差。

2) 水磨石地面。水磨石地面是将用水泥作胶结材料、大理石或白云石等中等硬度石料的石屑作骨料而形成的水泥石屑浆浇抹硬结后，经磨光打蜡而成。水磨石地面的常见做法是先用 15~20mm 厚 1:3 水泥砂浆找平，再用 10~15mm 厚 1:1.5 或 1:2 的水泥石屑浆抹面，待水泥凝结到一定硬度后，用磨光机打磨，再由草酸清洗，打蜡保护。水磨石地面坚硬、耐磨、光洁，不透水、不起灰，它的装饰效果也优于水泥砂浆地面，但造价高于水泥砂浆地面，施工较复杂，无弹性，吸热性强，常用于人流量较大的交通空间和房间。

3) 菱苦土地面。菱苦土地面是用菱苦土、锯末、滑石粉和矿物颜料干拌均匀后，加入氧化镁溶液调制成胶泥，铺抹压光，硬化稳定后，用磨光机磨光打蜡而成。

菱苦土地面易于清洁，有一定弹性，热工性能好，适用于有清洁、弹性要求的房间。由于这种地面不耐水、不耐高温、返潮，因此，用得不是很多。

(2) 板块地面

板块地面是指利用板材或块材铺贴而成的地面。按地面材料不同有陶瓷板块地面、石板地面、塑料板块地面和木地面等。

1) 陶瓷板块地面。用作地面的陶瓷板块有陶瓷锦砖和缸砖、陶瓷彩釉砖、瓷质无釉砖等各种陶瓷地砖。陶瓷锦砖（又称马赛克）是以优质瓷土烧制而成的小块瓷砖，它有各种颜色、多种几何形状，并可拼成各种图案。

缸砖是用陶土烧制而成，可加入不同的颜料烧制成各种颜色，以红棕色缸砖最常见。

陶瓷彩釉砖和瓷质无釉砖是较理想的新型地面装修材料，其规格尺寸一般较大，如 200mm×200mm、300mm×300mm 等。

陶瓷板块地面的特点是坚硬耐磨、色泽稳定，易于保持清洁，而且具有较好的耐水和耐酸碱腐蚀的性能，但造价偏高，一般适用于用水的房间以及有腐蚀的房间。

2) 石板地面。石板地面包括天然石地面和人造石地面。

天然石有大理石和花岗石等。天然大理石色泽艳丽，具有各种斑驳纹理，可取得较好的装饰效果。大理石的规格尺寸一般为 300mm×300mm～500mm×500mm，厚度为 20～30mm。天然石地面具有较好的耐磨、耐久性能和装饰性，但造价较高。

人造石板有预制水磨石板、人造大理石板等，价格低于天然石板。

3）塑料板块地面。随着石油化工业的发展，塑料地面的应用日益广泛。塑料地面材料的种类很多，目前聚氯乙烯塑料地面材料应用最广泛。它是以聚氯乙烯树脂为主要胶结材料，添加增塑剂、填充料、稳定剂、润滑剂和颜料等经塑化热压而成。可加工成块材，也可加工成卷材，其材质有软质和半硬质两种。目前在我国应用较多的是半硬质聚氯乙烯块材，其规格尺寸一般为 100mm×100mm～500mm×500mm，厚度为 1.5～2.0mm。

4）木地面。木地面按构造方式有空铺式和实铺式两种。

空铺式木地面是将支承木地板的搁栅架空搁置，使地板下有足够的空间便于通风，以保持干燥，防止木板受潮变形或腐烂。空铺式木地面构造复杂，耗费木材较多，因而采用较少。

实铺式木地面有铺钉式和粘贴式两种做法。铺钉式实铺木地面是将木搁栅搁置在混凝土垫层或钢筋混凝土楼板上的水泥砂浆或细石混凝土找平层上，在搁栅上铺钉木地板。粘贴式实铺木地面是将木地板用沥青胶或环氧树脂等粘结材料直接粘贴在找平层上，若为底层地面，则应在找平层上做防潮层，或直接用沥青砂浆找平。

木地板有普通木地板、硬木条形地板和硬木拼花地板等。

木地面具有良好的弹性、吸声能力和低吸热性，易于保持清洁，但耐火性差，保养不善时易腐朽，且造价较高。

(3) 卷材地面

卷材地面是用成卷的卷材铺贴而成。常见的地面卷材有软质聚氯乙烯塑料地毡、油地毡、橡胶地毡和地毯等。

(4) 涂料地面

涂料地面是利用涂料涂刷或涂刮而成。它是水泥砂浆地面的一种表面处理形式，用以改善水泥砂浆地面在使用和装饰方面的不足。地面涂料品种较多，有溶剂型、水溶性和水乳型等地面涂料。

为保护墙面，防止外界碰撞损坏墙面，或擦洗地面时弄脏墙面，通常在墙面靠近地面处设踢脚线（又称踢脚板）。踢脚线的材料一般与地面相同，故可看作是地面的一部分，即地面在墙面上的延伸部分。踢脚线通常凸出墙面，也可与墙面平齐或凹进墙面，其高度一般为 120～150mm。

4. 顶棚装饰构造

一般顶棚多为水平式，但根据房间用途不同，顶棚可作成弧形、凹凸形、高低形、折线型等。依构造方式不同，顶棚有直接式顶棚和悬吊式顶棚之分。

(1) 直接式顶棚

直接式顶棚系指直接在钢筋混凝土楼板下喷、刷、粘贴装修材料的一种构造方式。多用于大量性工业与民用建筑中。直接式顶棚装修常用的方法有以下几种：直接喷、刷涂料、抹灰装修、贴面式装修。

(2) 悬吊式顶棚

悬吊式顶棚又称吊顶。在现代建筑中，为提高建筑物的使用功能，除照明、给排水管道、煤气管道需安装在楼板层中外，空调管、灭火喷淋、感知器、广播设备等管线及其装置，均需安装在顶棚上。为处理好这些设施，往往必须借助于吊顶棚来解决。

吊顶依所采用材料、装修标准以及防火要求的不同有木质骨架和金属骨架之分。

四、机电专业

分为建筑给水排水、建筑电气、智能建筑消防、通风与空调、电梯。

1. 给排水系统

（1）给水系统

为生产、生活供应用水的工程，称给水工程，给水工程的整套设施称为给水系统。

室内给水的功能是在保证需要的压力之下，输送其水源从室外给水管道上引来，到装置在室内的配水龙头、生产设备和消火栓上。室内给水系统，由装有水表的房屋引入管、水平干管、立管、支管、卫生用具的配水龙头或用水设备等组成。

生活给水系统包括饮用水及卫生设备冲洗用水。除某些建筑物设置给水系统外，一般饮用水与洗涤水合用一个系统，这样对水质应有严格的要求，尤其当设备有贮水池、水箱等取水及供水设备时，在施工中应符合国家颁布的《生活饮用水卫生标准》的要求，采用合理的洁具洗冲方式避免水污染，并严格保证管道的严密性，防止其他管道及周围环境的污染。

室内常用的给水方式有：简单的基本给水方式，设置水箱的给水系统，设置水箱及水泵的给水系统，分区、分压给水系统，气压给水系统等。

① 室内简单的基本给水方式：这种供水系统适用低层或单层建筑物及室外的水压、水量变化要求不太严格的建筑。

② 设置水箱的给水系统：这种系统是在室内简单的基本给水方式的基础上，在建筑物最高处设置一个水箱。当一天之内，外网的水压、水量在大部分时间内能满足要求，或室内有需要较稳定水压的用水设备，多采用这种供水方式，在系统的引入管上应设置逆止阀。

③ 设置水箱及水泵的给水系统：在设置水箱的给水方式上，在引入管处增设水泵装置，进行系统加压的给水系统，称为设置水箱及水泵的给水系统。当用水量较大，但室外管网的水压又经常处于不能满足要求时多采用这种给水方式。

④ 分区、分压给水系统：当外管网的水压只能满足低层供水要求，而其他楼层用水则靠蓄水池（箱）、加压水泵及高位水箱来完成时，考虑到整个建筑用水若全靠高位水箱供水则会使低层的管道及用水设备承受很大的静水压力，因此常采用分区、分压给水系统。在高层建筑中，这种供水方式广泛使用。其工作方式是：低层用水由外管网直供，而高层则由高位水箱供水，将系统分成了低压区及高压区，在高、低压区系统管道之间设有控制阀门的主管连通，在低压区供水有困难时，可由高压区控水。

⑤ 气压给水系统：当外管网水压不足，而室内需求系统具有供水恒定压力时，气压给水系统是最经济且供水稳定的理想供水方式。这种供水方式是采用气压罐给水设备，即利用密闭气压罐内的空气被压缩性能来调节水量及水压的一种供水系统。适用于生活给水、消防给水、锅炉定压补水等系统。

（2）排水系统

排水系统分为分流排水系统和合流排水系统。分流排水系统是将不同性质的污水采用不同的排除和处理方式，用各自的沟道系统分别收集。一般分为污水排水系统和雨水排水系统。如果将雨水、污水用同一个系统排除，则称为合流排水系统。

室内排水是将房内卫生器具或车间内生产设备排出来的污(废)水以及降落在屋顶上的雨水，通过室内排管道排到室外排水管道中去。

根据排水性质不同，室内排水系统可分为三类：生活污水系统、工业废水系统、雨水管道系统。

室内排水系统大致由七部分组成：1)卫生器具、排放生产废水的设备、雨水斗及地漏；2)器具排水管，如存水弯、P字弯等；3)横管；4)立管；5)排出管；6)通气管；7)清扫设备。

按处理程度，废水处理(主要是城市生活污水和某些工业废水)一般可分为三级。

生活污水系统主要排放人们日常用于洗涤的污水及粪便污水。

生产废水系统主要排放生产过程中产生的成分复杂的污水，根据工艺的性质，污水中可能含有酸碱或有害的物质，也可能含油污或有毒的物质，所以对生产废水应有严格的排放标准。

雨水系统主要是排除屋面的雨水及雪水。

根据用途及功能不同，洁具可分为以下几类：用于人们大小便的集器具(大便器、小便器、大便槽及小便槽)；用于盥洗、洗涤(洗脸盆，家具盆，化验盆，防水池，盥洗槽，洗米，洗菜池等)；用于沐浴(浴盆、淋浴器等)。

卫生洁具是具有不同功能的容纳污水的器具。如大便器、小便器、洗脸盆、家具盆、浴盆、化验盆、洗涤盆、拖布池等。

器具排水管指器具与排水横管的连接管，包括管道及各种起着水封作用的存水弯、地漏、排水盒(三用)等。

将各卫生洁具的排水管连接在横管上，并排至主管内。水平横管应具有一定的坡度。横管是污水系统的易塞管段。

立管是连接各楼层的水平横管的垂直管道，并通过立管将污水排出室外。

排出管是将污水从立管排至室外靠建筑物的第一个检查井之间的管段，排出管需穿越建筑物的基础。

排气设备的组成及备部分作用：主要有透气管、透气帽及辅助透气管。透气管的作用是使室内及室外的污水管中的臭气或有害气体排入大气中去。辅助透气管是考虑排水立管及横管内的空气平衡，保证水封作用而设置的。透气管顶部安装透气帽，可防止雨雪杂物进入立管，也可防止鸟类作巢而堵塞透气管。

2. 消防系统

设有室内消火栓系统、自动喷水系统及手提式灭火器。

消防给水系统包括消火栓给水系统、自动喷洒消防系统、水幕消防系统及其他类型消防系统。

水幕系统是将水通过喷头喷洒成幕布拉以隔绝火源的一种消防系统。消防水幕常用于工厂车间(完成不同工序而共用车间)、易燃车间的通道。

(1) 消火栓系统

室内消火栓用水量为生活消防合用水池储存室内消火栓用水,室外消火栓用水由市政管网保证。

消火栓系统为临时高压系统,不分区,火灾初期由屋顶水箱负责供水,屋顶水箱储存消防用水,并设置增压设施,为保证消火栓栓口的出水压力不大于 0.5MPa,通常八层(含)以下的消火栓采用 SNJ65 型减压稳压消火栓,除注明外,消火栓均为暗装。

消火栓系统采用一套消火栓气压给水装置进行加压。主要设备包括:消火栓泵,消火栓稳压泵,隔膜式气压罐,消火栓泵设定期自动巡检装置。发生火灾时,消防人员就地按下消火栓箱内的消防按钮,直接远距离启动消火栓泵,也可在消防值班室或泵房内就地启动消火栓泵。

(2) 自动喷洒系统

自动喷洒系统按危险级,采用湿式系统,生活消防合用水池储存自动喷洒用水。

自动喷洒系统为临时高压系统,火灾初期由屋顶水箱负责供水,并设置增压设施。在不同层设置湿式报警阀,湿式报警阀前设置减压稳压阀。每个防火分区内均设置一个水流指示器,水流指示器前设置信号蝶阀,信号蝶阀的开关信号反映到消防值班室。

自动喷洒系统采用自动喷洒气压给水装置进行加压。主要设备包括:自动喷洒泵,消火栓稳压泵,隔膜式气压罐,自动喷洒泵设定期自动巡检装置。

发生火灾时,着火处喷头喷水,水流指示器及湿式报警阀上压力开关信号反映到消防值班室,由压力开关信号控制自动喷洒泵的启动,也可在消防值班室或泵房内就地启动消火栓泵,自动喷洒泵运行。

(3) 灭火器配置

火灾种类主要有 A 类火灾(固体火灾)及 E 类火灾(带电火灾),按危险级。在每个消火栓箱内设 4kg 手提磷酸铵盐干粉灭火器。

3. 空调冷却水系统

空调冷却水系统分为全楼空调冷却水系统。

全楼空调冷却水系统采用冷却水循环泵。在每台冷水机组和冷却塔的冷却水入口处分别设置电动蝶阀,其开启与关闭分别与冷水机组和冷却塔同步。

每台冷水机组的冷却水入口处设置自动排污过滤器,每台冷却水泵出口设置多功能电子除垢仪。

4. 电气系统

电气系统包括变配电、照明、动力、防雷接地和火灾报警消防系统。

(1) 变配电系统

由市电引高压电缆线路至电力电缆分界室,进线采用交联聚乙烯铠装电缆穿管引入。变配电室主接线采用电源单母线分段,设母联开关,分段运行,互为备用。设干式变压器,低压主结线采用单母线分段,设母联开关,分段运行,互为备用。低压配电系统采用 TN—S 接地方式。配电方式采用放射式和树干式相结合方式。

(2) 动力系统

根据性能采用不同负荷等级。电力干线采用阻燃交联聚乙烯电力电缆沿水平或竖向的桥架明敷设,电力支线采用沿桥架或穿钢管敷设电缆。消防设备供电线路采用沿桥架明敷或穿钢管敷设电缆。

(3) 照明系统

照明、插座采用阻燃型塑料绝缘铜芯导线，穿钢管在顶板、地面或墙中暗敷设。插座安装高度为 0.3m，疏散指示灯、脚灯为 0.4m，灯暗开关 1.4m，拉线开关距顶板 0.3m。

(4) 防雷接地系统

防雷建筑屋顶沿女儿墙设避雷带，屋面上装设避雷带，突出屋面的各种电气设备的外露可导电部分各种金属物体和金属构件均应与避雷带可靠焊接。利用基础钢筋做接地装置，利用四周柱内主筋作引下线，通长焊接，上下贯通，上端伸出女儿墙与避雷网可靠焊接，下端与基础钢筋作可靠焊接。地面以上每层利用建筑物圈梁钢筋做均压环，引下线与均压环可靠焊接。建筑物内的金属管线、电缆金属外皮及外墙的金属栏杆、金属门窗等较大的金属物体应与防雷接地装置可靠连接。变配电室设总等电位箱。建筑物采用共同接地装置，在建筑物四周环形布置接地体，各种接地线引到地下层与基础钢筋可靠焊接，共同接地装置的接地电阻小于 1Ω。

(5) 火灾报警和消防联动控制

设消防控制室，内设火灾报警控制器、消防联动控制柜、广播通信柜、手动控制柜。系统采用智能总线集中报警控制系统，设烟感探测器、温感探测器、手动报警按钮等报警装置。重要消防设备如消火栓泵、自动喷水泵、加压送风机、加压排烟风机、消防电梯、电动防火卷帘等均能由消防控制室联动柜手动直接控制或火灾自动控制。消防电话交换机为 3 总线，电梯机房、消防泵房、变配电室等处安装对讲电话，手动报警按钮处设对讲电话插孔。消防广播及背景音乐系统采用三线制。背景音乐音量可调，火灾时可强切全音量广播。

第二节 建筑工程质量验收的划分

一、建筑工程质量验收划分

1. 建筑工程质量验收划分为单位（子单位）工程、分部（子分部）工程、分项工程和检验批。

单位工程的划分原则：

(1) 具备独立施工条件并能形成独立使用功能的建筑物及构筑物为一个单位工程。

(2) 建筑规模较大的单位工程，可将其能形成独立使用功能的部分为一个子单位工程。

(3) 室外工程可根据专业类别和工程规模划分单位（子单位）工程。

(4) 具有独立施工条件和能形成独立使用功能是单位（子单位）工程划分的基本要求。在施工前由建设、监理、施工单位自行商议确定，并据此收集整理施工技术资料和验收。

2. 分部工程的划分原则

(1) 分部工程的划分应按专业性质、建筑部位确定。

(2) 当分部工程较大或较复杂时，可按材料种类、施工特点、施工程序、专业系统及类别等划分为若干分部工程。

(3) 在建筑工程的分部工程中，将原建筑电气安装分部工程中的强电和弱电部分独立出来各为一个分部工程，称其为建筑电气分部和智能建筑（弱电）分部。

第二节 建筑工程质量验收的划分

3. 分项工程的划分原则

(1) 分项工程可由一个或若干检验批组成，检验批可根据施工及质量控制和专业验收需要按楼层、施工段、变形缝等进行划分。

(2) 分项工程划分成检验批进行验收有利于及时纠正施工中出现的质量问题，确保工程质量，也符合施工实际需要。多层及高层建筑工程中主体分部的分项工程可按楼层或施工段来划分检验批，单层建筑工程的分项工程可按变形缝等划分检验批；地基基础分部工程中的分项工程一般划分为一个检验批，有地下层的基础工程可按不同地下层划分检验批；屋面分部工程中的分项工程不同楼层屋面可划分为不同的检验批；其他分部工程中的分项工程，一般按楼面划分检验批；对于工程量较少的分项工程可统一划分为一个检验批。安装工程一般按一个设计系统或设备组别划分为一个检验批。室外工程统一划分为一个检验批。散水、台阶、明沟等含在地面检验批中。

(3) 地基基础中的土石方、基坑支护子分部工程及混凝土工程中的模板工程，虽不构成建筑工程实体，但它是建筑工程施工中不可缺少的重要环节和必要条件，其施工质量如何，不仅关系到能否施工和施工安全，也关系到建筑工程的质量，因此将其列入施工验收内容是应该的。

4. 检验批：按同一的生产条件或按规定的方式汇总起来供检验用的，由一定数量样本组成的检验体。

5. 建筑工程分部(子分部)工程划分详见表 2-2。

建筑工程分部(子分部)工程划分表　　　　　　表 2-2

序号	分部工程	子分部工程	分项工程
1	地基与基础	无支护土方	土方开挖、土方回填
		有支护土方	排桩，降水、排水、地下连续墙、锚杆、土钉墙、水泥土桩、沉井与沉箱，钢及混凝土支撑
		地基处理子分部工程	灰土地基，砂和砂石地基，碎砖三合土地基，土工合成材料地基，粉煤灰地基，重锤夯实地基，强夯地基，振冲地基，砂桩地基，预压地基，高压喷射注浆地基，土和灰土挤密桩地基，注浆地基，水泥粉煤灰碎石桩地基，夯实水泥土桩地基
		桩基	锚杆静压桩及静力压桩，预应力离心管桩，钢筋混凝土预制桩，钢桩，混凝土灌注桩(成孔、钢筋笼、清孔、水下混凝土灌注)
		地下防水	防水混凝土，水泥砂浆防水层，卷材防水层，涂料防水层，金属板防水层，塑料板防水层，细部构造，喷锚支护，复合式衬砌，地下连续墙、盾构法隧道，渗排水、盲沟排水，隧道、坑道排水；预注浆、后注浆，衬砌裂缝注浆
		混凝土基础子分部工程	模板、钢筋、混凝土，后浇带混凝土，混凝土结构缝处理
		砌体基础	砖砌体，混凝土砌块砌体，配筋砌体，石砌体
		劲钢(管)混凝土	劲钢(管)焊接、劲钢(管)与钢筋的连接，混凝土
		钢结构	焊接钢结构、栓接钢结构、钢结构制作，钢结构安装，钢结构涂装

续表

序号	分部工程	子分部工程	分项工程
2	主体结构	混凝土结构	模板，钢筋，混凝土，预应力，现浇结构，装配式结构
		劲钢（管）混凝土结构	劲钢（管）焊接、螺栓连接、劲钢（管）与钢筋的连接，劲钢（管）制作、安装，混凝土
		砌体结构	砖砌体，混凝土小型空心砌块砌体、石砌体，填充墙砌体，配筋砖砌体
		钢结构	钢结构焊接，紧固件连接，钢零部件加工，单层钢结构安装，多层及高层钢结构安装，钢结构涂装、钢构件组装，钢构件预拼装，钢网架结构安装，压型金属板
		木结构	方木和原木结构、胶合木结构、轻型木结构，木构件防护
		网架和索膜结构	网架制作、网架安装，索膜安装，网架防火、防腐涂料
3	建筑装饰装修	地面	整体面层：基层，水泥混凝土面层，水泥砂浆面层，水磨石面层，防油渗面层，水泥钢（铁）屑面层，不发火（防爆的）面层；板块面层：基层，砖面层（陶瓷锦砖、缸砖、陶瓷地砖和水泥花砖面层），大理石面层和花岗石面层，预制板块面层（预制水泥混凝土、水磨石板块面层），料石面层（条石、块石面层），塑料板面层，活动地板面层，地毯面层；木竹面层；基层、实木地面面层（条材、块材面层），实木复合地板面层（条材、块材面层），中密度（强化）复合地板面层（条材面层），竹地板面层
		抹灰	一般抹灰，装饰抹灰，清水砌体勾缝
		门窗	木门窗制作与安装，金属门窗安装，塑料门窗安装，特种门安装，门窗玻璃安装
		吊顶	暗龙骨吊顶，明龙骨吊顶
		轻质隔墙	板材隔墙、骨架隔墙、活动隔墙、玻璃隔墙
		饰面板(砖)	饰面板安装，饰面砖粘贴
		幕墙	玻璃幕墙，金属幕墙，石材幕墙
		涂饰	水性涂料涂饰，溶剂型涂料涂饰，美术涂饰
		裱糊与软包	裱糊、软包
		细部	橱柜制作与安全，窗帘盒、窗台板和暖气罩制作与安装，门窗套制作与安装，护栏与扶手制作与安装，花饰制作与安装
4	建筑屋面	卷材防水屋面	保温层，找平层，卷材防水层，细部构造
		涂膜防水屋面	保温层，找平层，涂膜防水层，细部构造
		刚性防水屋面	细石混凝土防水层，密封材料嵌缝，细部构造
		瓦屋面	平瓦屋面，波瓦屋面，油毡瓦屋面，金属板屋面，细部构造
		隔热屋面	架空屋面，蓄水屋面，种植屋面
5	建筑给水排水及采暖	室内给水系统	给水管道及配件安装、室内消火栓系统安装、给水设备安装、管道防腐、绝热
		室内排水系统	排水管道及配件安装，雨水管道及配件安装
		室内热水供应系统	管道及配件安装、辅助设备安装、防腐、绝热

续表

序号	分部工程	子分部工程	分项工程
5	建筑给水排水及采暖	卫生器具安装	卫生器具安装、卫生器具给水配件安装、卫生器具排水管道安装
		室内采暖系统	管道及配件安装、辅助设备及散热器安装、金属辐射板安装、低温热水地板辐射采暖系统安装、系统水压试验及调试、防腐、绝热
		室外给水管网	给水管道安装、消防水泵接合器及室外消火栓安装、管沟及井室
		室外排水管网	排水管道安装、排水管沟与井池
		室外供热管网	管道及配件安装、系统水压试验及调试、防腐、绝热
		建筑中水系统及游泳池系统	建筑中水系统管道及辅助设备安装、游泳池水系统安装
		供热锅炉及辅助设备安装	锅炉安装、辅助设备及管道安装、安全附件安装、烘炉、煮炉和试运行、换热站安装、防腐、绝热
6	建筑电气	室外电气	架空线路及杆上电气设备安装，变压器、箱式变电所安装，成套配电柜、控制柜(屏、台)和动力、照明配电箱(盘)及控制柜安装，电线、电缆导管和线槽敷设，电线、电缆穿管和线槽敷设，电缆头制作、导线连接和线路电气试验，建筑物外部装饰灯具、航空障碍标志灯和庭院路灯安装，建筑照明通电试运行，接地装置安装
		变配电室	变压器、箱式变电所安装，成套配电柜、控制柜(屏、台)和动力、照明配电箱(盘)安装，裸母线、封闭母线、插接式母线安装，电缆沟内和电缆竖井内电缆敷设，电缆头制作、导线连接和线路电气试验，接地装置安装，避雷引下线和变配电室接地干线敷设
		供电干线	裸母线、封闭母线、插接式母线安装，桥架安装和桥架内电缆敷设，电缆沟内和电缆竖井内电缆敷设，电线、电缆穿管和线槽敷线，电缆头制作、导线连接和线路电气试验
		电气动力	成套配电柜、控制柜(屏、台)和动力、照明配电箱(盘)及安装，低压电动机、电加热器及电动执行机构检查、接线，低压电气动力设备检测、试验和空载试运行，桥架安装和桥架内电缆敷设，电线、电缆导管和线槽敷设，电线、电缆穿管和线槽敷线，电缆头制作、导线连接和线路电气试验，插座、开关、风扇安装
		电气照明安装	成套配电柜、控制柜(屏、台)和动力、照明配电箱(盘)安装，电线、电缆导管和线槽敷设，电线、电缆导管和线槽敷线，槽板配线，钢索配线，电缆头制作、导线连接和线路电气试验，普通灯具安装，专用灯具安装，插座、开关、风扇安装，建筑照明通电试运行
		备用和不间断电源安装	成套配电柜、控制柜(屏、台)和动力、照明配电箱(盘)安装，柴油发电机组安装，不间断电源的其他功能单元安装，裸母线、封闭母线、插接式母线安装，电线、电缆导管和线槽敷设，电线、电缆导管和线槽敷线，电缆头制作、导线连接和线路电气试验，接地装置安装
		防雷及接地安装	接地装置安装，避雷引下线和变配电室接地干线敷设，建筑物等电位连接，接闪器安装

续表

序号	分部工程	子分部工程	分项工程
7	智能建筑	通信网络系统	通信系统,卫星及有线电视系统,公共广播系统
		办公自动化系统	计算机网络系统,信息平台及办公自动化应用软件,网络安全系统
		建筑设备监控系统	空调与通风系统,变配电系统,照明系统,给排水系统,热源和热交换系统,冷冻和冷却系统,电梯和自动扶梯系统,中央管理工作站与操作分站,子系统通信接口
		火灾报警及消防联动系统	火灾和可燃气体探测系统,火灾报警控制系统,消防联动系统
		安全防范系统	电视监控系统,入侵报警系统,巡更系统,出入口控制(门禁)系统,停车管理系统
		综合布线系统	缆线敷设和终接,机柜、机架、配线架的安装,信息插座和光缆芯线终端的安装
		智能化集成系统	集成系统网络,实时数据库,信息安全,功能接口
		电源与接地	智能建筑电源,防雷及接地
		环境	空间环境,室内空调环境,视觉照明环境,电磁环境
		住宅(小区)智能化系统	火灾自动报警及消防联动系统,安全防范系统(含电视监控系统、入侵报警系统、巡更系统、门禁系统、楼宇对讲系统、住户对讲呼救系统、停车管理系统),物业管理系统(多表现场计量及与远程传输系统、建筑设备监控系统、公共广播系统、小区网络及信息服务系统、物业办公自动化系统),智能家庭信息平台
8	通风与空调	送排风系统	风管与配件制作;风管系统安装;空气处理设备安装;部件制作;消声设备制作与安装,风管与设备防腐;风机安装;系统调试
		防排烟系统	风管与配件制作;部件制作;风管系统安装;防、排烟风口常闭正压风口与设备安装;风管与设备防腐;风机安装;系统调试
		除尘系统	风管与配件制作;部件制作;风管系统安装;除尘器与排污设备安装;风管与设备防腐;风机安装;系统调试
		空调风系统	风管与配件制作;部件制作;风管系统安装,空气处理设备安装;消声设备制作与安装;风管与设备防腐;风机安装;风管与设备绝热;系统调试
		净化空调系统	风管与配件制作;部件制作;风管系统安装;空气处理设备安装;消声设备制作与安装;风管与设备防腐;风机安装;风管与设备绝热;高效过滤器安装;系统调试
		制冷系统	制冷机组安装;制冷剂管道及配件安装;制冷附属设备安装;管道及设备的防腐与绝热;系统调试
		空调水系统	管道冷热(媒)水系统安装;冷却水系统安装;冷凝水系统安装;阀门及部件安装;冷却塔安装;水泵及附属设备安装;管道与设备的防腐与绝热;系统调试

续表

序号	分部工程	子分部工程	分项工程
9	电梯	电力驱动的曳引式或强制式电梯安装工程	设备进场验收,土建交接检验,驱动主机,导轨,门系统,轿厢,对重(平衡重),安全部件,悬挂装置,随行电缆,补偿装置,电气装置,整机安装验收
		液压电梯安装工程	设备进场验收,土建交接检验,液压系统,导轨,门系统,轿厢,平衡重,安全部件,悬挂装置,随行电缆,电气装置,整机安装验收
		自动扶梯、自动人行道安装工程	设备进场验收,土建交接检验,整机安装验收

二、检验批质量验收划分实例

1. 装饰装修工程实例

某建筑装饰装修分部工程由抹灰、门窗、饰面砖、涂饰、地面、吊顶、细部 7 个子分部组成,含 12 个分项工程,分项工程根据施工及质量控制需要按楼层划分检验批,共划分为 25 个检验批。

(1) 抹灰子分部

抹灰子分部仅含一般抹灰分项工程,按楼层和室内外划分为 3 个检验批。楼层中按 1 楼层包括楼梯间为 1 个检验批,共 2 层,划分为 2 个检验批;室外墙面抹灰面积不大,在验收时可一次验收完毕,故在划分检验批时,分为 1 个检验批。

(2) 门窗工程

门窗子分部含木门制作与安装、金属门窗安装、门窗玻璃安装 3 个分项工程,划分为 3 个检验批。

1) 因只有一层有木门,故木门制作与安装分项工程按楼层划分为 1 检验批。

2) 金属门窗安装按楼层划分 2 个检验批。

3) 门窗玻璃安装分项工程为金属门窗和木门窗玻璃安装,按楼层划分为 3 个检验批。

(3) 饰面板(砖)分部

饰面板(砖)子分部仅含饰面砖粘贴 1 个分项工程,饰面砖粘贴部位为每层的卫生间,因只有一层有卫生间,故按楼层划分为 1 检验批。

(4) 涂料子分部

涂料子分部含水性涂料和溶剂型涂料 2 个分项工程,共划分 3 个检验批。

1) 水性涂料涂饰分项工程室内部分按楼层(室内墙面、顶棚、和楼梯间),共划分 2 个检验批。

2) 水性涂料涂饰分项工程室外墙面面积较大,但在验收时,可作为一次验收完毕,故在划分检验批时分为 1 个检验批。

3) 溶剂型涂料涂饰分项工程,因只有一层有木门,故涂饰室内部分按楼层划分为 1 个检验批。

(5) 地面子分部

地面子分部含基土和垫层、找平层、砖面层 3 个分项工程，按每楼层的施工段和室外散水、台阶共划分为 13 个检验批。

1）一层地面，由基土基层和碎石垫层、混凝土找平层、和砖面层 3 个分项工程组成，基层和碎石垫层分项工程按施工先后顺序及两施工段划分 4 个检验批，混凝土找平层按两施工段划分 2 个检验批，砖面层按两施工段划分 2 个检验批。

2）二层楼面，由砖面层 1 个分项工程组成，按两施工段施工，故划分为 2 个检验批。

3）室外散水和台阶共同施工，均由基土和碎石垫层、混凝土面层 2 个分项组成，基土和碎石垫层分项按施工的先后顺序，共划分为 2 个检验批，混凝土面层划分为 1 个检验批。

（6）吊顶子分部

吊顶子分部只有暗龙骨吊顶 1 个分项工程，因只有一层卫生间有吊顶，故按楼层划分为 1 个检验批。

（7）细部子分部

细部子分部只含护栏扶手制作与安装 1 个分项工程，划分为 1 个检验批。

2. 机电工程实例

某工业厂房，单层，面积 30792m^2，厂房共设置 14 台空调送风机组，东西每面各 7 台，由热力站供应冷热源，接室外新风经过机组处理后，再由土建设置与地下的结构风道送至地面，并在地面设置三面送风口与土建结构风道连接。与机组相接的新风、送风的部分风管采用双面铝箔聚氨酯风管，法兰采用插接方式连接。厂房屋面共设置 80 台屋顶风机用做厂房的排风。

（1）按照工程情况检验批具体填写如下：

将厂房按轴线分为东西两个部分，每个部分按各自系统做检验批（每部分有 7 台空调机组）。

1）空调系统：

① 风管与配件制作检验批质量验收记录表（非金属管道）；

② 风管部件与消声器制作检验批质量验收记录表；

③ 风管系统安装检验批质量验收记录表（通风与空调系统）；

④ 工程系统调试验收记录表；

2）送排风系统：

① 通风机安装工程检验批质量验收记录表；

② 工程系统调试验收记录表。

3）空调水系统：

① 空调水系统安装检验批质量验收记录表；

② 工程系统调试验收记录表。

（2）注意事项：

1）厂房工程检验批划分，一般根据厂房面积的大小决定，面积较小的厂房，可每层按各自系统填写一个系统的检验批，面积较大的厂房可按土建结构（跨度、轴线、伸缩缝等）填 2～3 个检验批。

2）综合楼检验批划分，以按层划分为主，个别的如消防排烟、厨房排油烟等走竖井风道，可按系统划分（标明轴线、区段），面积较大的建筑，或在同一建筑内使用功能有区别的工程，结合土建结构进行划分。如某医院工程，其土建结构分为两个区，一个为门诊

第二节 建筑工程质量验收的划分

区,一个为病房区,因此按两个区段各自划分。由于地下部分每层的使用功能不一样,应每层按各自系统填写检验批,地上部分属标准层范围,可每3～5层按各自系统做1个检验批,不管如何填写,必须包含整个工程的内容,一定不能缺项。

3) 通风空调检验批与采暖给排水检验批的区别:水的检验批基本上是子分部直接对应分项,通风的检验批是每一个子分部代表一个系统,而每一个系统包含几个分项。

4) 每个分项检验批的批数:由于在大量高层或超高层建筑中,同一分项工程会有很多检验批的数量,故留了2位数的空位置。

5) 检验批表的编号:按全部施工质量验收规范系列的分部工程、子分部工程统一为8位数的编号,1～2位是分部的代码01～09,地基与基础01、主体结构为02、建筑装饰装修为03、建筑屋面为04、建筑给排水及采暖为05、建筑电气为06、智能建筑为07、通风与空调为08、电梯为09。

(3) 检验批的填写:

1) 编号:1～2位各分部(专业)代码,通风为08;

3～4位各子分部(系统)代码;

5～6位各分项的编号;

7～8位是各子分部(系统)检验批的顺序号。

2) 内容:单位(子单位)工程名称,必须按图纸填写全称。

3) 分部(子分部)工程名称(按各系统名称填写)。

4) 监理填写验收内容:

① 监理(建设)单位验收记录;

② 填写:合格或符合要求;

③ 施工单位检查评定结果;

④ 填写检查评定合格 或主控项目全部合格或一般项目满足规范要求。

5) 签字:除专业工长、施工班组长,专业质量检查员专业监理工程师等四人必须手签外,其余内容(包括评定结果)原则上都可随机打出。

在填写每份表格中应认真对照,每份表格的具体内容是否在实际中发生,没有的不要打"√",如内容不清可按表格中每项内容后面标以采用第×.×.×条查找规范内容确定检验批。

① 对定量项目直接填写检验数据;

② 对定性项目当符合规范规定时,采用打"√"的方法标注,当不符合规定时采用打"×"的方法标注。

③ 无此项目时打"/"标注。

对一般项目合格点有要求的项目,应是其中带有数据的定量项目,定性项目必须基本达到。定量项目其中每个项目都必须80%以上,检测点的实测数值达到规范规定,其余20%按各专业施工质量验收规范不能大于150%,就是说有数据的项目,除必须达到规定的数值外,其余可放宽的,最大放宽到150%。

施工单位"检查评定记录"栏的填写,有数据的项目,将实测量的数值填入格内,超企业标准的数字而没有超国家验收规范的用"〇"将其圈住,对超过国家验收规范的用"△"圈住。

第三章 地基与基础工程施工质量管理实务

第一节 土石方和地基工程

一、土方工程质量的管理

建筑工程施工中，基础土方工程是指基坑、基槽和管沟的开挖，具有工程量大、施工条件复杂、影响因素多等特点，因此，确保基础土方工程质量至关重要。

怎样保证基础土方工程质量呢？可采取以下技术措施。

1. 开挖基坑、基槽和管沟，当挖至接近基底设计标高时，应在坑壁和沟槽设置水平控制桩。控制桩在坑四壁各打1个，转角及十字形交接处打1个。控制桩的高程用水准仪和水准尺从室内地面标高点转测，其标高值为基底设计标高加50cm。挖土时，随时用尺从控制桩起往下量出挖土厚度，直到基底达到设计标高。

2. 人工开挖基坑、基槽和管沟，要随时核对深度线，不得超挖。

3. 采用机械开挖基坑、基槽和管沟，必须在基底设计标高以上留一层土由人工开挖和清理，留土厚度应根据挖土机械性能确定，以挖土斗不扰动基底土质为原则。

4. 基坑、基槽和管沟个别地方如果超挖时，应用与基土相同的土料填补，并夯实到与基土相同或更高的密实度，也可用灰土、碎石等填补并夯实。如为工业厂房地基和设备基础地基，应用与垫层相同强度等级的混凝土或砌石块填充。

5. 雨期挖土时，应沿坑槽边做小土堤，以防止地面水流入坑槽内；如果坑槽已挖好而又遭受水浸，应把稀泥铲除后，方能进行下道工序施工。

6. 基坑、基槽和管沟挖好后，如果暂不能进行下一工序施开挖基坑、基槽和管沟，当挖至接近基底设计标高时，应在基底设计标高以上留出15～30cm厚的土层不挖，待下一工序开始前再挖至设计深度。

7. 基坑、基槽和管沟开挖过程中，随时用坡度尺检查边坡坡度，如有不符，应及时修整。当采用坑壁支撑时，应随挖随撑，支撑牢固，并应经常检查，如有松动、变形等现象，应及时加固或更换。

8. 回填土时，基础或管沟现浇混凝土的强度应达到其强度等级的30%以上。素土回填要分层夯实，夯实时应一夯压半夯。填土前应先清底夯实。填土不得用腐植土、杂土和冻土，土块料径不宜大于5cm。如果用人工夯实，每次填土虚铺厚度不大于30cm，夯实厚度为18～20cm。

9. 适当控制填土的含水量，干土要适当加以湿润，太湿的土不得作回填土。根据经验，适当的含水量约为：砂土类7%～11%；砂质粉土，粉质黏土9%～14%；黏土及大孔土18%～24%。大孔土回填时，同一层土料的含水率相差不得超过2%，密度相差不得超过5%。

10. 深坑与浅坑相连时，应先填深坑，待两坑相平后，再与浅坑一起全面分层填夯。

11. 基槽基坑回填应在相对两侧或四周同时进行，以防止墙基中心线位移。管沟回填时应用人工先在管道周围填土夯实，并应在管道两侧同时进行，以防止管道中心线位移。在管顶沿管径宽度的50cm厚范围内，应分层踩实轻夯，以防止损坏管道。

12. 冬期开挖基坑、基槽和管沟，如果开挖完毕不能及时进行基础施工或埋设管道时，应在基底标高以上预留适当厚度的松土或用保温材料覆盖。冬期回填土应连续进行。

二、土石方和地基工程质量实例

门诊楼改扩建工程位于××街，占地大部分为原走廊和前庭，拟建场地西侧为老门诊楼。拟建场地地形略有起伏，西高东低，自然地面绝对标高相当于46.38～48.08m，±0.00＝47.55m，西侧高差按－0.405m考虑，东侧高差按－0.90m考虑。本工程为框架结构，地上4～8层，地下1～2层，基础深度－4.60m～－11.06m。由于周边建筑物密集，空间狭窄，为保证本工程基础顺利施工，必须进行基坑支护。土方开挖量约3.5万m^3，工期约30天（含护坡及土方施工）。

1. 方案准备

现场基坑施工影响范围内的地层从上到下分别为：表层为人工堆积的碎石土①$_1$层，房渣土①$_2$层，黏质粉土—粉质黏土填土①层，厚度3.4～7.5m。以下第四纪沉积的重粉质黏土—粉质黏土②$_1$层，砂质粉土—黏质粉土②$_2$层，粉质黏土—黏质粉土②层；粉砂③$_1$层，中砂③$_2$层，粉质粉土③$_3$层，卵石、圆砾③层；黏土④$_1$层，重粉质黏土—粉质黏土④层；细砂⑤$_1$层，卵石⑤层。

本次勘察共揭露2层地下水，第一层地下水水位标高31.99～32.68m，埋深13.7～15.45m；第二层地下水水位标高30.14m，埋深17m。本次施工基槽开挖最大深度为－12.26m，可不考虑管井降水，但应考虑滞水明排措施。因勘探报告为1996年冬季编制，考虑北京地区近年水位变化，开工前应进行地下水位调查。

基坑开挖深度为11.060m。

不计静水压力，土体重度统一取为$\gamma=20kN/m^2$。

地面超载按一般情况，考虑为$q=20kN/m^2$。

施工、设计单位必须具备相应专业资质，并应建立完善的质量管理体系和质量检验制度。

技术管理人员、工人需具有规定的资格。

从事地基基础工程检测及见证试验的单位，必须具备相应的资质。

施工过程中出现异常情况时，应停止施工，由监理或建设单位组织勘察、设计、施工等有关单位共同分析情况，解决问题，消除质量隐患，并应形成文件资料。

2. 方案选择

1) 资料准备：施工准备工程地质报告、必要的水文资料和设计文件等，建筑场地邻近的设施及障碍物等调查资料；建筑物场地的水准控制点和建筑物位置控制坐标等资料。

2) 作业条件：

① 地上、地下障碍物都处理完毕，达到"三通一平"。施工用的临时设施准备就绪。

② 场地标高一般应为承台梁的上皮标高，做好定位控制桩、标准水平桩及开槽的灰线尺寸，并经过夯实或碾压。

③ 制作好钢筋笼。
④ 根据图纸放出轴线及桩位点，抄上水平标高木橛，并经过预检签字。
⑤ 选择和确定钻孔机的进出路线和钻孔顺序，制定施工方案，做好技术交底。
⑥ 正式施工前应做成孔试验，数量不少于两根。
⑦ 制浆设施、材料准备就绪。
⑧ 护筒设置无误。

护坡桩设计采用长螺旋成孔钢筋混凝土灌注桩，该桩型成孔速度快，噪声低，无污染，施工方便。

喷锚网支护技术是一种先进的新型岩土加固技术，它充分利用原状土体自身的承载能力，通过密布土钉及压力注浆，彻底改善加固区原状土体的力学性能，在边坡原状土体中形成加固区（土钉墙）以抵抗不稳定的侧向土压力；边坡加固施工紧随开挖，迅速封闭开挖面，使得因开挖造成的土层应力释放及时得到控制，从而使边坡土体变形得到有效控制；用土钉将不稳定的土压力引入深层土体中，借助稳定土层自身的承载力，提供有效的锚固力来平衡不稳定的压力。从而形成一种先进的深层承力主动支护体系，与土体共同作用，充分发挥土层能量，提高边坡土层的整体性的自身强度自稳定能力，使边坡得以稳定。对于多、高层建筑及特殊使用要求的深度基坑边坡支护，它优于传统的桩、板支护结构，其特点有：①喷护结构工程造价相对较低；②加固施工与开挖同时进行边开挖边护坡，从而大大缩短基坑施工工期；③适于接近直立边坡的加固支护、占用施工场地小，特别适于密集高层建筑区内深基坑边坡的支加固；④施工作业快速灵活，对于出现的局部边坡失稳处理和补充加固方便迅速；⑤支护可靠，提供稳定边坡的能力及时，可以解决桩、板支挡结构难以解决的特殊地层边坡的支护问题。

3. 设计方案

根据现场地质条件及环境条件，参照邻近工程经验，本工程采用如下护坡方案。

1) 西侧与老门诊楼交接处，−3.0m 以上土挖除（老门诊楼有地下室，埋深 43.1m，即−4.45m），−3.0m 以下采用 ϕ800 钻孔灌注桩护坡，间距 1.60m，桩顶设置 800mm×500mm 混凝土帽梁。在−5.2m 处设腰梁一道，其上设 1 道锚杆，一桩一锚。

桩、锚参数如表 3-1 所示。

桩、锚参数表　　　　　　　　表 3-1

支护段长(m)	桩数(根)	桩径(mm)	桩间距(m)	桩长(m)	嵌固深度(m)	钢筋笼长(m)	混凝土强度	桩顶标高(m)	纵向配筋（均匀布筋）
52	34	800	1.6	10.6	3.0	11.0	C25	−3.5	5ϕ22+5ϕ20
锚杆	数量(根)	直径(mm)	间距(m)	自由段长(m)	锚固段长(m)	倾角(°)	竖向位置(m)	设计锚力(kN)	1860级 ϕ^j15 钢绞线
一道	32	150	1.6	3.5	9	15	−5.2	370	3根

锚杆注浆水泥普硅 42.5，水泥浆水灰比为 0.5~0.6，腰梁位置−5.2m，采用 2[25 槽钢。

桩顶帽梁：护坡桩主筋伸进帽梁 400，截面尺寸；500×800，混凝土 C25，梁顶皮−3.0m，主筋 4ϕ20+2ϕ18+4ϕ20，箍筋 ϕ6.5@200。

护坡桩箍筋 $\phi6.5@200$，架立筋 $\phi14@2000$。

桩间土处理：用挂网喷射混凝土处理，以防桩间土流失，钢丝网规格为 20mm×20mm，喷射混凝土配比体积比 1∶2∶3，喷射厚度为 20~60mm。

2）其余侧按 1∶0.15 开挖，采用土钉墙（喷锚护坡）。

从上至下共设 8 排土钉，长度依次为 7.5m、9m、9m、9m、7.5m、6m、5.5m、4.5m，纵向间距从上至下为 1200mm、1300mm、1300mm、1300mm、1300mm、1400mm、1400mm、1400mm、460mm，横向间距均为 1400mm。

1 排锚筋 1ϕ18，土钉倾角 5°~10°；2~4 排锚筋 1ϕ20，土钉倾角 5°~10°；5~8 排锚筋 1ϕ22，土钉倾角 5°~10°。

以上设计土钉横压筋 2ϕ16 通长，竖压筋 2ϕ16 长 200mm，与横压筋在土钉端部井字架型焊接。土钉成孔直径不小于 100mm；钢筋网片 $\phi6.5@200\times200$，现场扎丝绑扎；面层喷射混凝土 C20，厚度不小于 100mm。坡顶喷射混凝土护顶宽度不小于 500mm。

因现场地条件限制，护坡尺寸控制要准，因此，施工方要严格控制每步开挖线，并积极配合修坡。基础施工工作面：护坡桩一侧按 800mm 留设，其余侧面按照 500mm 留设。

本工程采取信息法施工，各段土钉的排数、长度、间距应实际情况的地下障碍情况由现场技术负责人及时作出变更和调整。

质量管理点

① 钻进过程中每 1~2m 要检查一次成孔的垂直度情况。

② 钻进速度，应根据土层情况、孔径、孔深、供水或供浆量的大小、钻机负荷以及成孔质量等具体情况确定。

③ 清孔过程中，必须及时补给足够的泥浆，并保持浆面稳定。

4．施工准备

（1）基坑支护

1）测量放线：放出基坑开挖上口线，并在场区四周围挡上作标记，以备开挖后测放边线；

2）施工用电、用水配置：依据所投入机械设备用电功率统计，设备总计电力约 300kVA，考虑到设备使用顺序及正常使用率，工程需电力 200kVA，因此，只需大于 200kVA 变压器就可满足施工的需要；依据用水设备和施工经验及北京市的水压，需水量 5~10m³/h，只需直径 50mm 管的水源就能满足施工用水，由于施工现场较大，应多设几处水源。

3）了解施工安排：首先平整场地，为护坡桩施工作准备，护坡桩计划 5 天完成，应注意的是混凝土灌注完毕后 3 小时内必须清理桩头，接下来是帽梁施工。其余侧在护坡桩施工时，开挖第一步土，作喷锚护坡。帽梁混凝土强度达 70%时，西侧进行土方开挖，开挖至锚杆位置开始锚杆施工。其余侧土方开挖和护坡继续进行。锚杆安设腰梁、张拉锁定后，西侧开始剩余土方开挖，与喷锚段土方进度赶齐，边开挖，边做桩间护壁和喷锚。挖土至基坑中部时，采用接力挖土来完成-11.06m 处的土方开挖。

（2）土方开挖

1）学习并审查图纸，核对开挖图平面尺寸和基底标高。

2）查勘施工现场，明确运输道路、临近建筑物、地下基础、管线、地面障碍物和堆积物状况，以便为施工规划和准备提供可靠的资料和数据。

3) 清除地上障碍物，如高压电线、电杆、塔架、电缆、地下原有的水、电、气等各种管、沟做改线处理；对附近原有建筑物、电杆、塔架等采取有效的防护加固措施。

4) 对进场挖土、运输车辆及各种辅助设备进行维修检查，试运转并运至工地就位。机械的出入路径、道路状况，做好施工前的准备。

5) 配备夜班施工的照明设备。

6) 组织并配备土方工程施工所需专业技术人员、管理人员和技术工人；组织安排好作业班次。

7) 做好挖、填土方平衡计算，减少运距和回填工作。选定堆土区和弃土区渣土消纳场。

(3) 施工配备

1) 材料准备：

石子：粒径5~32mm，杂质含量小于5%；

砂：宜用中砂，含泥量不大于5%；

水泥：用强度等级为42.5普通硅酸盐水泥；

水：应用自来水或不含有害物质的洁净水；

外加早强剂应通过试验确定；

钢筋：钢筋的级别、直径必须符合设计要求，有出厂证明书及复试报告。

2) 主要机具：

回旋钻孔机、翻斗车或手推车、混凝土导管、套管、水泵、水箱、泥浆池，混凝土搅拌机、平尖头铁锹、胶皮管、吊斗等机具等。

5. 施工工艺要求及施工方法

(1) 施工工序

根据各分项工程的设计要求，各分项工程的施工工序安排如下：

场地三通一平⇒西侧护坡桩、帽梁施工⇒其余侧土方开挖、施工喷锚⇒西侧开挖、锚杆施工、张拉锁定⇒土方开挖、桩间土护壁⇒收坡道。

(2) 工艺流程

护坡桩施工工艺流程，如图3-1所示。

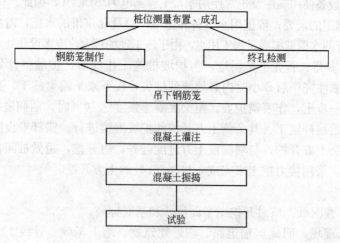

图3-1 护坡桩施工工艺流程

锚杆施工工艺流程，如图3-2所示。

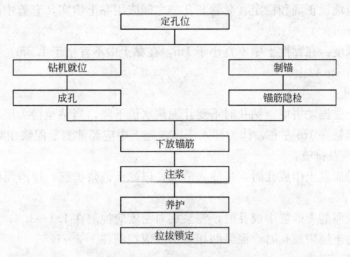

图3-2 锚杆施工工艺流程

帽梁施工工艺流程，如图3-3所示。

喷锚施工工艺流程，如图3-4所示。

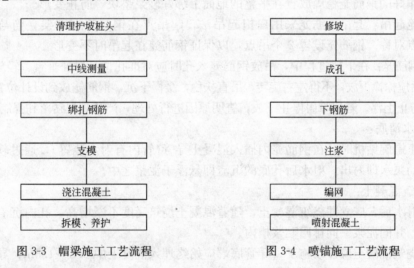

图3-3 帽梁施工工艺流程　　图3-4 喷锚施工工艺流程

(3) 施工方法

1) 护坡桩施工

① 放桩位线：根据设计图纸的桩位进行测量放线，并经业主及监理验收。

② 钻孔：钻孔机就位时，必须保持平稳，不发生倾斜、位移，为准确控制钻孔深度，应在机架上或机管上作出控制的标尺，以使在施工中进行观测、记录。

钻孔及注泥浆：调直机架挺杆，对好桩位(用对位圈)，开动机器钻进，出土，达到一定深度(视土质和地下水情况)停钻，孔内注入事先调制好的泥浆，然后继续进钻第一根桩施工时，要慢速运转，掌握地层对钻机的影响情况，以确定在该地层条件下的钻进参数。

③ 下套管(护筒)：

钻孔深度到5m左右时，提钻下套管。

套管内径应大于钻头 100mm，其上部宜开设 1～2 个溢浆孔。

套管位置应埋设正确和稳定，套管与孔壁之间应用黏土填实，套管中心与桩孔中心线偏差不大于 50mm。

套管埋设深度：在黏性土中不宜小于 1m，在黏土中不宜小于 1.5m，并应保持孔内浆面高出地下水位 1m 以上。

④ 继续钻孔：

防止表层土受振动坍塌，钻孔时不要让泥浆水位下降，当钻至持力层后，设计无特殊要求时，可继续钻深 1m 左右，作为插入深度。施工中应经常测定泥浆相对密度。

⑤ 孔底清理及排渣：

在黏土和粉质黏土中成孔时，可注入清水，以原土造浆护壁，排渣泥浆的相对密度应控制在 1.1～1.2。

在砂土和较厚的夹砂层中成孔时，泥浆相对密度应控制在 1.1～1.3；在穿过砂夹卵石层或容易坍孔的土层中成孔时，泥浆的相对密度应控制在 1.3～1.5。

⑥ 吊放钢筋笼

钢筋笼制作及吊放：计算箍筋用料长度、主筋分布段长度，将所需钢筋调直后用切割机成批切好备用。由于切断待焊的主筋、箍筋的规格不尽相同，注意分别摆放，防止错用。将制作好的钢筋笼稳固放置在平整的地面上绑好砂浆垫块，防止变形。

钢筋笼起吊：起吊钢筋笼采用扁担起吊法，起吊点在钢筋笼上部架立筋与主筋连接处，且吊点对称。钢筋笼设置 2 个吊点，以保证钢筋笼在起吊时不变形。

下放钢筋笼：在下放过程中，吊放钢筋笼入孔时应对准孔位，保证垂直、轻放、慢放入孔。入孔后应徐徐下放，不得左右旋转，吊直扶稳，缓慢下沉，钢筋笼放到设计位置时，应立即固定，防止上浮。若遇障碍停止下放，查明原因进行处理，严禁高提猛落和强制下放。

⑦ 射水清底：

使用正螺旋钻机时，在钢筋笼内插入混凝土导管（管内有射水装置），通过软管与压泵连接，开动泵水即射出。射水后孔底的沉渣即悬浮于泥浆之中。

⑧ 浇筑混凝土：

停止射水后，应立即浇筑混凝土，随着混凝土浇筑高度不断增高，孔内沉渣将浮在混凝土上面，并同泥浆一同排回贮浆槽内。

水下浇筑混凝土应连续施工，导管底端应始终埋入混凝土中 0.8～1.3m，导管的第一节底管长度应≥4m。采用串筒灌注，5m 以下自重密实，5m 以上用振捣棒振密实。

⑨ 混凝土的配制：

配合比应根据试验确定，在选择施工配合比时，混凝土的试配强度应比设计强度提高 10%～15%。

水灰比不宜大于 0.6。

有良好的和易性，在规定的浇筑期间内，坍落度应为 16～22cm；在浇筑初期，为使导管下端形成混凝土堆，坍落度宜为 14～16cm。要求混凝土初凝时间不得低于 3 小时。

水泥用量一般为 350～400kg/m³。

砂率一般为 40%～45%。

⑩ 拔出导管：

混凝土浇筑到桩顶时,应及时拔出导管。但混凝土的上顶标高一定要符合设计要求。

⑪ 插桩顶钢筋:

桩顶上的插筋一定要保持垂直插入,有足够锚固长度和保护层,防止插偏和插斜。接下来是帽梁施工。

2) 锚杆和喷锚施工

① 边坡开挖:采用反铲挖土机,预留20～30cm人工修坡,开挖深度在土钉孔位下50cm,开挖宽度保证10m以上,以确保土钉成孔机械钻机的工作面。土方开挖严格按设计规定的分层开挖深度按作业顺序施工,在完成上层作业面的土钉及喷混凝土面以前,不得进行下一层土方的开挖。

② 边坡修整:采用人工清理,为确保喷射混凝土面层的平整,此工序必须挂线定位。对于土层含水量较大的边坡,可在支护面层背部插入长度为400～600mm,直径不小于40mm的水平排水管包滤网,其外端伸出支护面层,间距为2m,以便将喷混凝土面层后的积水排走。

③ 定位放线:按设计图纸由测量人员用$\phi 6.5$长15cm的钢筋放出每一个土钉的位置。

④ 成孔:采用人工洛阳铲成孔,局部可采用XY-Z型锚杆机成孔。钻孔后进行清孔检查,对孔中出现的局部渗水塌孔或掉落松土立即进行压浆处理,并及时安设土钉钢筋并注浆。

⑤ 土钉主筋制作及安放:主筋按设计长度加10cm下料。主筋每隔2m焊对中支架,防止主筋偏离土钉中心。

⑥ 造浆及注浆:采用搅拌机造浆,应严格控制水灰比为$W/C=0.5$;注浆采用注浆泵,注浆时将导管缓慢均匀拔出,但出浆口应始终处于孔中浆体表面之下,保证孔中气体能全部排出。

⑦ 挂网及锚头安装:钢筋网片用插入土中的钢筋固定,与坡面间隙3～4cm,不应小于3cm,搭接时上下左右一根对一根搭接绑扎,搭接长度应大于30cm,并不少于两点点焊。钢筋网片借助于井字架与土钉外端的弯勾焊接成一个整体。

⑧ 喷射混凝土:喷射混凝土顺序可根据地层情况"先锚后喷",土质条件不好时采用"先喷后锚",喷射作业时,空压机风量不宜小于$9m^3/min$,气压0.2～0.5MPa,喷头水压不应小于0.15MPa,喷射距离控制在0.6～1.0m,通过外加速凝剂控制混凝土初凝和终凝时间在5～10min,喷射厚度大于等于设计厚度。

⑨ 养护:根据现在的气温,可采取自然养护。

⑩ 试块留置:同一配合比的试块,每班不得少于1组。每根灌注桩不得少于1组。

3) 土方开挖步骤

首先进行测量定位,抄平放线,定出开挖宽度,按放线位置分层分块开挖。

反铲停于沟端,在基槽内由西向东一字后退开挖,同时装翻斗将土运走。

对不同深度基坑交界处,应随挖随测,放出边线,避免超挖、惜挖。

基坑底标高不一致时,机械开挖次序一般采取先整片挖至一平均标高,然后再挖个别较深部位。当一次开挖深度超过挖土机最大挖掘高度(5m以上)时,宜分2～3层开挖,并修筑10%～15%坡道,以便挖土及运输车辆进出。

对面积和深度均较大的基坑,通常采用分层挖土施工法,使用大型土方机械,在坑下作业。如为软土地基或在雨期施工,进入基坑行走需铺垫钢板或铺路基垫道。

对大型软土基坑，为减少挖运土方少开坡道，也就是收坡，可采用"接力挖土法"，它是利用两台或三台挖土机分别在基坑的不同标高处同时挖土。一台在地表，两台在基坑不同标高的台阶上，边挖土边向上传递到上层由地表挖土机装车，用自卸汽车运至弃土地点。上部可用大型挖土机，中、下层可用液压中小型挖土机，以便挖土、装车均衡作业，机械开挖不到之处，再配以人工开挖修坡、找平。用本法开挖基坑，可一次挖到设计标高，一般两层挖土可挖到－10m，三层挖土可挖到－15m左右，可避免将载重汽车开进基坑装土、运土作业，工作条件好，效率高，并可降低成本。采用机械接力挖运土方法和人工与机械合理的配合挖土，最后用搭枕木垛的方法使挖土机开出基坑。

基坑边角部位，机械开挖不到之处，应用少量人工配合清坡，将松土清至机械作业半径范围内，再用机械运走，大基坑宜另配推土机清土。

机械开挖应由深而浅，基底及边坡应预留一层200～500mm厚土层用人工清底、修坡、找平，以保证基底标高和边坡坡度正确，避免超挖和土层遭受扰动。

运土坡道应尽可能修在以后需挖方向而无须回填或少回填的部位，同时应与护坡方式一并考虑收口做法。

修边和清底：在距槽底设计标高30～50cm处，抄出水平线，钉上小木橛，然后用人工将暂留土层挖走。同时由两端轴线引桩拉通线（用小线或钢丝），检查距槽边尺寸，修整槽边至满足设计要求，最后清除槽底土方。

4）基坑排水方法

① 如果因为上层滞水，使施工现场内产生松软泥浆，可先沿基槽四周挖出一浅槽，四角挖一渗坑，明排水，使基槽干燥后再进行开挖。

② 基坑开挖过程中，在基坑底部应保持中间余土高于两端余土，以保证基坑开挖过程中基坑内不积水。

③ 在基槽两侧挖排水沟，以防地面雨水留入基坑槽，同时应经常检查边坡和支护情况，以防止塌方。

④ 在基坑的角部设置集水井，以便进行抽水，如图3-5所示。

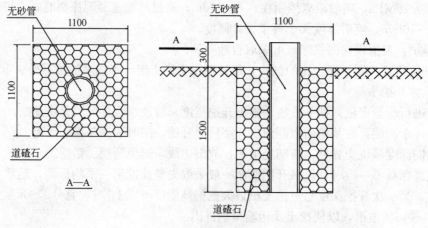

图3-5 集水井做法

6. 质量标准

土方开挖工程质量检验标准如表 3-2 所示。

土方开挖工程质量检验标准   表 3-2

内 容		标 准	检验方法
主控项目	人工标高 机械标高	±30mm ±50mm	水准仪
	人工长度、宽度 机械长度、宽度	+300mm、-100mm +500mm、-150mm	经纬仪、用钢尺量
	边坡	按设计要求	观测或用尺量
一般项目	人工表面平整度	20mm	用 2m 靠尺和锥形塞尺
	机械表面平整度	50mm	用 2m 靠尺和锥形塞尺
	基底土性	设计要求	观察或图样分析

土钉墙分项工程质量标准如表 3-3 所示。

土钉墙分项工程质量标准   表 3-3

内 容	标 准	内 容	标 准
坡面平整度的允许偏差	±20mm	钢筋保护层厚度	≥25mm
孔深允许偏差	±50mm	土钉倾角偏差	±5%
孔径允许偏差	±5mm	挂网时网片距坡面	3～4cm
孔距允许偏差	±100mm		

护坡桩质量标准如表 3-4 所示。

护坡桩质量标准   表 3-4

内 容	标 准	内 容	标 准
混凝土强度	C25	梁中心偏差	±100mm
桩位偏差	±10mm	钢筋保护层	30mm
孔位偏差	±2mm	主筋间距	±10mm
孔距偏差	±100mm	箍筋间距	±10mm

预应力锚杆质量标准如表 3-5 所示。

预应力锚杆质量标准   表 3-5

内 容	标 准	内 容	标 准
水泥浆体 28d 强度	20MPa	锚位水平夹角偏差	±10
水泥浆体 7d 强度	15MPa	孔深偏差	+300～500mm
锚位水平偏差	±100mm	锚索长度偏差	±5%×设计长度
锚位竖向偏差	±50mm	自由段长度偏差	+100mm

7. 质量保证措施

(1) 土钉墙质量保证措施

1) 修坡时专人进行测量，确保不吃槽。

2) 插入钢筋时由专人检查，若插入深度不足，则继续取土成孔，插入钢筋时要将注浆管绑在距孔底 0.5m 处。

3) 注浆时要严格按配比搅浆，并随成孔随注浆，注浆渗漏较多时，要进行二次、三次补浆直到注满，锚杆注浆后，一定长时间(2 小时内)内必须进行二次补浆，以确保锚固段长度。

4) 喷混凝土时，由专人检查网长及标志杆的安装。

5) 在可能出现地面或附近地下管线渗水的地段，护壁上应布设相应的排水管，管后应有塑料窗纱反滤层，防止地层颗粒流失而出现桩后土陷塌。

6) 横竖压筋要双面满焊，不得有气孔、咬肉。

(2) 护坡桩质量保证措施

1) 放桩位线时应有专人验线并作桩位预检记录。

2) 钢筋笼加工严格按设计图纸加工，按批进行验收，合格品做标识。钢筋供应的长度不满足设计要求时，主筋采取搭接焊，按规定做抗拉强度试验。为保证主筋间距和钢筋笼的整体刚度，固定架立筋应与主筋焊牢，箍筋与主筋绑牢，成形后的钢筋笼外形尺寸、主筋位置、数量等应与设计符合。严把钢筋进料关，保证使用产品质量合格的钢材，并做好原材料试验及焊接试验，钢筋笼制作成形后，必须会同有关质检人员及监理人员进行钢筋笼质量检查，护坡桩、锚杆钢筋吊放到位后，还应做钢筋隐检，并认真填写预、隐检记录。

3) 钻孔：钻机就位时，经专人检查桩位的偏差及垂直偏差，符合要求后方可开钻，终孔后经专人检查孔深，桩位不可向坑内偏斜，符合设计要求时经监理签字后退出钻机。

4) 验笼顶标高：混凝土浇灌前，应有专人检查钢筋笼的笼顶标高，符合要求后方可进行浇灌。

5) 浇灌混凝土：混凝土灌注必须连续进行，保证每根桩的灌注时间不得超过初灌混凝土的初凝时间，并不得大于 3h。

6) 钻孔桩施工时，不得相邻两桩孔同时成孔，只有待相邻桩灌注混凝土并达到初凝后，才可进行成孔施工。

7) 混凝土强度必须符合设计要求，混凝土灌注必须连续进行，混凝土灌注高度应适当高于桩顶标高 20~30cm，以便凿去浮浆后浇灌桩顶连梁，并保证桩顶混凝土强度。

8) 混凝土灌注过程中，距孔口 6m 必须振捣，以保证桩身混凝土密实，每次振捣时间为 20~40s 即混凝土表面不出现气泡停振。

9) 护坡桩成孔后必须马上下钢筋笼，8 小时内灌注混凝土，防止塌孔。

10) 混凝土强度：现场施工是每 20 根护坡桩制作两组试块(150×150×150)，一组标样，一组同条件养护。

11) 土方开挖前，在护坡桩桩顶(或连梁顶端)设置位移观测标记，并做好位移观测记录。根据业主要求，每 15.0m 设置一个观测点，需每日进行监测，数日后若无位移或变化不大，3~7 日监测一次，并做好监测记录上报业主及监理部门。

(3) 预应力锚杆质量保证措施

1) 进场的每批钢绞线和水泥要有出厂合格证并做复试。

2) 锚杆机就位前应先检查锚位标高，锚具是否符合设计图纸。就位后必须调正钻杆，用角度尺或罗盘测量钻杆的倾角使之符合设计，并保证钻杆的水平投影垂直于坑壁，经检查无误后方可钻进。

3) 钻孔时遇有障碍物或异常情况应及时停钻、待情况清楚后再钻进或采取措施。钻至设计深度后空钻出土以减少拔钻杆的阻力，然后拔出钻杆。

4) 下锚索前应检查锚索并做隐蔽工程检查记录，下完锚索时应注意锚索的外露部分是否满足张拉要求的长度。

5) 注浆要满实，要求对每根锚杆的水泥含量进行记录、评估。

6) 锚杆隔离架（定位支架）沿锚杆轴线方向每隔1.0m设置一个，并确保锚杆杆体的保护层不小于20mm。

7) 注浆管要求绑扎牢固，防止插锚体时滑落。

8) 锚杆成孔后8h内必须插入锚体注浆，防止塌孔。

9) 浆液搅拌必须严格按配比进行，不得随意改变。

10) 注浆由孔底开始，边注边外拉浆管，并缓缓拔管，直至浆液溢出孔口后停止注浆。

11) 按1‰的比例做锚杆的验收试验，以检验锚杆的锚固力是否达到设计要求，以便及时适当的调整设计方案。

12) 做好各种施工原始记录，质量检查记录、设计变更、现场签证记录等原始资料完整、交圈，并做好施工日志。

(4) 土方开挖

1) 通常在机械挖至标底20cm时，采用人工清理坑底，满足凸凹不超过1.5cm。

2) 长度、宽度（由设计中心线向两边量）：向外偏移不超过10cm。

3) 边坡坡度：不应偏陡。

4) 边坡面层平整度为±10mm。

5) 司机要按照放线工所放灰线开挖。

6) 要保证随挖随测，避免超挖、错挖。

7) 开挖后应尽量减少对基土的扰动。

8) 随时注意土质和地下水位情况，避免施工机械下沉。

9) 夜晚施工要有足够的照明。

8. 质量检验

为了使建（构）筑物有一个比较均匀的下沉，除土方挖土标高、位置、平整度、平面尺寸等常规检查外，对地基需进行严格的检验。当地基开挖至设计基底标高后，应由设计、勘察、监理、建设和施工单位共同进行验槽，核对地质资料，检查地基土与工程地质勘查报告、设计图纸要求是否相符，有无破坏原状土结构或发生较大的扰动现象。如有岩土条件与原勘察资料不符时，应查明并提出处理建议（如局部有软弱土层或孔洞，需及时挖除后用按设计灰土分层回填夯实）。现场用钎探的方法检验持力层的均匀性。

钢钎用直径 25mm 的钢筋制成，探头直径 $\phi40$，钎尖呈 60 度尖锥状，长度 2m。穿心锤重量为 $10+0.2$ kg，打锤时，举高离钎顶 50cm，将钢钎垂直打入土中，并记录每打入土层 30cm 的锤击数。

钢钎测试钎孔布置槽宽大于 2m，采用梅花形间距 1.5m，最边一排孔距基槽为 0.3m，测定深度 2.1m。打完的探孔，经过质量检查人员和有关工长检查孔深与记录无误后，即进行灌砂，灌砂时每填入 30cm 左右即可用钢筋棒振捣一次。

成桩的质量检验有两种基本方法，一种是静载载荷试验法（或称破损试验）；另一种是动测法（或称无破损试验），此处为护坡桩不做检验。

9. 监测措施

采用信息化施工，确保基坑开挖过程中的安全，必须对基坑进行监测，措施如下：

（1）观测点的布置：在土钉墙坡顶每隔 30m 布置一个观测点。

（2）观测精度要求：

满足国家三级水准测量精度要求：

水平误差控制 <1.0 mm；

垂直误差控制 <1.0 mm。

（3）观测时间的确定：

基坑开挖每一步都应作基坑变形观测。观测时间间隔每两天一次，必要时连续观测，基坑开挖完 7 天后可停止观测。

（4）场地查勘与记录：

施工前对原场地进行全面调查，查清有无原始裂缝和异常并作记录，照相存档。

每次观测结果详细记入汇总表并绘制沉降与位移曲线。

（5）注意事项：

每次观测应用相同的观测方法和观测线路。

观测期间使用一种仪器，一个人操作，不能更换。

加强对基坑各侧沉降，变形观测，特别对有地下管线地的各边坡可进行重点观测。

三、某工程换填砂石垫层实例

换填砂石垫层适合于旧河套子地基，不适合湿陷性黄土地基，可根据《建筑地基处理技术规范》JCJ 79—2002 第 4.3.4 条予以处理。本工程通过换填砂石垫层 40cm 方法使压力扩散作用。

1. 施工材料要求

砂：宜用颗粒级配良好，质地坚硬的中砂或粗砂；当用细砂、粉砂应掺加粒径 $25\%\sim30\%$ 的卵石（或碎石），粒径 $20\sim50$mm，但要分布均匀。砂中不得含有杂草，树根等有机物，含泥量应小于 5%。配专人及时处理砂窝、石堆等问题，做到砂石级配良好。

2. 施工质量控制

施工、设计单位必须具备相应专业资质，并应建立完善的质量管理体系和质量检验制度。

技术管理人员、工人需具有规定的资格。

从事地基基础工程检测及见证试验的单位，必须具备相应的资质。

(1) 施工质量控制要点

1) 换垫层底部存在古井、石墓、洞穴、旧基础、河塘等软硬不均的部位时，应检查地质资料与验槽是否吻合，当不吻合时，对进一步搞清地质情况的记录和设计采取进一步加固的图纸和说明。

2) 垫层施工的最优含水量，垫层材料的含水量，在当地无可靠经验值取用时，应通过击实试验来确定最优含水量为 8%～12%。严格控制分层铺垫厚度为 15～20cm，不宜超过 30cm，砂和砂石地基底面宜铺设在同一标高上，如深度不同时，基土面应挖成踏步和斜坡形，搭槎处应注意压(夯)实。施工应按先深后浅的顺序进行。分段施工时，接槎处应做成斜坡，每层接岔处的水平距离应错开 0.5～1.0m，并应充分压(夯)实。每层压实遍数和机械压路机(6～10t)碾压，根据选用材料及使用的施工机械通过振动式压路机往复碾压压实试验确定不少于 4 遍，其轮距搭接不小于 50cm。边缘和转角处应用蛙式打夯机补夯密实。

3) 垫层分段施工或垫层在不同标高层上施工时应遵守 JGJ 79—2002 第 4.3.7 条规定。

(2) 施工质量检验要求

1) 对砂垫层用贯入仪检验垫层质量；对砂垫层也可用钢筋贯入度检验。

2) 检验的数量分层检验的深度按《建筑地基处理技术规范》JGJ 79—2002 第 4.4.3 条规定执行。留接槎要按规定搭接和夯实。对边角处采用蛙式打夯机夯打保证不得遗漏、打不实。

3) 当用贯入仪和钢筋检验垫层质量时，均应通过现场控制压实系数所对应的贯入度为合格标准。压实系数检验坚持分层检查砂石地基的质量。每层设置纯砂检查点，用 $200cm^3$ 的环刀取样，测定干砂的质量密度。干砂质量密度、密实度不符合要求不能进行上一层的砂石施工。

(3) 质量保证资料检查要求

1) 最优含水量的试验报告。

2) 分层需铺厚度 250mm，每层压实 5 遍，振动式压路机碾压运行速度的记录。

3) 每层垫层施工时的检验记录和检验点的图示。

4) 质量检验控制有两种基本方法：钎探和静载载荷试验。

第二节 基 础 工 程

一、刚性基础施工

刚性基础是指用砖、石、混凝土、灰土、三合土等材料建造的基础，这种基础的特点是抗压性能好，而整体性、抗拉、抗弯、抗剪性能差。它适用于地基坚实、均匀、上部荷载较小，六层和六层以下(三合土基础不宜超过四层)的一般民用建筑和墙承重的轻型厂房。

1. 混凝土基础施工质量控制

(1) 施工质量控制要点

1) 基槽(坑)应进行验槽，局部软弱土层应挖去，用灰土或砂砾石分层回填夯实至基底相平。如有地下水或地面滞水，应挖沟排除；对粉土或细砂地基，应用轻型井点方法降低地下水位至基坑(槽)底以下50mm处；基槽(坑)内浮土、积水、淤泥、垃圾、杂物应清除干净。

2) 如地基土质良好，且无地下水，基槽(坑)第一阶可利用原槽(坑)浇筑，但应保证尺寸正确，砂浆不流失。上部台阶应支模浇筑，模板要支撑牢固，缝隙孔洞应堵严，木模应浇水湿润。

3) 基础混凝土浇筑高度在2m以内，混凝土可直接卸入基槽(坑)内，应注意使混凝土能充满边角；浇筑高度在2m以上时，应通过漏斗、串筒或溜槽下料。

4) 浇筑台阶式基础应按台阶分层一次浇筑完成，每层先浇边角，后浇中间，施工时应注意防止上下台阶交接处混凝土出现蜂窝和脱空(即吊脚、烂脖子)现象，措施是待第一台阶捣实后，继续浇筑第二台阶前，先沿第二台阶模板底圈做成内外坡度，待第二台阶混凝土浇筑完成后，再将第一台阶混凝土铲平、拍实、拍平；或第一台阶混凝土浇完成后稍停0.5~1h，待下部沉实，再浇上一台阶。

5) 锥形基础如斜坡较陡，斜面部分应支模浇筑，或随浇随安装模板，应注意防止模板上浮。斜坡较平时，可不支模，但应注意斜坡部位及边角部位混凝土的捣固密实，振捣完后，再用人工将斜坡表面修正、拍平、拍实。

6) 当基槽(坑)因土质不一挖成阶梯形式时，应先从最低处开始浇筑，按每阶高度，其各边搭接长度应不小于500mm。

7) 混凝土浇筑完后，外露部分应适当覆盖，洒水养护；拆模后及时分层回填土方并夯实。

(2) 质量控制资料检查要求

1) 混凝土配合比。

2) 掺合料、外加剂的合格证明书、复试报告。

3) 试块强度报告。

4) 施工日记。

5) 混凝土质量自检记录。

6) 隐蔽工程验收记录。

7) 混凝土分项工程质量验收记录表。

2. 砖基础施工质量控制

(1) 施工质量控制要点

1) 砖基础应用强度等级不低于MU7.5、无裂缝的砖和不低于M10的砂浆砌筑。在严寒地区，应采用高强度等级的砖和水泥砂浆砌筑。

2) 砖基础一般做成阶梯形，俗称大放脚。大放脚做法有等高式(两皮一收)和间隔式(两皮一收和一皮一收相间)两种，每一种收退台宽度均为1/4砖，后者节省材料，采用较多。

3) 砖基础施工前应清理基槽(坑)底，除去松散软弱土层，用灰土填补夯实，并铺设垫层；按基础大样图，吊线分中，弹出中心线和大放脚边线；检查垫层标高、轴线尺寸，并清理好垫层；先用干砖试摆，以确定排砖方法和错缝位置，使砌体平面尺寸符合要求；

砖应浇水湿透，垫层适量洒水湿润。

4）砌筑时，应先铺底灰，再分皮挂线砌筑；铺砖按"一丁一顺"砌法，做到里外咬槎上下层错缝。竖缝至少错开1/4砖长；转角处要放七分头砖，并在山墙和槽墙两处分层交替设置，不能同缝，基础最下与最上一皮砖宜采用丁砌法。先在转角处及交接处砌几皮砖，然后拉通线砌筑。

5）内外墙基础应同时砌筑或做成踏步式。如基础深浅不一时，应从低处砌起，接搓高度不宜超过1m，高低相接处要砌成阶梯，台阶长度应不小于1m，其高度不大于0.5m砌到上面后再和上面的砖一起退台。

6）如砖基础下半部为灰土时，则灰土部分不做台阶，其宽高比应按要求控制，同时应核算灰土顶面的压应力，以不超过250～300kPa为宜。

7）砌筑时，灰缝砂浆要饱满。严禁用冲浆法灌缝。

8）基础中预留洞口及预埋管道，其位置、标高应准确，管道上部应预留沉降空隙。基础上铺放地沟盖板的出槽砖，应同时砌筑。

9）基础砌至防潮层时，须用水平仪找平，并按规定铺设20mm厚、1:2.5～3.0防水水泥砂浆（掺入水泥重量3%的防水剂）防潮层，要求压实抹平。用一油一毡防潮层，待找平层干硬后，刷冷底子油一道，浇沥青玛琋脂，摊铺卷材并压紧，卷材搭接宽度不少于100mm，如无卷材，亦可用塑料薄膜代替。

10）砌完基础应及时清理基槽(坑)内杂物和积水，在两侧同时回填土，并分层夯实。

(2) 质量控制资料检查要求

1）材料合格证及试验报告，水泥复试报告。

2）砂浆试块强度报告。

3）砂浆配合比。

4）施工日记。

5）自检记录。

6）砌筑分项工程质量验收记录表。

二、扩展基础施工

扩展基础是指柱下钢筋混凝土独立基础和墙下混凝土条形基础，它由于钢筋混凝土的抗弯性能好，可充分放大基础底面尺寸，达到减小地基应力的效果，同时可有效的减小埋深，节省材料和土方开挖量，加快工程进度。适用于六层和六层以下一般民用建筑和整体式结构厂房承重的柱基和墙基。柱下独立基础，当柱荷载的偏心距不大时，常用方形，偏心距大时，则用矩形。

1. 扩展基础施工技术要求

(1) 锥形基础(条形基础)边缘高度h一般不小于200mm，阶梯形基础的每阶高度h_1一般为300～500mm。基础高度$h \leqslant 350$mm，用一阶；350mm$< h \leqslant 900$mm，用二阶；$h > 900$mm，用三阶。为使扩展基础有一定刚度，要求基础台阶的宽高比不大于2.5。

(2) 垫层厚度一般为100mm，混凝土强度等级为C10，基础混凝土强度等级不宜低于C15。

(3) 底部受力钢筋的最小直径不宜小于8mm，当有垫层时，钢筋保护层的厚度不宜小于35mm；无垫层时，不宜小于70mm。插筋的数目和直径应与柱内纵向受力钢筋相同。

（4）钢筋混凝土条形基础，在T字形与十字形交接处的钢筋沿一个主要受力方向通长放置。

（5）柱基础纵向钢筋除应满足冲切要求外，尚应满足锚固长度的要求，当基础高度在900mm以内时，插筋应伸至基础底部的钢筋网，并在端部做成直弯钩；当基础高度较大时，位于柱子四角的插筋应伸到基础底部，其余的钢筋只需伸至锚固长度即可。插筋伸出基础部分长度应按柱的受力情况及钢筋规格确定。

2. 扩展基础施工质量控制

（1）施工质量控制要点

1）基坑验槽清理同刚性基础。垫层混凝土在基坑验槽后应立即浇筑，以免地基土被扰动。

2）垫层达到一定强度后，在其上画线、支模、铺放钢筋网片。上下部垂直钢筋应绑扎牢，并注意将钢筋弯钩朝上，连接柱的插筋，下端要用90°弯钩与基础钢筋绑扎牢固，按轴线位置校核后用方木架成井字形，将插筋固定在基础外模板上；底部钢筋网片应用混凝土保护层同厚度的水泥砂浆垫塞，以保证位置正确。在梁钢筋绑扎塑料垫块以保证设计要求的保护层厚度。

3）在浇筑混凝土前，模板和钢筋上的垃圾、泥土和钢筋上的油污杂物，应清除干净。模板应浇水加以润湿。

4）浇筑现浇柱下基础时，应特别注意柱子插筋位置的正确，防止造成位移和倾斜，在浇筑开始时，先满铺一层5~10cm厚的混凝土，并捣实使柱子插筋下段和钢筋网片的位置基本固定，然后再对称浇筑。

5）基础混凝土宜分层连续浇筑完成，对于阶梯形基础，每一台阶高度内应整分浇捣层，每浇筑完一台阶应稍停0.5~1h，待其初步获得沉实后，再浇筑上层，以防止下台阶混凝土溢出，在上台阶根部出现烂脖子。每一台阶浇完，表面应随即原浆抹平。

6）对于锥形基础，应注意保持锥体斜面坡度的正确，斜面部分的模板应随混凝土浇捣分段支设，以防模板上浮变形，边角处的混凝土必须注意捣实。严禁斜面部分不支模，用铁锹拍实。基础上部柱子后施工时，可在上部水平面留设施工缝。施工缝的处理应按有关规定执行。

7）条形基础应根据高度分段分层连续浇筑，一般不留施工缝，各段各层间应相互衔接，每段长2~3m左右，做到逐段逐层呈阶梯形推进。浇筑时应先使混凝土充满模板内边角，然后浇筑中间部分，以保证混凝土密实。

8）基础上插筋时，要加以固定保证插筋位置的正确，防止浇捣混凝土时发生移位。

9）混凝土浇筑完毕，外露表面应覆盖浇水养护。

（2）质量控制资料检查要求

1）混凝土配合比。

2）掺合料、外加剂的合格证明书、复试报告。

3）试块强度报告。

4）施工日记。

5) 混凝土质量自检记录。
6) 隐蔽工程验收记录。
7) 混凝土分项工程质量验收记录表。

三、杯形基础施工

杯形基础形式有杯口、双杯口、高杯口钢筋混凝土基础等，接头采用细石混凝土灌浆。杯形基础主要用作工业厂房装配式钢筋混凝土柱的高度不大于5m的一般工业厂房柱基础。

1. 杯形基础施工技术要求

(1) 柱的插入深度 h_1 可按表3-6选用，此外，h_1 应满足锚固长度的要求(一般为20倍纵向受力钢筋直径)和吊装时柱的稳定性(不小于吊装时柱长的0.05倍)。

柱的插入深度 h_1 (mm)　　　　　表3-6

矩形或工字型柱				单肢管柱	双 肢 柱
$h<500$	$500 \leqslant h<800$	$800 \leqslant h<1000$	$h>1000$		
$(1\sim1.2)h$	h	$0.9h\geqslant800$	$0.8h\geqslant1000$	$1.5d\geqslant500$	$(1/3\sim2/3)h_a$ 或 $(1.5\sim1.8)h_b$

注：1. h 为柱截面长边尺寸；d 为管柱的外直径；h_a 为双肢柱整个截面长边尺寸；h_b 为双肢柱整个截面短边尺寸。
2. 柱轴心受压或小偏心受压时，h_1 可以适当减小，偏心距 $e_0>2h$ (或 $e_0>2d$)时，h_1 适当加大。

(2) 基础的杯底厚度和杯壁厚度，可按表3-7采用。

基础的杯底厚度和杯壁厚度(mm)　　　　　表3-7

柱截面长边尺寸	杯 底 厚 度	杯 壁 厚 度
$h<500$	$\geqslant150$	$150\sim200$
$500\leqslant h<800$	$\geqslant200$	$\geqslant200$
$800\leqslant h<1000$	$\geqslant200$	$\geqslant300$
$1000\leqslant h<1500$	$\geqslant250$	$\geqslant350$
$1500\leqslant h<2000$	$\geqslant300$	$\geqslant400$

注：1) 双肢柱的 a_1 值可适当加大。
2) 当有基础梁时，基础梁下的杯壁厚度应满足其支撑宽度的要求。
3) 柱子插入杯口部分的表面，应尽量凿毛，柱子与杯口之间的空隙，应用细石混凝土(比基础混凝土强度等级高一级)密实充填，其强度达到基础设计强度等级的70%以上(或采取其他相应措施)时，方能进行上部吊装。

(3) 大型工业厂房柱双杯口和高杯口基础与一般杯口基础构造要求基本相同。

2. 杯形基础施工质量控制

(1) 施工质量控制要点

1) 杯口模板可用木或钢定型模板，可做成整体，也可做成两半形式，中间各加楔形板一块，拆模时，先取出楔形板然后分别将两半杯口模取出。为便于周转宜做成工具式，支模时杯口模板要固定牢固。

2) 混凝土应按台阶分层浇筑。对杯口基础的高台阶部分按整体分层浇筑，不留施工缝。

3) 浇捣杯口混凝土时，应注意杯口的位置，由于模板仅上端固定，浇捣混凝土时，四侧应对称均匀下灰，避免将杯口模板挤向一侧。

4) 杯形基础一般在杯底均留有50cm厚的细石混凝土找平层，在浇筑基础混凝土时，要仔细控制标高，如用无底式杯口模板施工，应先将杯底混凝土振实，然后浇筑杯口四周的混凝土，此时宜采用低流动性混凝土；或杯底混凝土浇完后停0.5～1h，待混凝土沉实，再浇杯口四周混凝土等办法，避免混凝土从杯底挤出，造成蜂窝麻面。基础浇筑完毕后，将杯口底冒出的少量混凝土掏出，使其与杯口模下口齐平，如用封底式杯口模板施工，应注意将杯口模板压紧，杯底混凝土振捣密实，并加强检查，以防止杯口模板上浮。基础浇捣完毕，混凝土终凝后用倒链将杯口模板取出，并将杯口内侧表面混凝土划（凿）毛。

5) 施工高杯口基础时，由于最上一台阶较高，可采用后安装杯口模板的方法施工，即当混凝土浇捣接近杯口底时，再安装固定杯口模板，继续浇筑杯口四侧混凝土，但应注意位置标高正确。

6) 其他施工监督要点同扩展基础。

(2) 质量控制资料检查要求

1) 混凝土配合比。

2) 掺合料、外加剂的合格证明书、复试报告。

3) 试块强度报告。

4) 施工日记。

5) 混凝土质量自检记录。

6) 隐蔽工程验收记录。

7) 混凝土分项工程质量验收记录表。

四、筏形基础施工

筏形基础由整块式钢筋混凝土平板或板与梁等组成，它在外形和构造上像倒置的钢筋混凝土平面无梁楼盖或肋形楼盖，分为平板式和筏形两类，前者一般在荷载不很大，柱网较均匀，且间距较小的情况下采用；后者用于荷载较大的情况。由于筏形基础扩大了基底面积，增强了基础的整体性，抗弯刚度大，可调整建筑物局部发生显著的不均匀沉降。适用于地基土质软弱又不均匀（或筑有人工垫层的软弱地基）、有地下水或当柱子或承重墙传来的荷载很大的情况，或建造六层或六层以下横墙较密的民用建筑。

1. 筏形基础施工技术要求

(1) 垫层厚度宜为100mm，混凝土强度等级采用C10。每边伸出基础底板不小于100mm；筏形基础混凝土强度等级不宜低于C15；当有防水要求时，混凝土强度等级不宜低于C20，抗渗等级不宜低于P6。

(2) 筏板厚度应根据抗冲切、抗剪切要求确定，但不得小于200mm；梁截面按计算确定，高出底板的顶面，一般不小于300mm，梁宽不小于250mm。筏板悬挑墙外的长度，从轴线起算，横向不宜大于1500mm，纵向不宜大于1000mm，边端厚度不小于200mm。

(3) 当采用墙下不埋式筏板,四周必须设置向下边梁,其埋入室外地面下不得小于500mm,梁宽不宜小于200mm,上下钢筋可取最小配筋率,并不少于 $2\phi10mm$,箍筋及腰筋一般采用 $\phi8@150\sim250mm$,与边梁连接的筏板上部要配置受力钢筋,底板四角应布置放射状附加钢筋。

2. 筏形基础施工方法

(1) 基础底板、基础反梁钢筋绑扎

首先在垫层上放线,将建筑物轴线、柱等的位置放出,并经有关部门检查、验线,达到有关验评标准后,方可进行钢筋绑扎。在垫层上用粉笔画出分布筋间距,交叉点绑扎牢靠,经检查验收合格后,方可进行下道工序。基础反梁施工时,先搭设梁架子,然后绑扎基础梁钢筋。按箍筋间距,摆放箍筋,先沿长向穿反梁的上部纵筋,将箍筋按已画好的间距逐个分开;穿横反梁的上部纵向钢筋并套好箍筋;调整箍筋间距,使其与上筋绑牢,然后绑扎下部钢筋。柱插筋位置除应符合垫层上的尺寸线外,还应沿纵横轴线方向控制线拉通线检查。校正完毕,将基础上柱插筋与箍筋点焊固定。所有钢筋绑扎完毕,首先进行自检,自检合格后请专业质检部门人员进行隐蔽验收。

(2) 基础柱钢筋绑扎

在立好的柱主筋上,用粉笔画出箍筋间距,然后将已套好的箍筋由上往下绑扎。箍筋与主筋垂直,箍筋转角与主筋交叉点均要绑扎。箍筋弯钩叠合沿柱竖向交错布置。

柱箍筋加密区的范围按设计要求和施工规范布置。柱竖筋出楼板面位置的控制:在浇筑梁板混凝土前,柱设两道箍筋,墙设两道水平筋定出竖筋的准确位置,与主筋点焊固定,确保振捣混凝土时竖筋不发生位移。混凝土浇筑完立即修整钢筋的位置;保护层的控制:用预制的钢筋保护层水泥砂浆垫块绑扎在柱箍筋和主筋上,以保证保护层厚度的正确。

(3) 剪力墙钢筋绑扎

剪力墙钢筋绑扎时,首先插 $2\sim4$ 根竖向钢筋,即将竖筋与下层伸出的搭接钢筋绑扎,在竖向钢筋上画好水平钢筋分档线,在下部及齐胸处绑扎两根横筋定位,并在横筋上画好水平筋的分档线,接着绑扎其余竖筋,最后再绑扎其余横筋。钢筋搭接长度及位置要符合设计要求。

(4) 梁板钢筋绑扎

框架梁钢筋锚入支座,水平段钢筋要伸过支座中心且 $\geqslant 0.45L_{aE}$,并尽量伸至支座边;梁柱交接处钢筋较密集,绑扎前应先放样,要保证梁的截面尺寸,柱主筋尽量排布均匀,梁上排筋间的净距要有30mm,以利浇筑混凝土。梁主筋为双排时,下面两排筋之间用 $\phi25$ 钢筋头垫起,要绑扎牢固。箍筋弯钩叠合处应交错布置在梁架立筋上;在主梁与次梁、次梁与次梁交接处,按设计要求加设吊筋;板筋绑扎前要将模板上的杂物清理干净,用粉笔在模板上画好主筋、分布筋间距,按画好的间距摆放钢筋,预埋件、电线管、预留孔及时配合安装。本工程板多为双向板,相交点须全部绑扎;板、次梁与主梁交叉处,板筋在上,次梁钢筋居中,主梁钢筋在下。板双层钢筋间及板内负筋加设马凳,用 $\phi8$ 或 $\phi10$ 钢筋@1000双向布置,将板上筋垫起,梁板筋的保护层用水泥砂浆垫块@1000将钢筋垫起。

(5) 木模板加工、安装

模板使用前必须将模板清洗干净,并涂擦无色、均质的液体脱模剂,共涂擦2遍。脱模剂必须对模板无腐蚀,且无污染、无黏附色,涂擦必须均匀适量,板面不得有流体状脱模剂。模板拼装时必须做到截面尺寸、标高正确并连接牢固安全。

墙模定位钢筋焊好、预埋线管、线盒完成。墙模施工放线完毕。

墙筋绑扎完毕,办完隐检记录。

墙模板安装为防止内墙支模板时,下口漏浆,安装大模板前,应将墙内杂物清扫干净,在大模板下口粘上海棉条或抹砂浆找平层,以解决由于地面不平造成的漏浆。为方便施工,模板还需安装有三角挑架(若干榀三角挑架连接成操作平台,由工地自行搭设)及供模板堆放使用的斜支腿。

墙体钢筋阴角处焊好定位钢筋,保证阴角模的每个翼缘上、下口必须有一个定位钢筋,这样才能保证阴角模的截面尺寸及角模位置的稳固。

墙模安装:先将墙体的阴角模、阳角模立好,临时固定住,将安装好支腿、挑架后的木模板吊装到墙定位线处。将模板用撬杠调到合适的位置,穿上穿墙螺栓,在模板的上口,隔一定间距放置一个顶铁,以便保证混凝土的厚度。以上一切完成后,锁紧穿墙螺栓的螺母,旋转支腿上的调节丝杆,调整木模的垂直度,由于墙体较高,故在现场施工时需加一些斜向支撑。

(6) 浇筑混凝土

底板和梁钢筋、模板一次同时支好,梁侧模板用混凝土支墩或钢支脚支承,并固定牢固,混凝土一次连续浇筑完成。

当筏形基础长度很长(40m以上)时,应考虑在中部适当部位留设贯通后浇带,以避免出现温度收缩裂缝和便于进行施工分段流水作业;对超厚的筏形基础应考虑采取降低水泥水化热和浇筑入模温度及控制内外温差等措施,以避免出现大温度收缩应力,导致基础底板裂缝。

基础浇筑完毕。表面应覆盖和洒水养护,并不少于7d,必要时应采取保温养护措施,并防止浸泡地基。

在基础底板上埋设好沉降观测点、测温点,定期进行观测、分析、做好记录。

3. 筏形基础施工质量控制

(1) 施工质量监督要点

1) 钢筋的品种和质量必须符合设计要求和有关标准的规定。

2) 钢筋表面应保持清洁,无油污、锈蚀等。

3) 钢筋的规格、形状、尺寸、数量、锚固长度、接头设置必须符合设计要求和施工规范的规定。

4) 直螺纹接头必须符合钢筋直螺纹连接技术规程的专门规定。

5) 缺扣、松扣的数量不超过绑扣数的10%,且不应集中。

6) 弯钩的朝向应正确,绑扎接头应符合验收规范的规定。

7) 箍筋的间距、数量、弯钩应符合设计要求。

8) 模板施工符合设计要求,满足强度、稳定性要求,尺寸、轴线符合组拼精度要求。

(2) 质量控制资料检查要求

1) 混凝土配合比。

2) 掺合料、外加剂的合格证明书、复试报告。
3) 试块强度报告。
4) 施工日记。
5) 混凝土质量自检记录。
6) 隐蔽工程验收记录。
7) 混凝土分项工程质量验收记录表。

第三节 地下防水工程

一、特殊施工法防水工程

1. 锚喷支护
(1) 基本规定
1) 本节适用于地下工程的支护结构以及复合式衬砌的初期支护。
2) 喷射混凝土所用原材料应符合下列规定：
① 水泥优先选用普通硅酸盐水泥，其强度等级不应低于42.5级；
② 细骨料：采用中砂或粗砂，细度模数应大于2.5，使用时的含水率宜为5%～7%；
③ 粗骨料：卵石或碎石粒径不应大于15mm；使用碱性速凝剂时，不得使用活性二氧化硅石料；
④ 水：采用不含有害物质的洁净水；
⑤ 速凝剂：初凝时间不应超过5min，终凝时间不应超过10min。
3) 混合料应搅拌均匀并符合下列规定：
① 配合比：水泥与砂石质量比宜为1:4～4.5，砂率宜为45%～55%，水灰比不得大于0.45，速凝剂掺量应通过试验确定；
② 原材料称量允许偏差：水泥和速凝剂±2%，砂石±3%；
③ 运输和存放中严防受潮，混合料应随拌随用，存放时间不应超过20min。
4) 在有水的岩面上喷射混凝土时应采取下列措施：
① 潮湿岩面增加速凝剂掺量；
② 表面渗、滴水采用导水盲管或盲沟排水；
③ 集中漏水采用注浆堵水。
5) 喷射混凝土终凝2h后应养护，养护时间不得少于14d；当气温低于5℃时不得喷水养护。
6) 喷射混凝土试件制作组数应符合下列规定：
① 抗压强度试件：区间或小于区间断面的结构，每20延米拱和墙各取一组；车站各取两组。
② 抗渗试件：区间结构每40延米取一组；车站每20延米取一组。
7) 锚杆应进行抗拔试验。同一批锚杆每100根应取一组试件，每组3根，不足100根也取3根。
同一批试件抗拔力的平均值不得小于设计锚固力，且同一批试件抗拔力的最低值不应小于设计锚固力的90%。

8) 锚喷支护的施工质量检验数量，应按区间或小于区间断面的结构，每20延米检查1处，车站每10延米检查1处，每处10m²，且不得少于3处。

(2) 主控项目

1) 喷射混凝土所用原材料及钢筋网、锚杆必须符合设计要求。

检验方法：检查出厂合格证、质量检验报告和现场抽样试验报告。

2) 喷射混凝土抗压强度、抗渗压力及锚杆抗拔力必须符合设计要求。

检验方法：检查混凝土抗压、抗渗试验报告和锚杆抗拔力试验报告。

(3) 一般项目

1) 喷层与围岩及喷层之间应粘结紧密，不得有空鼓现象。

检验方法：用锤击法检查。

2) 喷层厚度有60%不小于设计厚度，平均厚度不得小于设计厚度，最小厚度不得小于设计厚度的50%。

检验方法：用钎探或钻孔检查。

3) 喷射混凝土应密实、平整，无裂缝、脱落、漏喷、露筋、空鼓和渗漏水。

检验方法：观察检查。

4) 喷射混凝土表面平整度的允许偏差为30mm，且矢弦比不得大于1/6。

检验方法：尺量检查。

2. 地下连续墙

(1) 基本规定

1) 适用于地下工程的主体结构、支护结构以及隧道工程复合式衬砌的初期支护。

2) 地下连续墙应采用掺外加剂的防水混凝土，水泥用量：采用卵石时不得少于370kg/m³，采用碎石时不得少于400kg/m³，坍落度宜为180～220mm。

3) 地下连续墙施工时，混凝土应按每一个单元槽段留置一组抗压强度试件，每五个单元槽段留置一组抗渗试件。

4) 地下连续墙墙体内侧采用水泥砂浆防水层、卷材防水层、涂料防水层或塑料板防水层时，应分别按有关规定执行。

5) 单元槽段接头不宜设在拐角处；采用复合式衬砌时，内外墙接头宜相互错开。

6) 地下连续墙与内衬结构连接处，应凿毛并清理干净，必要时应做特殊防水处理。

7) 地下连续墙的施工质量检验数量，应按连续墙每10个槽段抽查1处，每处为1个槽段，且不得少于3处。

(2) 主控项目

1) 防水混凝土所用原材料、配合比以及其他防水材料必须符合设计要求。

检验方法：检查出厂合格证、质量检验报告、计量措施和现场抽样试验报告。

2) 地下连续墙混凝土抗压强度和抗渗压力必须符合设计要求。

检验方法：检查混凝土抗压、抗渗试验报告。

(3) 一般项目

1) 地下连续墙的槽段接缝以及墙体与内衬结构接缝应符合设计要求。

检验方法：观察检查和检查隐蔽工程验收记录。

2) 地下连续墙墙面的露筋部分应小于1‰墙面面积,且不得有露石和夹泥现象。

检验方法:观察检查。

3) 地下连续墙墙体表面平整度的允许偏差:

临时支护墙体为50mm,单一或复合墙体为30mm。

检验方法:尺量检查。

3. 复合式衬砌

(1) 基本规定

1) 适用于混凝土初期支护与二次衬砌中间设置防水层和缓冲排水层的隧道工程复合式衬砌。

2) 初期支护的线流漏水或大面积渗水,应在防水层和缓冲排水层铺设之前进行封堵或引排。

3) 防水层和缓冲排水层铺设与内衬混凝土的施工距离均不应小于5m。

4) 二次衬砌采用防水混凝土浇筑时,应符合下列规定:

① 混凝土泵送时,入泵坍落度:墙体宜为100~150mm,拱部宜为160~210mm;

② 振捣不得直接触及防水层;

③ 混凝土浇筑至墙拱交界处,应间隙1~1.5h后方可继续浇筑;

④ 混凝土强度达到2.5MPa后方可拆模。

5) 复合式衬砌的施工质量检验数量,应按区间或小于区间断面的结构,每20延米检查1处,车站每10延米检查1处,每处10m²,且不得少于3处。

(2) 主控项目

1) 塑料防水板、土工复合材料和内衬混凝土原材料必须符合设计要求。

检验方法:检查出厂合格证、质量检验报告和现场抽样试验报告。

2) 防水混凝土的抗压强度和抗渗压力必须符合设计要求。

检验方法:检查混凝土抗压、抗渗试验报告。

3) 施工缝、变形缝、穿墙管道、埋设件等细部构造做法,均须符合设计要求、严禁有渗漏。

检验方法:观察检查和检查隐蔽工程验收记录。

(3) 一般项目

1) 二次衬砌混凝土渗漏水量应控制在设计防水等级要求范围内。

检验方法:观察检查和渗漏水量测。

2) 二次衬砌混凝土表面应坚实、平整,不得有露筋、蜂窝等缺陷。

检验方法:观察检查。

二、排水工程

1. 渗排水、盲沟排水

(1) 基本规定

1) 渗排水、盲沟排水适用于无自流排水条件、防水要求较高且有抗浮要求的地下工程。

2) 渗排水应符合下列规定:

① 渗排水层用砂、石应洁净，不得有杂质；

② 粗砂过滤层总厚度宜为300mm，如较厚时应分层铺填；过滤层与基坑土层接触处应用厚度为100~150mm、粒径为5~10mm的石子铺填；

③ 集水管应设置在粗砂过滤层下部，坡度不宜小于1%，且不得有倒坡现象；集水管之间的距离宜为5~10m，并与集水井相通；

④ 工程底板与渗排水层之间应做隔浆层，建筑周围的渗排水层顶面应做散水坡。

3）盲沟排水应符合下列规定：

① 盲沟成型尺寸和坡度应符合设计要求；

② 盲沟用砂、石应洁净，不得有杂质；

③ 反滤层的砂、石粒径组成和层次应符合设计要求；

④ 盲沟在转弯处和高低处应设置检查井，出水口处应设置滤水箅子。

4）渗排水、盲沟排水应在地基工程验收合格后进行施工。

5）盲沟反滤层的材料应符合下列规定：

① 砂、石粒径

滤水层（贴天然土）：塑性指数 $I_p \leqslant 3$（砂性土）时，采用0.1~2mm粒径砂子；$I_p > 3$（黏性土）时，采用2~5mm粒径砂子。

渗水层：塑性指数 $I_p \leqslant 3$（砂性土）时，采用1~7mm粒径卵石；$I_p > 3$（黏性土）时，采用5~10mm粒径卵石。

② 砂石含泥量不得大于2%。

6）集水管应采用无砂混凝土管、普通硬塑料管和加筋软管式透水盲管。

7）渗排水、盲沟排水的施工质量检验数量应按10%抽查，其中按两轴线间或10延米为1处，且不得少于3处。

(2) 主控项目

1）反滤层的砂、石粒径和含泥量必须符合设计要求。

检验方法：检查砂、石试验报告。

2）集水管的埋设深度及坡度必须符合设计要求。

检验方法：观察和尺量检查。

(3) 一般项目

1）渗排水层的构造应符合设计要求。

检验方法：检查隐蔽工程验收记录。

2）渗排水层的铺设应分层、铺平、拍实。

检验方法：检查隐蔽工程验收记录。

3）盲沟的构造应符合设计要求。

检验方法：检查隐蔽工程验收记录。

2. 隧道、坑道排水

(1) 基本规定

1）适用于贴壁式、复合式、离壁式衬砌构造的隧道或坑道排水。

2）隧道或坑道内的排水泵站（房）设置，主排水泵站和辅助排水泵站、集水池的有效容积应符合设计规定。

3）主排水泵站、辅助排水泵站和污水泵房的废水及污水，应分别排入城市雨水和污水管道系统。污水的排放尚应符合国家现行有关标准的规定。

4）排水盲管应采用无砂混凝土集水管；导水盲管应采用外包土工布与螺旋钢丝构成的软式透水管。

盲沟应设反滤层，其所用材料应符合盲沟排水的规定。

5）复合式衬砌的缓冲排水层铺设应符合下列规定：

① 土工织物的搭接应在水平铺设的场合采用缝合法或胶结法，搭接宽度不应小于300mm；

② 初期支护基面清理后即用暗钉圈将土工织物固定在初期支护上；

③ 采用土工复合材料时，土工织物面应为迎水面，涂膜面应与后浇混凝土相接触。

6）隧道、坑道排水的施工质量检验数量应按10%抽查，其中按两轴线间或10延米为1处，且不得少于3处。

（2）主控项目

1）隧道、坑道排水系统必须畅通。

检验方法：观察检查。

2）反滤层的砂、石粒径和含泥量必须符合设计要求。

检验方法：检查砂、石试验报告。

3）土工复合材料必须符合设计要求。

检验方法：检查出厂合格证和质量检验报告。

（3）一般项目

1）隧道纵向集水盲管和排水明沟的坡度应符合设计要求。

检验方法：尺量检查。

2）隧道导水盲管和横向排水管的设置间距应符合设计要求。

检验方法：尺量检查。

3）中心排水盲沟的断面尺寸、集水管埋设及检查井设置应符合设计要求。

检验方法：观察和尺量检查。

4）复合式衬砌的缓冲排水层应铺设平整、均匀、连续，不得有扭曲、折皱和重叠现象。

检验方法：观察检查和检查隐蔽工程验收记录。

三、分部工程验收

1. 地下防水工程施工应按工序或分项进行验收，构成分项工程的各检验批应符合本规范相应质量标准的规定。

2. 地下防水隐蔽工程验收记录应包括以下主要内容：

（1）卷材、涂料防水层的基层；

（2）防水混凝土结构和防水层被掩盖的部位；

（3）变形缝、施工缝等防水构造的做法；

（4）管道设备穿过防水层的封固部位；

（5）渗排水层、盲沟和坑槽；

(6) 衬砌前围岩渗漏水处理；

(7) 基坑的超挖和回填。

3. 地下建筑防水工程的质量要求：

(1) 防水混凝土的抗压强度和抗渗压力必须符合设计要求；

(2) 防水混凝土应密实，表面应平整，不得有露筋、蜂窝等缺陷；裂缝宽度应符合设计要求；

(3) 水泥砂浆防水层应密实、平整、粘结牢固，不得有空鼓、裂纹、起砂、麻面等缺陷；防水层厚度应符合设计要求；

(4) 卷材接缝应粘结牢固、封闭严密，防水层不得有损伤、空鼓、皱折等缺陷；

(5) 涂层应粘结牢固，不得有脱皮、流淌、鼓泡、露胎、皱折等缺陷；涂层厚度应符合设计要求；

(6) 塑料板防水层应铺设牢固、平整，搭接焊缝严密，不得有焊穿、下垂、绷紧现象；

(7) 金属板防水层焊缝不得有裂纹、未熔合、夹渣、焊瘤、咬边、烧穿、弧坑、针状气孔等缺陷；保护涂层应符合设计要求；

(8) 变形缝、施工缝、后浇带、穿墙管道等防水构造应符合设计要求。

4. 特殊施工法防水工程的质量要求：

(1) 内衬混凝土表面应平整，不得有孔洞、露筋、蜂窝等缺陷；

(2) 盾构法隧道衬砌自防水、衬砌外防水涂层、衬砌接缝防水和内衬结构防水应符合设计要求；

(3) 锚喷支护、地下连续墙、复合式衬砌等防水构造应符合设计要求。

5. 排水工程的质量要求：

(1) 排水系统不淤积、不堵塞，确保排水畅通；

(2) 反滤层的砂、石粒径、含泥量和层次排列应符合设计要求；

(3) 排水沟断面和坡度应符合设计要求。

6. 注浆工程的质量要求：

(1) 注浆孔的间距、深度及数量应符合设计要求；

(2) 注浆效果应符合设计要求；

(3) 地表沉降控制应符合设计要求。

7. 检查地下防水工程渗漏水量，应符合《地下防水工程施工质量验收规范》第3.0.1条地下工程防水等级标准的规定。

8. 地下防水工程验收后，应填写子分部工程质量验收记录，随同工程验收的文件和记录交建设单位和施工单位存档。

四、地下防水工程质量实例

【案例1】

北京某单位办公楼工程，地下室防水等级为一级两道做法，地下室底板及外墙、外露顶板结构自防水为P6抗渗混凝土，底板混凝土强度等级C35P6，外墙混凝土强度等级C45P6。外露结构外侧均为SBS 3+3(Ⅱ型，聚酯胎)整体外包防水。

工程施工过程中,卷材防水采用外防外做法进行施工,防水施工完工后,地下室外墙施工缝处出现裂缝,在建筑装修阶段遭遇第一个雨季后发生外墙渗漏。

经现场了解情况和进行原因分析后,认为该工程地下防水发生渗漏主要有以下几个原因:

(1) 卷材空鼓。

卷材防水层空鼓发生在找平层与卷材之间,且多在卷材的接缝处,其原因是防水层中存有水分,找平层不干,含水率过大;空气排除不彻底,卷材没有粘结牢固;或刷浆不匀、厚度不够、滚压不实,使卷材起鼓。在该工程地下室外墙卷材施工时间为春季5~6月份,检查施工过程天气情况可发现在卷材施工过程中雨水天气较多,因此该工程存在基层的含水率过高的质量问题,在未对基层干燥情况进行检验的情况下进行了卷材施工,造成卷材空鼓,使地下室外墙防水卷材未能牢固粘结在外墙上,当卷材局部破损时,地下水经过卷材空鼓空间并形成墙体渗漏。

(2) 局部渗漏和卷材破损

经过部位观察,该工程局部渗漏发生在施工缝处。初步分析后认为该伸缩缝处止水带安装不到位,起不到防水作用;施工缝处续打混凝土时未清理干净,振捣不到位,混凝土疏松等造成渗漏;加上在此部位外墙卷材空鼓,协同造成了该部位的渗漏。

在对原因分析后,该项目相关施工人员进行了防水施工方法的总结,认为该工程的工程防水施工的质量管理应当增加以下几个方面的管理:防水基层不得有积水等现象,如有凸凹不平,脚印等缺陷,必须进行处理,合格后方可进行防水层施工。铺贴防水层的基层应干燥、平整、牢固,并不得有起砂、空鼓、开裂等现象,阴阳角处应做成圆弧形钝角。防水卷材铺粘必须牢固、严密、不得有皱折、翘边和封口不严等缺陷。

在对地下室裂缝处进行注浆后,该工程渗漏问题初步解决,但由于地下室外墙卷材已经无法进行修补,故而给工程质量造成隐患,降低了工程整体质量,为我们的质量管理工作敲响了警钟!

【案例2】

北京某住宅楼工程,地下室防水等级为一级两道做法,地下室底板及外墙为P6抗渗混凝土,外墙混凝土强度等级C45P6。底板及外墙卷材防水均为改性沥青卷材防水SBS 3+3。

在该工程防水施工过程中,为了加强现场质量控制,该工程项目部管理人员制定和细化了质量管理流程,并在该流程的每个环节都设置检查记录或形成交接检验文件,使该工程施工质量得到了有效控制。该工程竣工时间为2004年6月,至今地下室外防水未发现任何渗漏问题。工程防水施工质量得到了良好的控制。

该工程的地下防水工程质量管理流程如图3-6所示。

第三章 地基与基础工程施工质量管理实务

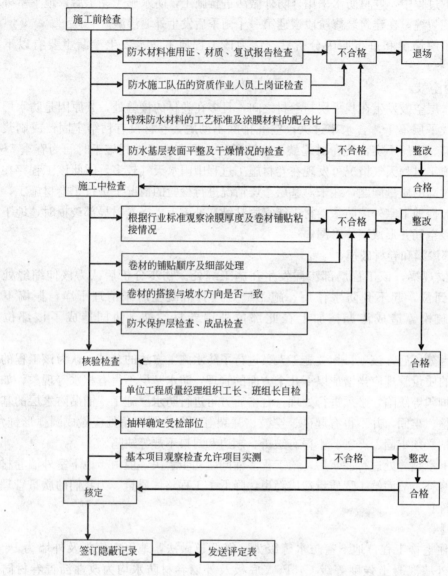

图 3-6 地下防水工程质量管理流程

第四章 砌体结构工程施工质量管理实务

第一节 基本规定

砌体工程所用的材料应有产品的合格证书、产品性能检测报告。块材、水泥、钢筋、外加剂等尚应有材料主要性能的进场复验报告。严禁使用国家明令淘汰的材料。

1. 砌筑基础前,应校核放线尺寸,允许偏差应符合表4-1的规定。

放线尺寸的允许偏差 表4-1

长度L、宽度B(m)	允许偏差(mm)	长度L、宽度B(m)	允许偏差(mm)
L(或B)≤30	±5	60<L(或B)≤90	±15
30<L(或B)≤60	±10	L(或B)>90	±20

2. 砌筑顺序应符合下列规定:
(1) 基底标高不同时,应从低处砌起,并应由高处向低处搭砌;当设计无要求时,搭接长度不应小于基础扩大部分的高度;
(2) 砌体的转角处和交接处应同时砌筑;当不能同时砌筑时,应按规定留槎、接槎。

3. 在墙上留置临时施工洞口,其侧边离交接处墙面不应小于500mm,洞口净宽度不应超过1m。

抗震设防烈度为9度的地区建筑物的临时施工洞口位置,应会同设计单位确定。

临时施工洞口应做好补砌。

4. 不得在下列墙体或部位设置脚手眼:
(1) 120mm厚墙、料石清水墙和独立柱;
(2) 过梁上与过梁成60°角的三角形范围及过梁净跨度1/2的高度范围内;
(3) 宽度小于1m的窗间墙;
(4) 砌体门窗洞口两侧200mm(石砌体为300mm)和转角处450mm(石砌体为600mm)范围内;
(5) 梁或梁垫下及其左右500mm范围内;
(6) 设计不允许设置脚手眼的部位。

5. 施工脚手眼补砌时,灰缝应填满砂浆,不得用干砖填塞。

6. 设计要求的洞口、管道、沟槽应于砌筑时正确留出或预埋(混凝土块或防腐沥青木块),未经设计同意,不得打凿墙体和在墙体上开凿水平沟槽。宽度超过300mm的洞口上部,应设置过梁。

7. 尚未施工楼板或屋面的墙或柱,当可能遇到大风时,其允许自由高度不得超过表4-2的规定。如超过表中限值时,必须采用临时支撑等有效措施。

墙和柱的允许自由高度(m)　　　　　　　　　　　　　　　　　表 4-2

墙(柱)厚(mm)	砌体密度≥1600(kg/m³) 风载(kN/m²)			砌体密度 1300~1600(kg/m³) 风载(kN/m²)		
	0.3（约7级风）	0.4（约8级风）	0.5（约9级风）	0.3（约7级风）	0.4（约8级风）	0.5（约9级风）
190	—	—	—	1.4	1.1	0.7
240	2.8	2.1	1.4	2.2	1.7	1.1
370	5.2	3.9	2.6	4.2	3.2	2.1
490	8.6	6.5	4.3	7.0	5.2	3.5
620	14.0	10.5	7.0	11.4	8.6	5.7

注：1. 本表适用于施工处相对标高(H)在 10m 范围内的情况，如 10m<H≤15m，15m<H≤20m 时，表中的允许自由高度应分别乘以 0.9、0.8 的系数；如 H>20m 时，应通过抗倾覆验算确定其允许自由高度。

2. 当所砌筑的墙有横墙或其他结构与其连接，而且间距小于表列限值的 2 倍时，砌筑高度可不受本表的限制。

8. 搁置预制梁、板的砌体顶面应找平，安装时应坐浆。当设计无具体要求时，应采用 1：2.5 的水泥砂浆。

9. 砌体施工质量控制等级应分为三级，并应符合表 4-3 的规定。

砌体施工质量控制等级　　　　　　　　　　　　　　　　　表 4-3

项 目	施工质量控制等级		
	A	B	C
现场质量管理	制度健全，并严格执行；非施工方质量监督人员经常到现场，或现场设有常驻代表；施工方有在岗专业技术管理人员，人员齐全，并持证上岗	制度基本健全，并能执行，非施工方质量监督人员间断地到现场进行质量控制，施工方有在岗专业技术管理人员，并持证上岗	有制度；非施工方质量监督人员很少作现场质量控制；施工方有在岗专业技术管理人员
砂浆、混凝土强度	试块按规定制作，强度满足验收规定，离散性小	试块按规定制作，强度满足验收规定，离散性较小	试块强度满足验收规定，离散性大
砂浆拌合方式	机械拌合，配合比计量控制严格	机械拌合，配合比计量控制一般	机械或人工拌合；配合比计量控制较差
砌筑工人	中级工以上，其中高级工不少于 20%	高、中级工不少于 70%	初级工以上

10. 设置在潮湿环境或有化学侵蚀性介质的环境中的砌体灰缝内的钢筋应采取防腐措施。

11. 砌体施工时，楼面和屋面堆载不得超过楼板的允许荷载值。施工层进料口楼板下，宜采取临时加撑措施。

12. 分项工程的验收应在检验批验收合格的基础上进行。检验批的确定可根据施工段划分。

13. 砌体工程检验批验收时，其主控项目应全部符合本规范的规定；一般项目应有80%及以上的抽检处符合本规范的规定，或偏差值在允许偏差范围以内。

第二节 砌 筑 砂 浆

一、材料要求

1. 水泥进场使用前，应分批对其强度、安定性进行复验。检验批应以同一生产厂家、同一编号为一批。

当在使用中对水泥质量有怀疑或水泥出厂超过三个月（快硬硅酸盐水泥超过一个月）时，应复查试验，并按其结果使用。

不同品种的水泥，不得混合使用。

2. 砂浆用砂不得含有有害杂物。砂浆用砂的含泥量应满足下列要求：
(1) 对水泥砂浆和强度等级不小于 M5 的水泥混合砂浆，不应超过 5%；
(2) 对强度等级小于 M5 的水泥混合砂浆，不应超过 10%；
(3) 人工砂、山砂及特细砂，应经试配能满足砌筑砂浆技术条件要求。

3. 配制水泥石灰砂浆时，不得采用脱水硬化的石灰膏。

4. 消石灰粉不得直接使用于砌筑砂浆中。

5. 拌制砂浆用水，水质应符合国家现行标准《混凝土用水标准》（JGJ 63—2006）的规定。

6. 砌筑砂浆应通过试配确定配合比。当砌筑砂浆的组成材料有变更时，其配合比应重新确定。

7. 施工中当采用水泥砂浆代替水泥混合砂浆时，应重新确定砂浆强度等级。

8. 凡在砂浆中掺入有机塑化剂、早强剂、缓凝剂、防冻剂等，应经检验和试配符合要求后，方可使用。有机塑化剂应有砌体强度的型式检验报告。

二、砂浆要求

1. 砂浆的品种、强度等级必须符合设计要求。砌筑砂浆的强度等级宜采用 M20、M15、M10、M7.5、M5、M2.5。水泥砂浆的密度不宜小于 1900kg/m³；水泥混合砂浆的密度不宜小于 1800kg/m³。

2. 砂浆的稠度应符合表 4-4 规定。

砌筑砂浆稠度　　　　表 4-4

砌体种类	砂浆稠度(mm)	砌体种类	砂浆稠度(mm)
烧结普通砖砌体	70～90	烧结普通砖平拱式过梁空斗墙，筒拱	50～70
轻骨料混凝土小型空心砌块砌体	60～90	普通混凝土小型空心砌块砌体加气混凝土砌块砌体	
烧结多孔砖，空心砖砌体	60～80	石砌体	30～50

砌体在高于0℃条件上砌筑时需浇水湿润，在小于0℃条件下不浇水但需增加砂浆稠度。抗震烈度为9度的必须保证高于0℃条件上砌筑。

3. 砂浆的分层度不得大于30mm。

4. 水泥砂浆中水泥用量不应小于200kg/m³；水泥混合砂浆中水泥和掺加料总量宜为300～350kg/m³。

5. 具有冻融循环次数要求的砌筑砂浆，经冻融试验后，其重量损失率不得大于5%，抗压强度损失率不得大于25%。

6. 水泥混合砂浆不得用于基础等地下潮湿环境中的砌体工程。

三、砂浆拌制

砌筑砂浆现场拌制时，各组分材料应采用重量计量。

砌筑砂浆应采用机械搅拌分布投料法，即砂→水→水泥→外加剂。水的温度不得超过80℃，砂的温度不得超过40℃，掺量需经试验确定。自投料完毕算起，搅拌时间要符合下列规定：

(1) 水泥砂浆和水泥混合砂浆不得少于2min；

(2) 水泥粉煤灰砂浆和掺用外加剂的砂浆不得少于3min；

(3) 掺用有机塑化剂的砂浆，应为3～5min。

四、砖和砂浆的使用

1. 砌筑砖砌体时，砖应提前1～2天浇水湿润。普通砖、多孔砖的含水率宜为10%～15%；灰砂砖、粉煤灰砖含水率宜为8%～12%（含水率以水重占干砖重量的百分数计）。施工现场抽查砖的含水率的简化方法可采用现场断砖，砖截面四周融水深度为15～20mm视为符合要求。

2. 砂浆应随拌随用。水泥砂浆和水泥混合砂浆应分别在3h和4h内使用完毕；当施工期间最高气温超过30℃时，应分别在拌成后2h和3h内使用完毕，当施工期间最低气温低于-15℃时，不得进行砌筑。

对掺用缓凝剂的砂浆，其使用时间可根据具体情况延长，但气温不得低于5℃。

五、砂浆强度等级

1. 砂浆试块应在砂浆拌合后随机抽取制作，同盘砂浆只应制作一组试块。每一检验批且不超过250m³砌体的各种类型及强度等级的砌筑砂浆，每台搅拌机应至少制作一组试块（每组6块）即抽验一次。

2. 砂浆强度应以标准养护、龄期为28d的试块抗压试验结果为准。

3. 砌筑砂浆试块强度验收时其强度合格标准必须符合以下规定：

同一验收批砂浆试块抗压强度平均值必须大于或等于设计强度等级所对应的立方体抗压强度；同一验收批砂浆试块抗压强度的最小一组平均值必须大于或等于设计强度等级所对应的立方体抗压强度的0.75倍。

抽检数量：每一检验批且不超过250m³砌体的各种类型及强度等级的砌筑砂浆，每台搅拌机应至少抽检一次。

检验方法：在砂浆搅拌机出料口随机取样制作砂浆试块(同盘砂浆只应制作一组试块)，最后检查试块强度试验报告单。

4. 当施工中或验收时出现下列情况，可采用现场检验方法对砂浆和砌体强度进行原位检测或取样检测，并判定其强度：

(1) 砂浆试块缺乏代表性或试块数量不足；
(2) 对砂浆试块的试验结果有怀疑或有争议；
(3) 砂浆试块的试验结果，不能满足设计要求。

第三节 砖砌体工程

本节适用于烧结普通砖、烧结多孔砖、蒸压灰砂砖、粉煤灰砖等砌体工程。

一、一般规定

1. 用于清水墙、柱表面的砖，应边角整齐，色泽均匀。
2. 有冻胀环境和条件的地区，地面以下或防潮层以下的砌体，不宜采用多孔砖。
3. 砌筑砖砌体时，砖应提前1~2d浇水湿润。
4. 砌砖工程当采用铺浆法砌筑时，铺浆长度不得超过750mm；施工期间气温超过30℃时，铺浆长度不得超过500mm。
5. 240mm厚承重墙的每层墙的最上一皮砖，砖砌体的阶台水平面上及挑出层，应整砖丁砌。
6. 砖砌平拱过梁的灰缝应砌成楔形缝。灰缝的宽度，在过梁的底面不应小于5mm；在过梁的顶面不应大于15mm。
拱脚下面应伸入墙内不小于20mm，拱底应有1%的起拱。
7. 砖过梁底部的模板，应在灰缝砂浆强度不低于设计强度的50%时，方可拆除。
8. 多孔砖的孔洞应垂直于受压面砌筑。
9. 施工时施砌的蒸压(养)砖的产品龄期不应小于28d。
10. 竖向灰缝不得出现透明缝、瞎缝和假缝。
11. 砖砌体施工临时间断处补砌时。必须将接槎处表面清理干净，浇水湿润，并填实砂浆，保持灰缝平直。

二、施工质量控制

1. 标志板、皮数杆

建筑物的标高，应引自标准水准点或设计指定的水准点。基础施工前，应在建筑物的主要轴线部位设置标志板。标志板上应标明基础、墙身和轴线的位置及标高。外形或构造简单的建筑物，可用控制轴线的引桩代替标志板。

(1) 砌筑前，弹好墙基大放脚外边沿线、墙身线、轴线、门窗洞口位置线，并必须用钢尺校核放线尺寸。

(2) 按设计要求，在基础及墙身的转角及某些交接处立好皮数杆，其间距每隔10~15m立一根，皮数杆上划有每皮砖和灰缝厚度及门窗洞口、过梁、楼板等竖向构造的变化位置，控制楼层及各部位构件的标高。砌筑完每一楼层(或基础)后,应校正砌体的轴和标高。

2. 砌体工作段划分

(1)相邻工作段的分段位置,宜设在伸缩缝、沉降缝、防震缝、构造柱或门窗洞口处。

(2)相邻工作段的高度差,不得超过一个楼层的高度,且不得大于4m。

(3)砌体临时间断处的高度差,不得超过一步脚手架的高度。

(4)砌体施工时,楼面堆载不得超过楼板允许荷载值。

(5)雨天施工,每日砌筑高度不宜超过1.4m,收工时应遮盖砌体表面。

(6)设有钢筋混凝土抗风柱的房屋,应在柱顶与屋架以及屋架间的支撑均已连接固定后,方可砌筑山墙。

3. 砌筑时砖的含水率

砌筑砖砌体时,砖应提前1~2天浇水湿润。普通砖、多孔砖的含水率宜为10%~15%;灰砂砖、粉煤灰砖含水率宜为8%~12%(含水率以水重占干砖重量的百分数计),施工现场抽查砖的含水率的简化方法可采用现场断砖,砖截面四周融水深度为15~20mm视为符合要求。

4. 组砌方法

(1)砖柱不得采用先砌四周后填心的包心砌法。柱面上下皮的竖缝应相互错开1/2砖长或1/4砖长,使柱心无通天缝。

(2)砖砌体应上下错缝,内外搭砌,实心砖砌体宜采用一顺一丁、梅花丁或三顺一丁的砌筑形式;多孔砖砌体宜采用一顺一丁、梅花丁的砌筑形式。

(3)基底标高不同时应从低处砌起,并由高处向低处搭接。当设计无要求时,搭接长度不应小于基础扩大部分的高度。

(4)每层承重墙(240mm厚)的最上一皮砖、砖砌体的阶台水平面上以及挑出层(挑槽、腰线等)应用整砖丁砌。

(5)砖柱和宽度小于1m的墙体,宜选用整砖砌筑。

(6)半砖和断砖应分散使用在受力较小的部位。

(7)搁置预制梁、板的砌体顶面应找平,安装时并应坐浆。当设计无具体要求时,应采用1:2.5的水泥砂浆。

(8)厕浴间和有防水要求的楼面,墙底部应浇筑高度不小于120mm的混凝土坎。

5. 留槎、拉结筋

(1)砖砌体的转角处和交接处应同时砌筑,严禁无可靠措施的内外墙分砌施工。对不能同时砌筑而又必须留置的临时间断处应砌成斜槎,斜槎水平投影长度不应小于高度的2/3。

接槎时必须将接槎处的表面清理干净,浇水湿润,填实砂浆并保持灰缝平直。

(2)非抗震设防及抗震设防烈度为6度、7度地区的临时间断处。留直槎处应加设拉结钢筋,拉结钢筋的数量为每120mm墙厚放置1φ6拉结钢筋(120mm厚墙放置2φ6),间距沿墙高不应超过500mm;埋入长度从留槎处算起每边均不应小于500mm,对抗震设防烈度6度、7度的地区,不应小于1000mm,末端应有90°弯钩。

(3)多层砌体结构中,后砌的非承重砌体隔墙,应沿墙高每隔500mm配置2根φ6的钢筋与承重墙或柱拉结，每边伸入墙内不应小于500mm。抗震设防烈度为8度和9度区，长度大于5m的后砌隔墙的墙弧尚应与楼板或梁拉结。隔墙砌至梁板底时，应留有一定空隙，间隔一周后再补砌挤紧。

6. 灰缝

（1）砖砌体的灰缝应横平竖直，厚薄均匀。水平灰缝厚度和竖向灰缝宽度宜为10mm，但不应小于8mm，也不应大于12mm。竖向灰缝宜采用挤浆法或加浆法，使其砂浆饱满，严禁用水冲浆灌缝。如采用铺浆法砌筑，铺浆长度不得超过750mm。施工期间气温超过30℃时，铺浆长度不得超过500mm。

水平灰缝的砂浆饱满度不得低于80%；竖向灰缝不得出现透明缝、瞎缝和假缝。

（2）清水墙面不应有上下二皮砖搭接长度小于25mm的通缝，不得有三分头砖，不得在上部随意变活乱缝。

（3）空斗墙的水平灰缝厚度和竖向灰缝宽度一般为10mm，但不应小于7mm，也不应大于13mm。

（4）筒拱拱体灰缝应全部用砂浆填满，拱底灰缝宽度宜为5~8mm，筒拱的纵向缝应与拱的横断面垂直。筒拱的纵向两端，不宜砌入墙内。

（5）为保持清水墙面立缝垂直一致，当砌至一步架子高时，水平间距每隔2m，在丁砖竖缝位置弹两道垂直立线，控制游丁走缝。

（6）清水墙勾缝应采用加浆勾缝，勾缝砂浆宜采用细砂拌制的1:1.5水泥砂浆。勾凹缝时深度为4~5mm，多雨地区或多孔砖可采用稍浅的凹缝或平缝。

（7）砖砌平拱过梁的灰缝应砌成楔形缝。灰缝宽度，在过梁底面不应小于5mm；在过梁的顶面不应大于15mm。

拱脚下面应伸入墙内不小于20mm，拱底应有1%起拱。

（8）砌体的伸缩缝、沉降缝、防震缝中，不得夹有砂浆、碎砖和杂物等。

7. 预留孔洞、预埋件

（1）设计要求的洞口、管道、沟槽，应在砌筑时按要求预留或预埋未经设计同意，不得打凿墙体和在墙体上开凿水平沟槽。超过300mm的洞口上部应设过梁。

（2）砌体中的预埋件应作防腐处理，预埋木砖的木纹应与钉子垂直。

（3）在墙上留置临时施工洞口，其侧边离高楼处墙面不应小于500mm，洞口净宽度不应超过1m，洞顶部应设置过梁。

抗震设防烈度为9度的地区建筑物的临时施工洞口位置，应会同设计单位确定。

临时施工洞口应做好补砌。

三、施工质量验收

1. 主控项目

（1）砖和砂浆的强度等级必须符合设计要求。

抽检数量：每一生产厂家的砖到现场后，按烧结砖15万块、多孔砖5万块、灰砂砖及粉煤灰砖10万块各为一验收批，抽检数量为1组。砂浆试块的抽检数量应符合本章第二节的有关规定。

检验方法：检查砖和砂浆试块试验报告。

(2) 砌体水平灰缝的砂浆饱满度不得小于80%。

抽检数量：每检验批抽查不应少于5处。

检验方法：用百格网检查砖底面与砂浆的粘结痕迹面积。每处检测3块砖，取其平均值。

(3) 砖砌体的转角处和交接处应同时砌筑，严禁无可靠措施的内外墙分砌施工。对不能同时砌筑而又必须留置的临时间断处应砌成斜槎，斜槎水平投影长度不应小于高度的2/3。

抽检数量：每检验批抽20%接槎，且不应少于5处。

检验方法：观察检查。

(4) 非抗震设防及抗震设防烈度为6度、7度地区的临时间断处，当不能留斜槎时，除转角处外，可留直槎，但直磋必须做成凸槎。留直槎处应加设拉结钢筋，拉结钢筋的数量为每120mm墙厚放置1φ6拉结钢筋(120mm厚墙放置2φ6拉结钢筋)，间距沿墙高不应超过500mm；埋入长度从留槎处算起每边均不应小于500mm，对抗震设防强度6度、7度的地区，不应小于1000mm；末端应有90°弯钩，如图4-1所示。

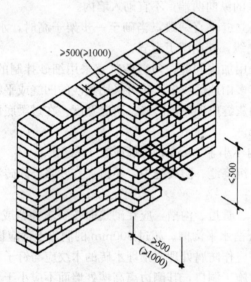

图4-1 拉结钢筋设置

抽检数量：每检验批抽20%接槎，且不应少于5处。

检验方法：观察和尺量检查。

合格标准：留槎正确，拉结钢筋设置数量、直径正确，竖向间距偏差不超过100mm，留置长度基本符合规定。

(5) 砖砌体的位置及垂直度允许偏差应符合表4-5的规定。

抽检数量：轴线查全部承重墙柱；外墙垂直度全高查阳角，不应少于4处，每层每20m查一处；内墙按有代表性的自然间抽10%，但不应少于3间，每间不应少于2处，柱不少于5根。

2. 一般项目

(1) 砖砌体组砌方法应正确，上、下错位，内外搭砌、砖柱不得采用包心砌法。

砖砌体的位置及垂直度允许偏差　　　　　　　　　　表 4-5

项次	项　目		允许偏差(mm)	检　验　方　法
1	轴线位置偏移		10	用经纬仪和尺检查或用其他测量仪器检查
2	垂直度	每层	5	用2m托线板检查
		全高 ≤10m	10	用经纬仪、吊线和尺检查，或用其他测量仪器检查
		全高 >10m	20	

抽检数量：外墙每20m抽查一处，每处3~5m，且不应少于3处；内墙按有代表性的自然间抽10%，且不应少于3间。

检验方法：观察检查。

合格标准：除符合本条要求外，清水墙、窗间墙无通缝；混水墙中长度大于或等于300mm的通缝每间不超过3处，且不得位于同一面墙体上。

（2）砖砌体的灰缝应横平竖直，厚薄均匀。水平灰缝厚度宜为10mm，但不应小于8mm，也不应大于12mm。

抽检数量：每步脚手架施工的砌体。每20m抽查1处。

检验方法：用尺量10皮砖砌体高度折算。

（3）砖砌体的一般尺寸允许偏差应符合表4-6的规定。

砖砌体一般尺寸允许偏差　　　　　　　　　　表 4-6

项次	项　目		允许偏差(mm)	检验方法	抽检数量
1	基础顶面和楼面标高		±15	用水准仪和尺检查	不应少于5处
2	表面平整度	清水墙、柱	5	用2m靠尺和楔形塞尺检查	有代表性自然间10%，但不应少于3间，每间不应少于2处
		混水墙、柱	8		
3	门窗洞口高、宽（后塞口）		±5	用尺检查	检验批洞口的10%，且不应少于5处
4	外墙上下窗口偏移		20	以底层窗口为准，用经纬仪或吊线检查	检验批的10%，且不应少于5处
5	水平灰缝平直度	清水墙	7	拉10m线和尺检查	有代表性自然间10%，但不应少于3间，每间不应少于2处
		混水墙	10		
6	清水墙游丁走缝		20	吊线和尺检查，以每层第一皮砖为准	有代表性自然间10%，但不应少于3间，每间不应少于2处

第四节　混凝土小型空心砌块砌体工程

本节适用于普通混凝土小型空心砌块和轻骨料混凝土小型空心砌块（以下简称小砌块）工程的施工质量验收。

第四章 砌体结构工程施工质量管理实务

一、一般规定

1. 施工时所用的小砌块的产品龄期不应小于28d。
2. 砌筑小砌块时，应清除表面污物和芯柱用小砌块孔洞底部的毛边，剔除外观质量不合格的小砌块。
3. 施工时所用的砂浆，宜选用专用的小砌块砌筑砂浆。
4. 底层室内地面以下或防潮层以下的砌体，应采用强度等级不低于C20的混凝土灌实小砌块的孔洞。
5. 小砌块砌筑时，在天气干燥炎热的情况下，可提前洒水湿润小砌块；对轻骨料混凝土小砌块，可提前浇水湿润。小砌块表面有浮水时，不得施工。
6. 承重墙体严禁使用断裂小砌块。
7. 小砌块墙体应对孔错缝搭砌，搭接长度不应小于90mm。墙体的个别部位不能满足上述要求时，应在灰缝中设置拉结钢筋或钢筋网片，但竖向通缝仍不得超过两皮小砌块。
8. 小砌块应底面朝上反砌于墙上。
9. 浇灌芯柱的混凝土，宜选用专用的小砌块灌孔混凝土，当采用普通混凝土时，其坍落度不应小于90mm。
10. 浇灌芯柱混凝土，应遵守下列规定：
（1）清除孔洞内的砂浆等杂物，并用水冲洗；
（2）砌筑砂浆强度大于1MPa时，方可浇灌芯柱混凝土；
（3）在浇灌芯柱混凝土前应先注入适量与芯柱混凝土相同的去石水泥砂浆，再浇灌混凝土。
11. 需要移动砌体中的小砌块或小砌块被撞动时，应重新铺砌。

二、施工质量控制

1. 设计模数的校核

小砌块砌体房屋在施工前应加强对施工图纸的会审，尤其对房屋的细部尺寸和标高，是否适合主规格小砌块的模数应进行校核。发现不合适的细部尺寸和标高应及时与设计单位沟通，必要时进行调整。这一点对于单排孔小砌块显得尤为重要。当尺寸调整后仍不符合主规格块体的模数时，应使其符合辅助规格块材的模数。否则会影响砌筑的速度与质量。这是由于小砌块块材不可切割的特性所决定的，应引起高度的重视。

2. 小砌块排列图

砌体工程施工前，应根据会审后的设计图纸绘制小砌块砌体的施工排列图。排列图应包括平面与立面两面三个方面。它不仅对估算主规格及辅助规格块材的用量是不可缺少的，对正确设定皮数杆及指导砌体操作工人进行合理摆砖，准确留置预留洞口、构造柱、梁位置等，确保砌筑质量也是十分重要的。对采用混凝土芯柱的部位，既要保证上下畅通不梗阻，又要避免由于组砌不当造成混凝土灌注时横向流窜，芯柱呈正三角形状（或宝塔状）。不仅浪费材料，而且增加了房屋的永久荷载。

3. 砌筑时小砌块的含水率

普通小砌块砌筑时，一般可不浇水。天气干燥炎热时，可提前洒水湿润；轻骨料小砌块,宜提前一天浇水湿润。小砌块表面有浮水时,为避免游砖不得砌筑。

4. 组砌与灰缝

(1) 单排孔小砌块砌筑时应对孔错缝搭砌;当不能对孔砌筑,搭接长度不得小于90mm(含其他小砌块);当不能满足时,在水平灰缝中设置拉结钢筋网,网位两端距竖缝宽度不宜小于300mm。

(2) 小砌块砌筑应将底面(壁、肋稍厚一面)朝上反砌于墙上。

(3) 小砌块砌体的水平灰缝应平直,按净面积计算水平灰缝砂浆饱满度不得小于90%。

(4) 小砌块砌体的水平灰缝厚度和竖向灰缝宽度宜为10mm,但不应小于8mm,也不应大于12mm。铺灰长度不宜超过两块主规格块体的长度。

(5) 需要移动砌体中的小砌块或砌体被撞动后,应重新铺砌。

(6) 厕浴间和有防水要求的楼面,墙底部应浇筑高度不小于120mm的混凝土坎;轻骨料小砌块墙底部混凝土高度不宜小于200mm。

(7) 小砌块清水墙的勾缝应采用加浆勾缝,当设计无具体要求时宜采用平缝形式。

(8) 为保证砌筑质量,日砌高度为1.4m,或不得超过一步脚手架高度内。

(9) 雨天砌筑应有防雨措施,砌筑完毕应对砌体进行遮盖。

5. 留槎、拉结筋

(1) 墙体转角处和纵横墙交接处应同时砌筑。临时间断处应砌成斜槎,斜槎水平投影长度不应小于高度的2/3。

(2) 砌块墙与后砌隔墙交接处,应沿墙高每400mm在水平灰缝内设置不少于2φ4、横筋间距不大于200mm的焊接钢筋网片,如图4-2所示。

6. 预留洞、预埋件

(1) 除按砖砌体工程控制外,当墙上设置脚手眼时,可用辅助规格砌块侧砌,利用其孔洞作脚手眼(注意脚手眼下部砌块的承载能力);补眼时可用不低于小砌块强度的混凝土填实。

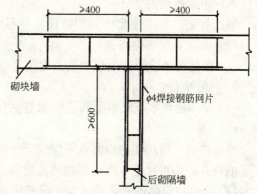

图4-2 砌块墙与后砌隔墙交接处钢筋网片

(2) 门窗固定处的砌筑,可镶砌混凝土预制块(其内可放木砖),也可在门窗两侧小砌块孔内灌筑混凝土。

7. 混凝土芯柱

(1) 砌筑芯柱(构造柱)部位的墙体,应采用不封底的通孔小砌块,砌筑时要保证上下孔通畅且不错孔,确保混凝土浇筑时不侧向流窜。

(2) 在芯柱部位,每层楼的第一皮块体,应采用开口小砌块或U形小砌块砌出操作孔,操作孔侧面宜预留连通孔;砌筑开口小砌块或U形小砌块时,应随时刮去灰缝内凸出的砂浆,直至 个楼层高度。

(3) 浇灌芯柱的混凝土,宜选用专用的混凝土小型空心砌块灌孔混凝土;当采用普通混凝土时,其坍落度不应小于90mm。

(4) 浇灌芯柱混凝土，应符合设计规定。

8. 小砌块墙中设置构造柱时，与构造柱相邻的砌块孔洞，当设计无具体要求时，6度（抗震设防烈度）时宜灌实，7度时应灌实，8度时应灌实并插筋。其他可参照砖砌体工程。

三、施工质量验收

1. 主控项目

(1) 小砌块、砂浆和芯柱混凝土的强度等级必须符合设计要求。

抽检数量：每一生产厂家，每1万块小砌块至少应抽检一组。用于多层以上建筑基础和底层的小砌块抽检数量不应少于2组。砂浆试块的抽检数量：每一检验批且不超过$250m^3$砌体的各种类型及强度等级的建筑砂浆，每台搅拌机应至少抽检一次。芯柱混凝土每一检验批至少做一组试块。

检验方法：查小砌块、砂浆及芯柱混凝土试块试验报告。

(2) 砌体水平灰缝的砂浆饱满度，应按净面积计算不得低于90%；竖向灰缝饱满度不得小于80%，竖缝凹槽部位应用砌筑砂浆填实；不得出现瞎缝、透明缝。

抽检数量：每检验批不应少于3处。

检验方法：用专用百格网检测小砌块与砂浆粘结痕迹，每处检测3块小砌块，取其平均值。

(3) 墙体转角处和纵横墙交接处应同时砌筑。临时间断处应砌成斜槎，斜槎水平投影长度不应小于高度的2/3。

抽检数量：每检验批抽20%接槎，且不应少于5处。

检验方法：观察检查。

(4) 砌体的轴线位置偏移和垂直度偏差应符合表4-5的规定。

2. 一般项目

(1) 墙体的水平灰缝厚度和竖向灰缝宽度宜为10mm，但不应大于12mm，也不应小于8mm。

抽检数量：每层楼的检测点不应少于3处。

抽检方法：用尺量5皮小砌块的高度和2m砌体长度折算。

(2) 小砌块墙体的一般尺寸允许偏差应按表4-6中1～5项的规定执行。

第五节 配筋砌体工程

配筋砌体工程除应满足本节要求外，尚应符合本章第二、三、四节的有关规定。

一、一般规定

1. 用于砌体工程的钢筋品种、强度等级必须符合设计要求。并应有产品合格证书和性能检测报告，进场后应进行复验。

2. 设置在潮湿或有化学侵蚀性介质环境中的砌体灰缝内的钢筋，应采用镀锌钢材、不锈钢或有色金属材料，或对钢筋表面涂刷防腐涂料或防锈剂。

(1) 砖砌体的砌筑砂浆强度等级不应低于M5。

(2) 构造柱的混凝土强度等级不宜低于 C20。

(3) 构造柱的截面尺寸不宜小于 240mm×240mm，其厚度不应小于墙厚，边柱、角柱的截面宽度适当加大。柱内竖向受力钢筋，对于中柱，不宜少于 4ϕ12；对于边柱、角柱，不宜少于 4ϕ14。

3. 构造柱的竖向受力钢筋直径不宜大于 16mm，且宜在结构浇筑时预埋，其箍筋，一般部位宜采用 ϕ6，间距 200mm，楼层上下 500mm 范围内宜采用 ϕ6，间距 100mm。

二、施工质量控制

1. 配筋

(1) 设置在砌体水平灰缝内的钢筋，应居中置于灰缝中，灰缝厚度应比钢筋的直径大 4mm 以上。砌体灰缝内钢筋与砌体外露面距离不应小于 15mm。

(2) 砌体水平灰缝中钢筋的锚固长度不宜小于 50d，且其水平或垂直弯折段长度不宜小于 20d 和 150mm；钢筋的搭接长度不应小于 55d。

(3) 配筋砌块砌体剪力墙的灌孔混凝土中竖向受拉钢筋，钢筋搭接长度不应小于 35d 且不小于 300mm。

(4) 砌体与构造柱、芯柱的连接处应设 2ϕ6 拉结筋（宜采用化学植筋方式）或 ϕ4 钢筋网片，间距沿墙高不应超过 500mm（小砌块为 600mm）；埋入墙内长度每边不宜小于 600mm；对抗震设防地区不宜小于 1m；钢筋末端应有 90°弯钩。

(5) 钢筋网可采用连弯网或方格网。钢筋直径宜采用 3～4mm；当采用连弯网时，钢筋的直径不应大于 8mm。

(6) 钢筋网中钢筋的间距不应大于 120mm，并不应小于 30mm。

2. 构造柱、芯柱

(1) 构造柱浇灌混凝土前，必须将砌体留槎部位和模板浇水湿润，将模板内的落地灰、砖渣和其他杂物清理干净，并在结合面处注入适量与构造柱混凝土相同的去石子水泥砂浆。振捣时，应避免触碰墙体，严禁通过墙体传振。

(2) 配筋砌块芯柱在楼盖处应贯通，并不得削弱芯柱截面尺寸。

(3) 构造柱纵向筋应穿过圈梁，保证纵筋上下贯通；构造柱箍筋在楼层上下各 500mm 范围内应进行加密，间距宜为 100mm。

(4) 墙体与构造柱连接处应砌成马牙槎，从每层柱脚起，先退后进，马牙槎的高度不应大于 300mm；并应先砌墙后浇混凝土构造柱。

(5) 小砌块墙中设置构造柱时，与构造柱相邻的砌块孔洞，当设计无具体要求时，6 度（抗震设防烈度）时宜灌实，7 度时应灌实，8 度时应灌实并插筋。

3. 箍筋设置

(1) 当纵向钢筋的配筋率大于 0.25%，且柱承受的轴向力大于受压承载力设计值的 25% 时，柱应设箍筋；当配筋率等于或小于 0.25% 时，或柱承受的轴向力小于受压承载力设计值的 25% 时，柱中可不设置箍筋。

(2) 箍筋直径不宜小于 6mm。

(3) 箍筋的间距不应大于 16 倍的纵向钢筋直径、48 倍箍筋直径及柱截面短边尺寸中较小者。

(4)箍筋应做成封闭式,端部应弯钩。
(5)箍筋应设置在灰缝或灌孔混凝土中。

三、施工质量验收

1. 主控项目

(1)钢筋的品种、规格和数量应符合设计要求。

检验方法:检查钢筋的合格证书、钢筋性能试验报告、隐蔽工程记录。

(2)构造柱、芯柱、组合砌体构件、配筋砌体剪力墙构件的混凝土或砂浆的强度等级应符合设计要求。

抽检数量:各类构件每一检验批砌体至少应做一组试块。

检验方法:检查混凝土或砂浆试块试验报告。

(3)构造柱与墙体的连接处应砌成马牙槎,马牙槎应先退后进,预留的拉结钢筋应位置正确,施工中不得任意弯折。

抽检数量:每检验批抽20%构造柱,且不少于3处。

检验方法:观察检查。

合格标准:钢筋竖向移位不应超过100mm,每一马牙槎沿高度方向尺寸不应超过300mm。钢筋竖向位移和马牙槎尺寸偏差每一构造柱不应超过2处。

(4)构造柱位置及垂直度的允许偏差应符合表4-7的规定。

构造柱尺寸允许偏差　　　　　表4-7

项次	项目			允许偏差(mm)	检验方法
1	柱中心线位置			10	用经纬仪和尺检查或用其他测量仪器检查
2	柱层间错层			8	用经纬仪和尺检查或用其他测量仪器检查
3	柱垂直度	每层		10	用2m托线板检查
		全高	≤10m	15	用经纬仪、吊线和尺检查,或用其他测量仪器检查
			>10m	20	

抽检数量:每检验批抽10%,且不应少于5处。

(5)对配筋混凝土小型空心砌块砌体,芯柱混凝土应在装配式楼盖处贯通,不得削弱芯柱截面尺寸。

抽检数量:每检验批抽10%,且不应少于5处。

检验方法:观察检查。

2. 一般项目

(1)设置在砌体水平灰缝内的钢筋,应居中置于灰缝中。水平灰缝厚度应大于钢筋直径4mm以上。砌体外露面砂浆保护层的厚度不应小于15mm。

抽检数量:每检验批抽检3个构件,每个构件检查3处。

检验方法:观察检查,辅以钢尺检测。

(2)设置在砌体灰缝内的钢筋的应采取防腐措施。

抽检数量:每检验批抽检10%的钢筋。

检验方法:观察检查。

合格标准：防腐涂料无漏刷(喷浸)，无起皮脱落现象。

（3）网状配筋砌体中，钢筋网及放置间距应符合设计规定。

抽检数量：每检验批抽10%，且不应少于5处。

检验方法：钢筋规格检查钢筋网成品，钢筋网放置间距局部剔缝观察，或用探针刺入灰缝内检查，或用钢筋位置测定仪测定。

合格标准：钢筋网沿砌体高度位置超过设计规定一皮砖厚不得多于1处。

（4）组合砖砌体构件，竖向受力钢筋保护层应符合设计要求，距砖砌体表面距离不应小于5mm，拉结筋两端应设弯钩，拉结筋及箍筋的位置应正确。

抽检数量：每检验批抽检10%，且不应少于5处。

检验方法：支模前观察与尺量检查。

合格标准：钢筋保护层符合设计要求；拉结筋位置及弯钩设置80%及以上符合要求，箍筋间距超过规定者，每件不得多于2处，且每处不得超过一皮砖。

（5）配筋砌块砌体剪力墙中，采用搭接接头的受力钢筋搭接长度不应小于35d，且不应少于300mm。

抽检数量：每检验批每类构件抽20%（墙、柱、连梁），且不应少于3件。

检验方法：尺量检查。

第六节 填充墙砌体工程

本节适用于房屋建筑采用空心砖、蒸压加气混凝土砌块、轻骨料混凝土小型空心砌块等砌筑填充墙砌体的施工质量验收。

一、一般规定

1. 蒸压加气混凝土砌块、轻骨料混凝土小型空心砌块砌筑时，其产品龄期应超过28d。

2. 空心砖、蒸压加气混凝土砌块、轻骨料混凝土小型空心砌块等的运输、装卸过程中，严禁抛掷和倾倒。进场后应按品种、规格分别堆放整齐，堆置高度不宜超过2m。加气混凝土砌块应防止雨淋。

3. 填充墙砌体砌筑前块材应提前2d浇水湿润。蒸压加气混凝土砌块砌筑时，应向砌筑面适量浇水。

4. 用轻骨料混凝土小型空心砌块或蒸压加气混凝土砌块砌筑墙体时，墙底部应砌烧结普通砖或多孔砖，或普通混凝土小型空心砌块，或现浇混凝土坎台等，其高度不宜小于200mm。

5. 加气混凝土砌块不得在以下部位砌筑：

（1）建筑物底层地面以下部位；

（2）长期浸水或经常干湿交替部位；

（3）受化学环境侵蚀部位；

（4）经常处于80℃以上高温环境中。

6. 加气混凝土砌体中不得留设脚手眼，也不得砌后打洞、凿槽。

二、施工质量控制

1. 填充墙砌体施工质量控制等级，应选用 B 级以上，不得选用 C 级，其砌筑人员均应取得技术等级证书，其中高、中级技术工人的比例不少于 70%。为落实操作质量责任制，应采用挂牌或墙面明示等形式，注明操作人员、质量实测数据，并记入施工日志。

2. 对进入施工现场的建筑材料，尤其是砌体材料，应按产品标准进行质量验收，并做好验收记录。对质量不合格或产品等级不符合要求的，不得用于砌体工程。为消除外墙面渗漏水隐患，不得将有裂缝的砖面、小砌块面砌于外墙的外表面。

3. 砌体施工前，应由专人设置皮数杆，并应根据设计要求、块材规格和灰缝厚度在皮数杆上标明皮数及竖向构造的变化部位；灰缝厚度应用双线标明。

未设置皮数杆，砌筑人员不得进行施工。

4. 用混凝土小型空心砌块，加气混凝土砌块等块材砌筑墙体时，必须根据预先绘制的砌块排列图进行施工。

严禁无排列图或不按排列图施工。

5. 轻骨料小砌块、空心砖应提前一天浇水湿润；加气砌块砌筑时，应向砌筑面适量洒水；当采用粘结剂砌筑时不得浇水湿润。用砂浆砌筑时的含水率：轻骨料小砌块宜为 5%～8%，空心砖宜为 10%～15%，加气砌块宜小于 15%。

6. 填充墙砌筑时应错缝搭砌。单排孔小砌块应对孔错缝砌筑，当不能对孔时，搭接长度不应小于 90mm，加气砌块搭接长度不小于砌块长度的 1/3，当不能满足时，应在水平灰缝中设置钢筋加强。

7. 小砌块、空心砖砌体的水平、竖向灰缝厚度应为 8～12mm；加气砌块的水平灰缝厚度宜为 12～15mm，竖向灰缝宽度宜为 20mm。

8. 轻骨料小砌块和加气砌块砌体，由于干缩率和膨胀值较大，不应与其他块材混砌。但对于因构造需要的墙底部、顶部、门窗固定部位等，可局部适量镶嵌其他块材，门窗两侧小砌块可采用填灌混凝土办法，不同砌体交接处可采用构造柱连接。

9. 填充墙的水平灰缝砂浆饱满度均应不小于 80%；小砌块、加气砌块砌体的竖向灰缝也不应小于 80%，其他砖砌体的竖向灰缝应填满砂浆，并不得有透明缝、瞎缝、假缝。

10. 填充墙砌至梁、板底部时，应留一定空隙，至少间隔 7d 后再进行斜砌。在封砌施工洞口及外墙井架洞口时，尤其应严格控制，千万不能一次到顶。

11. 小砌块、加气砌块砌筑时应防止雨淋。

12. 封堵外墙支模洞、脚手眼等，应在抹灰前派专人实施，在清洗干净后应从墙体两侧封堵密实，确保不开裂，不渗漏，并应加强检查，做好记录。

13. 砌筑伸缩缝、沉降缝、抗震缝等变形缝外砌体时应确保缝的净宽，并应采取遮盖措施或填嵌聚苯乙烯等发泡材料等，防止缝内夹有块材、碎渣、砂浆等杂物。

14. 构造柱与墙体的连接处应砌成马牙槎，从每层柱脚开始，先退后进，每一马牙槎沿高度方向的尺寸不宜超过 300mm。沿墙高每 500mm 设 2φ6 拉结钢筋，每边伸入墙内不宜小于 1m。预留伸出的拉结钢筋不得在施工中任意反复弯折，如有歪斜、弯曲，在浇灌混凝土之前，应校正到准确位置并绑扎牢固。

15. 利用砌体支撑模板时，为防止砌体松动，严禁采用"骑马钉"直接敲入砌体的做法。利用砌体入模浇筑混凝土构造柱等，当砌体强度、刚度不能克服混凝土振捣产生的侧向力时，应采取可靠措施，防止砌体变形、开裂，杜绝渗漏隐患。

16. 填充墙与混凝土结合部的处理，应按设计要求进行；若设计无要求时，宜在该处内外两侧，敷设宽度不小于200mm的钢丝网片，网片应绷紧后分别固定于混凝土与砌体上的粉刷层内，要保证网片粘结牢固。

17. 为防止外墙面渗漏水，伸出墙面的雨篷、敞开式阳台、空调机搁板、遮阳板、窗套、外楼梯根部及凹凸装饰线脚处，应采取切实有效的止水措施。

18. 钢筋混凝土结构中砌筑填充墙时，应沿框架柱（剪力墙）全高每隔500mm（砌块模数不能满足时可为600mm）设2φ6拉结筋，拉结筋伸入墙内的长度应符合设计要求；当设计无具体要求时：非抗震设防及抗震设防烈度为6度、7度时，不应小于墙长的1/5且不小于700mm；8度、9度时宜沿墙全长贯通。

19. 抗震设防地区还应采取如下抗震拉结措施：(1)墙长大于5m时，墙顶与梁宜有拉结；(2)墙长超过层高2倍时，宜设置钢筋混凝土构造柱；(3)墙高超过4m时，墙体半高处宜设置与柱连接且沿墙全长贯通的钢筋混凝土水平连系梁。

20. 单层钢筋混凝土柱厂房等其他砌体围护墙应按设计要求。

三、施工质量验收

1. 主控项目

砖、砌块和砌筑砂浆的强度等级应符合设计要求。

检验方法：检查砖或砌块的产品合格证书、产品性能检测报告和砂浆试块试验报告。

2. 一般项目

（1）填充墙砌体一般尺寸的允许偏差应符合表4-8的规定。

填充墙砌体一般尺寸允许偏差　　　　表4-8

项次	项目		允许偏差(mm)	检验方法
1	轴线位移		10	用尺检查
	垂直度	≤3m	5	用2m托线板或吊线、尺检查
		>3m	10	
2	表面平整度		8	用2m靠尺和楔形塞尺检查
3	门窗洞口高、宽（后塞口）		±5	用尺检查
4	外墙上、下窗口偏移		20	用经纬仪或吊线检查

抽检数量：

1) 对表中1、2项，在检验批的标准间中随机抽查10片，但不应少于3间；大面积房间和楼道按两个轴线或每10延长米按一标准间计数。每间检验不应少于3处。

2) 对表中3、4项，在检验批中抽检10%，且不应少于5处。

（2）蒸压加气混凝土砌块砌体和轻骨料混凝土小型空心砌块砌体不应与其他块材混砌。

抽检数量：在检验批中抽检20%，且不应少于5处。

检验方法：外观检查。

(3) 填充墙砌体的砂浆饱满度及检验方法应符合表 4-9 的规定。

填充墙砌体的砂浆饱满度及检验方法　　　　表 4-9

砌体分类	灰缝	饱满度及要求	检验方法
空心砖砌体	水平	≥80%	采用百格网检查块材地面砂浆的粘结痕迹面积
	垂直	填满砂浆，不得有透明缝、瞎缝、假缝	
加气混凝土砌块和轻骨料混凝土小砌块砌体	水平	≥80%	
	垂直	≥80%	

抽检数量：每步架子不少于 3 处，且每处不应少于 3 块。

(4) 填充墙砌体留置的拉结筋或网片的位置应与块体皮数相符合。拉结钢筋或网片应置于灰缝中，埋置长度应符合设计要求，竖向位置偏差不应超过一皮高度。

抽检数量：在检验批中抽检 20%，且不应少于 5 处。

检验方法：观察和用尺量检查。

(5) 填充墙砌筑时应错缝搭砌，蒸压加气混凝土砌块搭砌长度不应小于砌块长度的 1/3；轻骨料混凝土小型空心砌块搭砌长度不应小于 90mm；竖向通缝不应大于 2 皮。

抽检数量：在检验批的标准间中抽查 10%，且不应小于 3 间。

检查方法：观察和用尺检查。

(6) 填充墙砌体的灰缝厚度和宽度应正确。空心砖、轻骨料混凝土小型空心砌块的砌体灰缝应为 8～12mm。蒸压加气混凝土砌块砌体的水平灰缝厚度及竖向灰缝宽度分别宜为 15mm 和 20mm。

抽检数量：在检验批的标准间中抽查 10%，且不应少于 3 间。

检查方法：用尺量 5 皮空心砖或小砌块的高度和 2m 砌体长度折算。

(7) 填充墙砌至接近梁、板底时，应留有一定空隙，待填充墙砌筑完并应至少间隔 7d 后，再将其补砌挤紧。

抽检数量：每验收批抽 10% 填充墙片（每两柱间的填充墙为一墙片），且不应少于 3 片墙。

检验方法：观察检查。

第七节　子分部工程验收

1. 砌体工程验收前，应提供下列文件和记录：
(1) 施工执行的技术标准；
(2) 原材料的合格证书、产品性能检测报告；
(3) 混凝土及砂浆配合比通知单；
(4) 混凝土及砂浆试件抗压强度试验报告单；
(5) 施工记录；
(6) 各检验批的主控项目、一般项目验收记录；
(7) 施工质量控制资料；
(8) 重大技术问题的处理或修改设计的技术文件；

(9) 其他必须提供的资料。

2. 砌体子分部工程验收时，应对砌体工程的观感质量作出总体评价。

3. 当砌体工程质量不符合要求时，应按现行国家标准《建筑工程施工质量验收统一标准》GB 50300 规定执行。

4. 对有裂缝的砌体应按下列情况进行验收：

(1) 对有可能影响结构安全性的砌体裂缝，应由有资质的检测单位检测鉴定，需返修或加固处理的，待返修或加固满足使用要求后进行二次验收；

(2) 对不影响结构安全性的砌体裂缝，应予以验收，对明显影响使用功能和观感质量的裂缝，应进行处理。

第八节 砌体结构工程质量实例

【案例 1】

某活动中心工程，建筑面积 7828m²，地下一层－7.4m 以下采用 MU10 红机砖，地下一层、地下夹层、一层采用黏土空心砖，二层以上用陶粒砌块，容重小于 800kg/m³。砂浆强度等级：地下部分为 M7.5 水泥砂浆，地上部分为 M5 水泥石灰膏混合砂浆。

在该工程施工过程中，为了保证施工质量，在砌筑过程中采取了质量控制技术措施，在砌筑分项质量验收中，该工程砌筑墙体垂直度、平整度偏差均在 5mm 以内，灰缝饱满，灰缝平直度最大偏差是 5mm，灰缝厚度最大偏差为 5mm，门窗洞口位置准确，达到当地质检体系样板工程标准。质量控制技术措施如下：

1. 对原材料的控制

(1) 砖

砖的品种、强度等级必须符合设计要求。应尽量选用棱角整齐、无弯曲裂纹、颜色均匀和规格基本一致的砖。除砖应有出厂质量证明书外，还必须有法定质量检测部门的质量检验报告，并按规定块数做随机取样实验。

另外，砖在砌筑前应提前 1~2 天浇水湿润，烧结普通砖的含水率宜为 10%~15%，灰砂砖、粉煤灰砖的含水率宜为 8%~12%。

(2) 砂浆

1) 水泥应按品种、强度等级和出厂日期分别堆放，并应保持干燥。当水泥强度等级不明或出厂日期超过 3 个月(快硬水泥超过 1 个月)时，应进行复查试验，并按试验结果使用。不同品种的水泥不得混合使用。

2) 宜采用中砂并过筛，且不得含草根、腐烂物等有机杂质。砂中含泥量，对于水泥砂浆和强度等级大于或等于 M5 的水泥混合砂浆，不应超过 5%；对于强度等级小于 M5 的水泥混合砂浆，不应超过 10%。

3) 拌制砂浆用水宜采用饮用水，当采用其他来源水时，水质必须符合现行行业标准《混凝土用水标准》(JGJ 63—2006)的规定。

2. 对砂浆制作的控制

(1) 配合比

砌筑砂浆的配合比应经试配确定。施工单位应从现场抽取原材料试样，再由试验室通过试配来确定砂浆的配合比。砂浆配合比应采用重量比。试配砂浆的强度应比设计强度更高。施工中要严格按照试验室的配合比通知单计量施工。

(2) 搅拌

砌筑砂浆应采用机械搅拌。自投料完毕算起，搅拌时间应符合下列规定。

1) 水泥砂浆和水泥混合砂浆不得少于 2min。

2) 水泥粉煤灰砂浆和掺用外加剂砂浆的搅拌时间不得小于 3min。烧结普通砖砌体的砂浆稠度为 70～90mm。水泥砂浆和水泥混合砂浆必须分别在拌成后 3h 和 4h 内使用完毕；当施工期间最高气温超过 30℃时，必须在拌成后 2h 和 3h 内使用完毕。

3. 对现场施工操作方法的控制

砖砌体的现场施工操作应严格按下列程序进行：抹平→放线→排砖摺底→盘角→立皮数杆、挂准线→砌砖。

砌筑砖墙面，应先在基础防潮层或楼面上按标准的水准点或指定的水准点定出各层标高，并用水泥砂浆或 C10 细石混凝土找平。

底层墙身可以龙门板上的轴线定位钉为准拉线，沿线挂下线锤，将墙身中心轴线放到基础面上，并以此墙身中心轴线为准弹出纵横墙身边线，并定出门洞口位置。

(1) 排砖底(干摆砖)

一般外墙第一层排砖底时，两山墙排丁砖，前后纵墙排条砖。根据弹好的门窗洞垛尺寸是否符合排砖模数。如不符合排砖模数，可将门窗口的位置左右移动。若有破活，七分头或丁砖应排在窗口中间、附墙垛或其他不明显的部位。

(2) 盘角

砌砖前应先盘角。每次盘角不要超过 5 皮砖。新盘的大角应及时吊靠，如有偏差要及时修整。盘角时要仔细对照皮数杆的砖层和标高，控制好灰缝厚薄，使水平灰缝均匀一致。大角盘好后再复查一次，平整度和垂直度完全符合要求后才可挂线砌墙。

(3) 立皮数杆、挂准线

砌砖体施工前应设置皮数杆。皮数杆上按施工图规定的层高和现场砖的规格计算出灰缝厚度，并标明砖的皮数以及门窗洞、过梁、楼板等的标高，以保证灰缝厚度和砖层水平。准线挂在墙角上，每砌一皮砖准线向上移动一次，沿着准线砌筑，以保证墙面的垂直度和平整度。如果长墙几个人使用同一根通线，中间应设支点。

(4) 砌砖

砌砖宜采用一铲灰、一块砖、一揉压的"三一"砌砖法，即满铺满挤操作法。砌砖时砖要放平。砌砖一定要跟线，"上跟线，下跟棱，左右相邻要对平"。水平灰缝厚度和竖向灰缝宽度一般为 10mm，但不小于 8mm，也不应大于 12mm。砌筑时，应随砌随将舌头灰刮尽，并随时纠正偏差，严禁事后砸墙。

【案例 2】

某地研究院办公楼，建设面积 73675m^2，建筑地上 8 层，建筑高度 31.80m，主体为框架结构。设计采用陶粒混凝土空心砌块墙及焦渣混凝土填充墙。外墙 300 厚，内墙 200 厚，局部 150 厚。

该工程施工过程中，对填充墙施工非常重视，在砌筑过程中，采用如下技术措施提前控制，使填充墙的砌筑达到施工要求。

1. 填充墙的放线以框架柱的轴线为基准，不以楼面框架梁外边为基准。

2. 框架柱绑筋时，按填充墙拉结筋的位置绑好贴膜箍，在砌筑前应找出贴膜箍的位置并焊接拉结筋，以备砌筑时砌入墙体。

3. 填充墙体的砌筑，每个柱间成为一个砌筑单元，由两个人负责一间砌筑或与该间墙体交错的内墙的留槎。砌时应先摆砖，然后在两端柱边砌起斜槎，到一定高度，再拉通线砌中间墙体，直至到上层边梁底约 20cm 处停止砌水平砖，而要用粉煤灰砖斜砌，砌块必须逐块敲紧挤实，填满砂浆，待砌体沉实(约 5 天)后再用斜砌法把下部砌体与上部板梁间用砌块逐块敲紧填实。

4. 构造柱布置原则：隔墙转角，悬墙端部，丁字接头，且间距小于 4000mm。

第五章 混凝土结构工程施工质量管理实务

第一节 模板分项工程

一、一般规定

1. 根据国家标准《混凝土结构工程施工质量验收规范》（GB 50204—2002）的规定，模板工程应遵守以下规定：

（1）模板及其支架应根据工程结构形式、荷载大小、地基土类别、施工设备和材料供应等条件进行设计并保证材料质量经过检验合格。模板及其支架应具有足够的承载能力、刚度和稳定性，能可靠地承受浇筑混凝土的重量、侧压力以及施工荷载。

（2）在浇筑混凝土之前，应对模板工程进行验收。

模板安装和浇筑混凝土时，应对模板及其支架进行观察和维护。发生异常情况时，应按施工技术方案及时进行处理。

（3）模板及其支架拆除的顺序及安全措施应按施工技术方案执行。

2. 为使模板工程达到质量标准，必须抓好以下两个方面：

（1）在学习结构施工图时，要把模板的尺寸、标高看透记住，抓好模板翻样工作，这是重要的技术准备。只有通过这项技术工作发现矛盾、解决问题，才能使实际施工顺利进行。

（2）对主要构件、承重模板必须事先进行模板支撑的受力计算，如确定支撑立杆的间距、水平拉杆的间距，模板侧压力的计算，确定抵抗侧压力杆件或螺栓的数量和断面的大小。只有通过确切的计算，才能达到模板质量标准中保证项目内要求的强度、刚度和稳定性的要求。

二、施工质量控制

1. 模板安装的质量控制

模板安装应按编制的模板设计文件和施工技术方案施工。在浇筑混凝土前，应对模板工程进行验收。模板安装和浇筑混凝土时，应检查和维护模板及其支架，发现异常情况时，应按施工技术方案及时进行处理。

模板轴线放线时，应考虑建筑装饰装修工程的厚度尺寸，留出装饰厚度。

模板安装的根部及顶部应设标高标记，并设限位措施，确保标高尺寸准确。支模时应拉水平通线，设竖向垂直度控制线，确保横平竖直，位置正确。

模板厚度应一致，搁栅面应平整，搁栅木料要有足够强度和刚度。墙模板的穿墙螺栓直径、间距和垫块规格应符合设计要求。

第一节 模板分项工程

墙、柱子支模前必须先校正钢筋位置。成排柱支模时应先立两端柱模，在底部弹出通线，定出位置并兜方找中，校正与复核位置无误后，顶部拉通线，再立中间柱模。柱箍间距按柱截面大小及高度决定，一般控制在500~1000cm，根据柱距选用剪刀撑、水平撑及四面斜撑撑牢，保证柱模板位置准确。

梁模板上口应设临时撑头，侧模下口应贴紧底模或墙面，斜撑与上口钉牢，保持上口呈直线；深梁应根据梁的高度及核算的荷载及侧压力适当以横挡。

梁柱节点连接处一般下料尺寸略缩短，采用边模包底模，拼缝应严密，支撑牢靠，及时错位并采取有效、可靠措施予以纠正。

固定在模板上的预埋件、预留孔和预留洞，应按图纸逐个核对其质量、数量、位置、不得遗漏，并应安装牢固。

模板与混凝土的接触面应清理干净并涂刷隔离剂，严禁隔离剂沾污钢筋和混凝土接槎处。

浇筑混凝土前，模板内的杂物应清理干净。

模板的地坪、胎膜等应保持平整光洁，不得产生下沉、裂缝、起砂或起鼓等现象。

支架的立柱底部应铺设合适的垫板，下垫槽钢，支承在疏松土质上时，基土必须经过夯实，并应通过计算，确定其有效支承面积。并应有可靠的排水措施。

立柱与立柱之间的带锥销横杆，应用锤子敲紧，防止立柱失稳，支撑完毕应设专人检查。

安装现浇结构的上层模板及其支架时，下层楼板应具有承受上层荷载的承载能力或加设支架支撑，确保有足够的刚度和稳定性；多层楼盖下层支架系统的立柱应安装在同一垂直线上。

超过3m高度的大型模板的侧模应留门子板；模板应留清扫口。

浇筑混凝土高度应控制在允许范围内，浇筑时应均匀、对称下料，避免局部侧压力过大造成胀模。

控制模板起拱高度，消除在施工中因结构自重、施工荷载作用引起的挠度。

2. 模板拆除质量控制

模板及其支架的拆除时间和顺序应事先在施工技术方案中确定，拆模必须按拆模顺序进行，一般是后支的先拆，先支的后拆；先拆非承重部分，后拆承重部分。重大复杂的模板拆除，按专门制定的拆模方案执行。

现浇楼板采用早拆模施工时，经理论计算复核后将大跨度楼板改成支模形式为小跨度楼板(≤2m)，当浇筑的楼板混凝土实际强度达到50%的设计强度标准值，可拆除模板，保留支架，严禁调换支架。

多层建筑施工，当上层楼板正在浇筑混凝土时，下一层楼板的模板支架不得拆除，再下一层楼板的支架，仅可拆除一部分，跨度4m及4m以上的梁下均应保留支架，其间距不得大于3m。

高层建筑梁、板模板，完成一层结构，其底模及其支架的拆除时间控制，应对所用混凝土的强度发展情况，分层进行核算，确保下层梁及楼板混凝土能承受上层全部荷载。

拆除时应先清理脚手架上的垃圾杂物，再拆除连接杆件，经检查安全可靠后可按顺序拆除。拆除时要有统一指挥、专人监护，设置警戒区，防止交叉作业，拆下物品及时清运、整修、保养。

后张法预应力结构构件，侧模宜在预应力张拉前拆除；底模及支架的拆除应按施工技术方案，当无具体要求时，应在结构构件建立预应力之后拆除。

后浇带模板的拆除和支顶方法应按施工技术方案执行。

三、施工质量验收

1. 模板安装

（1）主控项目

1）安装现浇结构的上层模板及其支架时，下层楼板应具有承受上层荷载的承载能力，或加设支架；上、下层支架的立柱应对准，并铺设垫板。

检查数量：全数检查。

检验方法：对照模板设计文件和施工技术方案观察。

2）在涂刷模板隔离剂时，不得沾污钢筋和混凝土接槎处。模板面板四周刷封边漆，防止受潮变形。

检查数量：全数检查。

检验方法：观察。

（2）一般项目

1）模板安装应满足下列要求：

① 模板的接缝贴海绵条不应漏浆；在浇筑混凝土前，木模板应浇水湿润，但模板内不应有积水；

② 模板与混凝土的接触面应清理干净并涂刷隔离剂，但不得采用影响结构性能或妨碍装饰工程施工的隔离剂；

③ 浇筑混凝土前，模板内的杂物应清理干净；

④ 对清水混凝土工程及装饰混凝土工程，应使用能达到设计效果的模板。

检查数量：全数检查。

检验方法：观察。

2）用作模板的地坪、胎模等应平整光洁，不得产生影响构件质量的下沉、裂缝、起砂或起鼓。

检查数量：全数检查。

检验方法：观察。

3）对跨度不小于4m的现浇钢筋混凝土梁、板，其模板应按设计要求起拱；当设计无具体要求时，起拱高度宜为梁、板跨度的1/1000～3/1000。

检查数量：在同一检验批内，对梁，应抽查构件数量的10%，且不少于3件；对板，应按有代表性的自然间抽查10%，且不少于3间；对大空间结构，板可按纵、横轴线划分检查面，抽查10%，且不少于3面。

检验方法：水准仪或拉线、钢尺检查。

4）固定在模板上的预埋件、预留孔和预留洞均不得遗漏，且应安装牢固，其偏差应符合表5-1的规定。

第一节 模板分项工程

预埋件和预留孔洞的允许偏差 表 5-1

项　目		允许偏差(mm)
预埋钢板中心线位置		3
预埋管、预留孔中心线位置		3
插　筋	中心线位置	5
	外露长度	+10, 0
预埋螺栓	中心线位置	2
	外露长度	+10, 0
预留洞	中心线位置	10
	尺　寸	+10, 0

注：检查中心线位置时，应沿纵、横两个方向量测，并取其中的较大值。

检查数量：在同一检验批内，对梁、柱和独立基础，应抽查构件数量的10％，且不少于3件；对墙和板，应按有代表性的自然间抽查10％，且不少于3间；对大空间结构，墙可按相邻轴线间高度5m左右划分检查面，板可按纵横轴线划分检查面，抽查10％，且均不少于3面。

检验方法：钢尺检查。

5）现浇结构模板安装的偏差应符合表5-2的规定。

现浇结构模板安装的允许偏差及检验方法 表 5-2

项　目		允许偏差(mm)	检　验　方　法
轴线位置		5	钢尺检查
底模上表面标高		±5	水准仪或拉线、钢尺检查
截面内部尺寸	基础	±10	钢尺检查
	柱、墙、梁	+4, −5	钢尺检查
层高垂直度	不大于5m	6	经纬仪或吊线、钢尺检查
	大于5m	8	经纬仪或吊线、钢尺检查
相邻两板表面高低差		2	钢尺检查
表面平整度		5	2m靠尺和塞尺检查

注：检查轴线位置时，应沿纵、横两个方向量测，并取其中的较大值。

检查数量：在同一检验批内，对梁、柱和独立基础，应抽查构件数量的10％，且不少于3件；对墙和板，应按有代表性的自然间抽查10％，且不少于3间；对大空间结构，墙可按相邻轴线间高度5m左右划分检查面，板可按纵、横轴线划分检查面，抽查10％，且均不少于3面。

6）预制构件模板安装的偏差应符合表5-3的规定。

检查数量：首次使用及大修后的模板应全数检查；使用中的模板应定期检查，并根据使用情况不定期抽查。

2. 模板拆除

(1) 主控项目

预制构件模板安装的允许偏差及检验方法 表5-3

项 目		允许偏差(mm)	检 验 方 法
长度	板、梁	±5	钢尺量两角边,取其中较大值
	薄腹板、桁架	±10	
	柱	0,-10	
	墙板	0,-5	
宽度	板、墙板	0,-5	钢尺量一端及中部,取其中较大值
	梁、薄腹梁、桁架、柱	+2,-5	
高(厚)度	板	+2,-3	钢尺量一端及中部,取其中较大值
	墙板	0,-5	
	梁、薄腹梁、桁架、柱	+2,-5	
侧向弯曲	梁、板、柱	$l/1000$ 且≤15	拉线、钢尺量最大弯曲处
	墙板、薄腹梁、桁架	$l/1500$ 且≤15	
板的表面平整度		3	2m靠尺和塞尺检查
相邻两板表面高低差		1	钢尺检查
对角线差	板	7	钢尺量两个对角线
	墙板	5	
翘曲	板、墙板	$l/1500$	调平尺在两端测量
设计起拱	薄腹梁、桁架、梁	±3	拉线、钢尺量跨中

注:l为构件长度。

1)底模及其支架拆除时的混凝土强度应符合设计要求;当设计无具体要求时,混凝土强度应符合表5-4的规定。

底模拆除时混凝土的强度要求 表5-4

构件类型	构件跨度(m)	达到设计的混凝土立方体抗压强度标准值的百分率(%)
板	≤2	≥50
	$>2,\leq8$	≥75
	>8	≥100
梁、拱、壳	≤8	≥75
	>8	≥100
悬臂构件	—	≥100

检查数量:全数检查。

检验方法:检查同条件养护试件强度试验报告。

2)对后张法预应力混凝土结构构件,侧模宜在预应力张拉前拆除;底模支架的拆除应按施工技术方案执行,当无具体要求时,不应在结构构件建立预应力前拆除。

检查数量:全数检查。

检验方法:观察。

3)后浇带模板的拆除和支顶应按施工技术方案执行。

检查数量：全数检查。

检验方法：观察。

(2) 一般项目

1) 侧模拆除时的混凝土强度应能保证其表面及棱角不受损伤。

检查数量：全数检查。

检验方法：观察。

2) 模板拆除时，不应对楼层形成冲击荷载。拆除的模板和支架宜分散堆放并及时清运。

检查数量：全数检查。

检验方法：观察。

第二节 钢筋分项工程

一、材料质量要求

1. 钢筋出厂质量合格证和试验报告单应及时整理，试验单填写做到字迹清楚，项目齐全、准确、真实，且无未了事项。

2. 钢筋出厂质量合格证和试验报告单不允许涂改、伪造、随意抽撤或损毁。

3. 钢筋质量必须合格，应先试验后使用，有出厂质量合格证或试验单。需采取技术处理措施的，应满足技术要求并经有关技术负责人批准后方可使用。

4. 钢筋合格证、试（检）验单或记录单的抄件（复印件）应注明原件存放单位，并有抄件人、抄件（复印）单位的签字和盖章。

5. 钢筋应有出厂质量证明书或试验报告单，并按有关标准的规定抽取试样作机械性能试验。进场时应按炉罐（批）号及直径分批检验，查对标志、外观检查。

6. 下列情况之一者，须做化学成分检验：

(1) 无出厂证明书或钢种钢号不明的；

(2) 有焊接要求的进口钢筋；

(3) 在加工过程中，发生脆断、焊接性能不良和机械性能显著不正常的。

7. 有特殊要求的，还应进行相应专项试验。

8. 集中加工的，应有由加工单位出具的出厂证明及钢筋出厂合格证和钢筋试验单的抄件。

9. 混凝土结构构件所采用的热轧钢筋、热处理钢筋。碳素钢丝、刻痕钢丝和钢绞线的质量，必须符合下列有关现行国家标准的规定：

(1)《钢筋混凝土用钢第2部分：热轧带肋钢筋》(GB 1499.2—2007)。

(2)《钢筋混凝土用钢第1部分：热轧光圆钢筋》(GB 1499.1—2008)。

(3)《钢筋混凝土用余热处理钢筋》(GB 13014—1991)。

(4)《冷轧带肋钢筋》(GB 13788—2000)。

(5)《低碳钢热轧圆盘条》(GB/T 701—1997)。

(6)《预应力混凝土用钢棒》(GB/T 5223.3—2005)。

(7)《预应力混凝土用钢丝》(GB/T 5223—2002)。

(8)《预应力混凝土用钢绞线》(GB/T 5224—2003)。

10. 钢筋进场检查及验收

(1) 检查产品合格证、出厂检验报告

钢筋出厂，应具有产品合格证书、出厂试验报告单，作为质量的证明材料，所列出的品种、规格、型号、化学成分、力学性能等，必须满足设计要求，符合有关的现行国家标准的规定。当用户有特别要求时，还应列出某些专门的检验数据。

(2) 检查进场复试报告

进场复试报告是钢筋进场抽样检验的结果，以此作为判断材料能否在工程中应用的依据。

钢筋进场时，应按现行国家标准《钢筋混凝土用钢第 2 部分：热轧带肋钢筋》(GB 1499.2—2007)的有关规定抽取试件作力学性能检验，其质量符合有关标准规定的钢筋，可在工程中应用。

检查数量按进场的批次和产品的抽样检验方案确定。有关标准中对进场检验数量有具体规定的，应按标准执行，如果有关标准只对产品出厂检验数量有规定的，检查数量可按下列情况确定：

1) 当一次进场的数量大于该产品的出厂检验批量时，应划分为若干个出厂检验批量，然后按出厂检验的抽样方案执行。

2) 当一次进场的数量小于或等于该产品的出厂检验批量时，应作为一个检验批量，然后按出厂检验的抽样方案执行。

3) 对连续进场的同批钢筋，当有可靠依据时，可按一次进场的钢筋处理。

(3) 进场的每捆(盘)钢筋均应有标牌。按炉罐号、批次及直径分批验收，分类堆放整齐，严防混料，并应对其检验状态进行标识，防止混用。

(4) 进场钢筋的外观质量检查

1) 钢筋应逐批检查其尺寸，不得超过允许偏差。

2) 逐批检查，钢筋表面不得有裂纹、折叠、结疤及夹杂，盘条允许有压痕及局部的凸块、凹块、划痕、麻面，但其深度或高度(从实际尺寸算起)不得大于 0.20mm，带肋钢筋表面凸块，不得超过横肋高度，钢筋表面上其他缺陷的深度和高度不得大于所在部位尺寸的 允许偏差，冷拉钢筋不得有局部缩颈。

3) 钢筋表面氧化铁皮(铁锈)重量不大于 16kg/t。

4) 带肋钢筋表面标志清晰明了，标志包括强度级别、厂名(汉语拼音字头表示)和直径(mm)数字。

二、施工质量控制

1. 在学习结构施工图时，要把不同构件的配筋数量、规格、间距、尺寸弄清楚，并看是否有矛盾，发现问题应在设计交底中解决。然后做好钢筋翻样，检查配料单的准确性，不要把问题带到施工中去，应在技术准备中解决。

2. 要注意本地区是否属于抗震设防地区，查清图纸是按几级抗震设计的，施工图上对抗震的要求有什么说明，对钢筋构造上有什么要求，注意火烧丝绑扎方向朝里。只有这样才能使钢筋的制作和绑扎符合图纸要求和达到施工规范的规定。

3. 制作加工后的钢筋，经检查合格后分类堆放。

4. 柱子钢筋的绑扎，应注意搭接部位和箍筋间距（尤其是加密区箍筋间距和加密区高度），这对抗震地区尤为重要。若竖向钢筋采用焊接，要做抽样试验，从而保证钢筋接头的可靠性。

5. 梁钢筋的绑扎，应注意锚固长度和弯起钢筋的弯起点位置。对抗震结构则要重视梁柱节点处，梁端箍筋加密范围和箍筋间距。

6. 楼板钢筋，应注意防止支座负弯矩钢筋被踩塌而失去作用；注意垫好保护层垫块。

7. 墙板的钢筋，应注意墙面保护层和内外皮钢筋间的距离，撑好撑铁，防止两皮钢筋向墙中心靠近，对受力不利。

8. 楼梯钢筋，应注意梯段板的钢筋的锚固，以及钢筋弯折方向不要弄错，防止弄错后在受力时出现裂缝。

9. 钢筋规格、数量、间距等在作隐蔽验收时一定要仔细核实。在一些规格不易辨认时，应用尺量或卡尺卡。保证钢筋配置的准确，也就保证了结构的安全。

10. 钢筋锥螺纹接头的外观要求：钢筋与连接套的规格一致；无完整接头丝扣外露。

11. 施工现场钢筋套筒挤压接头外观质量应符合要求。

三、施工质量验收

1. 原材料

（1）主控项目

1) 钢筋进场时，应按现行国家标准《钢筋混凝土用钢第 2 部分：热轧带肋钢筋》(GB 1499.2—2007)等的规定抽取试件作力学性能检验，其质量必须符合有关标准的规定。

检查数量：按进场的批次和产品的抽样检验方案确定。

检验方法：检查产品合格证、出厂检验报告和进场复验报告。

2) 对有抗震设防要求的框架结构，其纵向受力钢筋的强度应满足设计要求；当设计无具体要求时，对一、二级抗震等级，检验所得的强度实测值应符合下列规定：

① 钢筋的抗拉强度实测值与屈服强度实测值的比值不应小于 1.25；

② 钢筋的屈服强度实测值与强度标准值的比值不应大于 1.3。

检查数量：按进场的批次和产品的抽样检验方案确定。

检验方法：检查进场复验报告。

3) 当发现钢筋脆断、焊接性能不良或力学性能显著不正常等现象时，应对该批钢筋进行化学成分检验或其他专项检验。

检验方法：检查化学成分等专项检验报告。

（2）一般项目

钢筋应平直、无损伤，表面不得有裂纹、油污、颗粒状或片状老锈。

检查数量：进场时和使用前全数检查。

检验方法：观察。

2. 钢筋加工

（1）主控项目

1) 受力钢筋的弯钩和弯折应符合下列规定：

① HPB235级钢筋末端应作180°弯钩，其弯弧内直径不应小于钢筋直径的2.5倍，弯钩的弯后平直部分长度不应小于钢筋直径的3倍；

② 当设计要求钢筋末端需作135°弯钩时，HRB335级、HRB400级钢筋的弯弧内直径不应小于钢筋直径的4倍，弯钩的弯后平直部分长度应符合设计要求；

③ 钢筋作不大于90°的弯折时，弯折处的弯弧内直径不应小于钢筋直径的5倍。

检查数量：按每工作班同一类型钢筋、同一加工设备抽查不应少于3件。

检验方法：钢尺检查。

2) 除焊接封闭环式箍筋外，箍筋的末端应作弯钩，弯钩形式应符合设计要求；当设计无具体要求时，应符合下列规定：

① 箍筋弯钩的弯弧内直径除应满足第1)条的规定外，尚应不小于受力钢筋直径；

② 箍筋弯钩的弯折角度：对一般结构，不应小于90°；对有抗震等要求的结构，应为135°；

③ 箍筋弯后平直部分长度：对一般结构，不宜小于箍筋直径的5倍；对有抗震等要求的结构，不应小于箍筋直径的10倍。

检查数量：按每工作班同一类型钢筋、同一加工设备抽查不应少于3件。

检验方法：钢尺检查。

(2) 一般项目

1) 钢筋调直宜采用机械方法，也可采用冷拉方法。当采用冷拉方法调直钢筋时，HPB235级钢筋的冷拉率不宜大于4%，HRB335级、HRB400级和RRB400级钢筋的冷拉率不宜大于1%。

检查数量：按每工作班同一类型钢筋、同一加工设备抽查不应少于3件。

检验方法：观察，钢尺检查。

2) 钢筋加工的形状、尺寸应符合设计要求，其偏差应符合表5-5的规定。

钢筋加工的允许偏差　　表5-5

项　目	允许偏差(mm)	项　目	允许偏差(mm)
受力钢筋顺长度方向全长的净尺寸	±10	弯起钢筋弯折位置	±20
		箍筋内净尺寸	±5

检查数量：按每工作班同一类型钢筋、同一加工设备抽查不应少于3件。

检验方法：钢尺检查。

3. 钢筋连接

(1) 主控项目

1) 纵向受力钢筋的连接方式应符合设计要求。

检查数量：全数检查。

检验方法：观察。

2) 在施工现场，应按国家现行标准《钢筋机械连接通用技术规程》JGJ 107、《钢筋焊接及验收规程》JGJ 18的规定抽取钢筋机械连接接头、焊接接头试件作力学性能检验，其质量应符合有关规程的规定。

检查数量：按有关规程确定。

检验方法：检查产品合格证、接头力学性能试验报告。

(2) 一般项目

1) 钢筋的接头宜设置在受力较小处。同一纵向受力钢筋不宜设置两个或两个以上接头。接头末端至钢筋弯起点的距离不应小于钢筋直径的 10 倍。

检查数量：全数检查。

检验方法：观察，钢尺检查。

2) 在施工现场，应按国家现行标准《钢筋机械连接通用技术规程》JGJ 107、《钢筋焊接及验收规程》JGJ 18 的规定对钢筋机械连接接头、焊接接头的外观进行检查，其质量应符合有关规程的规定。

检查数量：全数检查。

检验方法：观察。

3) 当受力钢筋采用机械连接接头或焊接接头时，设置在同一构件内的接头宜相互错开。纵向受力钢筋机械连接接头及焊接接头连接区段的长度为 35 倍 d（d 为纵向受力钢筋的较大直径）且不小于 500mm，凡接头中点位于该连接区段长度内的接头均属于同一连接区段。同一连接区段内，纵向受力钢筋机械连接及焊接的接头面积百分率为该区段内有接头的纵向受力钢筋截面面积与全部纵向受力钢筋截面面积的比值。

同一连接区段内，纵向受力钢筋的接头面积百分率应符合设计要求；当设计无具体要求时，应符合下列规定：

① 在受拉区不宜大于 50%；

② 接头不宜设置在有抗震设防要求的框架梁端、柱端的箍筋加密区；当无法避开时，对等强度高质量机械连接接头，不应大于 50%；

③ 直接承受动力荷载的结构构件中，不宜采用焊接接头；当采用机械连接接头时，不应大于 50%。

检查数量：在同一检验批内，对梁、柱和独立基础，应抽查构件数量的 10%，且不少于 3 件；对墙和板，应按有代表性的自然间抽查 10%，且不少于 3 间；对大空间结构，墙可按相邻轴线间高度 5m 左右划分检查面，板可按纵横轴线划分检查面，抽查 10%，且均不少于 3 面。

检验方法：观察，钢尺检查。

4) 同一构件中相邻纵向受力钢筋的绑扎搭接接头宜相互错开。绑扎搭接接头中钢筋的横向净距不应小于钢筋直径，且不应小于 25mm。

钢筋绑扎搭接接头连接区段的长度为 $1.3l_l$（l_l 为搭接长度），凡搭接接头中点位于该连接区段长度内的搭接接头均属于同一连接区段。

同一连接区段内，纵向受拉钢筋搭接接头面积百分率应符合设计要求，当设计无具体要求时，应符合下列规定：

① 对梁类、板类及墙类构件，不宜大于 25%；

② 对柱类构件，不宜大于 50%；

③ 工程中确有必要增大接头面积百分率时，对梁类构件，不应大于 50%；对其他构件，可根据实际情况放宽。

纵向受力钢筋绑扎搭接接头的最小搭接长度应符合《混凝土结构工程施工质量验收规范》(GB 50204—2002)附录B的规定。

检查数量：在同一检验批内，对梁、柱和独立基础，应抽查构件数量的10%，且不少于3件；对墙和板，应按有代表性的自然间抽查10%，且不少于3间；对大空间结构，墙可按相邻轴线间高度5m左右划分检查面，板可按纵、横轴线划分检查面，抽查10%，且均不少于3面。

检验方法：观察，钢尺检查。

5) 在梁、柱类构件的纵向受力钢筋搭接长度范围内，应按设计要求配置箍筋。当设计无具体要求时，应符合下列规定：

① 箍筋直径不应小于搭接钢筋较大直径的0.25倍；
② 受拉搭接区段的箍筋间距不应大于搭接钢筋较小直径的5倍，且不应大于100mm；
③ 受压搭接区段的箍筋间距不应大于搭接钢筋较小直径的10倍，且不应大于200mm；
④ 当柱中纵向受力钢筋直径大于25mm时，应在搭接接头两个端面外100mm范围内各设置两个箍筋，其间距宜为50mm。

检查数量：在同一检验批内，对梁、柱和独立基础，应抽查构件数量的10%，且不少于3件；对墙和板，应按有代表性的自然间抽查10%，且不少于3间；对大空间结构，墙可按相邻轴线间高度5m左右划分检查面，板可按纵、横轴线划分检查面，抽查10%，且均不少于3面。

检验方法：钢尺检查。

4. 钢筋安装

(1) 主控项目

钢筋安装时，受力钢筋的品种、级别、规格和数量必须符合设计要求。

检查数量：全数检查。

检验方法：观察，钢尺检查。

(2) 一般项目

钢筋安装位置的偏差应符合表5-6的规定。

钢筋安装位置的允许偏差和检验方法　　表5-6

项　目		允许偏差(mm)	检　验　方　法
绑扎钢筋网	长、宽	±10	钢尺检查
	网眼尺寸	±20	钢尺量连续三档，取最大值
绑扎钢筋骨架	长	±10	钢尺检查
	宽、高	±5	钢尺检查
受力钢筋	间距	±10	钢尺量两端，中间各一点，取最大值
	排距	±5	
保护层厚度	基础	±10	钢尺检查
	柱、梁	±5	钢尺检查
	板、墙、壳	±3	钢尺检查

续表

项　目		允许偏差(mm)	检验方法
绑扎钢筋、横向钢筋间距		±20	钢尺量连续三档，取最大值
钢筋弯起点位置		20	钢尺检查
预埋件	中心线位置	5	钢尺检查
	水平高差	+3，0	钢尺和塞尺检查

注：1. 检查预埋件中心线位置时，应沿纵、横两个方向量测，并取其中的较大值；
　　2. 表中梁类、板类构件上部纵向受力钢筋保护层厚度的合格点率应达到90%及以上，且不得有超过表中数值1.5倍的尺寸偏差。

检查数量：在同一检验批内，对梁、柱和独立基础，应抽查构件数量的10%，且不少于3件；对墙和板，应按有代表性的自然间抽查10%，且不少于3间；对大空间结构，墙可按相邻轴线间高度5m左右划分检查面，板可按纵、横轴线划分检查面，抽查10%，且均不少于3面。

第三节　预应力分项工程

一、材料质量要求

1. 后张法预应力工程的施工应由具有相应资质等级的预应力专业施工单位承担。

2. 预应力筋张拉机具设备及仪表，应定期维护和校验。张拉设备应配套标定，并配套使用。张拉设备的标定期限不应超过半年。当在使用过程中出现反常现象时或在千斤顶检修后，应重新标定。

(1) 张拉设备标定时，千斤顶活塞的运行方向应与实际张拉工作状态一致；

(2) 压力表的精度不应低于1.5级，标定张拉设备用的试验机或测力计精度不应低于±2%。

3. 在浇筑混凝土之前，应进行预应力隐蔽工程验收，其内容包括：

(1) 预应力筋的品种、规格、数量、位置等；

(2) 预应力筋锚具和连接器的品种、规格、数量、位置等；

(3) 预留孔道的规格、数量、位置、形状及灌浆孔、排气兼泌水管等；

(4) 锚固区局部加强构造等。

4. 预应力筋常用的品种和相应的现行国家标准有《预应力混凝土用钢丝》(GB/T 5223)、《预应力混凝土用钢绞线》(GB/T 5224)、《预应力混凝土用钢棒》(GB/T 5223.3)。

(1) 预应力筋进场时，应具备产品合格证、出厂检验报告，使用前应作进场复验，按现行国家标准规定，按批次抽取试件作力学性能检验，其质量必须符合有关标准的规定。

(2) 预应力筋使用前应进行外观检查，其质量应符合下列要求：

1) 有粘结预应力筋展开后应平顺，不得弯折，表面不应有裂纹、机械损伤、氧化铁皮或油污。

2) 无粘结预应力筋护套应光滑、无裂缝，无明显褶皱。

(3)无粘结预应力筋的涂包质量应符合无粘结预应力钢绞线标准的规定。进场时应具备产品合格证、出厂检验报告和进场复验报告。涂包质量的检验是按每60t为一批，每批抽取一组试件，检查涂包层油脂用量。

(4)无粘结预应力筋护套，有严重破损的不得使用，有轻微破损的应外包防水塑料胶带修补好。当有工程经验，并经观察认为质量有保证时，可不作油脂用量和护套厚度的进场复验。

(5)预应力钢材进场验收应遵守以下规定：

1)碳素钢丝应按批验收，每批应由同一钢号、同一直径、同一抗拉强度和同一交货状态的钢丝组成。每捆钢丝上都应挂标牌、并附出厂合格证书。

2)外观检查应逐盘进行，要求钢丝表面不得有裂纹、小刺、劈裂、机械损伤、氧化铁皮、油迹等，但表面上允许有浮锈和回火色。

3)钢丝直径的检查，应按进场量的10%抽取，但不得少于六盘。

4)钢丝外观检查合格后，从每批中任意选取批量的10%(但不少于六盘)的钢丝，从每盘钢丝的两端各截取一个试件，一个做拉力试验，一个做反复弯曲试验。如有某一项试验结果不符合国家标准，则该盘钢丝为不合格品，并从同一批中未经取样试验的钢丝盘中再取双倍数量的试件进行复试，如仍有一个指标不合格，则该批钢丝为不合格品，严禁使用。如果进行全数检查，则应选用合格产品。

5)钢绞线的外观检查，同钢丝一样要求。无粘结钢绞线要检查外裹的塑料膜是否完好。

6)钢绞线的力学性能检查，也是抽样试验，从每批中选取5%(但不少于三盘)钢绞线，各截取一个试件进行拉力试验。试拉的合格判定，与钢丝的判定原则相同。

5. 预应力筋用锚具、夹具和连接器应按设计规定采用，其性能应符合现行国家标准《预应力筋用锚具、夹具和连接器》(GB/T 14370)和《预应力筋用锚具、夹具和连接器应用技术规程》(JGJ 85)的规定。

6. 预应力筋端部锚具的制作质量应符合下列要求：

(1)挤压锚具制作时压力表的油压应符合操作说明书的规定，挤压后预应力筋外端应露出挤压套筒1.5mm。

(2)钢绞线压花锚成型时，表面应洁净无污染，梨形头尺寸和直线段长度应符合设计要求。

(3)钢丝镦头的强度不得低于钢丝强度标准值的98%。

制作预应力锚具，每工作班应进行抽样检查，对挤压锚，每工作班抽查5%，且不应少于5件；对压花锚，每工作班抽查三件；对钢丝镦头，主要是检查钢丝的可镦性，故按钢丝进场批量，每批钢丝检查6个镦头试件的强度试验报告。

7. 预应力筋用锚具、夹具和连接器进场时作进场复验，主要对锚具、夹具、连接器作静载锚固性能试验，并按出厂检验报告中所列指标，核对材质、机加工尺寸等。对锚具使用较少的一般工程，如供货方提供了有效的出厂试验报告，可不再作静载锚固性能试验。

8. 锚具、夹具和连接器使用前应进行外观质量检查，其表面应无污物、锈蚀、机械损伤和裂纹，否则应根据不同情况进行处理，确保使用性能。

9. 锚具验收

(1) 检查出厂证明文件,核对其锚固性能、类别、品种、规格及数量,应全部符合订货要求。

(2) 外观检查,应从每批中抽取10%但不少于10套的锚具,检查其外观和尺寸。当有一套表面有裂纹或超过产品标准及设计图纸规定尺寸的允许偏差时,应另取双倍数量的锚具重做检查,如仍有一套不符合要求,则逐套检查,对检查不合格者,严禁使用。

(3) 硬度检查,应从每批中抽取5%,但不少于5件的锚具,对其中有硬度要求的零件做硬度试验,对多孔夹片式锚具的夹片,每套至少抽5片。每个零件测试三点,其硬度应在设计要求范围内,当有一个零件不合格时,应另取双倍数量的零件重做试验,如仍有一个零件不合格,则做逐个检查,合格者方可使用。

(4) 静载锚固性能试验,经上述两项试验合格后,应从同批中抽取6套锚具(夹具或连接器)组成3个预应力筋锚具(夹具、连接器)组装件,进行静载锚固性能试验,当有一个试件不符合要求时,应另取双倍数量的锚具(夹具或连接器)重做试验,如仍有一套不合格,则该批锚具(夹具或连接器)为不合格品。

(5) 对一般工程的锚具(夹具或连接器)进场验收,其静载锚固性能,也可由锚具生产厂提供试验报告。

10. 夹具验收

预应力夹具的进场验收,只做静载锚固性能试验。试验方法与预应力筋锚具相同。

由于夹具的锚固性能不影响结构的使用性能,只要能满足工艺过程中的使用要求即可。为简化验收手续,可不作外观检查和硬度检验。

11. 连接器验收

后张法预应力连接器的进场验收,应与预应力筋锚具相同;先张法预应力筋连接器进场验收,应与预应力筋夹具相同,但静载锚固性能试验时,可从同批中抽取3套连接器,组装成3个预应力筋连接器组装件进行试验。

12. 灌浆用塑料管及盖板

灌浆用塑料管的管壁应能承受$2N/mm^2$的压力,管内径一般为20mm;长度可以根据构件情况在施工中自行截取。盖板为弧形,弧度按所用波纹管进行加工,可向塑料厂定货供应。

13. 用于张拉端的喇叭形钢筋、钢筋网片、钢垫板等均需根据设计图纸提出的要求,由施工单位进行加工制作。它们没有专门生产的厂商。因此,施工时看图必须认真,加工制作必须符合要求。

14. 预应力束表面涂料

无粘结预应力束表面涂料,应长期保护预应力束不受腐蚀。它应具有以下性能。

(1) 有较好的化学稳定性,在使用温度范围(一般为-20℃~+70℃)内不裂缝,不变脆和流淌。

(2) 与周围的材料如混凝土、钢材、缠绕材料或塑料套管等不起化学作用。

(3) 不会被腐蚀,且具有不透水性。

15. 无粘结预应力束用的外层包裹物必须具有一定的抗拉强度和防渗漏的性能,以保证预应力束在运输、储存、铺设和浇灌混凝土过程中不会发生不可修复的破坏。常用的包裹物有塑料布、塑料薄膜或牛皮纸，其中塑料布或塑料薄膜防水性能、抗拉强度和延伸率较好。此外，还可选用聚氯乙烯、高压聚乙烯、低压聚乙烯和聚丙烯等挤压成型作为预应力束的涂层包裹层。

16．辅助材料质量验收

（1）后张预应力混凝土孔道成型材料应具有刚度和密闭性，在铺设及浇筑混凝土过程中不应变形，其咬口及连接处不应漏浆。成型后的管道应能有效地传递灰浆和周围混凝土的粘结力。

（2）预应力混凝土用金属螺旋管进场时应具备产品合格证、出厂检验报告，使用前作进场复验，其尺寸、径向刚度和抗渗性能等应符合现行国家标准《预应力混凝土用金属螺旋管》（JG/T3013）的规定。对金属螺旋管用量较少的一般工程，如有可靠依据时，可不作径向刚度、抗渗漏性能的进场复试。

（3）预应力混凝土用金属螺旋管在使用前应进行外观质量检查。其内外表面应清洁，无锈蚀、无油污，不应有变形、孔洞和不规则的褶皱，咬口不应有开裂和脱扣。

（4）孔道灌浆用水泥应采用普通硅酸盐水泥，水泥及水泥外加剂应符合设计和规范要求，严禁使用含氯化物的外加剂。且水泥和水泥外加剂进场，应具备产品合格证，使用前作进场复验。

二、施工质量控制

预应力混凝土结构施工前，专业施工单位应根据设计图纸，编制预应力施工方案。当设计图纸深度不具备施工条件时，预应力专业施工单位应将图纸进一步深化、细化，予以完善，并经设计单位审核后实施。

1．预应力筋制作与安装

预应力筋制作与安装时，其品种、级别、规格、数量必须符合设计要求。

（1）预应力筋下料

1）预应力筋应采用砂轮锯或切断机切断，不得采用电弧切割，以免电弧损伤预应力筋。

2）预应力筋的下料长度应由计算确定，加工尺寸要求严格，以确保预加应力均匀一致。

（2）后张法有粘结预应力筋预留孔道

1）预留孔道的规格、数量、位置和形状应满足设计要求。

2）预留孔道的定位应准确、牢固，浇筑混凝土时不应出现移位或变形。

3）孔道应平顺通畅，端部的预埋垫板应垂直于孔道中心线。

4）成孔用管道应密封良好，接头应严密，不得漏浆。

5）灌浆孔的间距：对预埋金属螺旋预埋管的不宜大于30m；对抽芯成形孔道不宜大于12m。

6）在曲线孔道的曲线波峰位置应设置排气兼泌水管，必要时在最低点设置排水孔。灌浆孔及泌水管的孔径应能保证浆液通畅。

7）固定成孔管道的钢筋马凳间距：对钢管不宜大于1.5m；对金属螺旋管及波纹管不宜大于1.0m；对胶管不宜大于0.5m；对曲线孔道宜适当加密。

(3) 预应力筋铺设

1) 施工过程中应防止电火花损伤预应力筋，对有损伤的预应力筋应予以更换。

2) 先张法预应力施工时应选用非油脂性的模板隔离剂，在铺设预应力筋时严禁隔离剂沾污预应力筋。

3) 在后张法施工中，对于浇筑混凝土前穿入孔道的预应力筋，应有防锈措施。

4) 无粘结预应力的护套应完整，局部破损处采用防水塑料胶带缠绕紧密修补好。

5) 无粘结预应力筋的定位应牢固，浇筑混凝土时不应出现移位和变形，端部的预埋垫板应垂直于预应力筋，内埋式固定端垫板不应重叠，锚具与垫块应贴紧。

6) 预应力筋的保护层厚度应符合设计及有关规范的规定。无粘结预应力筋成束布置时，其数量及排列形状应能保证混凝土密实，并能够握裹住预应力筋。

7) 预应力筋束形控制点的竖向位置偏差应符合表 5-7 的规定。

束形控制点的竖向位置允许偏差　　　　　　　表 5-7

截面高(厚)度	$h \leqslant 300$	$300 < h \leqslant 1500$	$h > 1500$
允许偏差	±5	±10	±15

2. 预应力筋张拉和放张

(1) 安装张拉设备时。直线预应力筋，应使张拉力的作用线与孔道中心线重合；曲线预应力筋，应使张拉力的作用线与孔道中心线末端的切线重合。

(2) 预应力筋张拉或放张时，混凝土强度应符合设计要求；当设计无具体要求时，不应低于设计的混凝土立方体抗压强度标准值的 75%。

(3) 预应力筋的张拉力、张拉或放张顺序及张拉工艺应符合设计及施工技术方案的要求，并应符合下列规定：

1) 张拉力及设计计算伸长值、张拉顺序均由设计确定，在后张法施工中，确定张拉力应考虑后批张拉对先批张拉预应力筋所产生的结构构件弹性压缩的影响，如应力影响较大时，可将其统一增加一定值。

2) 预应力筋张拉时的应力控制应满足设计要求。后张法施工中，当预应力筋是逐根或逐束张拉时，应保证各阶段不出现对结构不利的应力状态；同时宜考虑后批张拉预应力筋所产生的结构构件的弹性压缩对先批张拉预应力筋的影响，确定张拉力。

有粘结预应力筋张拉时应整束张拉，使其各根预应力筋同步受力，应力均匀。

实际施工中有部分预应力损失，可采取超张拉方法抵销，其最大张拉应力不应大于现行国家标准《混凝土结构设计规范》（GB 50010）的规定。

3) 当采取超张拉方法减少预应力筋的松弛损失时，预应力筋的张拉顺序为：

从零应力开始张拉至 1.05 倍预应力筋的张拉控制应力 σ_{con}，持荷 2min 后，卸荷至预应力筋的张拉控制应力；或从应力为零开始张拉至 1.03 倍预应力筋的张拉控制应力。其中 σ_{con} 为预应力筋的张拉控制应力。

4) 当采用应力控制方法张拉时，应校核预应力筋的伸长值，如实际伸长值比计算伸长值大于 10% 或小于 5%，应暂停张拉，在采取措施予以调整后，方可继续张拉。

(4) 内缩量值控制：在预应力筋锚固过程中，由于锚具零件之间和锚具与预应力筋之间的相对移动和局部塑性变形造成的回缩量，张拉端预应力筋的内回缩量应符合设计要求。

3. 灌浆及封锚

(1) 灌浆

孔道灌浆是在预应力筋处于高应力状态，对其进行永久性保护的工序，所以应在预应力筋张拉后尽早进行孔道灌浆，孔道内水泥浆应饱满、密实。

1) 孔道灌浆前应进行水泥浆配合比设计。

2) 严格控制水泥浆的稠度和泌水率，以获得饱满密实的灌浆效果，水泥浆的水灰比不应大于0.45，搅拌后3h泌水不宜大于2%，且不应大于3%，应作水泥浆性能试验，泌水应能在24h内全部重新被水泥浆吸收。对空隙大的孔道，也可采用砂浆灌浆，水泥浆或砂浆的抗压强度标准值不应小于$30N/mm^2$，当需要增加孔道灌浆密实度时，也可掺入对预应力筋无腐蚀的外加剂。

3) 灌浆前孔道应湿润、洁净。灌浆顺序宜先下层孔道。

4) 灌浆应缓慢均匀地进行，不能中断，直至出浆口排出的浆体稠度与进浆口一致，灌满孔道后，应再继续加压0.5~0.6MPa，稍后封闭灌浆孔。不掺外加剂的水泥浆，可采用二次灌浆法。封闭顺序是沿灌注方向依次封闭。

5) 灌浆工作应在水泥浆初凝前完成。每个工作班留一组边长为70.7mm的立方体试件，标准养护28d，作抗压强度试验，抗压强度为一组6个试件组成，当一组试件中抗压强度最大值或最小值与平均值相差20%时，应取中间4个试件强度的平均值。

(2) 张拉端锚具及外露预应力筋的封闭保护

锚具的封闭保护应符合设计要求；当设计无具体要求时，应符合下列规定：

1) 锚固后的外露部分宜采用机械方法切割，外露长度不宜小于预应力筋直径的1.5倍，且不小于30mm；

2) 预应力筋的外露锚具必须有严格的密封保护措施，应采取防止锚具受机械损伤或遭受腐蚀的有效措施；

3) 外露预应力筋的保护层厚度，处于正常环境时不应小于20mm，处于易受腐蚀环境时，不应小于50mm；

4) 凸出式锚固端锚具的保护层厚度不应小于50mm。

三、施工质量验收

1. 原材料

(1) 主控项目

1) 预应力筋进场时，应按现行国家标准《预应力混凝土用钢绞线》(GB/T 5224)等的规定抽取试件作力学性能检验，其质量必须符合有关标准的规定。

检查数量：按进场的批次和产品的抽样检验方案确定。

检验方法：检查产品合格证、出厂检验报告和进场复验报告。

2) 无粘结预应力筋的涂包质量应符合无粘结预应力钢绞线标准的规定。

检查数量：每60t为一批，每批抽取一组试件。

检验方法：观察，检查产品合格证、出厂检验报告和进场复验报告。

当有工程经验，并经观察认为质量有保证时，可不作油脂用量和护套厚度的进场复验。

3)预应力筋用锚具、夹具和连接器应按设计要求采用,其性能应符合现行国家标准《预应力筋用锚具、夹具和连接器》(GB/T 14370)等的规定。

检查数量:按进场批次和产品的抽样检验方案确定。

检验方法:检查产品合格证、出厂检验报告和进场复验报告。

对锚具用量较少的一般工程,如供货方提供有效的试验报告,可不作静载锚固性能试验。

4)孔道灌浆用水泥应采用普通硅酸盐水泥,其质量应符合本章混凝土分项工程原材料验收主控项目第1)条的规定。孔道灌浆用外加剂的质量应符合本章混凝土分项工程原材料验收主控项目第2)条的规定。

检查数量:按进场批次和产品的抽样检验方案确定。

检验方法:检查产品合格证、出厂检验报告和进场复验报告。

对孔道灌浆用水泥和外加剂用量较少的一般工程,当有可靠依据时,可不作材料性能的进场复验。

(2)一般项目

1)预应力筋使用前应进行外观检查,其质量应符合下列要求:

① 有粘结预应力筋展开后应平顺,不得有弯折,表面不应有裂纹、小刺、机械损伤、氧化铁皮和油污等;

② 无粘结预应力筋护套应光滑、无裂缝,无明显褶皱。

检查数量:全数检查。

检验方法:观察。

无粘结预应力筋护套轻微破损者应外包防水塑料胶带修补,严重破损者不得使用。

2)预应力筋用锚具、夹具和连接器使用前应进行外观检查,其表面应无污物、锈蚀、机械损伤和裂纹。

检查数量:全数检查。

检验方法:观察。

3)预应力混凝土用金属螺旋管的尺寸和性能应符合国家现行标准《预应力混凝土用金属螺旋管》JG/T 3013 的规定。

检查数量:按进场批次和产品的抽样检验方案确定。

检验方法:检查产品合格证、出厂检验报告和进场复验报告。

对金属螺旋管用量较少的一般工程,当有可靠依据时,可不作径向刚度、抗渗漏,性能的进场复验。

4)预应力混凝土用金属螺旋管在使用前应进行外观检查,其内外表面应清洁,无锈蚀,不应有油污、孔洞和不规则的褶皱,咬口不应有开裂或脱扣。

检查数量:全数检查。

检验方法:观察。

2. 制作与安装

(1)主控项目

1)预应力筋安装时,其品种、级别、规格、数量必须符合设计要求。

检查数量：全数检查。

检验方法：观察，钢尺检查。

2) 先张法预应力施工时应选用非油质类模板隔离剂，并应避免沾污预应力筋。

检查数量：全数检查。

检验方法：观察。

3) 施工过程中应避免电火花损伤预应力筋；受损伤的预应力筋应予以更换。

检查数量：全数检查。

检验方法：观察。

(2) 一般项目

1) 预应力筋下料应符合下列要求：

① 预应力筋应采用砂轮锯或切断机切断，不得采用电弧切割。

② 当钢丝束两端采用墩头锚具时，同一束中各根钢丝长度的极差不应大于钢丝长度的1/5000，且不应大于5mm。当成组张拉长度不大于10m的钢丝时，同组钢丝长度的极差不得大于2mm。

检查数量：每工作班抽查预应力筋总数的3%，且不少于3束。

检验方法：观察，钢尺检查。

2) 预应力筋端部锚具的制作质量应符合下列要求：

① 挤压锚具制作时压力表油压应符合操作说明书的规定，挤压后预应力筋外端应露出挤压套筒1~5mm；

② 钢绞线压花锚成形时，表面应清洁、无油污，梨形头尺寸和直线段长度应符合设计要求；

③ 钢丝镦头的强度不得低于钢丝强度标准值的98%。

检查数量：对挤压锚，每工作班抽查5%，且不应少于5件；对压花锚，每工作班抽查3件；对钢丝镦头强度，每批钢丝检查6个镦头试件。

检验方法：观察，钢尺检查，检查墩头强度试验报告。

3) 后张法有粘结预应力筋预留孔道的规格、数量、位置和形状除应符合设计要求外，尚应符合下列规定：

① 预留孔道的定位应牢固，浇筑混凝土时不应出现移位和变形；

② 孔道应平顺，端部的预埋锚垫板应垂直于孔道中心线；

③ 成孔用管道应密封良好，接头应严密且不得漏浆；

④ 灌浆孔的间距：对预埋金属螺旋管不宜大于30m；对抽芯成形孔道不宜大于12m；

⑤ 在曲线孔道的曲线波峰部位应设置排气兼泌水管，必要时可在最低点设置排水孔；

⑥ 灌浆孔及泌水管的孔径应能保证浆液畅通。

检查数量：全数检查。

检验方法：观察，钢尺检查。

4) 预应力筋束形控制点的竖向位置偏差应符合表5-7的规定。

检查数量：在同一检验批内，抽查各类型构件中预应力筋总数的5%，且对各类型构件均不少于5束，每束不应少于5处。

检验方法：钢尺检查。

5) 无粘结预应力筋的铺设除应符合第7)条的规定外,尚应符合下列要求:
① 无粘结预应力筋的定位应牢固,浇筑混凝土时不应出现移位和变形;
② 端部的预埋锚垫板应垂直于预应力筋;
③ 内埋式固定端垫板不应重叠,锚具与垫板应贴紧;
④ 无粘结预应力筋成束布置时应能保证混凝土密实并能裹住预应力筋;
⑤ 无粘结预应力筋的护套应完整,局部破损处应采用防水胶带缠绕紧密。
检查数量:全数检查。
检验方法:观察。
6) 浇筑混凝土前穿入孔道的后张法有粘结预应力筋,宜采取防止锈蚀的措施。
检查数量:全数检查。
检验方法:观察。

3. 张拉和放张

(1) 主控项目

1) 预应力筋张拉或放张时,混凝土强度应符合设计要求;当设计无具体要求时,不应低于设计的混凝土立方体抗压强度标准值的75%。
检查数量:全数检查。
检验方法:检查同条件养护试件试验报告。

2) 预应力筋的张拉力、张拉或放张顺序及张拉工艺应符合设计及施工技术方案的要求,并应符合下列规定:
① 当施工需要超张拉时,最大张拉应力不应大于国家现行标准《混凝土结构设计规范》GB 50010 的规定;
② 张拉工艺应能保证同一束中各根预应力筋的应力均匀一致;
③ 后张法施工中,当预应力筋是逐根或逐束张拉时,应保证各阶段不出现对结构不利的应力状态;同时宜考虑后批张拉预应力筋所产生的结构构件的弹性压缩对先批张拉预应力筋的影响,确定张拉力;
④ 先张法预应力筋放张时,宜缓慢放松锚固装置,使各根预应力筋同时缓慢放松;
⑤ 当采用应力控制方法张拉时,应校核预应力筋的伸长值。实际伸长值与设计计算理论伸长值的相对允许偏差为±6%。
检查数量:全数检查。
检验方法:检查张拉记录。

3) 预应力筋张拉锚固后实际建立的预应力值与工程设计规定检验值的相对允许偏差为±5%。
检查数量:对先张法施工,每工作班抽查预应力筋总数的1%,且不少于3根;对后张法施工,在同一检验批内,抽查预应力筋总数的3%,且不少于5束。
检验方法:对先张法施工,检查预应力筋应力检测记录;对后张法施工,检查见证张拉记录。

4) 张拉过程中应避免预应力筋断裂或滑脱;当发生断裂或滑脱时,必须符合下列规定:
① 对后张法预应力结构构件,断裂或滑脱的数量严禁超过同一截面预应力筋总根数

的3%,且每束钢丝不得超过一根;对多跨双向连续板,其同一截面应按每跨计算;
② 对先张法预应力构件,在浇筑混凝土前发生断裂或滑脱的预应力筋必须予以更换。
检查数量:全数检查。
检验方法:观察,检查张拉记录。
(2) 一般项目
1) 锚固阶段张拉端预应力筋的内缩量应符合设计要求;当设计无具体要求时,应符合表5-8的规定。

张拉端预应力筋的内缩量限值　　　　表5-8

锚具类别		内缩量限值(mm)
支承式锚具(镦头锚具等)	螺帽缝隙	1
	每块后加垫板的缝隙	1
锥塞式锚具		5
夹片式锚具	有预压	5
	无预压	6~8

检查数量:每工作班抽查预应力筋总数的3%,且不少于3束。
检验方法:钢尺检查。
2) 先张法预应力筋张拉后与设计位置的偏差不得大于5mm,且不得大于构件截面短边边长的4%。
检查数量:每工作班抽查预应力筋总数的3%,且不少于3束。
检验方法:钢尺检查。
4. 灌浆及封锚
(1) 主控项目
1) 后张法有粘结预应力筋张拉后应尽早进行孔道灌浆,孔道内水泥浆应饱满、密实。
检查数量:全数检查。
检验方法:观察,检查灌浆记录。
2) 锚具的封闭保护应符合设计要求;当设计无具体要求时,应符合下列规定:
① 应采取防止锚具腐蚀和遭受机械损伤的有效措施;
② 凸出式锚固端锚具的保护层厚度不应小于50mm;
③ 外露预应力筋的保护层厚度:处于正常环境时,不应小于20mm;处于易受腐蚀的环境时,不应小于50mm。
检查数量:在同一检验批内,抽查预应力筋总数的5%,且不少于5处。
检验方法:观察,钢尺检查。
(2) 一般项目
1) 后张法预应力筋锚固后的外露部分宜采用机械方法切割,其外露长度不宜小于预应力筋直径的1.5倍,且不宜小于30mm。
检查数量:在同一检验批内,抽查预应力筋总数的3%,且不少于5束。
检验方法:观察,钢尺检查。
2) 灌浆用水泥浆的水灰比不应大于0.45,搅拌后3h泌水率不宜大于2%,且不应大于3％。泌水应能在24h内全部重新被水泥浆吸收。

检查数量：同一配合比检查一次。

检验方法：检查水泥浆性能试验报告。

3) 灌浆用水泥浆的抗压强度不应小于30N/mm²。

检查数量：每工作班留置一组边长为70.7mm的立方体试件。

检验方法：检查水泥浆试件强度试验报告。

一组试件由6个试件组成，试件应标准养护28d；抗压强度为一组试件的平均值，当一组试件中抗压强度最大值或最小值与平均值相差超过20％时，应取中间4个试件强度的平均值。

第四节　混凝土分项工程

一、材料质量要求

1. 一般规定

(1) 结构构件的混凝土强度应按现行国家标准《混凝土强度检验评定标准》(GBJ 107)的规定分批检验评定。

对采用蒸汽法养护的混凝土结构构件，其混凝土试件应先随同结构构件同条件蒸汽养护，再转入标准条件养护共28d。

当混凝土中掺用矿物掺合料时，由于其强度增长较慢，以28d为验收龄期可能不合适。所以，确定混凝土强度时的龄期可按现行国家标准《粉煤灰混凝土应用技术规范》(GBJ 146)等的规定取值。

(2) 检验评定混凝土强度用的混凝土试件(标明单位、使用部位、标号)的尺寸及强度的尺寸换算系数应按表5-9取用；其标准成型方法、标准养护条件(20℃±3℃，相对湿度90％以上的潮湿环境条件下养护)及强度试验方法应符合普通混凝土力学性能试验方法标准的规定。

混凝土试件尺寸及强度的尺寸换算系数　　　　表5-9

骨料最大粒径(mm)	试件尺寸(mm)	强度的尺寸换算系数
≤31.5	100×100×100	0.95
≤40	150×150×150	1.00
≤63	200×200×200	1.05

注：对强度等级为C60及以上的混凝土试件，其强度的尺寸换算系数可通过试验确定。

(3) 由于同条件养护试件(标明单位、使用部位、强度等级)具有与结构混凝土相同的原材料、配合比和养护条件，能有效代表结构混凝土的实际质量。所以，结构构件拆模、出池、出厂、吊装、张拉、放张及施工期间临时负荷时的混凝土强度，应根据同条件养护的标准尺寸试件的混凝土强度确定。

(4) 当混凝土试件强度评定不合格时，可采用非破损或局部破损的检测方法(例如回弹法、超声回弹综合法、钻芯法、后装拔出法等)，按国家现行有关标准的规定对结构构件中的混凝土强度进行推定,并作为处理的依据。

(5) 室外日平均气温连续5d稳定低于5℃时,混凝土分项工程应采取冬期施工措施,混凝土的冬期施工应符合国家现行标准《建筑工程冬期施工规程》(JGJ 104)和施工技术方案的规定。

2. 水泥进场检查与试验

普通混凝土工程中水泥应采用硅酸盐水泥、普通硅酸盐水泥、矿渣硅酸盐水泥、火山灰质硅酸盐水泥或粉煤灰硅酸盐水泥。水泥的强度等级由设计确定,但不宜低于32.5级。水泥是混凝土的重要组成成分,其进场时应对其品种、级别、包装或散装仓号、出厂日期、是否铅封等进行检查,并应对其强度、安定性及其他必要的性能指标进行复验,其质量必须符合现行国家标准《通用硅酸盐水泥》(GB 175—2007)等的规定。钢筋混凝土结构、预应力混凝土结构中,严禁使用含氯化合物的水泥。

3. 外加剂质量控制

混凝土外加剂的特点是品种多、掺量小、在改善新拌合硬化混凝土性能中起着重要的作用。外加剂的研究和应用促进了混凝土施工新技术和新品种混凝土的发展。混凝土外加剂种类较多,且均有相应的质量标准,使用对其质量及应用技术应符合国家现行标准《混凝土外加剂》(GB 8076)、《混凝土外加剂应用技术规范》(GBJ 50119)、《混凝土速凝剂》(JC 472)、《混凝土泵送剂》(JC 473)、《混凝土防水剂》(JC 474)、《混凝土防冻剂》(JC 475)、《混凝土膨胀剂》(JC 476)等的规定。外加剂的检验项目、方法和批量应符合相应标准的规定。若外加剂中含有氯化物,同样可能引起混凝土结构中钢筋的锈蚀,故应严格控制。

4. 氯化物和碱量控制

混凝土中氯化物、碱的总含量过高,可能引起钢筋锈蚀和碱—骨料反应,严重影响结构构件受力性能和耐久性。现行国家标准《混凝土结构设计规范》(GB 50010)中对此的规定如下:

(1) 一类、二类和三类环境中,设计使用年限为50年的结构混凝土应符合表5-10的规定。

结构混凝土耐久性的基本要求　　　　　　表5-10

环境类别		最大水灰比	最小水泥用量 (kg/m³)	最低混凝土强度等级	最大氯离子含量 (%)	最大碱含量 (kg/m³)
一		0.65	225	C20	1.0	不限制
二	a	0.60	250	C25	0.3	3.0
	b	0.55	275	C30	0.2	3.0
三		0.50	300	C30	0.1	3.0

注:1. 氯离子含量系指其占水泥用量的百分率。
    2. 预应力构件混凝土中的最大氯离子含量为0.06%,最小水泥用量为300kg/m³;最低混凝土强度等级应按表中规定提高两个等级。
    3. 素混凝土构件的最小水泥用量不应少于表中数值减25kg/m³。
    4. 当混凝土中加入活性掺合料或能提高耐久性的外加剂时,可适当降低最小水泥用量。
    5. 当有可靠工程经验时,处于一类和二类环境中的最低混凝土强度等级可降低一个等级。
    6. 当使用非碱活性骨料时,对混凝土中的碱含量可不作限制。

(2) 一类环境中,设计使用年限为 100 年的结构。

混凝土中的最大氯离子含量为 0.06%。

宜使用非碱活性骨料;当使用碱活性骨料时,混凝土中的最大碱含量为 3.0kg/m³。

二、混凝土施工质量控制

1. 搅拌机的选用

主要根据搅拌机计量准确度、混凝土产量、技术参数选用混凝土搅拌机如表 5-11 所示。

搅拌机技术参数　　　　　　　　　　表 5-11

项　目		参　数　值
进料容量		1600L
出料容量		1000L
生产率		≥50m³/h
骨料最大粒径		80/60(卵石/碎石)mm
搅拌叶片	转速	25.5r/min
	数量	2×8
搅拌电机	型号	Y225S-4
	功率	37kW
卷扬电机	型号	YEZ160S-4
	功率	11kW
水泵电机	型号	KQW65-100(I)
	功率	3kW
料斗提升速度		21.9m/min
外形尺寸(L×B×H)	工作状态	9080×3436×10040
质量		8750kg

2. 混凝土搅拌前材料质量检查

在混凝土拌制前,应对原材料质量进行检查,其检验项目如表 5-12 所示。

材料质量检查　　　　　　　　　　表 5-12

材料名称		检　查　项　目
水泥	散装	查验资料、水泥品种、强度等级、出厂或进仓时间
	袋装	1. 检查袋上标注的水泥品种、强度等级、出厂日期 2. 抽查重量,允许误差 2% 3. 仓库内水泥品种、强度等级有无混放
砂、石		目测(经有资质试验检测单位检验) 1. 有无杂质 2. 砂的细度模数 3. 粗骨料的最大粒径、针片状及风化骨料含量
外加剂		目测(经有资质试验检测单位检验)溶液是否搅拌均匀,粉剂是否已按量分装好

3. 混凝土工程的施工配料计量

在混凝土工程的施工中，混凝土质量与配料计量控制关系密切。但施工现场有关人员为图方便，往往是骨料按体积比，加水量由人工凭经验控制，这样造成拌制的混凝土离散性很大，难以保证混凝土的质量，故混凝土的施工配料计量须符合下列规定：

（1）水泥、砂、石子、混合料等干料的配合比，应采用重量法计量，严禁采用容积法；

（2）水的计量必须在搅拌机上配置水箱或定量水表；

（3）外加剂中的粉剂可按比例先与水泥拌匀，按水泥计量或将粉剂每拌按用量称好，在搅拌时加入；溶液掺入先按比例稀释为溶液，按用水量加入。

混凝土原材料每盘称量的偏差，不得超过表 5-13 的规定。

混凝土原材料称量的允许偏差　　　　　　　　　　表 5-13

材料名称	允许偏差	材料名称	允许偏差
水泥、混合材料	±2%	水、外加剂	±2%
粗、细骨料	±3%		

注：1. 各种衡器应定期校验，保持准确；
　　2. 骨料含水率应经常测定，雨天施工应增加测定次数。

4. 首拌混凝土的操作要求

第一拌的混凝土是整个操作混凝土的基础，其操作要求如下：

（1）空车运转的检查

1）旋转方向是否与机身箭头一致；

2）空车转速约比重车快 2~3r/min；

3）检查时间 2~3min。

（2）上料前应先启动，待正常运转后方可进料。

（3）为补偿粘附在机内的砂浆，第一拌减少石子约 30%；或多加水泥、砂各 15%。

5. 混凝土搅拌

1）混凝土搅拌的时间系指自全部材料装入搅拌筒中起到开始卸料止的时间。

2）当掺有外加剂时，搅拌时间应适当延长。

3）全轻混凝土宜采用强制式搅拌机搅拌，搅拌时间 60~90s。

4）采用强制式搅拌机搅拌混凝土的加料顺序是：当轻骨料在搅拌前预湿时，先加粗、细骨料和水泥搅拌 30s，再加水继续搅拌；当轻骨料在搅拌前未预湿时，先加 1/2 的总用水量和粗、细骨料搅拌 60s。再加水泥和剩余用水量继续搅拌。

5）当采用其他形式的搅拌设备时，搅拌的最短时间应按设备说明书的规定或经试验确定。

6. 混凝土浇捣的质量控制

（1）混凝土浇捣前的准备

1）对模板、支架、钢筋、预埋螺栓、预埋铁的质量、数量、位置逐一检查，并做好记录。

2）与混凝土直接接触的模板、地基基土、未风化的岩石，应清除淤泥和杂物，用水湿润。地基基土应有排水和防水措施。模板中的缝隙和孔应堵严。

3) 混凝土自由倾落高度不宜超过 2m。

4) 根据工程需要和气候特点,应准备好抽水设备、防雨、防暑、防寒等物品。

(2) 混凝土浇捣过程中的质量要求

1) 分层浇捣与浇捣时间间隔

① 分层浇捣

为了保证混凝土的整体性,浇捣工作原则上要求一次完成。但由于振捣机具性能、配筋等原因,混凝土需要分层浇捣时,其浇筑层的厚度,应符合表 5-14 的规定。

混凝土浇筑层厚度(mm)　　　　　　　　　　　表 5-14

捣实混凝土的方法		浇筑层的厚度
插入式振捣		振捣器作用部分长度的 1.25 倍
表面振动		200
人工捣固	在基础,无筋混凝土或配筋稀疏的结构中	250
	在梁、墙板、柱结构中	200
	在配筋密列的结构中	150
轻骨料混凝土	插入式振捣	300
	表面振动(振动时需加荷)	200

② 浇捣的时间间隔

浇捣混凝土应连续进行。当必须间歇时,其间歇时间应尽量缩短,并应在前层混凝土凝结之前,将次层混凝土浇筑完毕。前层混凝土凝结时间的标准,不得超过表 5-15 的规定。否则应留施工缝。

混凝土凝结时间(min,从出搅拌机起计)　　　　　　　　　　　表 5-15

混凝土强度等级	气温(℃)	
	不高于 25	高于 25
≤C30	210	180
>C30	180	150

2) 采用振捣器振实混凝土时,每一振点的振捣时间,应将混凝土捣实至表面呈现浮浆和不再沉落为止。

① 采用插入式振捣器振捣时,普通混凝土的移动间距,不宜大于作用半径的 1.5 倍,振捣器距离模板不应大于振捣器作用半径的 1/2,并应尽量避免碰撞钢筋、模板、芯管、吊环、预埋件等。

为使上、下层混凝土结合成整体,振捣器应插入下层混凝土 5cm。

② 表面振动器,其移动间距应能保证振动器的平板覆盖已振实部分的混凝土边缘。对于表面积较大平面构件,当厚度小于 20cm 时,采用一般表面振动器振捣即可,但厚度大于 20cm,最好先用插入式振捣器振捣后,再用表面振动器振实。

③ 采用振动台振实干硬性混凝土时,宜采用加压振实的方法,加压重量为:1～3kN/m²。

3) 在浇筑与柱和墙连成整体的梁与板时,应在柱和墙浇捣完毕后停歇 1~1.5h,再继续浇筑。

梁和板宜同时浇筑混凝土,拱和高度大于 1m 的梁等结构,可单独浇筑混凝土。

4) 大体积混凝土的浇筑应按施工方案合理分段,分层进行,浇筑应在室外气温较高时进行,但混凝土浇筑温度不宜超过 28℃。

(3) 施工缝与后浇带

1) 施工缝的位置设置

混凝土施工缝的位置应在混凝土浇捣前按设计要求和施工技术方案确定。施工缝的处理应按施工技术方案执行。

2) 后浇带

后浇带是为在现浇钢筋混凝土结构施工过程中,克服由于温度、收缩而可能产生有害裂缝而设置的临时施工缝。该缝需要根据设计要求保留一段时间后再浇筑,将整个结构连成整体。

后浇带的设置距离,应考虑在有效降低温差和收缩应力的条件下,通过计算来获得。在正常的施工条件下,有关规范对此的规定是,如混凝土置于室内和土中,则为 30m,如在露天,则为 20m。

后浇带的保留时间应根据设计确定,如设计无要求时,一般至少保留 28d 以上。

后浇带的宽度应考虑施工简便,避免应力集中。一般其宽度为 70~100cm。后浇带内的钢筋应完好保存。后浇带的构造如图 5-1 所示。

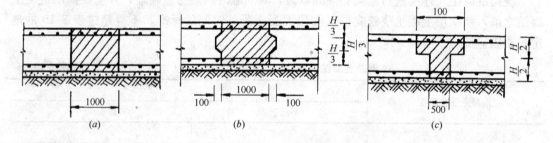

图 5-1 后浇带构造图
(a) 平接式;(b) 企口式;(c) 台阶式

后浇带在浇筑混凝土前,必须将整个混凝土表面按照施工缝的要求进行处理。填充后浇带混凝土可采用微膨胀或无收缩水泥,也可采用普通水泥加入相应的外加剂拌制,但必须要求填筑混凝土的强度等级比原结构强度提高一级,并保持至少 15d 的湿润养护。

7. 混凝土养护

混凝土浇筑完毕后应按施工技术方案及时采取有效的养护措施并应符合下列规定:

(1) 应在浇筑完毕后的 12h 以内对混凝土加以覆盖并保湿养护。

(2) 混凝土浇水养护的时间:对采用硅酸盐水泥、普通硅酸盐水泥或矿渣硅酸盐水泥拌制的混凝土不得少于 7d,对掺用缓凝型外加剂或有抗渗要求的混凝土不得少于 14d。

(3) 浇水次数应能保持混凝土处于湿润状态,混凝土养护用水应与拌制用水相同。

(4) 采用塑料布覆盖养护的混凝土其敞露的全部表面应覆盖严密并应保持塑料布内有

凝结水。

（5）混凝土强度达到 1.2N/mm² 前不得在其上踩踏或安装模板及支架。

当日平均气温低于 5℃时不得浇水；当采用其他品种水泥时混凝土的养护时间应根据所采用水泥的技术性能确定；混凝土表面不便浇水或使用塑料布时宜涂刷养护剂；对大体积混凝土的养护应根据气候条件按施工技术方案采取控温措施。

三、施工质量验收

1. 原材料

（1）主控项目

1) 水泥进场时应对其品种、级别、包装或散装仓号、出厂日期等进行检查，并应对其强度、安定性及其他必要的性能指标进行复验，其质量必须符合现行国家标准《通用硅酸盐水泥》(GB 175)等的规定。

当在使用中对水泥质量有怀疑或水泥出厂超过三个月（快硬硅酸盐水泥超过一个月）时，应进行复验，并按复验结果使用。

钢筋混凝土结构、预应力混凝土结构中，严禁使用含氯化物的水泥。

检查数量：按同一生产厂家、同一等级、同一品种、同一批号且连续进场的水泥，袋装不超过 200t 为一批，散装不超过 500t 为一批，每批抽样不少于一次。

检验方法：检查产品合格证、出厂检验报告和进场复验报告。

2) 混凝土中掺用外加剂的质量及应用技术应符合现行国家标准《混凝土外加剂》(GB 8076)、《混凝土外加剂应用技术规范》(GB 50119)等和有关环境保护的规定。

预应力混凝土结构中，严禁使用含氯化物的外加剂。钢筋混凝土结构中，当使用含氯化物的外加剂时，混凝土中氯化物的总含量应符合现行国家标准《混凝土质量控制标准》(GB 50164)的规定。

检查数量：按进场的批次和产品的抽样检验方案确定。

检验方法：检查产品合格证、出厂检验报告和进场复验报告。

3) 混凝土中氯化物和碱的总含量应符合现行国家标准《混凝土结构设计规范》(GB 50010)和设计的要求。

检验方法：检查原材料试验报告和氯化物、碱的总含量计算书。

（2）一般项目

1) 混凝土中掺用矿物掺合料的质量应符合现行国家标准《用于水泥和混凝土中的粉煤灰》(GB 1596)等的规定。矿物掺合料的掺量应通过试验确定。

检查数量：按进场的批次和产品的抽样检验方案确定。

检验方法：检查出厂合格证和进场复验报告。

2) 普通混凝土所用的粗、细骨料的质量应符合国家现行标准《普通混凝土用砂、石质量及检验方法标准》(JGJ 52—2006)的规定。

检查数量：按进场的批次和产品的抽样检验方案确定。

检验方法：检查进场复验报告。

混凝土用的粗骨料，其最大颗粒粒径不得超过构件截面最小尺寸的 1/4，且不得超过钢筋最小净间距的 3/4。

对混凝土实心板，骨料的最大粒径不宜超过板厚的1/3，且不得超过40mm。

3）拌制混凝土宜采用饮用水；当采用其他水源时，水质应符合国家现行标准《混凝土用水标准》(JGJ 63—2006)的规定。

检查数量：同一水源检查不应少于一次。

检验方法：检查水质试验报告。

2．配合比设计

（1）主控项目

混凝土应按国家现行标准《普通混凝土配合比设计规程》(JGJ 55)的有关规定，根据混凝土强度等级、耐久性和工作性等要求进行配合比设计。

对有特殊要求的混凝土，其配合比设计尚应符合国家现行有关标准的专门规定。

检验方法：检查配合比设计资料。

（2）一般项目

1）首次使用的混凝土配合比应进行开盘鉴定，其工作性应满足设计配合比的要求。开始生产时应至少留置一组标准养护试件，作为验证配合比的依据。

检验方法：检查开盘鉴定资料和试件强度试验报告。

2）混凝土拌制前，应测定砂、石含水率并根据测试结果调整材料用量，提出施工配合比。

检查数量：每工作班检查一次。

检验方法：检查含水率测试结果和施工配合比通知单。

3．混凝土施工

（1）主控项目

1）结构混凝土的强度等级必须符合设计要求。用于检查结构构件混凝土强度的试件，应在混凝土的浇筑地点随机抽取。取件留置应符合下列规定：

每拌制100盘且不超过100的同配合比的混凝土，取样不得少于一次；

每工作班拌制的同一配合比的混凝土不足100盘时，取样不得少于一次；

当一次连续浇筑超过1000m³时，同一配合比的混凝土每200m³取样不得少于一次；

每一楼层、同一配合比的混凝土，取样不得少于一次；

每次取样应至少留置一组标准养护试件，同条件养护试件的留置组数应根据实际需要确定。

检验方法：检查施工记录及试件强度试验报告。

2）对有抗渗要求的混凝土结构，其混凝土试件应在浇筑地点随机取样。同一工程、同一配合比的混凝土，取样不应少于一次，留置组数可根据实际需要确定。

检验方法：检查试件抗渗试验报告。

3）混凝土原材料每盘称量的偏差应符合表5-13的规定。

检查数量：每工作班抽查不应少于一次。

检验方法：复称。

4）混凝土运输、浇筑及间歇的全部时间不应超过混凝土的初凝时间。同一施工段的混凝土应连续浇筑，并应在底层混凝土初凝之前将上一层混凝土浇筑完毕。

当底层混凝土初凝后浇筑上一层混凝土时，应按施工技术方案中对施工缝的要求进行处理。

检查数量：全数检查。

检验方法：观察，检查施工记录。

(2) 一般项目

1) 施工缝的位置应在混凝土浇筑前按设计要求和施工技术方案确定。施工缝的处理应按施工技术方案执行。

检查数量：全数检查。

检验方法：观察，检查施工记录。

2) 后浇带的留置位置应按设计要求和施工技术方案确定。后浇带混凝土浇筑应按施工技术方案进行。

检查数量：全数检查。

检验方法：观察，检查施工记录。

3) 混凝土浇筑完毕后，应按施工技术方案及时采取有效的养护措施，并应符合下列规定：

① 应在浇筑完毕后的 12h 以内对混凝土加以覆盖并保湿养护；

② 混凝土浇水养护的时间：对采用硅酸盐水泥、普通硅酸盐水泥或矿渣硅酸盐水泥拌制的混凝土，不得少于 7d；对掺用缓凝型外加剂或有抗渗要求的混凝土，不得少于 14d；

③ 浇水次数应能保持混凝土处于湿润状态；混凝土养护用水应与拌制用水相同；

④ 采用塑料布覆盖养护的混凝土，其敞露的全部表面应覆盖严密，并应保持塑料布内有凝结水；

⑤ 混凝土强度达到 1.2N/mm² 前，不得在其上踩踏或安装模板及支架。

检查数量：全数检查。

检验方法：观察，质量检查验评记录。

第五节 现浇结构分项工程

一、一般规定

1. 现浇结构的外观质量缺陷，应由监理（建设）单位、施工单位等各方根据其对结构性能和使用功能影响的严重程度，按表 5-16 确定。

现浇结构外观质量缺陷　　　　　表 5-16

名称	现象	严重缺陷	一般缺陷
露筋	构件内钢筋未被混凝土包裹而外露	纵向受力钢筋有露筋	其他钢筋有少量露筋
蜂窝	混凝土表面缺少水泥砂浆而形成石子外露	构件主要受力部位有蜂窝	其他部位有少量蜂窝
孔洞	混凝土中孔穴深度和长度均超过保护层厚度	构件主要受力部位有孔洞	其他部位有少量孔洞

续表

名称	现象	严重缺陷	一般缺陷
夹渣	混凝土中夹有杂物且深度超过保护层厚度	构件主要受力部位有夹渣	其他部位有少量夹渣
疏松	混凝土中局部不实	构件主要受力部位有疏松	其他部位有少量疏松
裂缝	缝隙从混凝土表面延伸至混凝土内部	构件主要受力部位有影响结构性能或使用功能的裂缝	其他部位有少量不影响结构性能或使用功能的裂缝
连接部位缺陷	构件连接处混凝土缺陷及连接钢筋、连接件松动	连接部位有影响结构传力性能的缺陷	连接部位有基本不影响结构传力性能的缺陷
外形缺陷	缺棱掉角、棱角不直、翘曲不平、飞边凸肋等	清水混凝土构件有影响使用功能或装饰效果的外形缺陷	其他混凝土构件有不影响使用功能的外形缺陷
外表缺陷	构件表面麻面、掉皮、起砂、沾污等	具有重要装饰效果的清水混凝土构件表面有外表缺陷	其他混凝土构件有不影响使用功能的外表缺陷

2. 各种缺陷的数量限制可由各地根据实际情况作出具体规定。

3. 现浇结构拆模后,应由监理(建设)单位、施工单位对外观质量和尺寸偏差进行检查,作出记录,并应及时按施工技术方案对缺陷进行处理。

4. 对发生问题的混凝土部位进行观察,必要时会同监理、建设方或质量人员一起,做好记录,并根据质量问题的情况、发生的部位、影响程度等进行全面分析。

5. 对于发生在构件表面浅层局部的质量问题,如蜂窝、麻面、露筋、缺棱掉角等可按规范规定进行修补。而对影响混凝土强度或构件承载能力的质量事故,如大孔洞、断浇、漏振等,应会同有关部门研究必要的加固方案或补强措施。

二、施工质量验收

1. 外观质量

(1) 主控项目

现浇结构的外观质量不应有严重缺陷。对已经出现的严重缺陷,应由施工单位提出技术处理方案。

并经监理(建设)单位认可后进行处理。对经处理的部位,应重新检查验收。

检查数量:全数检查。

检验方法:观察,检查技术处理方案。

(2) 一般项目

现浇结构的外观质量不宜有一般缺陷。对已经出现的一般缺陷,应由施工单位按技术处理方案进行处理,并重新检查验收。

检查数量:全数检查。

检验方法:观察,检查技术处理方案。

2. 尺寸偏差

(1) 主控项目

现浇结构不应有影响结构性能和使用功能的尺寸偏差。混凝土设备基础不应有影响结构性能和设备安装的尺寸偏差。

对超过尺寸允许偏差且影响结构性能和安装、使用功能的部位,应由施工单位提出技术处理方案,并经监理(建设)单位认可后进行处理。对经处理的部位,应重新检查验收。

检查数量:全数检查。

检验方法:量测,检查技术处理方案。

(2)一般项目

现浇结构和混凝土设备基础拆模后的尺寸偏差应符合表5-17、表5-18的规定。

现浇结构尺寸允许偏差和检验方法 表5-17

项 目			允许偏差(mm)	检 验 方 法
轴线位置	基础		15	钢尺检查
	独立基础		10	
	墙、柱、梁		8	
	剪力墙		5	
垂直度	层高	≤5m	8	经纬仪或吊线、钢尺检查
		>5m	10	经纬仪或吊线、钢尺检查
	全高		$H/1000$ 且≤30	经纬仪、钢尺检查
标高	层高		±10	水准仪或拉线、钢尺检查
	全高		±30	
截面尺寸			+8,-5	钢尺检查
电梯井	井筒长、宽对定位中心线		+25,0	钢尺检查
	井筒全高(H)垂直度		$H/1000$ 且≤30	经纬仪、钢尺检查
表面平整度			8	2m靠尺和塞尺检查
预埋中心线位置	预埋件		10	钢尺检查
	预埋螺栓		5	
	预埋管		5	
预留洞中心位置			15	钢尺检查

注:检查轴线、中心线位置时,应沿纵、横两个方向量测,并取其中的较大值。

混凝土设备基础尺寸允许偏差和检验方法 表5-18

项 目		允许偏差(mm)	检 验 方 法
坐标位置		20	钢尺检查
不同平面的标高		0,-20	水准仪或拉线、钢尺检查
平面外形尺寸		±20	钢尺检查
凸台上平面外形尺寸		0,-20	钢尺检查
凹穴尺寸		+20,0	钢尺检查
平面水平度	每米	5	水平尺、塞尺检查
	全长	10	水准仪或拉线、钢尺检查

续表

项　　目		允许偏差(mm)	检验方法
垂直度	每米	5	经纬仪或吊线、钢尺检查
	全高	10	
预埋地脚螺栓	标高(顶部)	+20，0	水准仪或拉线、钢尺检查
	中心距	±2	钢尺检查
预埋地脚螺栓孔	中心线位置	10	钢尺检查
	深度	+20，0	钢尺检查
	孔垂直度	10	吊线、钢尺检查
预埋活动地脚螺栓锚板	标高	+20，0	水准仪或拉线、钢尺检查
	中心线位置	5	钢尺检查
	带槽锚板平整度	5	钢尺、塞尺检查
	带螺纹孔锚板平整度	2	钢尺、塞尺检查

注：检查坐标、中心线位置时，应沿纵、横两个方向量测，并取其中的较大值。

检查数量：按楼层、结构缝或施工段划分检验批。在同一检验批内，对梁、柱和独立基础，应抽查构件数量的10%，且不少于3件；对墙和板，应按有代表性的自然间抽查10%，且不少于3间；对大空间结构，墙可按相邻轴线间高度5m左右划分检查面，板可按纵、横轴线划分检查面，抽查10%，且均不少于3面；对电梯井，应全数检查。对设备基础，应全数检查。

第六节　装配式结构分项工程

一、材料(构件)质量要求

1. 构件尺寸必须准确，这是关键。要达到符合设计和规范要求的，模板支撑时应有足够的强度、刚度和稳定性。同时模板表面必须清理干净，隔离剂涂刷均匀，拆模后表面平整光滑。

2. 构件的配筋数量、规格、接头、节点等均符合施工图，防止出现偏差。学习构件施工图时一定要弄清楚以上各项，并抓好配料、翻样工作。

3. 要进行预应力张拉的构件，须对锚具、预应力筋的质量进行检验，以保证预应力材料的可靠性。且在张拉前一定要检验浇筑构件的混凝土强度是否达到设计要求。

4. 在结构吊装之前，所有制作的构件的有关资料，如混凝土强度报告、预应力张拉记录、灌浆强度、原材料所有质保书、复检资料等均应齐全。

二、施工质量控制

1. 柱子吊装

应以大柱面中心为准，由三人同时各用一线锤校对楼面上的中线，同时用两台经纬仪校对两相互垂直面的中线。

其校正顺序必须是：起重机脱钩后电焊前初校→电焊后第二次校正→梁安装后第三次校正。

为了避免柱子产生垂直偏差，当梁、柱节点的焊点有两个或两个以上时，施工顺序也要采取轮流间歇的施焊措施，即每个焊点不要一次焊完。

2. 楼板安装

楼板安装前，先要校核梁翼上口标高，抹好砂浆找平层，以控制标高。同时弹出楼板位置线，并标明板号。楼板吊装就位时，应事先用支撑支顶横梁两翼。楼板就位后，应及时检查板底是否平整，不平处用垫铁垫平。安装后的楼板，宜加设临时支撑，以防止施工荷载使楼板产生较大的挠度或出现裂缝。

3. 柱头箍筋的安设

节点梁端柱体的箍筋如果采用手工绑扎，由于箍筋位置难以准确，往往容易影响节点的抗剪能力。故应采用预制焊接钢筋笼，待主、次梁吊装焊接完毕后，从柱顶往下套。对于有8根主筋的柱子，应在梁端中部留出豁口，使梁端能顺利地伸入柱内与预埋件焊接。

4. 节点模板支设

梁、柱节点浇筑混凝土的模板，宜用定型钢模板，也可在次梁方向两面用钢模，立梁方向两面用木模。不论用什么模板，在梁下皮及以下需用两道角钢和 $\phi12$ 螺栓组成围圈，或用 $\phi18$ 钢筋围套，并用楔子背紧。

5. 节点浇灌

安装的构件，必须经过校正达到符合要求后，才可正式焊接和浇灌接头的混凝土。构件中浇灌的接头、接缝，凡承受内力的，其混凝土强度等级应等于或大于构件的强度等级。柱子吊装及基础灌缝强度达到设计要求时，才允许吊装上部构件。

上层柱根混凝土的上口，要留出30mm捻口缝。甩槎要平整，宽窄要一致。捻口不实，危害极大。因此，捻口宜用干硬性混凝土，并宜采用浇筑水泥，水灰比控制在0.3，以手捏成团，落地散开为宜。捻灰口时，两侧面用模板挡住，两人相对同时用扁錾子操作。每次填灰不宜过多，要随填随捻实。节点部位混凝土要加强湿润养护，养护时间不少于7d。

三、施工质量验收

1. 预制构件

（1）主控项目

1）预制构件应在明显部位标明生产单位、构件型号、生产日期和质量验收标志。构件上的预埋件、插筋和预留孔洞的规格，位置和数量应符合标准图或设计的要求。

检查数量：全数检查。

检验方法：观察。

2）预制构件的外观质量不应有严重缺陷。对已经出现的严重缺陷，应按技术处理方案进行处理，并重新检查验收。

检查数量：全数检查。

检验方法：观察，检查技术处理方案。

3）预制构件不应有影响结构性能和安装、使用功能的尺寸偏差。对超过尺寸允许偏差且影响结构性能和安装、使用功能的部位，应按技术处理方案进行处理，并重新检查验收。

检查数量：全数检查。

检验方法：量测，检查技术处理方案。

(2) 一般项目

1) 预制构件的外观质量不宜有一般缺陷。对已经出现的一般缺陷，应按技术处理方案进行处理，并重新检查验收。

检查数量：全数检查。

检验方法：观察，检查技术处理方案。

2) 预制构件的尺寸偏差应符合表 5-19 的规定。

预制构件尺寸的允许偏差及检验方法 表 5-19

项　目		允许偏差(mm)	检 验 方 法
长度	板、梁	+10，-5	钢尺检查
	柱	+5，-10	
	墙板	±5	
	薄腹梁、桁架	+15，-10	
宽度、高(厚)度	板、梁、柱、墙板、薄腹梁、桁架	±5	钢尺量一端及中部，取其中较大值
侧向弯曲	梁、柱、板	$l/750$ 且 ≤20	拉线、钢尺量最大侧向弯曲处
	墙板、薄腹梁、桁架	且 ≤20	
预埋件	中心线位置	10	钢尺检查
	螺栓位置	5	
	螺栓外露长度	+10，-5	
预留孔	中心线位置	5	钢尺检查
预留洞	中心线位置	15	钢尺检查
主筋保护层厚度	板	+5，-3	钢尺或保护层厚度测定仪量测
	梁、柱、墙板、薄腹梁、桁架	+10，-5	
对角线差	板、墙板	10	钢尺量两个对角线
表面平整度	板、墙板、柱、梁	5	2m靠尺和塞尺检查
预应力构件预留孔道位置	梁、墙板、薄腹梁、桁架	3	钢尺检查
翘曲	板	$l/750$	调平尺在两端量测
	墙板	$l/1000$	

注：1. l 为构件长度(mm)；
　　2. 检查中心线、螺栓和孔道位置时，应沿纵、横两个方向量测，并取其中的较大值；
　　3. 对形状复杂或有特殊要求的构件，其尺寸偏差应符合标准图或设计的要求。

检查数量：同一工作班生产的同类型构件，抽查 5% 且不少于 3 件。

2. 装配式结构施工
(1) 主控项目
1) 进入现场的预制构件，其外观质量、尺寸偏差及结构性能应符合标准图或设计的要求。

检查数量：按批检查。

检验方法：检查构件合格证。

2) 预制构件与结构之间的连接应符合设计要求。

连接处钢筋或埋件采用焊接或机械连接时，接头质量应符合国家现行标准《钢筋焊接及验收规程》(JGJ 18)、《钢筋机械连接通用技术规程》(JGJ 107)的要求。

检查数量：全数检查。

检验方法：观察，检查施工记录。

3) 承受内力的接头和拼缝，当其混凝土强度未达到设计要求时，不得吊装上一层结构构件；当设计无具体要求时，应在混凝土强度不小于 $10N/mm^2$ 或具有足够的支承时方可吊装上一层结构构件。

已安装完毕的装配式结构，应在混凝土强度到达设计要求后，方可承受全部设计荷载。

检查数量：全数检查。

检验方法：检查施工记录及试件强度试验报告。

(2) 一般项目
1) 预制构件码放和运输时的支承位置和方法应符合标准图或设计的要求。

检查数量：全数检查。

检验方法：观察检查。

2) 预制构件吊装前，应按设计要求在构件和相应的支承结构上标志中心线、标高等控制尺寸，按标准图或设计文件校核预埋件及连接钢筋等，并作出标志。

检查数量：全数检查。

检验方法：观察，钢尺检查。

3) 预制构件应按标准图或设计的要求吊装。起吊时绳索与构件水平面的夹角不宜小于 45°，否则应采用吊架或经验算确定。

检查数量：全数检查。

检验方法：观察检查。

4) 预制构件安装就位后，应采取保证构件稳定的临时固定措施，并应根据水准点和轴线校正位置。

检查数量：全数检查。

检验方法：观察，钢尺检查。

5) 装配式结构中的接头和拼缝应符合设计要求；当设计无具体要求时，应符合下列规定：

① 对承受内力的接头和拼缝应采用混凝土浇筑，其强度等级应比构件混凝土强度等级提高一级；

② 对不承受内力的接头和拼缝应采用混凝土或砂浆浇筑，其强度等级不应低于 C15

或 M15；

③ 用于接头和拼缝的混凝土或砂浆，宜采取微膨胀措施和快硬措施，在浇筑过程中应振捣密实，并应采取必要的养护措施。

检查数量：全数检查。

检验方法：检查施工记录及试件强度试验报告。

第七节 混凝土结构子分部工程

一、结构实体检验

1. 对涉及混凝土结构安全的重要部位应进行结构实体检验。结构实体检验应在监理工程师(建设单位项目专业技术负责人)见证下，由施工项目技术负责人组织实施。承担结构实体检验的试验室应具有相应的资质。

2. 结构实体检验的内容应包括混凝土强度、钢筋保护层厚度以及工程合同约定的项目；必要时可检验其他项目。

3. 对混凝土强度的检验，应以在混凝土浇筑地点制备并与结构实体同条件养护的试件强度为依据。混凝土强度检验用同条件养护试件的留置、养护和强度代表值应符合《混凝土结构工程施工质量验收规范》(GB 50204)附录 D 的规定。

对混凝土强度的检验，也可根据合同的约定，采用非破损或局部破损的检测方法，按国家现行有关标准的规定进行。

4. 当同条件养护试件强度的检验结果符合现行国家标准《混凝土强度检验评定标准》(GBJ 107)的有关规定时，混凝土强度应判为合格。

5. 对钢筋保护层厚度的检验，抽样数量、检验方法、允许偏差和合格条件应符合《混凝土结构工程施工质量验收规范》(GB 50204)附录 E 的规定。

6. 当未能取得同条件养护试件强度、同条件养护试件强度被判为不合格或钢筋保护层厚度不满足要求时，应委托具有相应资质等级的检测机构按国家有关标准的规定进行检测。

二、混凝土结构子分部工程验收

1. 混凝土结构子分部工程施工质量验收时，应提供下列文件和记录：

(1) 设计变更文件；

(2) 原材料出厂合格证和进场复验报告；

(3) 钢筋接头的试验报告；

(4) 混凝土工程施工记录；

(5) 混凝土试件的性能试验报告；

(6) 装配式结构预制构件的合格证和安装验收记录；

(7) 预应力筋用锚具、连接器的合格证和进场复验报告；

(8) 预应力筋安装、张拉及灌浆记录；

(9) 隐蔽工程验收记录；

(10) 分项工程验收记录；

(11) 混凝土结构实体检验记录；

(12) 工程的重大质量问题的处理方案和验收记录；

(13) 其他必要的文件和记录。

2. 混凝土结构子分部工程施工质量验收合格应符合下列规定：

(1) 有关分项工程施工质量验收合格；

(2) 应有完整的质量控制资料；

(3) 观感质量验收合格；

(4) 结构实体检验结果满足本规范的要求。

3. 当混凝土结构施工质量不符合要求时，应按下列规定进行处理：

(1) 经返工、返修或更换构件、部件的检验批，应重新进行验收；

(2) 经有资质的检测单位检测鉴定达到设计要求的检验批，应予以验收；

(3) 经有资质的检测单位检测鉴定达不到设计要求，但经原设计单位核算并确认仍可满足结构安全和使用功能的检验批，可予以验收；

(4) 经返修或加固处理能够满足结构安全使用要求的分项工程，可根据技术处理方案和协商文件进行验收。

4. 混凝土结构工程子分部工程施工质量验收合格后，应将所有的验收文件存档备案。

第八节　混凝土结构工程质量实例

【案例1】

某住宅楼工程，建筑面积 53571m²，地上 22 层，地下 2 层，结构形式为剪力墙结构。在施工过程中，针对该工程的结构特点，地下室墙体模板采用 18 厚多层板，内墙采用 $\phi14$ 对拉螺杆，外墙采用 $\phi14$ 止水对拉螺杆。地上部分墙体模板采用 6mm 厚定型钢制大模板，顶板模板采用 12mm 厚竹胶板，顶板模板按四层配置顶模和支撑。

该工程施工过程中，确定了创优的质量目标。在混凝土相关工程的施工过程中，模板的施工质量水平决定了混凝土创优的最终观感质量指标，因此，该工程模板施工采用了如下施工措施：

1. 顶板模板安装

在墙体浇筑时，浇筑高度应当严格控制为比顶板板底标高高出 3～5mm＋浮浆层厚度。拆除墙模后，处理墙体水平施工缝时，应当在墙身上弹线剔凿，线标高为板底上平 3～5mm。

顶板模板支设时，靠墙木方的靠墙面应当刨光压平，紧贴墙面顶严。并且在靠墙的竹塑板的侧面粘贴海绵条。顶板拼缝板条应当排在板跨中间，不要放在靠墙处。

水暖专业预留洞口时应当掌握混凝土初凝时间，初凝后轻轻拔出预留洞筒，保护洞口线条光滑顺直。

加工烟、风洞顶留木盒子，应当保证盒子方正，并在顶板上对盒子周边加限位钢筋。

2. 墙体模板

拆模后，大模板内、外灰浆（含模板零部件）必须用开刀铲除清刷干净，并涂刷脱模剂。

　　模板多次周转后，在子母口处、筒模的合页处等地方容易变形磨损。每次拆模吊装下楼后，必须派专人认真检查有无变形、损坏，并积极与厂家联系修理人员和配件。保证大模板上楼前无任何质量毛病，符合设计安装精度。

　　在拆除模板时，严禁在上口硬撬、晃动和用大锤砸击模板。

　　3. 保证墙体根部无"烂根"

　　在顶板打灰时，就必须严格控制混凝土标高，首先是下钢筋橛子拉通线，其次在墙两侧各20cm范围内，用刨平压光的4m大杆搓平，保证此处标高误差在±2mm以内，用此措施保证支墙模时底部不跑浆。

　　支墙体模板时，尤其是外墙外侧、楼梯间外侧模板、电梯井模板以及顶板有洞口处内墙模板时，应当在墙根处垫橡胶条，并贴好40mm宽、8mm厚的海绵条。

　　4. 保证门窗洞口棱角清晰、顺直

　　5. 保证墙身预留洞口方正、无流坠

　　预制木盒子应当四角方正，口内加设顶撑，并且在墙筋上附加预留盒限位钢筋。

　　预制盒子厚度必须与墙体截面严格一致。

　　保证窗台处无气泡、孔洞：在窗口模板的下口模板上开出排气孔，对转角窗等难于振捣的部位，在模板上开出振捣口。

【案例2】

　　某综合楼工程，建筑面积28421m²，地下采用小钢模，为了保证框架柱混凝土表面质量，地上部分框架柱采用可调钢制大模板，其余采用15～18mm木模板。

　　在该工程模板质量控制措施中，质量通病的防控措施如表5-20所示。

质量通病的防控措施　　　　　　　　　　　　　　　　表5-20

项　目	防　治　措　施
墙体烂根	模板接缝硬拼或用海绵条、木条塞平，切忌将其伸入墙中
墙体不平、粘连	墙体混凝土强度达到要求方可拆模；清理模板表面及涂刷隔离剂必须认真，由专人验收
垂直度偏差	模板支撑时必须用线坠吊靠，支模完毕校正后如遇到较大冲击，应重新用线坠复核校正
墙体凸凹不平	加强模板的维修、校正，不合格模板淘汰、不得使用
墙体钢筋位移	模板上口设置卡子并采取措施控制保护层厚度，加强成品保护
门、窗洞倾斜	门窗洞口模板角部要方正，支撑牢固；安放门窗洞口模板时注意保证其垂直度
墙体接缝漏浆	接缝间均满设增强海绵条

【案例3】

　　某工程，工程设计为一级抗震，地下室结构混凝土强度等级均为C40，钢筋采用HPB235和HRB335钢，$L_{ae}=1.15L_a$。同截面钢筋有接头的受拉钢筋接头面积占钢筋总截面面积的百分率如下：采用搭接时受拉区不小于25%，受压区不小于50%；采用机械连接时，受拉区不小于50%，受压区不受限制。钢筋接头位置设于剪力及弯矩最小处。

　　施工过程中钢筋质量控制措施如下：

　　1. 严格按照施工工艺标准施工；严格工序管理，坚持自检、互检、交接检，做好隐蔽、预检工作。

2. 严格作业指导书制度。为了确保工程质量,在每道工序进行之前均要由工长制定作业指导书,明确作业条件、操作工艺、质量标准和成品保护措施等内容并对施工班组进行交底。

3. 焊工必须持证上岗,对低温焊接的钢筋应做班前焊试件,以确保所调整的焊接工艺参数满足焊接规范的规定,焊接及机械连接接头必须逐一进行外观检查。

4. 本工程框架节点处钢筋较密时,施工时各节点部位钢筋如发生矛盾不得随意切断或减少钢筋,应按设计及规范要求施工。

5. 所有原材料、半成品、成品必须有合格证或检验报告,需送检的原材料按标准程序的规定严格执行,坚决杜绝使用不合格的产品。

6. 柱筋或剪力墙筋发生偏移时,应按1:6坡度进行调整。

7. 对绑扎接头进行检查,接头未绑三道扣的按三道扣进行绑扎;检查弯钩朝向,对不正确的予以调整。

8. 保护层厚度不符合要求的部位,首先保证保护层标准厚度尺寸,按规定间距设置并绑好垫块,板筋应设跳板以防上筋被踩下。

第六章 建筑装饰装修工程施工质量管理实务

第一节 抹 灰 工 程

一、一般规定

1. 抹灰工程验收时应检查下列文件和记录：
(1) 抹灰工程的施工图、设计说明及其他设计文件。
(2) 材料的产品合格证书、性能检测报告、进场验收记录和复验报告。
(3) 隐蔽工程验收记录。
(4) 施工记录。

2. 抹灰工程应对水泥的凝结时间和安定性进行复验。

3. 抹灰工程应对下列隐蔽工程项目进行验收：
(1) 抹灰总厚度大于或等于35mm时的加强措施。
(2) 不同材料基体交接处的加强措施。

4. 各分项工程的检验批应按下列规定划分：
(1) 相同材料、工艺和施工条件的室外抹灰工程每500～1000m² 应划分为一个检验批，不足500m² 也应划分为一个检验批。
(2) 相同材料、工艺和施工条件的室内抹灰工程每50个自然间（大面积房间和走廊按抹灰面积30m² 为一间）应划分为一个检验批，不足50间也应划分为一个检验批。

5. 检查数量应符合下列规定：
(1) 室内每个检验批应至少抽查10%，并不得少于3间；不足3间时应全数检查。
(2) 室外每个检验批每100m²，应至少抽查一处，每处不得小于10m²。

6. 外墙抹灰工程施工前应先安装钢木门窗框、护栏等，并应将墙上的施工孔洞堵塞密实。

7. 抹灰用石灰膏的熟化期不应少于15d；罩面用的磨细石灰粉的熟化期不应少于3d。

8. 室内墙面、柱面和门洞口的阳角做法应符合设计要求。设计无要求时，应采用1∶2水泥砂浆做暗护角，其高度不应低于2m，每侧宽度不应小于50mm。

9. 当要求抹灰层具有防水、防潮功能时，应采用防水砂浆。

10. 各种砂浆抹灰层，在凝结前应防止快干、水冲、撞击、振动和受冻，在凝结后应采取措施防止沾污和损坏，水泥砂浆抹灰层应在湿润条件下养护。

11. 外墙和顶棚的抹灰层与基层之间及各抹灰层之间必须粘结牢固。

二、一般抹灰工程

一般抹灰工程分为普通抹灰和高级抹灰，当设计无要求时，按普通抹灰验收。

1. 主控项目

(1) 抹灰前基层表面的尘土、污垢、油渍等应清除干净,并应洒水润湿。

检验方法:检查施工记录。

(2) 一般抹灰所用材料的品种和性能应符合设计要求。水泥的凝结时间和安定性复验应合格。砂浆的配合比应符合设计要求。

检验方法:检查产品合格证书、进场验收记录、复验报告和施工记录。

(3) 抹灰工程应分层进行。当抹灰总厚度大于或等于35mm时,应采取加强措施。不同材料基体交接处表面的抹灰,应采取防止开裂的加强措施,当采用加强网时,加强网与各基体的搭接宽度不应小于100mm。

检验方法:检查隐蔽工程验收记录和施工记录。

(4) 抹灰层与基层之间及各抹灰层之间必须粘结牢固,抹灰层应无脱层、空鼓,面层应无爆灰和裂缝。

检验方法:观察;用小锤轻击检查;检查施工记录。

2. 一般项目

(1) 一般抹灰工程的表面质量应符合下列规定:

1) 普通抹灰表面应光滑、洁净、接槎平整,分格缝应清晰。

2) 高级抹灰表面应光滑、洁净、颜色均匀、无抹纹,分格缝和灰线应清晰美观。

检验方法:观察;手摸检查。

(2) 护角、孔洞、槽、盒周围的抹灰表面应整齐、光滑;管道后面的抹灰表面应平整。

检验方法:观察。

(3) 抹灰层的总厚度应符合设计要求;水泥砂浆不得抹在石灰砂浆层上;罩面石膏灰不得抹在水泥砂浆层上。

检验方法:检查施工记录。

(4) 抹灰分格缝的设置应符合设计要求,宽度和深度应均匀,表面应光滑,棱角应整齐。

检验方法:观察;尺量检查。

(5) 有排水要求的部位应做滴水线(槽)。滴水线(槽)应整齐顺直,滴水线应内高外低,滴水槽的宽度和深度均不应小于10mm。

检验方法:观察;尺量检查。

(6) 一般抹灰工程质量的允许偏差和检验方法应符合表6-1的规定。

一般抹灰的允许偏差和检验方法　　　　表6-1

项次	项目	允许偏差(mm)		检验方法
		普通抹灰	高级抹灰	
1	立面垂直度	4	3	用2m垂直检测尺检查
2	表面平整度	4	3	用2m靠尺和塞尺检查
3	阴阳角方正	4	3	用直角检测尺检查
4	分格条(缝)直线度	4	3	拉5m线,不足5m拉通线,用钢直尺检查
5	墙裙、勒脚上口直线度	4	3	拉5m线,不足5m拉通线,用钢直尺检查

注:1. 普通抹灰,本表第3项阴角方正可不检查;

2. 顶棚抹灰,本表第2项表面平整度可不检查,但应平顺。

三、装饰抹灰工程

1. 主控项目

(1) 抹灰前基层表面的尘土、污垢、油渍等应清除干净,并应洒水润湿。

检验方法:检查施工记录。

(2) 装饰抹灰工程所用材料的品种和性能应符合设计要求。水泥的凝结时间和安定性复验应合格。砂浆的配合比应符合设计要求。

检验方法:检查产品合格证书、进场验收记录、复验报告和施工记录。

(3) 抹灰工程应分层进行。当抹灰总厚度大于或等于35mm时,应采取加强措施。不同材料基体交接处表面的抹灰,应采取防止开裂的加强措施,当采用加强网时,加强网与各基体的搭接宽度不应小于100mm。

检验方法:检查隐蔽工程验收记录和施工记录。

(4) 各抹灰层之间及抹灰层与基体之间必须粘结牢固,抹灰层应无脱层、空鼓和裂缝。

检验方法:观察;用小锤轻击检查;检查施工记录。

2. 一般项目

(1) 装饰抹灰工程的表面质量应符合下列规定:

1) 水刷石表面应石粒清晰、分布均匀、紧密平整、色泽一致,应无掉粒和接槎痕迹。

2) 斩假石表面剁纹应均匀顺直、深浅一致,应无漏剁处;阳角处应横剁;并留出宽窄一致的不剁边条,棱角应无损坏。

3) 干粘石表面应色泽一致、不露浆、不漏粘,石粒应粘结牢固、分布均匀,阳角处应无明显黑边。

4) 假面砖表面应平整、沟纹清晰、留缝整齐、色泽一致,应无掉角、脱皮、起砂等缺陷。

检验方法:观察;手摸检查。

(2) 装饰抹灰分格条(缝)的设置应符合设计要求,宽度和深度应均匀,表面应平整光滑,棱角应整齐。

检验方法:观察。

(3) 有排水要求的部位应做滴水线(槽)。滴水线(槽)应整齐顺直,滴水线应内高外低,滴水槽的宽度和深度均不应小于10mm。

检验方法:观察;尺量检查。

(4) 装饰抹灰工程质量的允许偏差和检验方法应符合表6-2的规定。

装饰抹灰的允许偏差和检验方法 表6-2

项次	项 目	允许偏差(mm)				检验方法
		水刷石	斩假石	干粘石	假面砖	
1	立面垂直度	5	4	5	5	用2m垂直检测尺检查
2	表面平整度	3	3	5	4	用2m靠尺和塞尺检查
3	阳角方正	3	3	4	4	用直角检测尺检查
4	分格条(缝)直线度	3	3	3	3	拉5m线,不足5m拉通线,用钢直尺检查
5	墙裙、勒脚上口直线度	3	3	—	—	拉5m线,不足5m拉通线,用钢直尺检查

四、清水砌体勾缝工程

1. 主控项目

(1) 清水砌体勾缝所用水泥的凝结时间和安定性复验应合格。砂浆的配合比应符合设计要求。

检验方法：检查复验报告和施工记录。

(2) 清水砌体勾缝应无漏勾。勾缝材料应粘结牢固、无开裂。

检验方法：观察。

2. 一般项目

(1) 清水砌体勾缝应横平竖直，交接处应平顺，宽度和深度应均匀，表面应压实抹平。

检验方法：观察；尺量检查。

(2) 灰缝应颜色一致，砌体表面应洁净。

检验方法：观察。

第二节 门窗工程

一、一般规定

1. 门窗工程验收时应检查下列文件和记录：

(1) 门窗工程的施工图、设计说明及其他设计文件。

(2) 材料的产品合格证书、性能检测报告、进场验收记录和复验报告。

(3) 特种门及其附件的生产许可文件。

(4) 隐蔽工程验收记录。

(5) 施工记录。

2. 门窗工程应对下列材料及其性能指标进行复验：

(1) 人造木板的甲醛含量。

(2) 建筑外墙金属窗、塑料窗的抗风压性能、空气渗透性能和雨水渗漏性能。

3. 门窗工程应对下列隐蔽工程项目进行验收：

(1) 预埋件和锚固件。

(2) 隐蔽部位的防腐、填嵌处理。

4. 各分项工程的检验批应按下列规定划分：

(1) 同一品种、类型和规格的木门窗、金属门窗、塑料门窗及门窗玻璃每100樘应划分为一个检验批，不足100樘也应划分为一个检验批。

(2) 同一品种、类型和规格的特种门每50樘应划分为一个检验批，不足50樘也应划分为一个检验批。

5. 检查数量应符合下列规定：

(1) 木门窗、金属门窗、塑料门窗及门窗玻璃，每个检验批应至少抽查5%，并不得少于3樘，不足3樘时应全数检查；高层建筑的外窗，每个检验批应至少抽查10%，并不得少于6樘,不足6樘时应全数检查。

(2) 特种门每个检验批应至少抽查50%,并不得少于10樘,不足10樘时应全数检查。

6. 门窗安装前,应对门窗洞口尺寸进行检验。

7. 金属门窗和塑料门窗安装应采用预留洞口的方法施工,不得采用边安装边砌口或先安装后砌口的方法施工。

8. 木门窗与砖石砌体、混凝土或抹灰层接触处应进行防腐处理并应设置防潮层;埋入砌体或混凝土中的木砖应进行防腐处理。

9. 当金属窗或塑料窗组合时,其拼樘料的尺寸、规格、壁厚应符合设计要求。

10. 建筑外门窗的安装必须牢固。在砌体上安装门窗严禁用射钉固定。

11. 特种门安装除应符合设计要求和本规范规定外,还应符合有关专业标准和主管部门的规定。

二、木门窗制作与安装工程

1. 主控项目

(1) 木门窗的木材品种、材质等级、规格、尺寸、框扇的线型及人造木板的甲醛含量应符合设计要求。设计未规定材质等级时,所用木材的质量应符合《建筑装饰装修工程质量验收规范》(GB 50210—2001)附录A的规定。

检验方法:观察;检查材料进场验收记录和复验报告。

(2) 木门窗应采用烘干的木材,含水率应符合《建筑木门、木窗》(JG/T 122)的规定。

检验方法:检查材料进场验收记录。

(3) 木门窗的防火、防腐、防虫处理应符合设计要求。

检验方法:观察;检查材料进场验收记录。

(4) 木门窗的结合处和安装配件处不得有木节或已填补的木节。木门窗如有允许限值以内的死节及直径较大的虫眼时,应用同一材质的木塞加胶填补。对于清漆制品,木塞的木纹和色泽应与制品一致。

检验方法:观察。

(5) 门窗框和厚度大于50mm的门窗扇应用双榫连接。榫槽应采用胶料严密嵌合,并应用胶楔加紧。

检验方法:观察;手扳检查。

(6) 胶合板门、纤维板门和模压门不得脱胶。胶合板不得刨透表层单板,不得有戗槎。制作胶合板门、纤维板门时,边框和横楞应在同一平面上,面层、边框及横楞应加压胶结。横楞和上、下冒头应各钻两个以上的透气孔,透气孔应通畅。

检验方法:观察。

(7) 木门窗的品种、类型、规格、开启方向、安装位置及连接方式应符合设计要求。

检验方法:观察;尺量检查;检查成品门的产品合格证书。

(8) 木门窗框的安装必须牢固。预埋木砖的防腐处理、木门窗框固定点的数量、位置及固定方法应符合设计要求。

检验方法:观察;手扳检查;检查隐蔽工程验收记录和施工记录。

(9)木门窗扇必须安装牢固,并应开关灵活,关闭严密,无倒翘。

检验方法:观察;开启和关闭检查;手扳检查。

(10)木门窗配件的型号、规格、数量应符合设计要求,安装应牢固,位置应正确,功能应满足使用要求。

检验方法:观察;开启和关闭检查;手扳检查。

2.一般项目

(1)木门窗表面应洁净,不得有刨痕、锤印。

检验方法:观察。

(2)木门窗的割角、拼缝应严密平整。门窗框、扇裁口应顺直,刨面应平整。

检验方法:观察。

(3)木门窗上的槽、孔应边缘整齐,无毛刺。

检验方法:观察。

(4)木门窗与墙体间缝隙的填嵌材料应符合设计要求,填嵌应饱满。寒冷地区外门窗(或门窗框)与砌体间的空隙应填充保温材料。

检验方法:轻敲门窗框检查;检查隐蔽工程验收记录和施工记录。

(5)木门窗批水、盖口条、压缝条、密封条的安装应顺直,与门窗结合应牢固、严密。

检验方法:观察;手扳检查。

(6)木门窗制作的允许偏差和检验方法应符合表6-3的规定。

木门窗制作的允许偏差和检验方法 表6-3

项次	项 目	构件名称	允许偏差(mm) 普通	允许偏差(mm) 高级	检验方法
1	翘曲	框	3	2	将框、扇平放在检查平台上,用塞尺检查
1	翘曲	扇	2	2	将框、扇平放在检查平台上,用塞尺检查
2	对角线长度差	框、扇	3	2	用钢尺检查,框量裁口里角,扇量外角
3	表面平整度	扇	2	2	用1m靠尺和塞尺检查
4	高度、宽度	框	0;-2	0;-1	用钢尺检查,框量裁口里角,扇量外角
4	高度、宽度	扇	+2;0	+1;0	用钢尺检查,框量裁口里角,扇量外角
5	裁口、线条结合处高低差	框、扇	1	0.5	用钢直尺和塞尺检查
6	相邻棂子两端间距	扇	2	1	用钢直尺检查

(7)木门窗安装的留缝限值、允许偏差和检验方法应符合表6-4的规定。

木门窗安装的留缝限值、允许偏差和检验方法 表6-4

项次	项 目	留缝限值 普通	留缝限值 高级	允许偏差(mm) 普通	允许偏差(mm) 高级	检验方法
1	门窗槽口对角线长度差	—	—	3	2	用钢尺检查
2	门窗框的正、侧面垂直度	—	—	2	1	用1m垂直检测尺检查

续表

项次	项目		留缝限值		允许偏差(mm)		检验方法
			普通	高级	普通	高级	
3	框与扇、扇与扇接缝高低差		—	—	2	1	用钢直尺和塞尺检查
4	门窗扇对口缝		1～2.5	1.5～2	—	—	用塞尺检查
5	工业厂房双扇大门对口缝		2～5	—	—	—	
6	门窗扇与上框间留缝		1～2	1～1.5	—	—	
7	门窗扇与侧框间留缝		1～2.5	1～1.5	—	—	
8	窗扇与下框间留缝		2～3	2～2.5	—	—	
9	门扇与下框间留缝		3～5	3～4	—	—	
10	双层门窗内外框间距		—	—	4	3	用钢尺检查
11	无下框时门扇与地面间留缝	外门	4～7	5～6	—	—	用塞尺检查
		内门	5～8	6～7	—	—	
		卫生间门	8～12	8～10	—	—	
		厂房大门	10～20	—	—	—	

三、金属门窗安装工程

1. 主控项目

（1）金属门窗的品种、类型、规格、尺寸、性能、开启方向，安装位置、连接方式及铝合金门窗的型材壁厚应符合设计要求。金属门窗的防腐处理及填嵌、密封处理应符合设计要求。

检验方法：观察；尺量检查；检查产品合格证书、性能检测报告、进场验收记录和复验报告；检查隐蔽工程验收记录。

（2）金属门窗框和副框的安装必须牢固。预埋件的数量、位置、埋设方式、与框的连接方式必须符合设计要求。

检验方法：手扳检查；检查隐蔽工程验收记录。

（3）金属门窗扇必须安装牢固，并应开关灵活、关闭严密，无倒翘。推拉门窗扇必须有防脱落措施。

检验方法：观察；开启和关闭检查；手扳检查。

（4）金属门窗配件的型号、规格、数量应符合设计要求，安装应牢固，位置应正确，功能应满足使用要求。

检验方法：观察；开启和关闭检查；手扳检查。

2. 一般项目

（1）金属门窗表面应洁净、平整、光滑、色泽一致，无锈蚀。大面应无划痕、碰伤。漆膜或保护层应连续。

检验方法：观察。

（2）铝合金门窗推拉门窗扇开关力应不大于100N。

检验方法：用弹簧秤检查。

(3) 金属门窗框与墙体之间的缝隙应填嵌饱满，并采用密封胶密封。密封胶表面应光滑、顺直，无裂纹。

检验方法：观察；轻敲门窗框检查；检查隐蔽工程验收记录。

(4) 金属门窗扇的橡胶密封条或毛毡密封条应安装完好，不得脱槽。

检验方法：观察；开启和关闭检查。

(5) 有排水孔的金属门窗，排水孔应畅通，位置和数量应符合设计要求。

检验方法：观察。

(6) 钢门窗安装的留缝限值、允许偏差和检验方法应符合表6-5的规定。

钢门窗安装的留缝限值、允许偏差和检验方法 表6-5

项次	项目		留缝限值(mm)	允许偏差(mm)	检验方法
1	门窗槽口宽度、高度	≤1500mm	—	2.5	用钢尺检查
		>1500mm	—	3.5	
2	门窗槽口对角线长度差	≤2000mm		5	用钢尺检查
		>2000mm		6	
3	门窗框的正、侧面垂直度			3	用1m垂直检测尺检查
4	门窗横框的水平度			3	用1m水平尺和塞尺检查
5	门窗横框标高			5	用钢尺检查
6	门窗竖向偏离中心			4	用钢尺检查
7	双层门窗内外框间距			5	用钢尺检查
8	门窗框、扇配合间隙		≤2	—	用塞尺检查
9	无下框时门扇与地面间留缝		4~8	—	用塞尺检查

(7) 铝合金门窗安装的允许偏差和检验方法应符合表6-6的规定。

铝合金门窗安装的允许偏差和检验方法 表6-6

项次	项目		允许偏差(mm)	检验方法
1	门窗槽口宽度、高度	≤1500mm	1.5	用钢尺检查
		>1500mm	2	
2	门窗槽口对角线长度差	≤2000mm	3	用钢尺检查
		>2000mm	4	
3	门窗框的正、侧面垂直度		2.5	用垂直检测尺检查
4	门窗横框的水平度		2	用1m水平尺和塞尺检查
5	门窗横框标高		5	用钢尺检查
6	门窗竖向偏离中心		5	用钢尺检查
7	双层门窗内外框间距		4	用钢尺检查
8	推拉门窗扇与框搭接量		1.5	用钢直尺检查

(8) 涂色镀锌钢板门窗安装的允许偏差和检验方法应符合表6-7的规定。

涂色镀锌钢板门窗安装的允许偏差和检验方法　　　　　表 6-7

项次	项目		允许偏差(mm)	检验方法
1	门窗槽口宽度、高度	≤1500mm	2	用钢尺检查
		>1500mm	3	
2	门窗槽口对角线长度差	≤2000mm	4	用钢尺检查
		>2000mm	5	
3	门窗框的正、侧面垂直度		3	用垂直检测尺检查
4	门窗横框的水平度		3	用1m水平尺和塞尺检查
5	门窗横框标高		5	用钢尺检查
6	门窗竖向偏离中心		5	用钢尺检查
7	双层门窗内外框间距		4	用钢尺检查
8	推拉门窗扇与框搭接量		2	用钢直尺检查

四、塑料门窗安装工程

1. 主控项目

（1）塑料门窗的品种、类型、规格、尺寸、开启方向、安装位置、连接方式及填嵌密封处理应符合设计要求，内衬增强型钢的壁厚及设置应符合国家现行产品标准的质量要求。

检验方法：观察；尺量检查；检查产品合格证书、性能检测报告、进场验收记录和复验报告；检查隐蔽工程验收记录。

（2）塑料门窗框、副框和扇的安装必须牢固。固定片或膨胀螺栓的数量与位置应正确，连接方式应符合设计要求。固定点应距窗角、中横框、中竖框15～200mm，固定点间距应不大于600mm。

检验方法：观察；手扳检查；检查隐蔽工程验收记录。

（3）塑料门窗拼樘料内衬增强型钢的规格、壁厚必须符合设计要求，型钢应与型材内腔紧密吻合，其两端必须与洞口固定牢固。窗框必须与拼樘料连接紧密，固定点间距应不大于600mm。

检验方法：观察；手扳检查；尺量检查；检查进场验收记录。

（4）塑料门窗扇应开关灵活、关闭严密，无倒翘。推拉门窗扇必须有防脱落措施。

检验方法：观察；开启和关闭检查；手扳检查。

（5）塑料门窗配件的型号、规格、数量应符合设计要求，安装应牢固，位置应正确，功能应满足使用要求。

检验方法：观察；手扳检查；尺量检查。

（6）塑料门窗框与墙体间缝隙应采用闭孔弹性材料填嵌饱满，表面应采用密封胶密封。密封胶应粘结牢固，表面应光滑、顺直、无裂纹。

检验方法：观察；检查隐蔽工程验收记录。

2. 一般项目

（1）塑料门窗表面应洁净、平整、光滑，大面应无划痕、碰伤。

检验方法：观察。

（2）塑料门窗扇的密封条不得脱槽。旋转窗间隙应基本均匀。

（3）塑料门窗扇的开关力应符合下列规定：

1）平开门窗扇平铰链的开关力应不大于80N；滑撑铰链的开关力应不大于80N，并不小于30N。

2）推拉门窗扇的开关力应不大于100N。

检验方法：观察；用弹簧秤检查。

（4）玻璃密封条与玻璃及玻璃槽口的接缝应平整，不得卷边、脱槽。

检验方法：观察。

（5）排水孔应畅通，位置和数量应符合设计要求。

检验方法：观察。

（6）塑料门窗安装的允许偏差和检验方法应符合表6-8的规定。

塑料门窗安装的允许偏差和检验方法　　　　表6-8

项次	项　　目		允许偏差(mm)	检验方法
1	门窗槽口宽度、高度	≤1500mm	2	用钢尺检查
		>1500mm	3	
2	门窗槽口对角线长度差	≤2000mm	3	用钢尺检查
		>2000mm	5	
3	门窗框的正、侧面垂直度		3	用1m垂直检测尺检查
4	门窗横框的水平度		3	用1m水平尺和塞尺检查
5	门窗横框标高		5	用钢尺检查
6	门窗竖向偏离中心		5	用钢直尺检查
7	双层门窗内外框间距		4	用钢尺检查
8	同樘平开门窗相邻扇高度差		2	用钢直尺检查
9	平开门窗铰链部位配合间隙		+2；-1	用塞尺检查
10	推拉门窗扇与框搭接量		+1.5；-2.5	用钢直尺检查
11	推拉门窗扇与竖框平行度		2	用1m水平尺和塞尺检查

五、特种门安装工程

1. 主控项目

（1）特种门的质量和各项性能应符合设计要求。

检验方法：检查生产许可证、产品合格证书和性能检测报告。

（2）特种门的品种、类型、规格、尺寸、开启方向、安装位置及防腐处理应符合设计要求。

检验方法：观察；尺量检查；检查进场验收记录和隐蔽工程验收记录。

（3）带有机械装置、自动装置或智能化装置的特种门，其机械装置、自动装置或智能化装置的功能应符合设计要求和有关标准的规定。

检验方法：启动机械装置、自动装置或智能化装置，观察。

(4) 特种门的安装必须牢固。预埋件的数量、位置、埋设方式、与框的连接方式必须符合设计要求。

检验方法：观察；手扳检查；检查隐蔽工程验收记录。

(5) 特种门的配件应齐全，位置应正确，安装应牢固，功能应满足使用要求和特种门的各项性能要求。

检验方法：观察；手扳检查；检查产品合格证书、性能检测报告和进场验收记录。

2. 一般项目

(1) 特种门的表面装饰应符合设计要求。

检验方法：观察。

(2) 特种门的表面应洁净，无划痕、碰伤。

检验方法：观察。

(3) 推拉自动门安装的留缝限值、允许偏差和检验方法应符合表6-9的规定。

推拉自动门安装的留缝限值、允许偏差和检验方法　　　表 6-9

项次	项目		留缝限值(mm)	允许偏差(mm)	检验方法
1	门槽口宽度、高度	≤1500mm	—	1.5	用钢尺检查
		>1500mm	—	2	
2	门槽口对角线长度差	≤2000mm	—	2	用钢尺检查
		>2000mm	—	2.5	
3	门框的正、侧面垂直度		—	1	用1m垂直检测尺检查
4	门构件装配间隙		—	0.3	用塞尺检查
5	门梁导轨水平度		—	1	用1m水平尺和塞尺检查
6	下导轨与门梁导轨平行度		—	1.5	用钢尺检查
7	门扇与侧框间留缝		1.2~1.8	—	用塞尺检查
8	门扇对口缝		1.2~1.8	—	用塞尺检查

(4) 推拉自动门的感应时间限值和检验方法应符合表6-10的规定。

推拉自动门的感应时间限值和检验方法　　　表 6-10

项次	项目	感应时间限值(s)	检验方法
1	开门响应时间	≤0.5	用秒表检查
2	堵门保护延时	16~20	用秒表检查
3	门扇全开启后保持时间	13~17	用秒表检查

(5) 旋转门安装的允许偏差和检验方法应符合表6-11的规定。

旋转门安装的允许偏差和检验方法　　　表 6-11

项次	项目	允许偏差(mm)		检验方法
		金属框架玻璃旋转门	木质旋转门	
1	门扇正、侧面垂直度	1.5	1.5	用1m垂直检测尺检查
2	门扇对角线长度差	1.5	1.5	用钢尺检查

续表

项次	项　目	允许偏差(mm)		检验方法
		金属框架玻璃旋转门	木质旋转门	
3	相邻扇高度差	1	1	用钢尺检查
4	扇与圆弧边留缝	1.5	2	用塞尺检查
5	扇与上顶间留缝	2	2.5	用塞尺检查
6	扇与地面间留缝	2	2.5	用塞尺检查

六、门窗玻璃安装工程

1. 主控项目

(1) 玻璃的品种、规格、尺寸、色彩、图案和涂膜朝向应符合设计要求。单块玻璃大于 $1.5m^2$ 时应使用安全玻璃。

检验方法：观察；检查产品合格证书、性能检测报告和进场验收记录。

(2) 门窗玻璃裁割尺寸应正确。安装后的玻璃应牢固，不得有裂纹、损伤和松动。

检验方法：观察；轻敲检查。

(3) 玻璃的安装方法应符合设计要求。固定玻璃的钉子或钢丝卡的数量、规格应保证玻璃安装牢固。

检验方法：观察；检查施工记录。

(4) 镶钉木压条接触玻璃处，应与裁口边缘平齐。木压条应互相紧密连接，并与裁口边缘紧贴，割角应整齐。

检验方法：观察。

(5) 密封条与玻璃、玻璃槽口的接触应紧密、平整。密封胶与玻璃、玻璃槽口的边缘应粘结牢固、接缝平齐。

检验方法：观察。

(6) 带密封条的玻璃压条，其密封条必须与玻璃全部贴紧，压条与型材之间应无明显缝隙，压条接缝应不大于 0.5mm。

检验方法：观察；尺量检查。

2. 一般项目

(1) 玻璃表面应洁净，不得有腻子、密封胶、涂料等污渍。中空玻璃内外表面均应洁净，玻璃中空层内不得有灰尘和水蒸气。

检验方法：观察。

(2) 门窗玻璃不应直接接触型材。单面镀膜玻璃的镀膜层及磨砂玻璃的磨砂面应朝向室内。中空玻璃的单面镀膜玻璃应在最外层，镀膜层应朝向室内。

检验方法：观察。

(3) 腻子应填抹饱满、粘结牢固；腻子边缘与裁口应平齐。固定玻璃的卡子不应在腻子表面显露。

检验方法：观察。

第三节 吊顶工程

一、一般规定

1. 吊顶工程验收时应检查下列文件和记录：
（1）吊顶工程的施工图、设计说明及其他设计文件。
（2）材料的产品合格证书、性能检测报告、进场验收记录和复验报告。
（3）隐蔽工程验收记录。
（4）施工记录。
2. 吊顶工程应对人造木板的甲醛含量进行复验。
3. 吊顶工程应对下列隐蔽工程项目进行验收：
（1）吊顶内管道、设备的安装及水管试压；
（2）木龙骨防火、防腐处理；
（3）预埋件或拉结筋；
（4）吊杆安装；
（5）龙骨安装；
（6）填充材料的设置。
4. 各分项工程的检验批应按下列规定划分：
同一品种的吊顶工程每50间（大面积房间和走廊按吊顶面积30m^2为一间）应划分为一个检验批，不足50间也应划分为一个检验批。
5. 检查数量应符合下列规定：
每个检验批应至少抽查10%，并不得少于3间；不足3间时应全数检查。
6. 安装龙骨前，应按设计要求对房间净高、洞口标高和吊顶内管道、设备及其支架的标高进行交接检验。
7. 吊顶工程的木吊杆、木龙骨和木饰面板必须进行防火处理，并应符合有关设计防火规范的规定。
8. 吊顶工程中的预埋件、钢筋吊杆和型钢吊杆应进行防锈处理。
9. 安装饰面板前应完成吊顶内管道和设备的调试及验收。
10. 吊杆距主龙骨端部距离不得大于300mm，当大于300mm时，应增加吊杆。当吊杆长度大于1.5m时，应设置反支撑。当吊杆与设备相遇时，应调整并增设吊杆。
11. 重型灯具、电扇及其他重型设备严禁安装在吊顶工程的龙骨上。

二、暗龙骨吊顶工程

1. 主控项目
（1）吊顶标高、尺寸、起拱和造型应符合设计要求。
检验方法：观察；尺量检查。
（2）饰面材料的材质、品种、规格、图案和颜色应符合设计要求。
检验方法：观察；检查产品合格证书、性能检测报告、进场验收记录、初复验报告。

(3) 暗龙骨吊顶工程的吊杆、龙骨和饰面材料的安装必须牢固。

检验方法：观察；手扳检查；检查隐蔽工程验收记录和施工记录。

(4) 吊杆、龙骨的材质、规格、安装间距及连接方式应符合设计要求。金属吊杆、龙骨应经过表面防腐处理；木吊杆、龙骨应进行防腐、防火处理。

检验方法：观察；尺量检查；检查产品合格证书、性能检测报告、进场验收记录和隐蔽工程验收记录。

(5) 石膏板的接缝应按其施工工艺标准进行板缝防裂处理。安装双层石膏板时，面层板与基层板的接缝应错开，并不得在同一根龙骨上接缝。

检验方法：观察。

2. 一般项目

(1) 饰面材料表面应洁净、色泽一致，不得有翘曲、裂缝及缺损。压条应平直、宽窄一致。

检验方法：观察；尺量检查。

(2) 饰面板上的灯具、烟感器、喷淋头、风口箅子等设备的位置应合理、美观，与饰面板的交接应吻合、严密。

检验方法：观察。

(3) 金属吊杆、龙骨的接缝应均匀一致，角缝应吻合，表面应平整，无翘曲、锤印。木质吊杆、龙骨应顺直，无劈裂、变形。

检验方法：检查隐蔽工程验收记录和施工记录。

(4) 吊顶内填充吸声材料的品种和铺设厚度应符合设计要求，并应有防散落措施。

检验方法：检查隐蔽工程验收记录和施工记录。

(5) 暗龙骨吊顶工程安装的允许偏差和检验方法应符合表6-12的规定。

暗龙骨吊顶工程安装的允许偏差和检验方法　　　　表6-12

项次	项目	允许偏差(mm)				检验方法
		纸面石膏板	金属板	矿棉板	木板、塑料板、格栅	
1	表面平整度	3	2	2	2	用2m靠尺和塞尺检查
2	接缝直线度	3	1.5	3	3	拉5m线，不足5m拉通线，用钢直尺检查
3	接缝高低差	1	1	1.5	1	用钢直尺和塞尺检查

三、明龙骨吊顶工程

1. 主控项目

(1) 吊顶标高、尺寸、起拱和造型应符合设计要求。

检验方法：观察；尺量检查。

(2) 饰面材料的材质、品种、规格、图案和颜色应符合设计要求。当饰面材料为玻璃板时，应使用安全玻璃或采取可靠的安全措施。

检验方法：观察；检查产品合格证书、性能检测报告和进场验收记录。

(3) 饰面材料的安装应稳固严密。饰面材料与龙骨的搭接宽度应大于龙骨受力面宽度的 2/3。

检验方法：观察；手扳检查；尺量检查。

(4) 吊杆、龙骨的材质、规格、安装间距及连接方式应符合设计要求。金属吊杆、龙骨应进行表面防腐处理；木龙骨应进行防腐、防火处理。

检验方法：观察；尺量检查；检查产品合格证书、进场验收记录和隐蔽工程验收记录。

(5) 明龙骨吊顶工程的吊杆和龙骨安装必须牢固。

检验方法：手扳检查；检查隐蔽工程验收记录和施工记录。

2. 一般项目

(1) 饰面材料表面应洁净、色泽一致，不得有翘曲、裂缝及缺损。饰面板与明龙骨的搭接应平整、吻合，压条应平直、宽窄一致。

检验方法：观察；尺量检查。

(2) 饰面板上的灯具、烟感器、喷淋头、风口箅子等设备的位置应合理、美观，与饰面板的交接应吻合、严密。

检验方法：观察。

(3) 金属龙骨的接缝应平整、吻合、颜色一致，不得有划伤、擦伤等表面缺陷。木质龙骨应平整、顺直，无劈裂。

检验方法：观察。

(4) 吊顶内填充吸声材料的品种和铺设厚度应符合设计要求，并应有防散落措施。

检验方法：检查隐蔽工程验收记录和施工记录。

(5) 明龙骨吊顶工程安装的允许偏差和检验方法应符合表 6-13 的规定。

明龙骨吊顶工程安装的允许偏差和检验方法　　　　表 6-13

项次	项目	允许偏差(mm)				检验方法
		石膏板	金属板	矿棉板	塑料板、玻璃板	
1	表面平整度	3	2	3	2	用2m靠尺和塞尺检查
2	接缝直线度	3	2	3	3	拉5m线，不足5m拉通线，用钢直尺检查
3	接缝高低差	1	1	2	1	用钢直尺和塞尺检查

第四节　轻质隔墙工程

一、一般规定

1. 轻质隔墙工程验收时应检查下列文件和记录：

(1) 轻质隔墙工程的施工图、设计说明及其他设计文件；

(2) 材料的产品合格证书、性能检测报告、进场验收记录和复验报告；

(3) 隐蔽工程验收记录；

(4) 施工记录。

2. 轻质隔墙工程应对人造木板的甲醛含量进行复验。

3. 轻质隔墙工程应对下列隐蔽工程项目进行验收：

(1) 骨架隔墙中设备管线的安装及水管试压；

(2) 木龙骨防火、防腐处理；

(3) 预埋件或拉结筋；

(4) 龙骨安装；

(5) 填充材料的设置。

4. 各分项工程的检验批应按下列规定划分：

同一品种的轻质隔墙工程每 50 间（大面积房间和走廊按轻质隔墙的墙面 30m^2 为一间）应划分为一个检验批，不足 50 间也应划分为一个检验批。

5. 轻质隔墙与顶棚和其他墙体的交接处应采取防开裂措施。

6. 民用建筑轻质隔墙工程的隔声性能应符合现行国家标准《民用建筑隔声设计规范》(GBJ 118) 的规定。

二、板材隔墙工程

板材隔墙工程的检查数量应符合下列规定：

每个检验批应至少抽查 10%，并不得少于 3 间；不足 3 间时应全数检查。

1. 主控项目

(1) 隔墙板材的品种、规格、性能、颜色应符合设计要求。有隔声、隔热、阻燃、防潮等特殊要求的工程，板材应有相应性能等级的检测报告。

检验方法：观察；检查产品合格证书、进场验收记录和性能检测报告。

(2) 安装隔墙板材所需预埋件、连接件的位置、数量及连接方法应符合设计要求。

检验方法：观察；尺量检查；检查隐蔽工程验收记录。

(3) 隔墙板材安装必须牢固。现制钢丝网水泥隔墙与周边墙体的连接方法应符合设计要求，并应连接牢固。

检验方法：观察；手扳检查。

(4) 隔墙板材所用接缝材料的品种及接缝方法应符合设计要求。

检验方法：观察；检查产品合格证书和施工记录。

2. 一般项目

(1) 隔墙板材安装应垂直、平整、位置正确，板材不应有裂缝或缺损。

检验方法：观察；尺量检查。

(2) 板材隔墙表面应平整光滑、色泽一致、洁净，接缝应均匀、顺直。

检验方法：观察；手摸检查。

(3) 隔墙上的孔洞、槽、盒应位置正确、套割方正、边缘整齐。

检验方法：观察。

(4) 板材隔墙安装的允许偏差和检验方法应符合表 6-14 的规定。

板材隔墙安装的允许偏差和检验方法　　　　　　　表 6-14

项次	项目	允许偏差(mm)				检验方法
		复合轻质墙板		石膏空心板	钢丝网水泥板	
		金属夹芯板	其他复合板			
1	立面垂直度	2	3	3	3	用 2m 垂直检测尺检查
2	表面平整度	2	3	3	3	用 2m 靠尺和塞尺检查
3	阴阳角方正	3	3	3	4	用直角检测尺检查
4	接缝高低差	1	2	2	3	用钢直尺和塞尺检查

三、骨架隔墙工程

骨架隔墙工程的检查数量应符合下列规定：

每个检验批应至少抽查 10%，并不得少于 3 间；不足 3 间时应全数检查。

1. 主控项目

（1）骨架隔墙所用龙骨、配件、墙面板、填充材料及嵌缝材料的品种、规格、性能和木材的含水率应符合设计要求。有隔声、隔热、阻燃、防潮等特殊要求的工程，材料应有相应性能等级的检测报告。

检验方法：观察；检查产品合格证书、进场验收记录、性能检测报告和复验报告。

（2）骨架隔墙工程边框龙骨必须与基体结构连接牢固，并应平整、垂直、位置正确。

检验方法：手扳检查；尺量检查；检查隐蔽工程验收记录。

（3）骨架隔墙中龙骨间距和构造连接方法应符合设计要求。骨架内设备管线的安装、门窗洞口等部位加强龙骨应安装牢固、位置正确，填充材料的设置应符合设计要求。

检验方法：检查隐蔽工程验收记录。

（4）木龙骨及木墙面板的防火和防腐处理必须符合设计要求。

检验方法：检查隐蔽工程验收记录。

（5）骨架隔墙的墙面板应安装牢固，无脱层、翘曲、折裂及缺损。

检验方法：观察；手扳检查。

（6）墙面板所用接缝材料的接缝方法应符合设计要求。

检验方法：观察。

2. 一般项目

（1）骨架隔墙表面应平整光滑、色泽一致、洁净、无裂缝，接缝应均匀、顺直。

检验方法：观察；手摸检查。

（2）骨架隔墙上的孔洞、槽、盒应位置正确、套割吻合、边缘整齐。

检验方法：观察。

（3）骨架隔墙内的填充材料应干燥，填充应密实、均匀、无下坠。

检验方法：轻敲检查；检查隐蔽工程验收记录。

（4）骨架隔墙安装的允许偏差和检验方法应符合表 6-15 的规定。

骨架隔墙安装的允许偏差和检验方法　　　　　表6-15

项次	项目	允许偏差（mm）		检验方法
		纸面石膏板	人造木板、水泥纤维板	
1	立面垂直度	3	4	用2m垂直检测尺检查
2	表面平整度	3	3	用2m靠尺和塞尺检查
3	阴阳角方正	3	3	用直角检测尺检查
4	接缝直线度	—	3	拉5m线，不足5m拉通线，用钢直尺检查
5	压条直线度	—	3	拉5m线，不足5m拉通线，用钢直尺检查
6	接缝高低差	1	1	用钢直尺和塞尺检查

四、活动隔墙工程

活动隔墙工程的检查数量应符合下列规定：

每个检验批应至少抽查20%，并不得少于6间；不足6间时应全数检查。

1. 主控项目

（1）活动隔墙所用墙板、配件等材料的品种、规格、性能和木材的含水率应符合设计要求。有阻燃、防潮等特性要求的工程，材料应有相应性能等级的检测报告。

检验方法：观察；检查产品合格证书、进场验收记录、性能检测报告初夏验报告。

（2）活动隔墙轨道必须与基体结构连接牢固，并应位置正确。

检验方法：尺量检查；手扳检查。

（3）活动隔墙用于组装、推拉和制动的构配件必须安装牢固、位置正确，推拉必须安全、平稳、灵活。

检验方法：尺量检查；手扳检查；推拉检查。

（4）活动隔墙制作方法、组合方式应符合设计要求。

检验方法：观察。

2. 一般项目

（1）活动隔墙表面应色泽一致、平整光滑、洁净，线条应顺直、清晰。

检验方法：观察；手摸检查。

（2）活动隔墙上的孔洞、槽、盒应位置正确、套割吻合、边缘整齐。

检验方法：观察；尺量检查。

（3）活动隔墙推拉应无噪声。

检验方法：推拉检查。

（4）活动隔墙安装的允许偏差和检验方法应符合表6-16的规定。

活动隔墙安装的允许偏差和检验方法　　　　　表6-16

项次	项目	允许偏差（mm）	检验方法
1	立面垂直度	3	用2m垂直检测尺检查
2	表面平整度	2	用2m靠尺和塞尺检查

续表

项次	项目	允许偏差(mm)	检验方法
3	接缝直线度	3	拉5m线，不足5m拉通线用钢直尺检查
4	接缝高低差	2	用钢直尺和塞尺检查
5	接缝宽度	2	用钢直尺检查

第五节 玻璃隔墙工程

玻璃隔墙工程的检查数量应符合下列规定：

每个检验批应至少抽查20%，并不得少于6间；不足6间时应全数检查。

1. 主控项目

（1）玻璃隔墙工程所用材料的品种、规格、性能、图案和颜色应符合设计要求。玻璃板隔墙应使用安全玻璃。

检验方法：观察；检查产品合格证书、进场验收记录和性能检测报告。

（2）玻璃砖隔墙的砌筑或玻璃板隔墙的安装方法应符合设计要求。

检验方法：观察。

（3）玻璃砖隔墙砌筑中埋设的拉结筋必须与基体结构连接牢固，并应位置正确。

检验方法：手扳检查；尺量检查；检查隐蔽工程验收记录。

（4）玻璃板隔墙的安装必须牢固。玻璃板隔墙胶垫的安装应正确。

检验方法：观察；手推检查；检查施工记录。

2. 一般项目

（1）玻璃隔墙表面应色泽一致、平整洁净、清晰美观。

检验方法：观察。

（2）玻璃隔墙接缝应横平竖直，玻璃应无裂痕、缺损和划痕。

检验方法：观察。

（3）玻璃板隔墙嵌缝及玻璃砖隔墙勾缝应密实平整、均匀顺直、深浅一致。

检验方法：观察。

（4）玻璃隔墙安装的允许偏差和检验方法应符合表6-17的规定。

玻璃隔墙安装的允许偏差和检验方法　　　　　　表6-17

项次	项目	允许偏差(mm)		检验方法
		玻璃砖	玻璃板	
1	立面垂直度	3	2	用2m垂直检测尺检查
2	表面平整度	3	—	用2m靠尺和塞尺检查
3	阴阳角方正	—	2	用直角检测尺检查
4	接缝直线度	—	2	拉5m线，不足5m拉通线，用钢直尺检查
5	接缝高低差	3	2	用钢直尺和塞尺检查
6	接缝宽度	—	1	用钢直尺检查

第六节 饰面板(砖)工程

一、一般规定

1. 饰面板(砖)工程验收时应检查下列文件和记录：
(1) 饰面板(砖)工程的施工图、设计说明及其他设计文件；
(2) 材料的产品合格证书、性能检测报告、进场验收记录和复验报告；
(3) 后置埋件的现场拉拔检测报告；
(4) 外墙饰面砖样板件的粘结强度检测报告；
(5) 隐蔽工程验收记录；
(6) 施工记录。

2. 饰面板(砖)工程应对下列材料及其性能指标进行复验：
(1) 室内用花岗石的放射性；
(2) 粘贴用水泥的凝结时间、安定性和抗压强度；
(3) 外墙陶瓷面砖的吸水率；
(4) 寒冷地区外墙陶瓷面砖的抗冻性。

3. 饰面板(砖)工程应对下列隐蔽工程项目进行验收：
(1) 预埋件（或后置埋件）；
(2) 连接节点；
(3) 防水层。

4. 各分项工程的检验批应按下列规定划分：
(1) 相同材料、工艺和施工条件的室内饰面板(砖)工程每 50 间（大面积房间和走廊按施工面积 30m^2 为一间）应划分为一个检验批，不足 50 间也应划分为一个检验批。
(2) 相同材料、工艺和施工条件的室外饰面板(砖)工程每 500~1000m^2 应划分为一个检验批，不足 500m^2 也应划分为一个检验批。

5. 检查数量应符合下列规定：
(1) 室内每个检验批应至少抽查 10%，并不得少于 3 间；不足 3 间时应全数检查。
(2) 室外每个检验批每 100 应至少抽查一处，每处不得小于 10m^2。

6. 外墙饰面砖粘贴前和施工过程中，均应在相同基层上做样板件，并对样板件的饰面砖粘结强度进行检验，其检验方法和结果判定应符合《建筑工程饰面砖粘结强度检验标准》(JGJ 110)的规定。

7. 饰面板(砖)工程的抗震缝、伸缩缝、沉降缝等部位的处理应保证缝的使用功能和饰面的完整性。

二、饰面板安装工程

适用于内墙饰面板安装工程和高度不大于 24m、抗震设防烈度不大于 7 度的外墙饰面板安装工程的质量验收。

1. 主控项目

(1) 饰面板的品种、规格、颜色和性能应符合设计要求，木龙骨、木饰面板和塑料饰面板的燃烧性能等级应符合设计要求。

检验方法：观察；检查产品合格证书、进场验收记录和性能检测报告。

(2) 饰面板孔、槽的数量、位置和尺寸应符合设计要求。

检验方法：检查进场验收记录和施工记录。

(3) 饰面板安装工程的预埋件（或后置埋件）、连接件的数量、规格、位置、连接方法和防腐处理必须符合设计要求。后置埋件的现场拉拔强度必须符合设计要求。饰面板安装必须牢固。

检验方法：手扳检查；检查进场验收记录、现场拉拔检测报告、隐蔽工程验收记录和施工记录。

2. 一般项目

(1) 饰面板表面应平整、洁净、色泽一致，无裂痕和缺损。石材表面应无泛碱等污染。

检验方法：观察。

(2) 饰面板嵌缝应密实、平直，宽度和深度应符合设计要求，嵌填材料色泽应一致。

检验方法：观察；尺量检查。

(3) 采用湿作业法施工的饰面板工程，石材应进行防碱背涂处理。饰面板与基体之间的灌注材料应饱满、密实。

检验方法：用小锤轻击检查；检查施工记录。

(4) 饰面板上的孔洞应套割吻合，边缘应整齐。

检验方法：观察。

(5) 饰面板安装的允许偏差和检验方法应符合表 6-18 的规定。

饰面板安装的允许偏差和检验方法　　　　　表 6-18

项次	项目	允许偏差(mm)							检验方法
		石材			瓷板	木材	塑料	金属	
		光面	剁斧石	蘑菇石					
1	立面垂直度	2	3	3	2	1.5	2	2	用2m垂直检测尺检查
2	表面平整度	2	3	—	1.5	1	3	3	用2m靠尺和塞尺检查
3	阴阳角方正	2	4	4	2	1.5	3	3	用直角检测尺检查
4	接缝直线度	2	4	4	2	1	1	1	拉5m线，不足5m拉通线，用钢直尺检查
5	墙裙、勒脚上口直线度	2	3	3	2	2	2	2	拉5m线，不足5m拉通线，用钢直尺检查
6	接缝高低差	0.5	3	—	0.5	0.5	1	1	用钢直尺和塞尺检查
7	接缝宽度	1	2	2	1	1	1	1	用钢直尺检查

三、饰面砖粘贴工程

适用于内墙饰面砖粘贴工程和高度不大于100m、抗震设防烈度不大于8度、采用满粘法施工的外墙饰面砖粘贴工程的质量验收。

1. 主控项目

(1) 饰面砖的品种、规格、图案、颜色和性能应符合设计要求。

检验方法：观察；检查产品合格证书、进场验收记录、性能检测报告和复验报告。

(2) 饰面砖粘贴工程的找平、防水、粘结和勾缝材料及施工方法应符合设计要求及国家现行产品标准和工程技术标准的规定。

检验方法：检查产品合格证书、复验报告和隐蔽工程验收记录。

(3) 饰面砖粘贴必须牢固。

检验方法：检查样板件粘结强度检测报告和施工记录。

(4) 满粘法施工的饰面砖工程应无空鼓、裂缝。

检验方法：观察；用小锤轻击检查。

2. 一般项目

(1) 饰面砖表面应平整、洁净、色泽一致，无裂痕和缺损。

检验方法：观察。

(2) 阴阳角处搭接方式、非整砖使用部位应符合设计要求。

检验方法：观察。

(3) 墙面突出物周围的饰面砖应整砖套割吻合，边缘应整齐。墙裙、贴脸突出墙面的厚度应一致。

检验方法：观察；尺量检查。

(4) 饰面砖接缝应平直、光滑，填嵌应连续、密实；宽度和深度应符合设计要求。

检验方法：观察；尺量检查。

(5) 有排水要求的部位应做滴水线（槽）。滴水线（槽）应顺直，流水坡向应正确，坡度应符合设计要求。

检验方法：观察；用水平尺检查。

(6) 饰面砖粘贴的允许偏差和检验方法应符合表 6-19 的规定。

饰面砖粘贴的允许偏差和检验方法　　　　表 6-19

项次	项目	允许偏差(mm)		检验方法
		外墙面砖	内墙面砖	
1	立面垂直度	3	2	用2m垂直检测尺检查
2	表面平整度	4	3	用2m靠尺和塞尺检查
3	阴阳角方正	3	3	用直角检测尺检查
4	接缝直线度	3	0.5	拉5m线，不足5m拉通线，用钢直尺检查
5	接缝高低差	1	2	用钢直尺和塞尺检查
6	接缝宽度	1	1	用钢直尺检查

第七节 幕墙工程

一、一般规定

1. 幕墙工程验收时应检查下列文件和记录：
(1) 幕墙工程的施工图、结构计算书、设计说明及其他设计文件；
(2) 建筑设计单位对幕墙工程设计的确认文件；
(3) 幕墙工程所用各种材料、五金配件、构件及组件的产品合格证书、性能检测报告、进场验收记录和复验报告；
(4) 幕墙工程所用硅酮结构胶的认定证书和抽查合格证明；进口硅酮结构胶的商检证；国家指定检测机构出具的硅酮结构胶相容性和剥离粘结性试验报告；石材用密封胶的耐污染性试验报告；
(5) 后置埋件的现场拉拔强度检测报告；
(6) 幕墙的抗风压性能、空气渗透性能、雨水渗漏性能及平面变形性能检测报告；
(7) 打胶、养护环境的温度、湿度记录；双组份硅酮结构胶的混匀性试验记录及拉断试验记录；
(8) 防雷装置测试记录；
(9) 隐蔽工程验收记录；
(10) 幕墙构件和组件的加工制作记录；幕墙安装施工记录。

2. 幕墙工程应对下列材料及其性能指标进行复验：
(1) 铝塑复合板的剥离强度；
(2) 石材的弯曲强度；寒冷地区石材的耐冻融性；室内用花岗石的放射性；
(3) 玻璃幕墙用结构胶的邵氏硬度、标准条件拉伸粘结强度、相容性试验；石材用结构胶的粘结强度；石材用密封胶的污染性。

3. 幕墙工程应对下列隐蔽工程项目进行验收：
(1) 预埋件（或后置埋件）；
(2) 构件的连接节点；
(3) 变形缝及墙面转角处的构造节点；
(4) 幕墙防雷装置；
(5) 幕墙防火构造。

4. 各分项工程的检验批应按下列规定划分：
(1) 相同设计、材料、工艺和施工条件的幕墙工程每 500~1000m^2 应划分为一个检验批，不足 500m^2 也应划分为一个检验批；
(2) 同一单位工程的不连续的幕墙工程应单独划分检验批；
(3) 对于异型或有特殊要求的幕墙，检验批的划分应根据幕墙的结构、工艺特点及幕墙工程规模，由监理单位（或建设单位）和施工单位协商确定。

5. 检查数量应符合下列规定：
(1) 每个检验批每 100m^2 应至少抽查一处，每处不得小于 10m^2；

(2) 对于异型或有特殊要求的幕墙工程，应根据幕墙的结构和工艺特点，由监理单位（或建设单位）和施工单位协商确定。

6. 幕墙及其连接件应具有足够的承载力、刚度和相对于主体结构的位移能力。幕墙构架立柱的连接金属角码与其他连接件应采用螺栓连接，并应有防松动措施。

7. 隐框、半隐框幕墙所采用的结构粘结材料必须是中性硅酮结构密封胶，其性能必须符合《建筑用硅酮结构密封胶》(GB 16776)的规定；硅酮结构密封胶必须在有效期内使用。

8. 立柱和横梁等主要受力构件，其截面受力部分的壁厚应经计算确定，且铝合金型材壁厚不应小于 3.0mm，钢型材壁厚不应小于 3.5mm。

9. 隐框、半隐框幕墙构件中板材与金属框之间硅酮结构密封胶的粘结宽度，应分别计算风荷载标准值和板材自重标准值作用下硅酮结构密封胶的粘结宽度，并取其较大值，且不得小于 7.0mm。

10. 硅酮结构密封胶应打注饱满，并应在温度 15～30℃、相对湿度 50％以上、洁净的室内进行；不得在现场墙上打注。

11. 幕墙的防火除应符合现行国家标准《建筑设计防火规范》(GBJ 16)和《高层民用建筑设计防火规范》(GB 50045)的有关规定外，还应符合下列规定：

（1）应根据防火材料的耐火极限决定防火层的厚度和宽度，并应在楼板处形成防火带。

（2）防火层应采取隔离措施。防火层的衬板应采用经防腐处理且厚度不小于 1.5mm 的钢板，不得采用铝板。

（3）防火层的密封材料应采用防火密封胶。

（4）防火层与玻璃不应直接接触，一块玻璃不应跨两个防火分区。

12. 主体结构与幕墙连接的各种预埋件，其数量、规格、位置和防腐处理必须符合设计要求。

13. 幕墙的金属框架与主体结构预埋件的连接、立柱与横梁的连接及幕墙面板的安装必须符合设计要求，安装必须牢固。

14. 单元幕墙连接处和吊挂处的铝合金型材的壁厚应通过计算确定，并不得小于 5.0mm。

15. 幕墙的金属框架与主体结构应通过预埋件连接，预埋件应在主体结构混凝土施工时埋入，预埋件的位置应准确。当没有条件采用预埋件连接时，应采用其他可靠的连接措施，并应通过试验确定其承载力。

16. 立柱应采用螺栓与角码连接，螺栓直径应经过计算，并不应小于 10mm。不同金属材料接触时应采用绝缘垫片分隔。

17. 幕墙的抗震缝、伸缩缝、沉降缝等部位的处理应保证缝的使用功能和饰面的完整性。

18. 幕墙工程的设计应满足维护和清洁的要求。

二、玻璃幕墙工程

适用于建筑高度不大于 150m、抗震设防烈度不大于 8 度的隐性玻璃幕墙、半隐性玻璃幕墙、明框玻璃幕墙、全玻幕墙及点支承玻璃幕墙工程的质量验收。

1. 主控项目

(1) 玻璃幕墙工程所使用的各种材料、构件和组件的质量，应符合设计要求及国家现行产品标准和工程技术规范的规定。

检验方法：检查材料、构件、组件的产品合格证书、进场验收记录、性能检测报告和材料的复验报告。

(2) 玻璃幕墙的造型和立面分格应符合设计要求。

检验方法：观察；尺量检查。

(3) 玻璃幕墙使用的玻璃应符合下列规定：

1) 幕墙应使用安全玻璃，玻璃的品种、规格、颜色、光学性能及安装方向应符合设计要求。

2) 幕墙玻璃的厚度不应小于 6.0mm。全玻幕墙肋玻璃的厚度不应小于 12mm。

3) 幕墙的中空玻璃应采用双道密封。明框幕墙的中空玻璃应采用聚硫密封胶及丁基密封胶；隐框和半隐框幕墙的中空玻璃应采用硅酮结构密封胶及丁基密封胶；镀膜面应在中空玻璃的第 2 或第 3 面上。

4) 幕墙的夹层玻璃应采用聚乙烯醇缩丁醛(PVB)胶片干法加工合成的夹层玻璃。点支承玻璃幕墙夹层玻璃的夹层胶片(PVB)厚度不应小于 0.76mm。

5) 钢化玻璃表面不得有损伤；8.0mm 以下的钢化玻璃应进行引爆处理。

6) 所有幕墙玻璃均应进行边缘处理。

检验方法：观察；尺量检查；检查施工记录。

(4) 玻璃幕墙与主体结构连接的各种预埋件、连接件、紧固件必须安装牢固，其数量、规格、位置、连接方法和防腐处理应符合设计要求。

检验方法：观察；检查隐蔽工程验收记录和施工记录。

(5) 各种连接件、紧固件的螺栓应有防松动措施；焊接连接应符合设计要求和焊接规范的规定。

检验方法：观察；检查隐蔽工程验收记录和施工记录。

(6) 隐框或半隐框玻璃幕墙，每块玻璃下端应设置两个铝合金或不锈钢托条，其长度不应小于 100mm，厚度不应小于 2mm，托条外端应低于玻璃外表面 2mm。

检验方法：观察；检查施工记录。

(7) 明框玻璃幕墙的玻璃安装应符合下列规定：

1) 玻璃槽口与玻璃的配合尺寸应符合设计要求和技术标准的规定。

2) 玻璃与构件不得直接接触，玻璃四周与构件凹槽底部应保持一定的空隙，每块玻璃下部应至少放置两块宽度与槽口宽度相同、长度不小于 100mm 的弹性定位垫块；玻璃两边嵌入量及空隙应符合设计要求。

3) 玻璃四周橡胶条的材质、型号应符合设计要求，镶嵌应平整，橡胶条长度应比边框内槽长 1.5%～2.0%，橡胶条在转角处应斜面断开，并应用粘结剂粘结牢固后嵌入槽内。

检验方法：观察；检查施工记录。

(8) 高度超过 4m 的全玻幕墙应吊挂在主体结构上，吊夹具应符合设计要求，玻璃与玻璃、玻璃与玻璃肋之间的缝隙，应采用硅酮结构密封胶填嵌严密。

检验方法：观察；检查隐蔽工程验收记录和施工记录。

(9) 点支承玻璃幕墙应采用带万向头的活动不锈钢爪，其钢爪间的中心距离应大于 250mm。

检验方法：观察；尺量检查。

(10) 玻璃幕墙四周、玻璃幕墙内表面与主体结构之间的连接节点、各种变形缝、墙角的连接节点应符合设计要求和技术标准的规定。

检验方法：观察；检查隐蔽工程验收记录和施工记录。

(11) 玻璃幕墙应无渗漏。

检验方法：在易渗漏部位进行淋水检查。

(12) 玻璃幕墙结构胶和密封胶的打注应饱满、密实、连续、均匀、无气泡，宽度和厚度应符合设计要求和技术标准的规定。

检验方法：观察；尺量检查；检查施工记录。

(13) 玻璃幕墙开启窗的配件应齐全，安装应牢固，安装位置和开启方向、角度应正确；开启应灵活，关闭应严密。

检验方法：观察；手扳检查；开启和关闭检查。

(14) 玻璃幕墙的防雷装置必须与主体结构的防雷装置可靠连接。

检验方法：观察；检查隐蔽工程验收记录和施工记录。

2. 一般项目

(1) 玻璃幕墙表面应平整、洁净；整幅玻璃的色泽应均匀一致；不得有污染和镀膜损坏。

检验方法：观察。

(2) 每平方米玻璃的表面质量和检验方法应符合表 6-20 的规定。

每平方米玻璃的表面质量和检验方法　　　　　表 6-20

项次	项　目	质量要求	检验方法
1	明显划伤和长度>100mm 的轻微划伤	不允许	观　察
2	长度≤100mm 的轻微划伤	≤8 条	用钢尺检查
3	擦伤总面积	≤500mm^2	用钢尺检查

(3) 一个分格铝合金型材的表面质量和检验方法应符合表 6-21 的规定。

一个分格铝合金型材的表面质量和检验方法　　　　　表 6-21

项次	项　目	质量要求	检验方法
1	明显划伤和长度>100mm 的轻微划伤	不允许	观　察
2	长度≤100mm 的轻微划伤	≤2 条	用钢尺检查
3	擦伤总面积	≤500mm^2	用钢尺检查

(4) 明框玻璃幕墙的外露框或压条应横平竖直，颜色、规格应符合设计要求，压条安装应牢固。单元玻璃幕墙的单元拼缝或隐框玻璃幕墙的分格玻璃拼缝应横平竖直、均匀一致。

检验方法：观察；手扳检查；检查进场验收记录。

(5) 玻璃幕墙的密封胶缝应横平竖直、深浅一致、宽窄均匀、光滑顺直。

检验方法：观察；手摸检查。

(6) 防火、保温材料填充应饱满、均匀，表面应密实、平整。
检验方法：检查隐蔽工程验收记录。
(7) 玻璃幕墙隐蔽节点的遮封装修应牢固、整齐、美观。
检验方法：观察；手扳检查。
(8) 明框玻璃幕墙安装的允许偏差和检验方法应符合表6-22的规定。

明框玻璃幕墙安装的允许偏差和检验方法　　　　表6-22

项次	项目		允许偏差(mm)	检验方法
1	幕墙垂直度	幕墙高度≤30m	10	用经纬仪检查
		30m<幕墙高度≤60m	15	
		60m<幕墙高度≤90m	20	
		幕墙高度>90m	25	
2	幕墙水平度	幕墙幅宽≤35m	5	用水平仪检查
		幕墙幅宽>35m	7	
3	构件直线度		2	用2m靠尺和塞尺检查
4	构件水平度	构件长度≤2m	2	用水平仪检查
		构件长度>2m	3	
5	相邻构件错位		1	用钢直尺检查
6	分格框对角线长度差	对角线长度≤2m	3	用钢尺检查
		对角线长度>2m	4	

(9) 隐框、半隐框玻璃幕墙安装的允许偏差和检验方法应符合表6-23的规定。

隐框、半隐框玻璃幕墙安装的允许偏差和检验方法　　　　表6-23

项次	项目		允许偏差(mm)	检验方法
1	幕墙垂直度	幕墙高度≤30m	10	用经纬仪检查
		30m<幕墙高度≤60m	15	
		60m<幕墙高度≤90m	20	
		幕墙高度>90m	25	
2	幕墙水平度	层高≤3m	3	用水平仪检查
		层高>3m	5	
3	幕墙表面平整度		2	用2m靠尺和塞尺检查
4	板材立面垂直度		2	用垂直检测尺检查
5	板材上沿水平度		2	用1m水平尺和钢直尺检查
6	相邻板材板角错位		1	用钢直尺检查
7	阳角方正		2	用直角检测尺检查
8	接缝直线度		3	拉5m线，不足5m拉通线，用钢直尺检查
9	接缝高低差		1	用钢直尺和塞尺检查
10	接缝宽度		1	用钢直尺检查

三、金属幕墙工程

适用于建筑高度不大于150m的金属幕墙工程的质量验收。

1. 主控项目

(1) 金属幕墙工程所使用的各种材料和配件,应符合设计要求及国家现行产品标准和工程技术规范的规定。

检验方法:检查产品合格证书、性能检测报告、材料进场验收记录和复验报告。

(2) 金属幕墙的造型和立面分格应符合设计要求。

检验方法:观察;尺量检查。

(3) 金属面板的品种、规格、颜色、光泽及安装方向应符合设计要求。

检验方法:观察;检查进场验收记录。

(4) 金属幕墙主体结构上的预埋件、后置埋件的数量、位置及后置埋件的拉拔力必须符合设计要求。

检验方法:检查拉拔力检测报告和隐蔽工程验收记录。

(5) 金属幕墙的金属框架立柱与主体结构预埋件的连接、立柱与横梁的连接、金属面板的安装必须符合设计要求,安装必须牢固。

检验方法:手扳检查;检查隐蔽工程验收记录。

(6) 金属幕墙的防火、保温、防潮材料的设置应符合设计要求,并应密实、均匀、厚度一致。

检验方法:检查隐蔽工程验收记录。

(7) 金属框架及连接件的防腐处理应符合设计要求。

检验方法:检查隐蔽工程验收记录和施工记录。

(8) 金属幕墙的防雷装置必须与主体结构的防雷装置可靠连接。

检验方法:检查隐蔽工程验收记录。

(9) 各种变形缝、墙角的连接节点应符合设计要求和技术标准的规定。

检验方法:观察;检查隐蔽工程验收记录。

(10) 金属幕墙的板缝注胶应饱满、密实、连续、均匀、无气泡,宽度和厚度应符合设计要求和技术标准的规定。

检验方法:观察;尺量检查;检查施工记录。

(11) 金属幕墙应无渗漏。

检验方法:在易渗漏部位进行淋水检查。

2. 一般项目

(1) 金属板表面应平整、洁净、色泽一致。

检验方法:观察。

(2) 金属幕墙的压条应平直、洁净、接口严密、安装牢固。

检验方法:观察;手扳检查。

(3) 金属幕墙的密封胶缝应横平竖直、深浅一致、宽窄均匀、光滑顺直。

检验方法:观察。

(4) 金属幕墙上的滴水线、流水坡向应正确、顺直。

检验方法：观察；用水平尺检查。

（5）每平方米金属板的表面质量和检验方法应符合表 6-24 的规定。

每平方米金属板的表面质量和检验方法　　　表 6-24

项次	项目	质量要求	检验方法
1	明显划伤和长度＞100mm 的轻微划伤	不允许	观察
2	长度≤100mm 的轻微划伤	≤8 条	用钢尺检查
3	擦伤总面积	≤500mm²	用钢尺检查

（6）金属幕墙安装的允许偏差和检验方法应符合表 6-25 的规定。

金属幕墙安装的允许偏差和检验方法　　　表 6-25

项次	项目		允许偏差(mm)	检验方法
1	幕墙垂直度	幕墙高度≤30m	10	用经纬仪检查
		30m＜幕墙高度≤60m	15	
		60m＜幕墙高度≤90m	20	
		幕墙高度＞90m	25	
2	幕墙水平度	层高≤3m	3	用水平仪检查
		层高＞3m	5	
3	幕墙表面平整度		2	用 2m 靠尺和塞尺检查
4	板材立面垂直度		3	用垂直检测尺检查
5	板材上沿水平度		2	用 1m 水平尺和钢直尺检查
6	相邻板材板角错位		1	用钢直尺检查
7	阳角方正		2	用直角检测尺检查
8	接缝直线度		3	拉 5m 线，不足 5m 拉通线，用钢直尺检查
9	接缝高低差		1	用钢直尺和塞尺检查
10	接缝宽度		1	用钢直尺检查

四、石材幕墙工程

适用于建筑高度不大于 100m、抗震设防烈度不大于 8 度的石材幕墙工程的质量验收。

1. 主控项目

（1）石材幕墙工程所用材料的品种、规格、性能和等级，应符合设计要求及国家现行产品标准和工程技术规范的规定。石材的弯曲强度不应小于 8.0MPa；吸水率应小于 0.8%。石材幕墙的铝合金挂件厚度不应小于 4.0mm，不锈钢挂件厚度不应小于 3.0mm。

检验方法：观察；尺量检查；检查产品合格证书、性能检测报告、材料进场验收记录和复验报告。

（2）石材幕墙的造型、立面分格、颜色、光泽、花纹和图案应符合设计要求。

检验方法：观察。

（3）石材孔、槽的数量、深度、位置、尺寸应符合设计要求。

检验方法：检查进场验收记录或施工记录。

（4）石材幕墙主体结构上的预埋件和后置埋件的位置、数量及后置埋件的拉拔力必须符合设计要求。

检验方法：检查拉拔力检测报告和隐蔽工程验收记录。

（5）石材幕墙的金属框架立柱与主体结构预埋件的连接、立柱与横梁的连接、连接件与金属框架的连接、连接件与石材面板的连接必须符合设计要求，安装必须牢固。

检验方法：手扳检查；检查隐蔽工程验收记录。

（6）金属框架和连接件的防腐处理应符合设计要求。

检验方法：检查隐蔽工程验收记录。

（7）石材幕墙的防雷装置必须与主体结构防雷装置可靠连接。

检验方法：观察；检查隐蔽工程验收记录和施工记录。

（8）石材幕墙的防火、保温、防潮材料的设置应符合设计要求，填充应密实、均匀、厚度一致。

检验方法：检查隐蔽工程验收记录。

（9）各种结构变形缝、墙角的连接节点应符合设计要求和技术标准的规定。

检验方法：检查隐蔽工程验收记录和施工记录。

（10）石材表面和板缝的处理应符合设计要求。

检验方法：观察。

（11）石材幕墙的板缝注胶应饱满、密实、连续、均匀、无气泡，板缝宽度和厚度应符合设计要求和技术标准的规定。

检验方法：观察；尺量检查；检查施工记录。

（12）石材幕墙应无渗漏。

检验方法：在易渗漏部位进行淋水检查。

2. 一般项目

（1）石材幕墙表面应平整、洁净，无污染、缺损和裂痕。颜色和花纹应协调一致，无明显色差，无明显修痕。

检验方法：观察。

（2）石材幕墙的压条应平直、洁净、接口严密、安装牢固。

检验方法：观察；手扳检查。

（3）石材接缝应横平竖直、宽窄均匀；阴阳角石板压向应正确，板边合缝应顺直；凸凹线出墙厚度应一致，上下口应平直；石材面板上洞口、槽边应套割吻合，边缘应整齐。

检验方法：观察；尺量检查。

（4）石材幕墙的密封胶缝应横平竖直、深浅一致、宽窄均匀、光滑顺直。

检验方法：观察。

（5）石材幕墙上的滴水线、流水坡向应正确、顺直。

检验方法：观察；用水平尺检查。

（6）每平方米石材的表面质量和检验方法应符合表6-26的规定。

每平方米石材的表面质量和检验方法 表 6-26

项次	项目	质量要求	检验方法
1	裂痕、明显划伤和长度>100mm 的轻微划伤	不允许	观察
2	长度≤100mm 的轻微划伤	≤8 条	用钢尺检查
3	擦伤总面积	≤500mm²	用钢尺检查

(7) 石材幕墙安装的允许偏差和检验方法应符合表 6-27 的规定。

石材幕墙安装的允许偏差和检验方法 表 6-27

项次	项目		允许偏差(mm)		检验方法
			光面	麻面	
1	幕墙垂直度	幕墙高度≤30m	10		用经纬仪检查
		30m<幕墙高度≤60m	15		
		60m<幕墙高度≤90m	20		
		幕墙高度>90m	25		
2	幕墙水平度		3		用水平仪检查
3	板材立面垂直度		3		用水平仪检查
4	板材上沿水平度		2		用 1m 水平尺和钢直尺检查
5	相邻板材板角错位		1		用钢直尺检查
6	幕墙表面平整度		2	3	用垂直检测尺检查
7	阳角方正		2	4	用直角检测尺检查
8	接缝直线度		3	4	拉 5m 线，不足 5m 拉通线，用钢直尺检查
9	接缝高低差		1	—	用钢直尺和塞尺检查
10	接缝宽度		1	2	用钢直尺检查

第八节 涂饰工程

一、一般规定

1. 涂饰工程验收时应检查下列文件和记录：
（1）涂饰工程的施工图、设计说明及其他设计文件；
（2）材料的产品合格证书、性能检测报告和进场验收记录；
（3）施工记录。

2. 各分项工程的检验批应按下列规定划分：
（1）室外涂饰工程每一栋楼的同类涂料涂饰的墙面每 500～1000m² 应划分为一个检验批，不足 500m² 也应划分为一个检验批；
（2）室内涂饰工程同类涂料涂饰的墙面每 50 间（大面积房间和走廊按涂饰面积 30m² 为一间）应划分为一个检验批，不足 50 间也应划分为一个检验批。

(3) 检查数量应符合下列规定：
1) 室外涂饰工程每 100m，应至少检查一处，每处不得小于 $10m^2$；
2) 室内涂饰工程每个检验批应至少抽查 10%，并不得少于 3 间；不足 3 间时应全数检查。
(4) 涂饰工程的基层处理应符合下列要求：
1) 新建筑物的混凝土或抹灰基层在涂饰涂料前应涂刷抗碱封闭底漆；
2) 旧墙面在涂饰涂料前应清除疏松的旧装修层，并涂刷界面剂；
3) 混凝土或抹灰基层涂刷溶剂型涂料时，含水率不得大于 8%；涂刷乳液型涂料时，含水率不得大于 10%；木材基层的含水率不得大于 12%；
4) 基层腻子应平整、坚实、牢固，无粉化、起皮和裂缝；内墙腻子的粘结强度应符合《建筑室内用腻子》（JG/T 3049）的规定；
5) 厨房、卫生间墙面必须使用耐水腻子；
(5) 水性涂料涂饰工程施工的环境温度应在 5~35℃ 之间；
(6) 涂饰工程应在涂层养护期满后进行质量验收。

二、水性涂料涂饰工程

1. 主控项目
(1) 水性涂料涂饰工程所用涂料的品种、型号和性能应符合设计要求。
检验方法：检查产品合格证书、性能检测报告和进场验收记录。
(2) 水性涂料涂饰工程的颜色、图案应符合设计要求。
检验方法：观察。
(3) 水性涂料涂饰工程应涂饰均匀、粘结牢固，不得漏涂、透底、起皮和掉粉。
检验方法：观察；手摸检查。
(4) 水性涂料涂饰工程的基层处理应符合相应的要求。
检验方法：观察；手摸检查；检查施工记录。

2. 一般项目
(1) 薄涂料的涂饰质量和检验方法应符合表 6-28 的规定。

薄涂料的涂饰质量和检验方法　　　　　表 6-28

项次	项　目	普通涂饰	高级涂饰	检验方法
1	颜色	均匀一致	均匀一致	观察
2	泛碱、咬色	允许少量轻微	不允许	
3	流坠、疙瘩	允许少量轻微	不允许	
4	砂眼、刷纹	允许少量轻微砂眼，刷纹通顺	无砂眼，无刷纹	
5	装饰线、分色线直线度允许偏差(mm)	2	1	拉 5m 线，不足 5m 拉通线，用钢直尺检查

(2) 厚涂料的涂饰质量和检验方法应符合表 6-29 的规定。

厚涂料的涂饰质量和检验方法 表6-29

项次	项 目	普通涂饰	高级涂饰	检验方法
1	颜色	均匀一致	均匀一致	观 察
2	泛碱、咬色	允许少量轻微	不允许	
3	点状分布	—	疏密均匀	

（3）复层涂料的涂饰质量和检验方法应符合表6-30的规定。

复层涂料的涂饰质量和检验方法 表6-30

项次	项 目	质量要求	检验方法
1	颜色	均匀一致	观 察
2	泛碱、咬色	不允许	
3	喷点疏密程度	均匀，不允许连片	

（4）涂层与其他装修材料和设备衔接处应吻合，界面应清晰，检验方法：观察。

三、溶剂型涂料涂饰工程

1. 主控项目

（1）溶剂型涂料涂饰工程所选用涂料的品种、型号和性能应符合设计要求。
检验方法：检查产品合格证书、性能检测报告和进场验收记录。
（2）溶剂型涂料涂饰工程的颜色、光泽、图案应符合设计要求。
检验方法：观察。
（3）溶剂型涂料涂饰工程应涂饰均匀、粘结牢固，不得漏涂、透底、起皮和反锈。
检验方法：观察；手摸检查。
（4）溶剂型涂料涂饰工程的基层处理应符合有关的要求。
检验方法：观察；手摸检查；检查施工记录。

2. 一般项目

（1）色漆的涂饰质量和检验方法应符合表6-31的规定。

色漆的涂饰质量和检验方法 表6-31

项次	项 目	普通涂饰	高级涂饰	检验方法
1	颜色	均匀一致	均匀一致	观察
2	光泽、光滑	光泽基本均匀 光滑无挡手感	光泽均匀一致 光滑	观察、手摸检查
3	刷纹	刷纹通顺	无刷纹	观察
4	裹棱、流坠、皱皮	明显处不允许	不允许	观察
5	装饰线、分色线直线度允许偏差(mm)	2	1	拉5m线，不足5m拉通线，用钢直尺检查

注：无光色漆不检查光泽。

（2）清漆的涂饰质量和检验方法应符合表6-32的规定。

清漆的涂饰质量和检验方法　　　　　　　　表 6-32

项次	项　目	普通涂饰	高级涂饰	检验方法
1	颜色	基本一致	均匀一致	观察
2	木纹	棕眼刮平、木纹清楚	棕眼刮平、木纹清楚	观察
3	光泽、光滑	光泽基本均匀 光滑无挡手感	光泽均匀一致 光滑	观察、手摸检查
4	刷纹	无刷纹	无刷纹	观察
5	裹棱、流坠、皱皮	明显处不允许	不允许	观察

（3）涂层与其他装修材料和设备衔接处应吻合，界面应清晰。

检验方法：观察。

四、美术涂饰工程

1. 主控项目

（1）美术涂饰所用材料的品种、型号和性能应符合设计要求。

检验方法：观察；检查产品合格证书、性能检测报告和进场验收记录。

（2）美术涂饰工程应涂饰均匀、粘结牢固，不得漏涂、透底、起皮、掉粉和反锈。

检验方法：观察；手摸检查。

（3）美术涂饰工程的基层处理应符合相关的要求。

检验方法：观察；手摸检查；检查施工记录。

（4）美术涂饰的套色、花纹和图案应符合设计要求。

检验方法：观察。

2. 一般项目

（1）美术涂饰表面应洁净，不得有流坠现象。

检验方法：观察。

（2）仿花纹涂饰的饰面应具有被模仿材料的纹理。

检验方法：观察。

（3）套色涂饰的图案不得移位，纹理和轮廓应清晰。

检验方法：观察。

第九节　裱糊与软包工程

一、一般规定

1. 裱糊与软包工程验收时应检查下列文件和记录：

（1）裱糊与软包工程的施工图、设计说明及其他设计文件；

（2）饰面材料的样板及确认文件；

（3）材料的产品合格证书、性能检测报告、进场验收记录和复验报告；

（4）施工记录。

2. 各分项工程的检验批应按下列规定划分：

同一品种的裱糊或软包工程每50间（大面积房间和走廊按施工面积30m^2为一间）应划分为一个检验批，不足50间也应划分为一个检验批。

3. 检查数量应符合下列规定：

(1) 裱糊工程每个检验批应至少抽查10%，并不得少于3间，不足3间时应全数检查；

(2) 软包工程每个检验批应至少抽查20%，并不得少于6间，不足6间时应全数检查。

4. 基层处理质量应达到下列要求：

(1) 建筑物的混凝土或抹灰基层墙面在刮腻子前应涂刷抗碱封闭底漆；

(2) 旧墙面在裱糊前应清除疏松的旧装修层，并涂刷界面剂；

(3) 混凝土或抹灰基层含水率不得大于8%；木材基层的含水率不得大于12%；

(4) 基层腻子应平整、坚实、牢固，无粉化、起皮和裂缝；腻子的粘结强度应符合《建筑室内用腻子》(JG/T 3049)N型的规定；

(5) 基层表面平整度、立面垂直度及阴阳角方正应达到《建筑装饰装修工程质量验收规范》高级抹灰的要求；

(6) 基层表面颜色应一致；

(7) 裱糊前应用封闭底胶涂刷基层。

二、裱糊工程

1. 主控项目

(1) 壁纸、墙布的种类、规格、图案、颜色和燃烧性能等级必须符合设计要求及国家现行标准的有关规定。

检验方法：观察；检查产品合格证书、进场验收记录和性能检测报告。

(2) 裱糊工程基层处理质量应符合裱糊工程基层处理的要求。

检验方法：观察；手摸检查；检查施工记录。

(3) 裱糊后各幅拼接应横平竖直，拼接处花纹、图案应吻合，不离缝，不搭接，不显拼缝。

检验方法：观察；拼缝检查距离墙面1.5m处正视。

(4) 壁纸、墙布应粘贴牢固，不得有漏贴、补贴、脱层、空鼓和翘边。

检验方法：观察；手摸检查。

2. 一般项目

(1) 裱糊后的壁纸、墙布表面应平整，色泽应一致，不得有波纹起伏、气泡、裂缝、皱折及斑污，斜视时应无胶痕。

检验方法：观察；手摸检查。

(2) 复合压花壁纸的压痕及发泡壁纸的发泡层应无损坏。

检验方法：观察。

(3) 壁纸、墙布与各种装饰线、设备线盒应交接严密。

检验方法：观察。

(4) 壁纸、墙布边缘应平直整齐，不得有纸毛、飞刺。

检验方法：观察。

(5) 壁纸、墙布阴角处搭接应顺光，阳角处应无接缝。

检验方法：观察。

三、软包工程

1. 主控项目

(1) 软包面料、内衬材料及边框的材质、颜色、图案、燃烧性能等级和木材的含水率应符合设计要求及国家现行标准的有关规定。

检验方法：观察；检查产品合格证书、进场验收记录和性能检测报告。

(2) 软包工程的安装位置及构造做法应符合设计要求。

检验方法：观察；尺量检查；检查施工记录。

(3) 软包工程的龙骨、衬板、边框应安装牢固，无翘曲，拼缝应平直。

检验方法：观察；手扳检查。

(4) 单块软包面料不应有接缝，四周应绷压严密。

检验方法：观察；手摸检查。

2. 一般项目

(1) 软包工程表面应平整、洁净，无凹凸不平及皱折；图案应清晰、无色差，整体应协调美观。

检验方法：观察。

(2) 软包边框应平整、顺直、接缝吻合。其表面涂饰质量应符合有关规定。

检验方法：观察；手摸检查。

(3) 清漆涂饰木制边框的颜色、木纹应协调一致。

检验方法：观察。

(4) 软包工程安装的允许偏差和检验方法应符合表 6-33 的规定。

软包工程安装的允许偏差和检验方法　　　　表 6-33

项次	项　目	允许偏差(mm)	检验方法
1	垂直度	3	用 1m 垂直检测尺检查
2	边框宽度、高度	0；-2	用钢尺检查
3	对角线长度差	3	用钢尺检查
4	裁口、线条接缝高低差	1	用钢直尺和塞尺检查

第十节　细　部　工　程

一、一般规定

1. 适用于下列分项工程的质量验收：

(1) 橱柜制作与安装；

(2) 窗帘盒、窗台板、散热器罩制作与安装；

(3) 门窗套制作与安装；
(4) 护栏和扶手制作与安装；
(5) 花饰制作与安装。
2. 细部工程验收时应检查下列文件和记录：
(1) 施工图、设计说明及其他设计文件；
(2) 材料的产品合格证书、性能检测报告、进场验收记录和复验报告；
(3) 隐蔽工程验收记录；
(4) 施工记录。
3. 细部工程应对人造木板的甲醛含量进行复验。
4. 细部工程应对下列部位进行隐蔽工程验收：
(1) 预埋件(或后置埋件)；
(2) 护栏与预埋件的连接节点。
5. 各分项工程的检验批应按下列规定划分：
(1) 同类制品每50间(处)应划分为一个检验批，不足50间(处)也应划分为一个检验批；
(2) 每部楼梯应划分为一个检验批。

二、橱柜制作与安装工程

检查数量应符合下列规定：
每个检验批应至少抽查3间(处)，不足3间(处)时应全数检查。
1. 主控项目
(1) 橱柜制作与安装所用材料的材质和规格、木材的燃烧性能等级和含水率、花岗石的放射性及人造木板的甲醛含量应符合设计要求及国家现行标准的有关规定。
检验方法：观察；检查产品合格证书、进场验收记录、性能检测报告和复验报告。
(2) 橱柜安装预埋件或后置埋件的数量、规格、位置应符合设计要求。
检验方法：检查隐蔽工程验收记录和施工记录。
(3) 橱柜的造型、尺寸、安装位置、制作和固定方法应符合设计要求。橱柜安装必须牢固。
检验方法：观察；尺量检查；手扳检查。
(4) 橱柜配件的品种、规格应符合设计要求。配件应齐全，安装应牢固。
检验方法：观察；手扳检查；检查进场验收记录。
(5) 橱柜的抽屉和柜门应开关灵活、回位正确。
检验方法：观察；开启和关闭检查。
2. 一般项目
(1) 橱柜表面应平整、洁净、色泽一致，不得有裂缝、翘曲及损坏。
检验方法：观察。
(2) 橱柜裁口应顺直、拼缝应严密。
检验方法：观察。
(3) 橱柜安装的允许偏差和检验方法应符合表6-34的规定。

橱柜安装的允许偏差和检验方法　　　　　表 6-34

项次	项　目	允许偏差(mm)	检验方法
1	外型尺寸	3	用钢尺检查
2	立面垂直度	2	用 1m 垂直检测尺检查
3	门与框架的平行度	2	用钢尺检查

三、窗帘盒、窗台板和散热器罩制作与安装工程

检查数量应符合下列规定：

每个检验批应至少抽查 3 间(处)，不足 3 间(处)时应全数检查。

1. 主控项目

(1) 窗帘盒、窗台板和散热器罩制作与安装所使用材料的材质和规格、木材的燃烧性能等级和含水率、花岗石的放射性及人造木板的甲醛含量应符合设计要求及国家现行标准的有关规定。

检验方法：观察；检查产品合格证书、进场验收记录、性能检测报告和复验报告。

(2) 窗帘盒、窗台板和散热器罩的造型、规格、尺寸、安装位置和固定方法必须符合设计要求。窗帘盒、窗台板和散热器罩的安装必须牢固。

检验方法：观察；尺量检查；手扳检查。

(3) 窗帘盒配件的品种、规格应符合设计要求，安装应牢固。

检验方法：手扳检查；检查进场验收记录。

2. 一般项目

(1) 窗帘盒、窗台板和散热器罩表面应平整、洁净、线条顺直、接缝严密、色泽一致，不得有裂缝、翘曲及损坏。

检验方法：观察。

(2) 窗帘盒、窗台板和散热器罩与墙面、窗框的衔接应严密，密封胶缝应顺直、光滑。

检验方法：观察。

(3) 窗帘盒、窗台板和散热器罩安装的允许偏差和检验方法应符合表 6-35 的规定。

窗帘盒、窗台板和散热器罩安装的允许偏差和检验方法　　　　　表 6-35

项次	项　目	允许偏差(mm)	检验方法
1	水平度	2	用 1m 水平尺和塞尺检查
2	上口、下口直线度	3	拉 5m 线，不足 5m 拉通线，用钢直尺检查
3	两端距离洞口长度差	2	用钢直尺检查
4	两端伸出墙厚度差	3	用钢直尺检查

四、门窗套制作与安装工程

检查数量应符合下列规定：

每个检验批应至少抽查 3 间(处)，不足 3 间(处)时应全数检查。

1. 主控项目

(1) 门窗套制作与安装所使用材料的材质、规格、花纹和颜色、木材的燃烧性能等级和含水率、花岗石的放射性及人造木板的甲醛含量应符合设计要求及国家现行标准的有关规定。

检验方法：观察；检查产品合格证书、进场验收记录、性能检测报告和复验报告。

(2) 门窗套的造型、尺寸和固定方法应符合设计要求，安装应牢固。

检验方法：观察；尺量检查；手扳检查。

2. 一般项目

(1) 门窗套表面应平整、洁净、线条顺直、接缝严密、色泽一致，不得有裂缝、翘曲及损坏。

检验方法：观察。

(2) 门窗套安装的允许偏差和检验方法应符合表6-36的规定。

门窗套安装的允许偏差和检验方法 表6-36

项次	项目	允许偏差(mm)	检验方法
1	正、侧面垂直度	3	用1m垂直检测尺检查
2	门窗套上口水平度	1	用1m水平检测尺和塞尺检查
3	门窗套上口直线度	3	拉5m线，不足5m拉通线，用钢直尺检查

五、护栏和扶手制作与安装工程

检查数量应符合下列规定：

每个检验批的护栏和扶手应全部检查。

1. 主控项目

(1) 护栏和扶手制作与安装所使用材料的材质、规格、数量和木材、塑料的燃烧性能等级应符合设计要求。

检验方法：观察；检查产品合格证书、进场验收记录和性能检测报告。

(2) 护栏和扶手的造型、尺寸及安装位置应符合设计要求。

检验方法：观察；尺量检查；检查进场验收记录。

(3) 护栏和扶手安装预埋件的数量、规格、位置以及护栏与预埋件的连接节点应符合设计要求。

检验方法：检查隐蔽工程验收记录和施工记录。

(4) 护栏高度、栏杆间距、安装位置必须符合设计要求。护栏安装必须牢固。

检验方法：观察；尺量检查；手扳检查。

(5) 护栏玻璃应使用公称厚度不小于12mm的钢化玻璃或钢化夹层玻璃。当护栏一侧距楼地面高度为5m及以上时，应使用钢化夹层玻璃。

检验方法：观察；尺量检查；检查产品合格证书和进场验收记录。

2. 一般项目

(1) 护栏和扶手转角弧度应符合设计要求，接缝应严密，表面应光滑，色泽应一致，不得有裂缝、翘曲及损坏。

检验方法：观察；手摸检查。

（2）护栏和扶手安装的允许偏差和检验方法应符合表6-37的规定。

护栏和扶手安装的允许偏差和检验方法　　　　表6-37

项次	项　目	允许偏差(mm)	检验方法
1	护栏垂直度	3	用1m垂直检测尺检查
2	栏杆间距	3	用钢尺检查
3	扶手直线度	4	拉通线，用钢直尺检查
4	扶手高度	3	用钢尺检查

六、花饰制作与安装工程

检查数量应符合下列规定：

（1）室外每个检验批应全部检查。

（2）室内每个检验批应至少抽查3间（处）；不足3间（处）时应全数检查。

1. 主控项目

（1）花饰制作与安装所使用材料的材质、规格应符合设计要求。

检验方法：观察；检查产品合格证书和进场验收记录。

（2）花饰的造型、尺寸应符合设计要求。

检验方法：观察；尺量检查。

（3）安装位置和固定方法必须符合设计要求，安装必须牢固。

检验方法：观察；尺量检查；手扳检查。

2. 一般项目

（1）花饰表面应洁净，接缝应严密吻合，不得有歪斜、裂缝、翘曲及损坏。

检验方法：观察。

（2）花饰安装的允许偏差和检验方法应符合表6-38的规定。

花饰安装的允许偏差和检验方法　　　　表6-38

项次	项　目		允许偏差(mm)		检验方法
			室内	室外	
1	条型花饰的水平度或垂直度	每米	1	2	拉线和用1m垂直检测尺检查
		全长	3	6	
2	单独花饰中心位置偏移		10	15	拉线和用钢尺检查

第十一节　分部工程质量验收

1. 建筑装饰装修工程质量验收的程序和组织应符合《建筑工程施工质量验收统一标准》(GB 50300—2001)第6章的规定。

2. 建筑装饰装修工程的子分部工程及其分项工程应按《建筑装饰装修工程质量验收

规范》(GB 50210—2001)附录B划分。

3. 建筑装饰装修工程施工过程中，应按《建筑装饰装修工程质量验收规范》(GB 50210—2001)各章一般规定的要求对隐蔽工程进行验收，并按《建筑装饰装修工程质量验收规范》(GB 50210—2001)附录C的格式记录。

4. 检验批的质量验收应按《建筑工程施工质量验收统一标准》(GB 50300—2001)附录D的格式记录。检验批的合格判定应符合下列规定：

（1）抽查样本均应符合本规范主控项目的规定。

（2）抽查样本的80%以上应符合《建筑装饰装修工程质量验收规范》(GB 50210—2001)一般项目的规定。其余样本不得有影响使用功能或明显影响装饰效果的缺陷，其中有允许偏差的检验项目，其最大偏差不得超过《建筑装饰装修工程质量验收规范》(GB 50210—2001)规定允许偏差的1.5倍。

5. 分项工程的质量验收应按《建筑工程施工质量验收统一标准》(GB 50300—2001)附录E的格式记录，各检验批的质量均应达到《建筑装饰装修工程质量验收规范》GB 50210—2001 的规定。

6. 子分部工程的质量验收应按《建筑工程施工质量验收统一标准》(GB 50300—2001)附录F的格式记录。子分部工程中各分项工程的质量均应验收合格，并应符合下列规定：

（1）应具备《建筑装饰装修工程质量验收规范》(GB 50210—2001)各子分部工程规定检查的文件和记录。

（2）应具备表6-39所规定的有关安全和功能的检测项目的合格报告。

有关安全和功能的检测项目表　　　　　　　　　　　　　表6-39

项次	子分部工程	检 测 项 目
1	门窗工程	1. 建筑外墙金属窗的抗风压性能、空气渗透性能和雨水渗漏性能 2. 建筑外墙塑料窗的抗风压性能、空气渗透性能和雨水渗漏性能
2	饰面板(砖)工程	1. 饰面板后置埋件的现场拉拔强度 2. 饰面砖样板件的粘结强度
3	幕墙工程	1. 硅酮结构胶的相容性试验 2. 幕墙后置埋件的现场拉拔强度 3. 幕墙的抗风压性能、空气渗透性能、雨水渗漏性能及平面变形性能

（3）观感质量应符合《建筑装饰装修工程质量验收规范》(GB 50210—2001)各分项工程中一般项目的要求。

7. 分部工程的质量验收应按《建筑工程施工质量验收统一标准》(GB 50300—2001)附录F的格式记录。分部工程中各子分部工程的质量均应验收合格，并应按第6条(1)至(3)款的规定进行核查。

当建筑工程只有装饰装修分部工程时，该工程应作为单位工程验收。

8. 有特殊要求的建筑装饰装修工程，竣工验收时应按合同约定加测相关技术指标。

9. 建筑装饰装修工程的室内环境质量应符合国家现行标准《民用建筑工程室内环境污染控制规范》(GB 50325)的规定。

10. 未经竣工验收合格的建筑装饰装修工程不得投入使用。

第十二节 装饰装修工程质量实例

【案例1】

某综合办公楼工程,框架结构及砌块填充墙,墙面、顶棚面层为耐擦洗涂料,要求底层抹灰质量达到较好水平。

为了防止混凝土表面抹灰层空鼓、裂缝的质量问题,防治方法如下。

1. 控制抹灰厚度。应根据砂浆种类控制抹灰层每遍厚度:一般水泥混合砂浆每遍厚5~7mm;水泥混合砂浆每遍厚度为7~9mm;中层灰如果超过厚度时应分遍抹压,因为中层灰过厚不能均匀密实地与基层粘结牢固,易出现局部空鼓和砂浆收缩不匀而产生裂缝等问题。

2. 掌握分遍抹灰的间隔时间。底层灰抹好后,待约达到六七成干时,即可抹中层灰和罩面灰。抹灰前应先将表面湿润,然后薄薄地刮一道灰,使其与底层灰抓牢,紧跟着抹第二遍灰,横竖均匀顺平,用木拉板搓平,用铁抹子压实压光,以防止砂浆内部松动而形成"两张皮"的现象。

3. 掌握好抹灰养护时间。底层灰的底灰浆一般不太厚,水分有限,一部分水分为水泥水化需要,被基层吸收,另一部分水分蒸发到大气中,如果砂浆过早脱水,会影响其自身强度,因此,必须对成品基层抹灰适时浇水养护。一般浇水养护时间在第二天进行,中间每次浇水养护时间间隔以2小时为宜,或根据气温而定。当室外阳光直射,气温高、空气干燥时,应增加浇水养护次数,并防止阳光暴晒。

【案例2】

某厂房办公室木门安装工程,质量通病及防治措施如下:

1. 门贴脸的门框安装后与抹灰面不平

(1) 原因分析:

立口时没有掌握好抹灰层的厚度,或墙面没有拉线找平。

(2) 预防措施:

在安装门窗前必须将墙面抹灰的灰饼、冲筋作好,以保证门窗安装位置。

2. 门框安装不牢

(1) 原因分析:

预埋木砖的数量少或预埋不牢或者木门窗框的固定点较少,固定不牢。

(2) 防治措施:

施工时严格按照施工规范要求设置固定点和对预埋件进行检查牢固性。

3. 合页不平,螺钉松动,螺钉帽斜露。

(1) 原因分析:

安装时螺钉钉入太长或倾斜拧入。

(2) 防治措施:

安装时螺钉应先钉入1/3拧入2/3,拧时用力在正面,如遇到木节处应处理后塞入木楔后再拧螺钉。

【案例3】

某工程铝合金窗框渗水的防治质量管理措施。

1. 防

(1) 材料刚度必须符合要求，以防止窗框变形过大，从边框渗水。使用密封材料前，与其接触部位必须干净，要求清洁、干燥，否则，会影响粘结，而导致局部渗水。

(2) 横向、竖向框料组合应套插，形成曲面组合，搭接长度一般为10mm，并用密封膏密封，禁止采用平面组合。

(3) 安装玻璃时，垫块和玻璃嵌条的尺寸、位置要合适，以防止泄水通道受阻、泄水孔堵塞。

(4) 窗楣应做滴水线（槽），槽宽、槽深均不得小于10mm，以防止向上勾水。

2. 堵

(1) 窗外框与墙体的缝隙，用软质保温材料分层填塞，缝隙外表面留5～8mm深的槽口，用密封材料填嵌。

(2) 边框、横框及下滑道接口处，允许有一定的间隙，可采用密封材料嵌实。

(3) 固定玻璃的周边应嵌密封胶，露明螺钉应用密封材料掩盖。

(4) 活动扇交接处应控制间隙，并用毛条密封。

(5) 玻璃周边密封条应与玻璃和槽口贴紧，并用胶粘剂粘贴牢固。

3. 泄

(1) 根据型材形状和下滑道安装方向，在下滑道上钻泄水孔，至少2个，尺寸应不小于10mm×20mm。

(2) 外窗台应该低于内窗台，并做成3%～5%的流水坡度，以利泄水。

4. 检

成品做成以后，应根据要求做抗雨水渗透检测，以保证窗边框不渗水。

总之，铝合金窗在施工过程中应严格执行工艺标准，注意成品保护，采用防、堵、泄和检相结合的方法，使渗水得到有效的防治。

【案例4】

某工程铝扣板安装工程的质量控制措施。

1. 吊顶不平：水平线控制不好是吊顶不平的主要原因之一，有两方面因素：首先是放线控制不好；其次是龙骨未调平施工时控制不好。安装铝合金的方法不妥，也易使吊顶不平，严重的还会产生波浪形状：如龙骨未调平，就急于安装板条，在进行调平时由于板条受力不均而产生波浪形状；轻质板条吊顶，在龙骨上直接悬吊重物，从而使龙骨负载而局部变形，这种现象多发生在龙骨兼卡吊顶；吊顶不牢，引起局部下沉，原因是由于吊杆本身固定不妥，自行松动或脱落；另外是设备不加以爱护有时也会造成吊杆失灵；板条自身变形未加矫正而安装产生不平。此种现象发生在长板类型上；由于运输过程的堆压或失误操作而扭曲变形。

因此应注意吊顶四周的标高线，应准确的弹在墙上，其误差不能大于5mm，如果跨度较大，还应该在中间适当位置加设标高控制点，在一个断面内应拉通线控制，线要拉直，不能下沉；待龙骨调平后方能安装板条，这是既合理又重要的一道工序，反之，平整度难以控制。特别是当板比较薄时刚度差，受到不均匀的外力时，产生变形，一旦变形，难以在吊顶上调整，非取下调整不可；应同设备配合考虑，不能直接悬吊设备，应另设吊杆直接与结构固定；如果采用膨胀螺栓固定吊杆，应做好隐检记录，如膨胀螺栓的埋入深度等，关键部位还要做膨胀螺栓的拉拔试验；在安装前，先要检查板条平直情况，如发现有何不妥，应进行调整。

2. 板条接长部位的接缝明显，表现在：（1）接缝接口处露白槎；（2）接缝不平，在连接处产生错台。因此应注意作好下料工作，板条切割时除了控制好切割的角度外，对切口部位再用锉刀将其修平，将毛边及不妥处修整好；用颜色相近的胶粘剂对接口部位进行修补，用胶的目的除了密合缝隙外还对白边进行修饰。

3. 吊顶与设备衔接不妥。产生原因是确定施工方案时施工顺序不合理。装饰工种与设备工种配合欠妥当，导致施工安装衔接不好；因此应注意安装时的孔洞大小，如果孔洞较大，其孔洞位置先由设备确定准确，先安装设备而后吊顶封口；孔洞较小，易在顶部开洞这样不仅吊顶施工顺利进行，同时也能确保孔洞位置准确，如吊顶是嵌入式灯口，一般采用此法，开洞时先拉通长中心线，位置确定后再用往复锯开洞。

【案例5】

某工程石膏板吊顶工程的质量管控措施如下。

1. 吊顶龙骨必须牢固、平整：可利用吊杆或吊筋螺栓调整拱度。安装龙骨时应严格按水平标准线和规方线组装周边骨架。受力节点应安装严密、牢固，保证龙骨的整体刚度。龙骨的尺寸应符合设计要求，纵横拱度均匀，互相适应。吊顶龙骨应严禁有硬弯，如有必须调直再进行固定。

2. 吊顶面层必须平整：施工前应弹线，中间按平线起拱。长龙骨的接长应采用对接；相邻龙骨接头要错开，避免主龙骨倾斜。龙骨安装完毕，经检查合格后安装格栅。吊件必须安装牢固，严禁松动变形。龙骨分割的几何尺寸必须符合设计要求和格栅的模数。格栅的品种、规格应符合设计要求，外观质量必须符合材料技术标准的规格。

3. 大于3kg重型灯具、电扇及其他重型设备严禁安装在吊顶工程的龙骨上。

【案例6】

某厂房办公楼工程，内部隔断为石膏板、木饰板隔断及玻璃隔断，隔断面积3721m²，为了保证隔断施工质量达到合格标准，并为隔断饰面板精装修打下较好的基础，工程施工质量管理提前预防，施工质量良好。质量预控措施如下。

1. 罩面板场外运输须采用车箱宽度大于2m，长度大于板长的车辆运输。车箱内堆置高度不大于1.6m，车帮与堆垛间应留有空隙，板材必须捆紧绑牢。

2. 下雨天气运输，必须覆盖严密，防止潮湿。

3. 堆放时，底部放五根等距木方。

4. 用水性胶粘剂，必须有TVOC和甲醛检测报告。严禁使用不符合室内环保污染控制规范的胶粘剂。

5. 弹线定位时应检查房间的方正、墙面的垂直度、地面的平整度及标高、考虑墙、顶、地的饰面做法和厚度，以保证安装玻璃隔断的质量。

6. 框架应与结构连接牢固，四周与墙体接缝用弹性密封材料填充密实，保证不渗漏。

7. 玻璃在安装和搬运过程中，避免碰撞，并带有防护装置。在竖起玻璃时，避免站在玻璃倒向的方向。

8. 采用吊挂式结构形式时，必须事先反复检查，以确保夹板或粘结牢固。

9. 使用手持玻璃吸盘或玻璃吸盘机时，应事先检查吸附重量和吸附时间。

10. 玻璃接缝处应使用结构胶，并严格按照结构胶生产厂家的规定使用，玻璃周边应采用机械倒角并磨光。

11. 玻璃橡胶密封条应具有一定的弹性，不可使用再生橡胶制作的密封条。

12. 玻璃应整包装箱运至安装位置，然后开箱，以保证运输安全。

13. 加工玻璃前要计算好玻璃尺寸，并考虑留缝、安装及加垫等因素对玻璃加工尺寸的影响。

14. 普通玻璃一般情况下可用清水清洗。如有油污情况，可用液体溶剂将油污洗掉，然后再用清水擦洗。镀膜面可用水清洗，灰污严重时，应先用液体中性洗涤剂酒精等将灰污洗落，然后再用清水清洗。此时不能用材质太硬的清洁工具或含有磨料微粒及酸性、碱性较强的洗涤剂，在清洗其他饰面时，不要将洗涤剂落到镀膜玻璃表面上。

【案例7】

某工程墙面饰面板施工，针对其装饰质量是室内装修的重点，根据以往经验，针对易发生的质量通病制定了预控措施，效果良好。

1. 质量通病

(1) 面层板的木纹（花纹）不协调，色泽不均匀，棱角不齐，表面局部不平。

(2) 压线条接缝及割角不严，起线处粗糙。

(3) 钉帽有外露，钉眼明显。

2. 产生原因

(1) 对面层材料的选材不够认真，施工时也未按板的色泽等先行排列。

(2) 线条制作加工粗糙，规格不一。

(3) 钉帽未作处理，钉的细部位置不当。

3. 防治措施

(1) 为确保木墙裙、筒子板质量，精选面层板是施工中的重要一环。

(2) 在同一房间内应挑选与设计要求一致的花纹、色泽作面层板。

(3) 钉面层板时，应按设计分块要求，自下而上进行，达到接缝严密，相邻间面层板颜色尽可能协调一致。筒子板采用胶合板时，在板长度范围内尽量不设接头，必须设接缝时，接缝处应避开视线敏感范围，板背面与龙骨接触处应涂胶。

【案例8】

在涂饰质量管理过程中，通常出现的质量问题与质量控制要点如下。

1. 透底：产生原因为漆膜薄，基层不干，因此刷涂料时除应注意不漏刷外，还应保持涂料的稠度，不可加水过多。

2. 接槎明显：产生原因为涂刷顺序不当，涂刷时时间间隔较长出现接槎，因此涂刷涂料时应注意涂刷顺序，后一笔紧接前一笔和掌握间隔时间，大面涂刷时应保证劳动力足够。

3. 刷纹明显：产生原因为涂料稠度较大，排笔蘸涂料量多造成，因此涂料稠度要适中，排笔蘸涂料量要适当，多理多顺，防止刷纹过大。

4. 分色线不齐：产生原因为施工前没有认真弹线做好标记，控制的尺板没有正确使用，因此施工前应认真划好分色线，刷分色线时要靠放直尺，用力均匀，起落要轻，排笔蘸量要适当，从左向右刷。

5. 色差:产生原因为涂料的材料质量问题或没有使用同一批涂料造成,因此涂刷带颜色的涂料时,配料要适合,保证独立面每遍用同一批涂料,并一次完成,保证颜色一致。

【案例 9】

某酒店工程,室内墙面主要为壁纸裱糊,为了体现墙纸裱糊工艺水平,使酒店装饰达到业主要求效果,该工程施工采取了如下质量管理措施。

1. 边缘翘边:主要是接缝处胶刷的少,局部未刷胶,或边缘未压实,干后出现翘边、翘缝等现象。发现后应及时刷胶辊压修补好。

2. 上、下端缺纸:主要是裁纸时尺寸未量好,或切裁时未压住钢板尺而走刀将纸裁小。施工操作时一定要认真细心。

3. 墙面不洁净,斜视有胶痕:主要是没及时用湿毛巾将胶痕擦净,或虽清擦但不彻底又不认真,后由于其他工序造成壁纸污染等。

4. 壁纸表面不平,斜视有疙瘩:主要是基层墙面清理不彻底,或虽清理但没认真清扫,因此基层表面仍有积尘、腻子包、水泥斑痕、小砂粒、胶浆疙瘩等,故粘贴壁纸后会出现小疙瘩;或由于抹灰砂浆中含有未熟化的生石灰颗粒,也会将壁纸拱起小包。处理时应将壁纸切开取出污物,再从新刷胶粘贴好。

5. 壁纸有泡:主要是基层含水率大,抹灰层未干就铺贴壁纸,由于抹灰层被封闭,多余水分出不来,气化就将壁纸拱起成泡。处理时可用注射器将泡刺破并注入胶液,用辊压实。

6. 阴阳角壁纸空鼓、阴角处有断裂:阳角处的粘贴大都采用整张纸,它要照顾一个角到两个面,都要尺寸到位、表面平整、粘贴牢固,是有一定难度;阴角比阳角稍好一点,但与抹灰基层质量有直接关系,只要胶不漏刷,赶压到位,是可以防止空鼓的。要防止阴角断裂,关键是阴角壁纸接槎时必须拐过阴角 1~2cm,使阴角处形成附加层,这样就不会由于时间长、壁纸收缩,而造成阴角处壁纸断裂。

7. 面层颜色不一,花形深浅不一:主要是壁纸质量差,施工时没有认真挑选。

8. 窗台板上下、窗帘盒上下等处铺贴毛糙,拼花不好,污染严重:主要是操作不认真。应加强工作责任心,要高标准、严要求,严格按规程认真施工。

9. 对湿度较大的房间和经常潮湿的墙体应采用防水性能好的壁纸及胶粘剂,有酸性腐蚀的房间应采用防酸壁纸及胶粘剂。

10. 对于玻璃纤维布及无纺贴墙布,糊纸前不应浸泡,只用湿毛巾涂擦后折起备用即可。

第七章 屋面工程施工质量管理实务

第一节 卷材防水屋面

一、材料质量要求

1. 防水卷材应具备如下特性：

（1）水密性：即具有一定的抗渗能力，吸水率低，浸泡后防水能力降低少；

（2）大气稳定性好：在阳光紫外线、臭氧老化下性能持久；

（3）温度稳定性好：高温不流淌变形，低温不脆断，在一定温度条件下，保持性能良好；

（4）一定的力学性能：能承受施工及变形条件下产生的荷载，具有一定强度和伸长率；

（5）施工性良好：便于施工，工艺简便；

（6）污染少：对人身和环境无污染。

2. 基层处理剂

（1）冷底子油

沥青应全部溶解，不应有未溶解的沥青硬块。溶液内不应有草、木、砂、土等杂质。冷底子油稀稠适当，便于涂刷。采用的溶剂应易于挥发。溶剂挥发后的沥青应具有一定软化点。

在终凝后的水泥基层上喷涂时，干燥时间为12~48h，此类属于慢挥发性冷底子油；干燥时间为5~10h，此类属于快挥发性冷底子油；在金属配件上涂刷时，干燥时间为4h，此类属于速干性冷底子油。

（2）卷材基层处理剂

用于高聚物改性沥青和合成高分子卷材的基层处理，一般采用合成高分子材料进行改性，基本上由卷材生产厂家配套供应。

3. 胶粘剂

（1）改性沥青胶粘剂的粘结剥离强度不应小于8N/10mm。

（2）合成高分子胶粘剂的粘结剥离强度不应小于15N/10mm，浸水168h后的保持率不应小于70%。

（3）双面胶粘带剥离状态下的粘合性不应小于10N/25mm，浸水168h后的保持率不应小于70%。

4. 沥青卷材（油毡）

沥青防水卷材的外观质量和物理性能应符合表7-1、表7-2的要求。

沥青防水卷材的外观质量要求　　　　　　　　　　　　　　　　　表 7-1

项　目	外观质量要求
孔洞、硌伤	不允许
露胎、涂盖不匀	不允许
折纹、折皱	距卷芯 1000mm 以外，长度不应大于 100mm
裂纹	距卷芯 1000mm 以外，长度不应大于 10mm
裂口、缺边	边缘裂口小于 20mm；缺边长度小于 50mm，深度小于 20mm
每卷卷材的接头	不超过 1 处，较短的一段不应小于 2500mm，接头处应加长 150mm

沥青防水卷材物理性能　　　　　　　　　　　　　　　　　　　表 7-2

项　目		性 能 要 求	
		350 号	500 号
纵向拉力 (25 ± 2℃)(N)		≥340	≥440
耐热度 (85 ± 2℃，2h)		不流淌，无集中性气泡	
柔度 (18 ± 2℃)		绕 ϕ20mm 圆棒无裂纹	绕 ϕ25mm 圆棒无裂纹
不透水性	压力 (MPa)	≥0.10	≥0.15
	保持时间 (min)	≥30	≥30

5. 高聚物改性沥青卷材

高聚物改性沥青防水卷材外观质量和物理性能应符合表 7-3 和表 7-4 的要求。

高聚物改性沥青防水卷材外观质量　　　　　　　　　　　　　　表 7-3

项　目	外观质量要求
孔洞、缺边、裂口	不允许
边缘不整齐	不超过 10mm
胎体露白、未浸透	不允许
撒布材料粒度、颜色	均　匀
每卷卷材的接头	不超过 1 处，较短的一段不应小于 1000mm，接头处加长 150mm

高聚物改性沥青卷材的物理性能　　　　　　　　　　　　　　　表 7-4

项　目		性 能 要 求		
		聚酯毡胎体	玻纤胎体	聚乙烯胎体
拉力 (N/50mm)		≥450	纵向≥350，横向≥250	≥100
延伸率 (%)		最大拉力时，≥30	—	断裂时，≥200
耐热度 (℃，2h)		SBS 卷材 90，APP 卷材 110，无滑动、流淌、滴落		PEE 卷材 90，无流淌、起泡
低温柔度 (℃)		SBS 卷材-180，APP 卷材-5，PEE 卷材-10 3mm 厚 $r=15$mm；4mm 厚 $r=25$mm；3s 弯 180°，无裂纹		
不透水性	压力 (MPa)	≥0.3	≥0.2	≥0.3
	保持时间 (min)		≥30	

注：SBS——弹性体改性沥青防水卷材；APP——塑性体改性沥青防水卷材；PEE——改性沥青聚乙烯胎防水卷材。

6. 合成高分子卷材

合成高分子防水卷材的外观质量和物理性能应符合表 7-5 和表 7-6 的要求。

合成高分子防水卷材的外观质量要求　　　　表 7-5

项　目	外观质量要求
折　痕	每卷不超过 2 处，总长度不超过 20mm
杂　质	大于 0.5mm 颗粒不允许，每 $1m^2$ 不超过 $9mm^2$
胶　块	每卷不超过 6 处，每处面积不大于 $4\ mm^2$
凹　痕	每卷不超过 6 处，深度不超过本身厚度 30%；树脂类深度不超过 15%
每卷卷材接头	橡胶类每 20m 不超过 1 处，较短的一段不应小于 3000mm，接头处应加长 150mm；树脂类 20m 长度内不允许有接头

合成高分子防水卷材物理性能　　　　表 7-6

项　目		性　能　要　求			
		硫化橡胶类	非硫化橡胶类	树脂类	纤维增强类
断裂拉伸强度(MPa)		≥6	≥3	≥10	≥9
扯断伸长率(%)		≥400	≥200	≥200	≥10
低温弯折(℃)		−30	−20	−20	−20
不透水性	压力(MPa)	≥0.3	≥0.2	≥0.3	≥0.3
	保持时间(min)	≥30			
加热收缩率(%)		<1.2	<2.0	<2.0	<1.0
热老化保持率 (80℃, 168h)	断裂拉伸强度	≥80%			
	扯断伸长率	≥70%			

二、施工质量控制

1. 工程质量要求

（1）建筑防水工程各部位应达到不渗漏，不积水。

（2）防水工程所用各类材料均应符合质量标准和设计要求。

（3）屋面找平层包括水泥砂浆、细石混凝土或沥青砂浆的整体找平层，其厚度和技术要求应符合规定要求。

（4）保温层应干燥，封闭式保温层的含水率应相当于该材料在当地自然风干状态下的平衡含水率。当采用有机胶结材料时，保温层的含水率不得超过 5%；当采用无机胶结材料时，保温层含水率不得超过 20%。

（5）卷材铺贴工艺应符合标准、规范规定和设计要求，卷材搭接宽度准确，接缝严密。平立面卷材及搭接部位卷材铺贴后表面应平整，无皱折、鼓泡、翘边，接缝牢固严密。

2. 工程质量控制要点

（1）屋面找平层

1）基层处理

① 水泥砂浆、细石混凝土找平层的基层，施工前必须先清理干净和浇水湿润。

第一节 卷材防水屋面

② 沥青砂浆找平层的基层，施工前必须干净、干燥。满涂冷底子油 1～2 道，要求薄而均匀，不得有气泡和空白。

2) 分格缝留设

① 按照设计要求，应先在基层上弹线标出分格缝位置。若基层为预制屋面板，则分格缝应与板缝对齐。

② 安放分格缝的木条应平直、连续，其高度与找平层厚度一致，宽度应符合设计要求，断面为上宽下窄，便于取出。

3) 水泥砂浆、沥青砂浆找平层施工

① 找平层坡度应符合设计要求，一般天沟纵向坡度不宜小于 5‰（用轻混凝土垫泛水），内部排水的水落口周围应做成半径约 0.5m 和坡度不宜小于 5%（25mm 深）的杯形洼坑。

② 用 2m 长的直尺控制找平层的平整度，允许偏差不超过 5mm。

③ 找平层上的分格缝留设位置应符合设计要求和施工规范规定。分格缝的缝宽一般为 20mm。分格缝兼作排气屋面的排气道时，可适当加宽，并应与保温层连通。

④ 基层与突出屋面结构（女儿墙、墙、天窗壁、变形缝、烟囱、管道等）的连接处，以及在基层的转角处（槽口、天沟、斜沟、水落口、屋脊等）均应做成半径为 100～150mm 的圆弧或斜边长度为 100～150mm 的钝角坡度。

⑤ 内部排水的水落口杯应牢固地固定在承重结构上，均应预先清除铁锈，并涂上专用底漆（锌磺类或磷化底漆等）。水落口杯与竖管承门的连接处，应用沥青与纤维材料拌制的填料或油膏填塞。

⑥ 水泥砂浆找平层表面应压实，无脱皮、起砂等缺陷；沥青砂浆找平层的铺设，是在干燥的基层上满涂冷底子油 1～2 道，干燥后再铺设沥青砂浆，滚压后表面应平整、密实、无蜂窝，无压痕。

⑦ 水泥砂浆、细石混凝土找平层，在收水后，应作二次压光，确保表面坚固密实和平整。终凝后应采取浇水、覆盖浇水、喷养护剂等养护措施，保证水泥充分水化，确保找平层质量。同时严禁过早堆物、上人和操作。特别应注意：在气温低于 0℃ 或终凝前可能下雨的情况下，不宜进行施工。

⑧ 沥青砂浆找平层施工，应在冷底子油干燥后，开始铺设。虚铺厚度一般应按 1.3～1.4 倍压实厚度的要求控制。对沥青砂浆在拌制、铺设、滚压过程中的温度，必须按规定准确控制，常温下沥青砂浆的拌制温度为 140～170℃，铺设温度为 90～120℃。待沥青砂浆铺设于屋面并刮平后，应立即用火滚子进行滚压（夏天温度较高时，滚筒可不生火）直至表面平整、密实、无蜂窝和压痕为止，滚压后的温度为 60℃。火滚子滚压不到的地方，可用烙铁烫压。施工缝应留斜槎，继续施工时，接槎处应刷热沥青一道，然后再铺设。

⑨ 准确设置转角圆弧。对各类转角处的找平层宜采用细石混凝土或沥青砂浆，做出圆弧形。施工前可按照设计规定的圆弧半径，采用木材、铁板或其他光滑材料制成简易圆弧操作工具，用于压实、拍平和抹光，并统一控制圆弧形状和半径。

4) 预制找平层

① 基层必须平整牢固，无松动现象。坡度符合设计要求。

② 预制块不应有断裂、缺角、缺楞。
③ 预制找平层铺设应紧贴基层，垫平、垫稳，坡度正确，不得有松动。找平层灌缝应密实。

(2) 屋面保温层

1) 松散材料保温层

① 铺设松散材料保温层的基层应平整、干燥和干净。
② 保温层含水率应符合设计要求。
③ 松散保温材料应分层铺设并压实，每层虚铺厚度不宜大于150mm；压实的程度与厚度必须经试验确定；压实后不得直接在保温层上行车或堆物。
④ 保温层施工完成后，应及时进行找平层和防水层的施工；雨期施工时，保温层应采取遮盖措施。

2) 板状材料保温层

① 板状材料保温层的基层应平整、干燥和干净。
② 板状保温材料应紧靠在需保温的基层表面上，并应铺平垫稳。
③ 分层铺设的板块上下层接缝应相互错开；板间缝隙应采用同类材料嵌填密实。
④ 干铺的板状保温材料，一要紧靠基层表面；二要分层铺设的板块上下层接缝错开；三要板间缝隙嵌填密实。
⑤ 板状保温材料的粘贴应符合下列要求：

a. 当采用玛𰴑脂及其他胶结材料粘贴时，板状保温材料相互之间及基层之间应满涂胶结材料，以便相互粘牢。热玛𰴑脂的加热温度不应高于240℃，使用温度不宜低于190℃。熬制好的玛𰴑脂宜在本工作班内用完。

b. 当采用水泥砂浆粘贴板状保温材料时，板间缝隙应采用保温灰浆填实并勾缝。保温灰浆的配比宜为1∶1∶10（水泥∶石灰膏∶同类保温材料的碎粒，体积比）。

3) 整体现浇（喷）保温层

① 沥青膨胀蛭石、沥青膨胀珍珠岩宜用机械搅拌，并应色泽一致，无沥青团；压实程度根据试验确定，其厚度应符合设计要求，表面应平整。
② 硬质聚酯泡沫塑料应按配比准确计量，发泡厚度均匀一致。
③ 整体沥青膨胀蛭石、沥青膨胀珍珠岩保温层施工须符合下列规定：

a. 沥青加热温度不应高于240℃，膨胀蛭石或膨胀珍珠岩的预热温度宜为100～120℃；

b. 宜采用机械搅拌；

c. 压实程度必须根据试验确定；

d. 倒置式屋面当保护层采用卵石铺压时，卵石铺设应防止过量，以免加大屋面荷载，使结构开裂或变形过大，甚至造成结构破坏。

(3) 卷材防水层

1) 冷底子油涂刷

① 冷底子油的配合成分和技术性能应符合设计规定。
② 冷底子油的干燥时间应视其用途定为：

a. 在水泥基层上涂刷的慢挥发性冷底子油为12～48h；

  b. 在水泥基层上涂刷的快挥发性冷底子油为5～10h。
  ③ 在熬好的沥青中加入慢挥发性溶剂时，沥青的温度不得超过140℃，如加入快挥发性溶剂，则沥青温度不应超过110℃。
  ④ 涂刷冷底子油的找平层表面，要求平整、干净、干燥。如个别地方较潮湿，可用喷灯烘烤干燥。
  ⑤ 涂刷冷底子油的品种应视铺贴的卷材而定，不可错用。焦油沥青低温油毡，应用焦油沥青冷底子油。
  ⑥ 涂刷冷底子油要薄而匀，无漏刷、麻点、气泡。过于粗糙的找平层表面，宜先刷一遍慢挥发性冷底子油，待其初步干燥后，再刷一遍快挥发性冷底子油。涂刷时间宜在铺毡前1～2d进行。如采取湿铺工艺，冷底子油需在水泥砂浆找平层终凝后，能上人时涂刷。
  2) 卷材铺贴
  ① 采用冷粘法铺贴卷材
  a. 应严格控制胶粘剂的涂刷质量，确保涂刷均匀、避免出现堆积或漏涂现象。
  b. 应根据胶粘剂的性能和施工环境特点，分别采取涂刷后立即粘贴；或待溶剂挥发后粘贴等方法，其间隔时间还和气温、湿度、风力等因素有关，可通过试验，准确掌握间隔时间。
  c. 应有效控制搭接宽度和粘结密封性能。搭接缝平直、不扭曲，以保证搭接宽度；并应在已铺卷材上弹出搭接宽度的粉线，以保证搭接尺寸；采取涂满胶粘剂、溢出胶粘剂等方法，以达到粘结牢固的要求。
  ② 采用热熔法铺贴卷材
  a. 应控制施工加热时卷材幅宽内必须均匀一致，要求火焰加热器的喷嘴与卷材的距离适当，加热至卷材表面有光亮黑色时方可粘合。若熔化不够则会影响卷材接缝的粘接强度和密封性能；加温过高，会使改性沥青老化变焦且把卷材烧穿。
  b. 厚度小于3mm的高聚物改性沥青防水卷材，严禁采用热熔法施工。
  c. 在铺贴卷材时应将空气排出。确保粘贴服贴牢固。
  d. 应在滚铺卷材时，缝边必须溢出热熔的改性沥青胶，确保搭接粘结牢固、封闭严密。
  e. 应实施现场弹线作业，以保证铺贴的卷材平整顺直，搭接尺寸准确，不发生扭曲。
  ③ 采用自粘法铺贴卷材
  a. 卷材铺贴前，先将隔离纸撕净。再在基层上涂刷处理剂，并及时铺贴卷材。
  b. 在搭接部位采用热风加热，特别在温度较低时，更应正确掌握加热措施。
  c. 应在接缝隙口采用密封材料进行封严，确保接缝口不发生翘边张缝，并有效提高其密封抗渗性能。
  d. 应在铺贴立面或大坡面卷材时，采用加热法或钉压固定法，使自粘卷材与基层粘贴牢固。
  ④ 采用热风焊枪焊接热塑性卷材（如PVC卷材等）
  a. 应先将接缝表面的油污、尘土、水滴等附着物擦拭干净后，再进行焊接施工。

b. 应由操作熟练的专业施工人员进行焊接，并按规定严格控制焊接速度和热风温度，确保无漏焊、跳焊、焊焦或焊接不牢等现象。

　　3) 排气槽与出气孔的留置和施工
　　① 在基层(找平层或保温层)中须留置30～40mm宽的纵横连通的排气边沟槽。
　　② 在屋脊或屋面上设置排气槽、出气孔必须相互连通。
　　③ 施工中必须注意，不将排气槽、出气孔堵塞。受潮易粉化的材料不得作排气的填充料。
　　④ 在板端排气槽的孔边上要干铺一层不小于300mm的油毡附加层，油毡条要单边粘住，以利伸缩。
　　⑤ 排气孔、槽均应与大气连通，出气口力求构造简单合理、便于施工、不进水。

　　4) 卷材在泛水处收头密封形式
　　① 女儿墙较低，卷材铺到压顶下，上用金属或钢筋混凝土等压盖。
　　② 墙体为砖砌体时，应预留凹槽将卷材收头压实，用压条钉压，密封材料封严，抹水泥砂浆或聚合物砂浆保护。凹槽距屋面找平层高度不应小于250mm。
　　③ 墙体为混凝土时，卷材的收头可采用金属压条钉压，并用密封材料封固。

　　(4) 卷材屋面保护层
　　1) 绿豆砂保护层
　　① 检查卷材铺贴的质量，合格后，方可进行保护层施工。
　　② 绿豆砂在铺撒前应在锅内或钢板上炒干，并加热至100℃左右，在油毡涂刷2～3mm厚的热沥青胶结材料，立即趁热将预热的绿豆砂均匀地撒在沥青胶结材料上，使其一半左右粒径嵌入沥青中，不均匀处要补撒，多余的绿豆砂应扫除。

　　2) 板材或整体保护层
　　① 防水层宜采用再生胶、玻璃丝布等防腐油毡，面层上应满涂一层玛瑞脂。保护层与油毡之间，宜设隔离层。
　　② 板材无裂纹、缺楞掉角，铺砌牢固，表面平整，板块纵横及周边排列整齐；整体保护层的强度符合设计要求，表面密实压光。
　　③ 板材或整体保护层均应分格，分格缝应留设在屋面坡面转折处，以及屋面与突出屋面的女儿墙、烟囱等交接处，同时尽量与找平层的分格缝错开。整体保护层的分格面积不宜大于9m²，板材保护层分格面积可适当加大。
　　④ 板材的拼缝宜用砂浆填实，并用稠水泥浆勾封严密。分格缝应用油膏或掺有石棉绒的玛瑞脂嵌封。

三、施工质量验收

　　1. 卷材防水屋面工程
　　(1) 屋面找平层
　　1) 基本规定
　　① 本节适用于防水层基层采用水泥砂浆、细石混凝土或沥青砂浆的整体找平层。
　　② 找平层的厚度和技术要求应符合表7-7的规定。

第一节 卷材防水屋面

找平层的厚度和技术要求 表 7-7

类 别	基 层 种 类	厚度(mm)	技 术 要 求
水泥砂浆找平层	整体混凝土	15~20	1:2.5~1:3(水泥:砂)体积比,水泥强度等级不低于32.5级
	整体或板状材料保温层	20~25	
	装配式混凝土板,松散材料保温层	20~30	
细石混凝土找平层	松散材料保温层	30~35	混凝土强度等级不低于C20
沥青砂浆找平层	整体混凝土	15~20	1:8(沥青:砂)质量比
	装配式混凝土板,整体或板状材料保温层	20~25	

③ 找平层的基层采用装配式钢筋混凝土板时,应符合下列规定:

a. 板端、侧缝应用细石混凝土灌缝,其强度等级不应低于C20;

b. 板缝宽度大于40mm或上窄下宽时,板缝内应设置构造钢筋;

c. 板端缝应进行密封处理。

④ 找平层的排水坡度应符合设计要求。平屋面采用结构找坡不应小于3%,采用材料找坡宜为2%;天沟、槽沟纵向找坡不应小于1%,沟底水落差不得超过200mm。

⑤ 基层与突出屋面结构(女儿墙、山墙、天窗壁、变形缝、烟囱等)的交接处和基层的转角处,找平层均应做成圆弧形,圆弧半径应符合表7-8的要求。内部排水的水落口周围,找平层应做成略低的凹坑。

转角处圆弧半径 表 7-8

卷材种类	圆弧半径(mm)	卷材种类	圆弧半径(mm)
沥青防水卷材	100~150	合成高分子防水卷材	20
高聚物改性沥青防水卷材	50		

⑥ 找平层宜设分格缝,并嵌填密封材料。分格缝应留设在板端缝处,其纵横缝的最大间距:水泥砂浆或细石混凝土找平层,不宜大于6m;沥青砂浆找平层,不宜大于4m。

2) 主控项目

① 找平层的材料质量及配合比,必须符合设计要求。

检验方法:检查出厂合格证、质量检验报告和计量措施。

② 屋面(含天沟、檐沟)找平层的排水坡度,必须符合设计要求。

检验方法:用水平仪(水平尺)、拉线和尺量检查。

3) 一般项目

① 基层与突出屋面结构的交接处和基层的转角处,均应做成圆弧形,且整齐平顺。

检验方法:观察和尺量检查。

② 水泥砂浆、细石混凝土找平层应平整、压光,不得有酥松、起砂、起皮现象;沥青砂浆找平层不得有拌合不匀、蜂窝现象。

检验方法:观察检查。

③ 找平层分格缝的位置和间距应符合设计要求。

检验方法:观察和尺量检查。

④ 找平层表面平整度的允许偏差为5mm。

检验方法：用 2m 靠尺和楔形塞尺检查。

（2）屋面保温层

1）基本规定

① 本节适用于松散、板状材料或整体现浇（喷）保温层。

② 保温层应干燥，封闭式保温层的含水率应相当于该材料在当地自然风干状态下的平衡含水率。

③ 屋面保温层干燥有困难时，应采用排汽措施。

④ 倒置式屋面应采用吸水率小、长期浸水不腐烂的保温材料。保温层上应用混凝土等块材、水泥砂浆或卵石做保护层；卵石保护层与保温层之间，应干铺一层无纺聚酯纤维布做隔离层。

⑤ 松散材料保温层施工应符合下列规定：

a. 铺设松散材料保温层的基层应平整、干燥和干净；

b. 保温层含水率应符合设计要求；

c. 松散保温材料应分层铺设并压实，压实的程度与厚度应经试验确定；

d. 保温层施工完成后，应及时进行找平层和防水层的施工；雨期施工时，保温层应采取遮盖措施。

⑥ 板状材料保温层施工应符合下列规定：

a. 板状材料保温层的基层应平整、干燥和干净；

b. 板状保温材料应紧靠在需保温的基层表面上，并应铺平垫稳；

c. 分层铺设的板块上下层接缝应相互错开；板间缝隙应采用同类材料嵌填密实；

d. 粘贴的板状保温材料应贴严、粘牢。

⑦ 整体现浇（喷）保温层施工应符合下列规定：

a. 沥青膨胀蛭石、沥青膨胀珍珠岩宜用机械搅拌，并应色泽一致，无沥青团；压实程度根据试验确定，其厚度应符合设计要求，表面应平整。

b. 硬质聚氨酯泡沫塑料应按配比准确计量，发泡厚度均匀一致。

2）主控项目

① 保温材料的堆积密度或表观密度、导热系数以及板材的强度、吸水率，必须符合设计要求。

检验方法：检查出厂合格证、质量检验报告和现场抽样复验报告。

② 保温层的含水率必须符合设计要求。

检验方法：检查现场抽样检验报告。

3）一般项目

① 保温层的铺设应符合下列要求：

a. 松散保温材料：分层铺设，压实适当，表面平整，找坡正确；

b. 板状保温材料：紧贴（靠）基层，铺平垫稳，拼缝严密，找坡正确；

c. 整体现浇保温层：拌合均匀，分层铺设，压实适当，表面平整，找坡正确。

检验方法：观察检查。

② 保温层厚度的允许偏差：松散保温材料和整体现浇保温层为 $+10\%$，-5%；板状保温材料为 $\pm5\%$，且不得大于 4mm。

检验方法：用钢针插入和尺量检查。

③ 当倒置式屋面保护层采用卵石铺压时，卵石应分布均匀，卵石的质（重）量应符合设计要求。

检验方法：观察检查和按堆积密度计算其质（重）量。

(3) 卷材防水层

1) 基本规定

① 本节适用于防水等级为Ⅰ～Ⅳ级的屋面防水。

② 卷材防水层应采用高聚物改性沥青防水卷材、合成高分子防水卷材或沥青防水卷材。所选用的基层处理剂、接缝胶粘剂、密封材料等配套材料应与铺贴的卷材材性相容。

③ 在坡度大于25%的屋面上采用卷材作防水层时，应采取固定措施。固定点应密封严密。

④ 铺设屋面隔汽层和防水层前，基层必须干净、干燥。

干燥程度的简易检验方法，是将 $1m^2$ 卷材平坦地干铺在找平层上，静置3～4h后掀开检查，找平层覆盖部位与卷材上未见水印即可铺设。

⑤ 卷材铺贴方向应符合下列规定：

a. 屋面坡度小于3%时，卷材宜平行屋脊铺贴；

b. 屋面坡度在3%～15%时，卷材可平行或垂直屋脊铺贴；

c. 屋面坡度大于15%或屋面受振动时，沥青防水卷材应垂直屋脊铺贴，高聚物改性沥青防水卷材和合成高分子防水卷材可平行或垂直屋脊铺贴；

d. 上下层卷材不得相互垂直铺贴。

⑥ 卷材厚度选用应符合表7-9的规定。

卷材厚度选用表　　　　表7-9

屋面防水等级	设防道数	合成高分子防水卷材	高聚物改性沥青防水卷材	沥青防水卷材
Ⅰ级	三道或三道以上设防	不应小于1.5mm	不应小于3mm	—
Ⅱ级	二道设防	不应小于1.2mm	不应小于3mm	—
Ⅲ级	一道设防	不应小于1.2mm	不应小于4mm	三毡四油
Ⅳ级	一道设防	—	—	二毡三油

⑦ 铺贴卷材采用搭接法时，上下层及相邻两幅卷材的搭接缝应错开。各种卷材搭接宽度应符合表7-10的要求。

卷材搭接宽度(mm)　　　　表7-10

铺贴方法 卷材种类		短边搭接		长边搭接	
		满粘法	空铺、点粘、条粘法	满粘法	空铺、点粘、条粘法
沥青防水卷材		100	150	70	100
高聚物改性沥青防水卷材		80	100	80	100
合成高分子防水卷材	胶粘剂	80	100	80	100
	胶粘带	50	60	50	60
	单缝焊	60，有效焊接宽度不小于25			
	双缝焊	80，有效焊接宽度10×2+空腔宽			

⑧ 冷粘法铺贴卷材应符合下列规定：
   a. 胶粘剂涂刷应均匀，不露底，不堆积；
   b. 根据胶粘剂的性能，应控制胶粘剂涂刷与卷材铺贴的间隔时间；
   c. 铺贴的卷材下面的空气应排尽，并辊压粘结牢固；
   d. 铺贴片卷材应平整顺直，搭接尺寸准确，不得扭曲、皱折；
   e. 接缝口应用密封材料封严，宽度不应小于10mm。
⑨ 热熔法铺贴卷材应符合下列规定：
   a. 火焰加热器加热卷材应均匀，不得过分加热或烧穿卷材；厚度小于3mm的高聚物改性沥青防水卷材严禁采用热熔法施工；
   b. 卷材表面热熔后应立即滚铺卷材，卷材下面的空气应排尽，并辊压粘结牢固，不得空鼓；
   c. 卷材接缝部位必须溢出热熔的改性沥青胶；
   d. 铺贴的卷材应平整顺直，搭接尺寸准确，不得扭曲、皱折。
⑩ 自粘法铺贴卷材应符合下列规定：
   a. 铺贴卷材前基层表面应均匀涂刷基层处理剂，干燥后应及时铺贴卷材；
   b. 铺贴卷材时，应将自粘胶底面的隔离纸全部撕净；
   c. 卷材下面的空气应排尽，并辊压粘结牢固；
   d. 铺贴的卷材应平整顺直，搭接尺寸准确，不得扭曲、皱折。搭接部位宜采用热风加热，随即粘贴牢固；
   e. 接缝口应用密封材料封严，宽度不应小于10mm。
⑪ 卷材热风焊接施工应符合下列规定：
   a. 焊接前卷材的铺设应平整顺直，搭接尺寸准确，不得扭曲、皱折；
   b. 卷材的焊接面应清扫干净，无水滴、油污及附着物；
   c. 焊接时应先焊长边搭接缝，后焊短边搭接缝；
   d. 控制热风加热温度和时间，焊接处不得有漏焊、跳焊、焊焦或焊接不牢现象；
   e. 焊接时不得损害非焊接部位的卷材。
⑫ 沥青玛䟽脂的配制和使用应符合下列规定：
   a. 配制沥青玛䟽脂的配合比应视使用条件、坡度和当地历年极端最高气温，并根据所用的材料经试验确定；施工中应按确定的配合比严格配料，每工作班应检查软化点和柔韧性；
   b. 热沥青玛䟽脂的加热温度不应高于240℃，使用温度不应低于190℃；
   c. 冷沥青玛䟽脂使用时应搅匀，稠度太大时可加少量溶剂稀释搅匀；
   d. 沥青玛䟽脂应涂刮均匀，不得过厚或堆积。
   粘结层厚度：热沥青玛䟽脂宜为1~1.5mm，冷沥青玛䟽脂宜为0.5~1mm；面层厚度：热沥青玛䟽脂宜为2~3mm，冷沥青玛䟽脂宜为1~1.5mm。
⑬ 天沟、檐沟、槽口、泛水和立面卷材收头的端部应裁齐，塞入预留凹槽内，用金属压条钉压固定，最大钉距不应大于900mm，并用密封材料嵌填封严。
⑭ 卷材防水层完工并经验收合格后，应做好成品保护。保护层的施工应符合下列规定：
   a. 绿豆砂应清洁、预热、铺撒均匀，并使其与沥青玛䟽脂粘结牢固，不得残留未粘

结的绿豆砂;

b. 云母或蛭石保护层不得有粉料,撒铺应均匀,不得露底,多余的云母或蛭石应清除;

c. 水泥砂浆保护层的表面应抹平压光,并设表面分格缝,分格面积宜为 $1m^2$;

d. 块体材料保护层应留设分格缝,分格面积不宜大于 $100m^2$,分格缝宽度不宜小于 20mm;

e. 细石混凝土保护层,混凝土应密实,表面抹平压光,并留设分格缝,分格面积不大于 $36m^2$;

f. 浅色涂料保护层应与卷材粘结牢固,厚薄均匀,不得漏涂;

g. 水泥砂浆、块材或细石混凝土保护层与防水层之间应设置隔离层;

h. 刚性保护层与女儿墙、山墙之间应预留宽度为 300mm 的缝隙,并用密封材料嵌填严密。

2) 主控项目

① 卷材防水层所用卷材及其配套材料,必须符合设计要求。

检验方法:检查出厂合格证、质量检验报告和现场抽样复验报告。

② 卷材防水层不得有渗漏或积水现象。

检验方法:雨后或淋水、蓄水检验。

③ 卷材防水层在天沟、檐沟、槽口、水落口、泛水、变形缝和伸出屋面管道的防水构造,必须符合设计要求。

检验方法:观察检查和检查隐蔽工程验收记录。

3) 一般项目

① 卷材防水层的搭接缝应粘(焊)结牢固,密封严密,不得有皱折、翘边和鼓泡等缺陷;防水层的收头应与基层粘结并固定牢固,缝口封严,不得翘边。

检验方法:观察检查。

② 卷材防水层上的撒布材料和浅色涂料保护层应铺撒或涂刷均匀,粘结牢固;水泥砂浆、块材或细石混凝土保护层与卷材防水层间应设置隔离层;刚性保护层的分格缝留置应符合设计要求。

检验方法:观察检查。

③ 排汽屋面的排汽道应纵横贯通,不得堵塞。排汽管应安装牢固,位置正确,封闭严密。

检验方法:观察检查。

卷材的铺贴方向应正确,卷材搭接宽度的允许偏差为 -10mm。

检验方法:观察和尺量检查。

第二节 涂膜防水屋面工程

一、材料质量要求

1. 为满足屋面防水工程的需要,防水涂料及其形成的涂膜防水层应具备:

(1) 一定的固体含量：涂料是靠其中的固体成分形成涂膜的，由于各种防水涂料所含固体的密度相差并不太大，当单位面积用量相同时，涂膜的厚度取决于固体含量的大小，如果固体含量过低，涂膜的质量难以保证。

(2) 优良的防水能力：在雨水的侵蚀和干湿交替作用下防水能力下降少。

(3) 耐久性好：在阳光紫外线、臭氧、大气中酸碱介质长期作用下保持长久的防水性能。

(4) 温度敏感性低：高温条件下不流淌、不变形，低温状态时能保持足够的延伸率。不发生脆断。

(5) 一定的力学性能：即具有一定的强度和延伸率，在施工荷载作用下或结构和基层变形时不破坏、不断裂。

(6) 施工性好：工艺简单、施工方法简便、易于操作和工程质量控制。

(7) 对环境污染少。

防水涂料按成膜物质的主要成分，可将涂料分成沥青基防水涂料、高聚物改性沥青防水涂料和合成高分子防水涂料3种。施工时根据涂料品种和屋面构造形式的需要，可在涂膜防水层中增设胎体增强材料。

2. 沥青基防水涂料的物理性能应符合表7-11的要求。

沥青基防水涂料物理性能 表7-11

项　目		性　能　要　求
固体含量(%)		≥50
耐热度(80℃，5h)		无流淌、起泡和滑动
柔性[(10±1)℃]		4mm厚，绕φ20mm圆棒，无裂纹、断裂
不透水性	压力(MPa)	≥0.1
	保持时间(min)	≥30 不透水
延伸[(20±2)℃拉伸](mm)		≥4.0

3. 高聚物改性沥青防水涂料的物理性能应符合表7-12的要求。

高聚物改性沥青防水涂料物理性能 表7-12

项　目		性　能　要　求
固体含量(%)		≥43
耐热度(80℃，5h)		无流淌、起泡和滑动
柔性(−10℃)		3mm厚，绕φ20mm圆棒，无裂纹、断裂
不透水性	压力(MPa)	≥0.1
	保持时间(min)	≥30
延伸[(20±2)℃拉伸](mm)		≥4.5

与沥青基防水涂料相比，高聚物改性沥青防水涂料在柔韧性、抗裂性、强度、耐高低温性能、使用寿命等方面都有了较大的改善。

4. 合成高分子防水涂料的物理性能应符合表7-13的要求。

第二节 涂膜防水屋面工程

合成高分子防水涂料物理性能　　　　　　　　　表 7-13

项　目		性　能　要　求		
		反应固化型	挥发固化型	聚合物水泥涂料
固体含量(%)		≥94	≥65	≥65
拉伸强度(MPa)		≥1.65	≥1.5	≥1.2
断裂延伸率(%)		≥350	≥300	≥200
柔性(℃)		−30，弯折无裂痕	−20，弯折无裂痕	−10，绕φ10mm圆棒无裂痕
不透水性	压力(MPa)	≥0.3		
	保持时间(min)	≥30		

由于合成高分子材料本身的优异性能，以此为原料制成的合成高分子防水涂料有较高的强度和延伸率，优良的柔韧性、耐高低温性能、耐久性和防水能力。

5. 胎体增强材料的质量应符合表 7-14 的要求。

胎体增强材料质量要求　　　　　　　　　表 7-14

项　目		质　量　要　求		
		聚酯无纺布	化纤无纺布	玻纤网布
外观		均匀无团状，平整无折皱		
拉力(N/50mm)	纵向	≥150	≥45	≥90
	横向	≥100	≥35	≥50
延伸率	纵向	≥10	≥20	≥3
	横向	≥20	≥25	≥3

二、施工质量控制

1. 工程质量控制要求

(1) 涂膜防水层要求

1) 涂膜厚度必须达到标准、规范规定和设计要求。

2) 涂膜防水层不应有裂纹、脱皮、起鼓、薄厚不匀或堆积、露胎以及皱皮等现象。

(2) 屋面涂膜防水工程的检查项目

1) 结构层：检查其平整度、预制构件安装稳固程度、板缝混凝土嵌填密实性、预留嵌填密封材料的空间尺寸。

2) 找坡层：检查其坡度及平整度。

3) 找平层：检查其排水坡度、表面平整度、组成材料的配合比、表面质量（是否有起砂、起壳等现象）、含水率。

4) 隔汽层：检查其表面平整、连续完整性、粘结牢靠性、防水隔汽性能，作为隔汽层涂膜的厚度或卷材的搭接宽度。

5) 保温层：检查其材料配比、表观密度、含水率、厚度。

6) 涂膜防水层：检查是否积水和渗漏、检查其涂膜厚度、涂膜完整性、连续性、与基层或其他材料粘结的牢固度。

7) 隔离层：检查其平整、连续性。

8) 保护层：检查作为保护层的粘结粒料或浅色涂层等的完整性及与防水涂膜粘结的牢靠性；检查刚性保护层的强度、厚度和完整性。对刚性块体保护层还须检查其平稳性。

9) 架空隔热层：检查其架空高度、架空板或架空构件的强度和完整性、表面平整度及板间勾缝质量。

(3) 涂膜防水工程完工后，应达到下列要求：

1) 防水工程完工后不得有渗漏和积水现象。

2) 工程所用材料必须符合国家有关质量标准和设计要求，并按规定抽样复查合格。

3) 结构基层应稳固，平整度应符合规定，预制构件接缝应嵌填密实。

4) 找平层表面平整度偏差不应超过 5mm，表面不得有酥松、起砂、起皮等现象；找平层排水坡度(含天沟、檐沟、排水沟、水落口、地漏等)必须准确，排水系统必须畅通。

5) 节点、构造细部等处做法应符合设计要求，封固严密，不得开缝翘边，密封材料必须与基层粘结牢固，密封部位应平直、光滑，无气泡、龟裂、空鼓、起壳、塌陷，尺寸符合设计要求；底部放置背衬材料但不与密封材料粘结；保护层应覆盖严密。

6) 涂膜防水层表面应平整、均匀，不应有裂纹、脱皮、流淌、鼓泡、露胎体、皱皮等现象；涂膜厚度应符合设计要求。

7) 涂膜表面上的松散材料保护层、涂料保护层或泡沫塑料保护层等，应覆盖均匀，粘结牢固。

8) 在屋面涂膜防水工程中的架空隔热层、保温层、蓄水屋面和种植屋面等，应符合设计要求和有关技术规范规定。

2. 工程质量控制要点

(1) 涂料防水屋面基层

1) 找平层要有一定强度，表面平整、密实，不得有起砂、起皮、空鼓裂缝等现象。用 2m 直尺检查其平整度不应超过 5mm，

2) 基层与凸出屋面结构连接处及基层转角处应做成圆弧或钝角。

3) 按设计要求做好排水坡度，无积水现象。基层含水率不超过 8%～18%(现场试验方法是：铺盖 1m² 卷材，由傍晚至次日晨或在晴天约 1～2h，如卷材内侧无结露时即可认为基层已基本干燥)。

4) 涂料施工前，应将分格缝清理干净，不得有异物和浮灰。

(2) 涂料防水屋面薄质防水涂层

1) 按设计要求对屋面板的板缝用细石混凝土嵌填密实或上部用油膏嵌缝。

2) 突出屋面结构的交接处、转角处加铺一层附加层，宽度为 250～350mm。在板端缝、檐口板与屋面板交接处，先铺一层宽度为 150～350mm 塑料薄膜缓冲层，然后涂刷防水层。

3) 玻璃丝布或毡片用搭接法铺贴，搭接宽度：长边≥70mm，短边≥100mm，上下层及相邻两幅的搭接缝应错开 1/3 幅宽，但上下层不得互相垂直铺贴。

4) 上一道涂料未干燥前不得涂刷下一道涂料。整个防水层完毕后一周内不许上人行走或进行其他工序施工。

5) 如用两组成分(A液、B液)的涂料，施工时要求准确计量、搅拌均匀，当天用完。

(3) 涂层保护层

1) 保护层所用材料应符合设计要求和涂料说明书的规定。

2) 铺散保护层应用胶辊滚压,使之粘牢,隔日扫除多余部分。涂刷浅色涂料,应在最后一道涂膜干后进行。要求涂刷均匀,不露底、起泡,未干前严禁上人。

三、施工质量验收

涂膜防水屋面工程中屋面找平层及屋面保温层的施工质量验收标准与卷材防水屋面工程相同。本节主要阐述涂膜防水层的质量验收。

1. 基本规定

(1) 本节适用于防水等级为Ⅰ～Ⅳ级屋面防水。

(2) 防水涂料应采用高聚物改性沥青防水涂料、合成高分子防水涂料。

(3) 防水涂膜施工应符合下列规定:

1) 涂膜应根据防水涂料的品种分层分遍涂布,不得一次涂成。

2) 应待先涂的涂层干燥成膜后,方可涂后一遍涂料。

3) 需铺设胎体增强材料时,屋面坡度小于15%时可平行屋脊铺设,屋面坡度大于15%时应垂直于屋脊铺设。

4) 胎体长边搭接宽度不应小于50mm,短边搭接宽度不应小于70mm。

5) 采用二层胎体增强材料时,上下层不得相互垂直铺设,搭接缝应错开,其间距不应小于幅宽的1/3。

(4) 涂膜厚度选用应符合表7-15的规定。

涂膜厚度选用表　　表7-15

屋面防水等级	设防道数	高聚物改性沥青防水涂料	合成高分子防水涂料
Ⅰ级	三道或三道以上设防	—	不应小于1.5mm
Ⅱ级	二道设防	不应小于3mm	不应小于1.5mm
Ⅲ级	一道设防	不应小于3mm	不应小于2mm
Ⅳ级	一道设防	不应小于2mm	—

(5) 屋面基层的干燥程度应视所用涂料特性确定。当采用溶剂型涂料时,屋面基层应干燥。

(6) 多组分涂料应按配合比准确计量,搅拌均匀,并应根据有效时间确定使用量。

(7) 天沟、檐沟、檐口、泛水和立面涂膜防水层的收头,应用防水涂料多遍涂刷或用密封材料封严。

(8) 涂膜防水层完工并经验收合格后,应做好成品保护。

2. 主控项目

(1) 防水涂料和胎体增强材料必须符合设计要求。

检验方法:检查出厂合格证、质量检验报告和现场抽样复验报告。

(2) 涂膜防水层不得有沾污或积水现象。

检验方法:雨后或淋水、蓄水检验。

(3) 涂膜防水层在天沟、檐沟、檐口、水落口、泛水、变形缝和伸出屋面管道的防水构造，必须符合设计要求。

检验方法：观察检查和检查隐蔽工程验收记录。

3. 一般项目

(1) 涂膜防水层的平均厚度应符合设计要求，最小厚度不应小于设计厚度的80%。

检验方法：针测法或取样量测。

(2) 涂膜防水层与基层应粘结牢固，表面平整，涂刷均匀，无流淌、皱折、鼓泡、露胎体和翘边等缺陷。

检验方法：观察检查。

(3) 涂膜防水层上的撒布材料或浅色涂料保护层应铺撒或涂刷均匀，粘结牢固；水泥砂浆、块材或细石混凝土保护层与涂膜防水层间应设置隔离层；刚性保护层的分格缝留置应符合设计要求。

检验方法：观察检查。

第三节 刚性防水屋面工程

一、材料质量要求

1. 水泥和骨料

（1）水泥

宜采用普通硅酸盐水泥或硅酸盐水泥；当采用矿渣硅酸盐水泥时应采取减少泌水性的措施；水泥的强度等级不低于42.5MPa，不得使用火山灰质硅酸盐水泥。水泥应有出厂合格证，质量标准应符合国家标准的要求。

（2）砂（细骨料）

应符合《普通混凝土用砂、石质量及检验方法标准》（JGJ 52）的规定，宜采用中砂或粗砂，含泥量不大于2%，否则应冲洗干净。如用特细砂、山砂时，应符合《特细砂混凝土配制及应用技术规程》（DBS1/5002）的规定。

（3）石（粗骨料）

应符合《普通混凝土用砂、石质量及检验方法标准》（JGJ 52）的规定，宜采用质地坚硬，最大粒径不超过15mm，级配良好，含泥量不超过1%的碎石或砾石，否则应冲洗干净。

（4）水

水中不得含有影响水泥正常凝结硬化的糖类、油类及有机物等有害物质，硫酸盐及硫化物较多的水不能使用，pH值不得小于4。一般自来水和饮用水均可使用。

2. 外加剂

刚性防水层中使用的膨胀剂、减水剂、防水剂、引气剂等外加剂应根据不同品种的适用范围、技术要求来选择。

3. 配筋

配置直径为4~6mm、间距为100~200mm的双向钢筋网片，可采用乙级冷拔低碳钢丝性能符合标准要求。钢筋网片应在分格缝处断开，其保护层厚度不小于10mm。

4. 聚丙烯抗裂纤维

聚丙烯抗裂纤维为短切聚丙烯纤维，纤维直径 $0.48\mu m$，长度 $10\sim 19mm$，抗拉强度 276MPa，掺入细石混凝土中，抵抗混凝土的收缩应力，减少细石混凝土的开裂。掺量一般为每 m^3 细石混凝土中掺入 $0.7\sim 1.2kg$。

5. 密封材料及背衬材料

分格缝及其他节点处嵌填的密封材料要求见第四节"屋面接缝密封防水"的有关内容。

6. 块料

块体是块性刚性防水层的防水主体，块体质量是影响防水效果的主要因素之一。因此使用的块体应无裂纹、无石灰颗粒、无灰浆泥面、无缺棱掉角，质地坚实，表面平整。

二、施工质量控制

1. 工程质量要求

（1）防水工程所用的防水混凝土和防水砂浆材料及外加剂、预埋件等均应符合有关标准和设计要求。

（2）防水混凝土的密实性、强度和抗渗性，必须符合设计要求和有关标准的规定。

（3）刚性防水层的厚度应符合设计要求，其表面应平整，不起砂，不出现裂缝。细石混凝土防水层内的钢筋位置应准确。分格缝做到平直，位置正确。

（4）施工缝、变形缝的止水片（带）、穿墙管件、支模铁件等设置和构造部位，必须符合设计要求和有关规范规定，不得有渗漏现象。

（5）分格缝的位置应正确，尺寸标准一致。

（6）防水混凝土和防水砂浆防水层施工时，基底不得有水，雨期施工时应有防雨措施。防水工程施工时，不得带水作业。

（7）防水层施工时，地下水位应降至工程底部最低标高 500mm 以下。降水作业应持续至基坑回填完毕。

2. 材料质量检验

（1）防水材料的外观质量、规格和物理技术性能，均应符合标准、规范规定。

（2）对进入施工现场的材料应及时进行抽样检测。刚性防水材料检测项目主要有：防水混凝土及防水砂浆配合比、坍落度、抗压和抗拉强度、抗渗性等。

3. 施工过程控制

（1）屋面预制板缝用 C20 细石混凝土灌缝，养护不少于 7d。

（2）在结构层与防水层之间增加一层隔离作用层（一般可用低强度砂浆，卷材等）。

（3）细石混凝土防水层，分格缝应设置在装配式结构层屋面板的支承端、屋面转折处（如屋脊）、防水层与突出屋面结构的交接处，并与板缝对齐，其纵横间距一般不大于 6m，分格缝上口宽为 30mm，下口宽为 20mm。分格缝可用油膏嵌封，屋脊和平行于流水方向的分格缝，也可做成泛水，用盖瓦覆盖，盖瓦单边座灰固定。

（4）按设计要求铺设钢筋网。设计无规定时，一般配置 $\phi 4mm$ 间距 $100\sim 200mm$ 双向钢筋网片，保护层不小于 10mm。用绑扎时端头要有弯钩，搭接长度要大于 250mm；焊接搭接长度不小于 25 倍直径，在一个网片的同一断面内接头不得超过钢丝断面积的 1/4。分格缝处钢筋要断开。

(5) 细石混凝土配合比由试验室试配确定，施工中严格按配合比计量，并按规定制作试块。

(6) 现浇细石混凝土防水层厚度应均匀一致，不宜小于 40mm。混凝土以分格缝分块，每块一次浇捣，不留施工缝。浇捣混凝土时应振捣密实平整，压实抹光，无起砂、起皮等缺陷。

(7) 屋面泛水应按设计要求施工。如设计无明确要求时，泛水高度不应低于 120mm，并与防水层一次浇捣完成，泛水转角处要做成圆弧或钝角。

(8) 细石混凝土终凝后养护不少于 14d。

4. 防水工程施工检验

(1) 基层找平层和刚性防水层的平整度，用 2m 直尺检查，直尺与面层间的最大空隙不超过 5mm，空隙应平缓变化，每米长度内不得多于 1 处。

(2) 刚性屋面及地下室防水工程的每道防水层完成后，应由专人进行检查，合格后方可进行下一道防水层施工。

(3) 刚性防水屋面施工后，应进行 24h 蓄水试验，或持续淋水 24h 或雨后观察，看屋面排水系统是否畅通，有无渗漏水、积水现象。

(4) 防水工程的细部构造处理，各种接缝、保护层及密封防水部位等均应进行外观检验和防水功能检验，合格后方可隐蔽。

三、施工质量验收

1. 基本规定

(1) 本节适用于防水等级为 Ⅰ～Ⅲ 级的屋面防水；不适用于设有松散材料保温层的屋面以及受较大振动或冲击的和坡度大于 15% 的建筑屋面。

(2) 细石混凝土不得使用火山灰质水泥；当采用矿渣硅酸盐水泥时，应采用减少泌水性的措施。粗骨料含泥量不应大于 1%，细骨料含泥量不应大于 2%。

混凝土水灰比不应大于 0.55；每立方米混凝土水泥用量不得少于 330kg；含砂率宜为 35%～40%；灰砂比宜为 1:2～1:2.5；混凝土强度等级不应低于 C20。

(3) 混凝土中掺加膨胀剂、减水剂、防水剂等外加剂时，应按配合比准确计量，投料顺序得当，并应用机械搅拌，机械振捣。

(4) 细石混凝土防水层的分格缝，应设在屋面板的支承端、屋面转折处、防水层与突出屋面结构的交接处，其纵横间距不宜大于 6m。分格缝内应嵌填密封材料。

(5) 细石混凝土防水层的厚度不应小于 40mm 并应配置双向钢筋网片。钢筋网片在分格缝处应断开，其保护层厚度不应小于 10mm。

(6) 细石混凝土防水层与立墙及突出屋面结构等交接处，均应做柔性密封处理；细石混凝土防水层与基层间宜设置隔离层。

2. 主控项目

(1) 细石混凝土的原材料及配合比必须符合设计要求。

检验方法：检查出厂合格证、质量检验报告、计量措施和现场抽样复验报告。

(2) 细石混凝土防水层不得有渗漏或积水现象。

检验方法：雨后或淋水、蓄水检验。

(3) 细石混凝土防水层在天沟、檐沟、檐口、水落口、泛水、变形缝和伸出屋面管道的防水构造，必须符合设计要求。

检验方法：观察检查和检查隐蔽工程验收记录。

3. 一般项目

(1) 细石混凝土防水层应表面平整、压实抹光，不得有裂缝、起壳、起砂等缺陷。

检验方法：观察检查。

(2) 细石混凝土防水层的厚度和钢筋位置应符合设计要求。

检验方法：观察和尺量检查。

(3) 细石混凝土分格缝的位置和间距应符合设计要求。

检验方法：观察和尺量检查。

(4) 细石混凝土防水层表面平整度的允许偏差为5mm。

检验方法：用2m靠尺和楔形塞尺检查。

第四节 屋面接缝密封防水

一、材料质量要求

密封材料是指用于各种接缝、接头及构件连接处起水密性、气密性作用的材料。屋面工程中常使用不定型密封材料，即各种膏状体，俗称密封膏、嵌缝油膏。按其组成材料的不同，屋面工程中使用的密封材料可分为两类，即改性沥青密封材料和合成高分子密封材料。

1. 改性沥青密封材料

改性沥青密封材料是以沥青为基料，用适量的高分子聚合物进行改性，加入填充料和其他化学助剂配制而成的膏状密封材料。常用的有两类，即改性石油沥青密封材料和改性焦油沥青密封材料。由于改性焦油沥青密封材料中的焦油具有一定的毒性，施工熬制时会产生较多的有害气体，所以近年已逐渐在建筑工程中限制使用和淘汰。

改性石油沥青密封材料的物理性能应符合表7-16的规定。

改性石油沥青密封材料物理性能　　　　表7-16

项　　目		性　能　要　求	
		Ⅰ	Ⅱ
耐热度	温度(℃)	70	80
	下垂度(mm)	≤4.0	
低温柔性	温度(℃)	-20	-10
	粘结状态	无裂纹和剥离现象	
拉伸粘结性(%)		≥125	
浸水后拉伸粘结性(%)		≥125	
挥发性(%)		≤2.8	
施工度(mm)		≥22.0	≥20.0

注：改性石油沥青密封材料按耐热度和低温柔性分为Ⅰ类和Ⅱ类。

2. 合成高分子密封材料

合成高分子密封材料是以合成高分子材料为主体，加入适量的化学助剂、色剂等，经过特定的生产工艺制成的膏状密封材料。常用的有聚氨酯密封膏、丙烯酸酯密封膏、有机硅密封膏、丁基密封膏等。与改性沥青密封材料相比，合成高分子密封材料具有优良的性能，高延伸、优良的耐候性、粘结性强及耐疲劳性等，为高档密封材料。

合成高分子密封材料的物理性能应符合表7-17的规定。

合成高分子密封材料物理性能　　　　表7-17

项　　目		性　能　要　求	
		弹性体密封材料	塑性体密封材料
拉伸粘结性	拉伸强度(MPa)	≥0.2	≥0.02
	延伸率(%)	≥200	≥250
柔性(℃)		-30，无裂纹	-20，无裂纹
拉伸—压缩循环性能	拉伸—压缩率(%)	≥±20	≥±10
	粘结和内聚酯破坏面积	≤25	

3. 基层处理剂与背衬材料

（1）基层处理剂

基层处理剂要符合下列要求：

1) 有易于操作的黏度（流动性）；

2) 对被粘结体有良好的浸润性和渗透性；

3) 不含能溶化被粘结体表面的溶剂，与密封材料在化学结构上相近，不造成侵蚀，有良好的粘结性；

4) 干燥时间短，调整幅度大。

基层处理剂一般采用密封材料生产厂家配套提供的或推荐的产品，其他生产厂家时，应作粘结试验。

（2）背衬材料

为控制密封材料的嵌填深度，防止密封材料和接缝底部粘结，在接缝底部与密封材料之间设置的可变形的材料称之为背衬材料。因此，对背衬材料的要求是：与密封材料不粘结或粘结力弱，具有较大变形能力。常用的背衬材料有各种泡沫塑料棒、油毡条等。

二、施工质量控制

1. 质量控制要求

（1）密封材料的品种、性能、质量标准必须符合设计要求和有关标准的规定。

（2）接缝的宽度和深度必须符合设计要求，界面干燥、无浮浆、无尘土。

（3）非成品密封材料的配合比，必须通过试验确定，并符合施工规范规定。

（4）密封嵌缝必须嵌填密实，粘结牢固，无开裂，密封膏嵌入深度不得小于接缝宽度的50%，密封膏的覆盖宽度必须超过接缝两边各20mm以上。

2. 板面裂缝治理

板面裂缝的治理方法为裂缝封闭法，可用防水油膏、二布三油或环氧树脂进行密封处理，处理过程如下：

(1) 将裂缝周围 50mm 宽的界面清洗干净；将裂缝周边的浮渣或不牢的灰浆清除。

(2) 用腻子刀或喷枪将密封膏挤入其中。

(3) 在嵌缝材料上覆盖一层保护层。

具体施工可如图 7-1 所示进行。

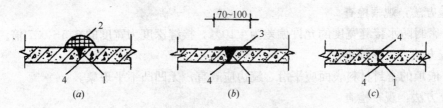

图 7-1 板面裂缝治理
(a)堆缝；(b)贴缝；(c)闭缝
1—裂缝；2—防水油膏；3——布二油或二布三油；4—环氧树脂

3. 建筑接缝密封的维护

接缝密封胶及埋入的定型密封材料一般寿命较长，但并非一劳永逸，很少能同结构寿命等同。由于日光、大气、雨雪、高低温及腐蚀介质的侵蚀，风沙、伸缩位移应力的作用及意外损伤，接缝密封材料的性能将逐渐劣化，发生软化、硬化、龟裂、剥离或破裂。造成接缝密封失效，为了保证在建筑使用期内接缝有效密封，建筑定期检修。清洗或为其他目的进行检查时。注意密封失效的先兆。安排专业人员对接缝密封状态进行检查和维护，当接缝密封已经呈现失效特征——粉化、变软、发硬、微裂纹、边界剥脱现象（尽管未发生渗漏）时，应提前安排局部修复或进行重新密封或定期更换，若当建筑发生渗漏时才行维修，不仅维修难度大，而且损失大、代价高。

三、施工质量验收

1. 基本规定

(1) 本节适用于刚性防水屋面分格缝以及天沟、檐沟、泛水、变形缝等细部构造的密封处理。

(2) 密封防水部位的基层质量应符合下列要求：

1) 基层应牢固，表面应平整、密实，不得有蜂窝、麻面、起皮和起砂现象。

2) 嵌填密封材料的基层应干净、干燥。

(3) 密封防水处理连接部位的基层，应涂刷与密封材料相配套的基层处理剂。基层处理剂应配比准确，搅拌均匀。采用多组分基层处理剂时，应根据有效时间确定使用量。

(4) 接缝处的密封材料底部应填放背衬材料，外露的密封材料上应设置保护层，其宽度不应小于 200mm。

(5) 密封材料嵌填完成后不得碰损及污染，固化前不得踩踏。

2. 主控项目

(1) 密封材料的质量必须符合设计要求。

检验方法：检查产品出厂合格证、配合比和现场抽样复验报告。

(2) 密封材料嵌填必须密实、连续、饱满，粘结牢固，无气泡、开到、脱落等缺陷。

检验方法：观察检查。

3. 一般项目

(1) 嵌填密封材料的基层应牢固、干净、干燥，表面应平整、密实。

检验方法：观察检查。

(2) 密封防水接缝宽度的允许偏差为±10%，接缝深度为宽度的0.5~0.7倍。

检查方法：尺量检查。

(3) 嵌填的密封材料表面应平滑，缝边应顺直，无凹凸不平现象。

检查方法：观察检查。

第五节 瓦屋面工程

一、平瓦屋面

1. 材料质量要求

平瓦主要是指传统的黏土机制平瓦和水泥平瓦，平瓦屋面由平瓦和脊瓦组成，平瓦用于铺盖坡面，脊瓦铺盖于屋脊上，黏土平瓦及其脊瓦是以黏土压制或挤压成型、干燥焙烧而成。水泥平瓦及脊瓦是用水泥、砂加水搅拌经机械滚压成型，常压蒸汽养护后制成。

黏土平瓦及脊瓦的表面质量应符合要求表7-18的要求。

黏土平瓦及脊瓦的表面质量要求　　　　表7-18

缺 陷 项 目		优等品	一等品	合格品
有釉类瓦	无釉类瓦			
缺釉、斑点、落脏、棕眼、熔洞、釉缕、釉泡、釉裂	斑点、起包、熔洞、麻面、图案缺陷、烟熏	距1m处目测不明显	距2m处目测不明显	距3m处目测不明显
色差、光泽差	色差	距3m处目测不明显		

2. 施工质量控制

(1) 平瓦屋面的瓦不得有缺角（边、瓦爪）、砂眼、裂纹和翘曲张口等缺陷。铺设后的屋面不得渗漏水（可在雨天后检查）；

(2) 挂瓦应平整，搭接紧密，行列横平竖直，靠屋脊一排瓦应挂上整页；檐口瓦出檐尺寸一致，檐头平直整齐；

(3) 屋檐要平直，脊瓦搭口和脊瓦与平瓦的缝隙、沿山墙挑檐的平瓦、斜沟瓦与排水沟的空隙，均应用麻刀灰浆填实抹平，封固严密；

(4) 封口应平直，天沟、斜沟、檐沟和泛水的质量要求及漏斗罩、水落口、漏斗、排水管均应符合设计要求和工程质量验收的有关规定；

3. 施工质量验收

(1) 基本规定

1) 本节适用于防水等级为Ⅱ、Ⅲ级以及坡度不小于20%的屋面。

2) 平瓦屋面与立墙及突出屋面结构等交接处，均应做泛水处理。天沟、檐沟的防水层，应采用合成高分子防水卷材、高聚物改性沥青防水卷材、沥青防水卷材、金属板材或塑料板材等材料铺设。

3) 平瓦屋面的有关尺寸应符合下列要求：

① 脊瓦在两坡面瓦上的搭盖宽度，每边不小于40mm。

② 瓦伸入天沟、檐沟的长度为50~70mm。

③ 天沟、檐沟的防水层伸入瓦内宽度不小于150mm。

④ 瓦头挑出封檐板的长度为50~70mm。

⑤ 突出屋面的墙或烟囱的侧面瓦伸入泛水宽度不小于50mm。

(2) 主控项目

1) 平瓦及其脊瓦的质量必须符合设计要求。

检验方法：观察检查和检查出厂合格证或质量检验报告。

2) 平瓦必须铺置牢固。地震设防地区或坡度大于50%的屋面，应采取固定加强措施。

检验方法：观察和手扳检查。

(3) 一般项目

1) 挂瓦条应分档均匀，铺钉平整、牢固；瓦面平整，行列整齐，搭接紧密，檐口平直。

检验方法：观察检查。

2) 脊瓦应搭盖正确，间距均匀，封固严密；屋脊和斜脊应顺直，无起伏现象。

检验方法：观察或手扳检查。

3) 泛水做法应符合设计要求，顺直整齐，结合严密，无渗漏。

检验方法：观察检查和雨后或淋水检验。

二、油毡瓦屋面

1. 材料质量要求

(1) 外观质量要求

1) 10~45℃环境温度时应易于打开，不得产生脆裂和粘连。

2) 玻纤毡必须完全用沥青浸透和涂盖。

3) 油毡瓦不应有孔洞和边缘切割不齐、裂缝、断裂等缺陷。

4) 矿物料应均匀、覆盖紧密。

5) 自粘结点距末端切槽的一端不大于190mm，并与油毡瓦的防粘纸对齐。

(2) 物理性能指标

油毡瓦的物理性能应符合表7-19的要求。

油毡瓦物理性能　　　　　　　　　　　　　　表7-19

项　目	性　能　指　标	
	合格品	优等品
可溶物含量(g/m²)	≥1450	≥1900
拉力(N)	≥300	≥340
耐热度(℃)	≥85	
柔度(℃)	10	8

2. 施工质量控制

(1) 在有屋面板的屋面上，铺瓦前铺钉一层油毡，其搭接宽度为100mm。油毡用顺水条(间距一般为500mm)钉在屋面板上。

(2) 挂瓦条一般用断面为30mm×30mm木条，铺钉时上口要平直，接头在檩条上并要错开，同一檩条上不得连续超过三个接头。其间距根据瓦长，一般为280～330mm，挂瓦条应铺钉平整、牢固，上棱应成一线。封檐条要比挂瓦条高20～30mm。

(3) 瓦应铺成整齐的行列，彼此紧密搭接，沿口应成一直线，瓦头挑出檐口一般为50～70mm。

(4) 斜脊、斜沟瓦应先盖好瓦，沟瓦要搭盖泛水宽度不小于150mm，然后弹黑线编号，将多余的瓦面锯掉后按号码次序挂上，斜脊同样处理，但要保证脊瓦搭盖在二坡面瓦上至少各40mm，间距应均匀。

(5) 脊瓦与坡面瓦的缝隙应用麻刀混合砂浆嵌严刮平，屋脊和斜脊应平直，无起伏现象。平脊的接头口要顺主导风向。斜脊的接头口向下(即由下向上铺设)。

(6) 沿山墙挑檐一行瓦，宜用1∶2.5的水泥砂浆做出披水线，将瓦封固。

(7) 天沟、斜沟和檐沟一般用镀锌薄钢板制作时，其厚度应为0.45～0.75mm，薄钢板伸入瓦下面不应少于150mm。镀锌薄钢板应经风化或涂刷专用的底漆(锌磺类或磷化底漆等)后再涂刷罩面漆两度；如用薄钢板时。应将表面铁锈、油污及灰尘清理干净，其两面均应涂刷两度防锈底漆(红丹油等)再涂刷罩面漆两度。

(8) 天沟和斜沟如用油毡铺设，层数不得小于三层，底层油毡应用带有垫圈的钉子钉在木基层上，其余各层油毡施工应符合有关规定。

3. 施工质量验收

(1) 基本规定

1) 本节适用于防水等级为Ⅱ、Ⅲ级以及坡度不小于20%的屋面。

2) 油毡瓦屋面与立墙及突出屋面结构等交接处，均应做泛水处理。

3) 油毡瓦的基层应牢固平整。如为混凝土基层，油毡瓦应用专用水泥钢钉与冷沥青玛琋脂粘结固定在混凝土基层上；如为木基层，铺瓦前应在木基层上铺设一层沥青防水卷材垫毡，用油毡钉铺钉，钉帽应盖在垫毡下面。

4) 油毡瓦屋面的有关尺寸应符合下列要求：

① 脊瓦与两坡面油毡瓦搭盖宽度每边不小于100mm。

② 脊瓦与脊瓦的压盖面不小于脊瓦面积的1/2。

③ 油毡瓦在屋面与突出屋面结构的交接处铺贴高度不小于250mm。

第五节 瓦屋面工程

(2) 主控项目

1) 油毡瓦的质量必须符合设计要求。

检验方法：检查出厂合格证和质量检验报告。

2) 油毡瓦所用固定钉必须钉平、钉牢，严禁钉帽外露油毡瓦表面。

检验方法：观察检查。

(3) 一般项目

1) 油毡瓦的铺设方法应正确；油毡瓦之间的对缝，上下层不得重合。

检验方法：观察检查。

2) 油毡瓦应与基层紧贴，瓦面平整，檐口顺直。

检验方法：观察检查。

3) 泛水做法应符合设计要求，顺直整齐，结合严密，无渗漏。

检验方法：观察检查和雨后或淋水检验。

三、金属板材屋面

1. 金属板材应边缘整齐、表面光滑、外形规则，不得有扭翘、锈蚀等缺陷。其规格和性能应符合表 7-20 的要求。

金属板材规格和性能　　　　　　表 7-20

项　目	规格和性能					
屋面板宽度(mm)	1000					
屋面板每块长度(mm)	12					
屋面板厚度(mm)	40		60		80	
板材厚度(mm)	0.5	0.6	0.5	0.6	0.5	0.6
适用温度范围(℃)	$-50\sim120$					
耐火极限(h)	0.6					
重量(kg/m²)	12	14	13	15	14	16
屋面板、泛水板屋脊板厚度(mm)	$0.6\sim0.7$					

金属板材连接件及密封材料应符合表 7-21 的要求。

连接件及密封材料的要求　　　　　　表 7-21

材料名称	材料要求	材料名称	材料要求
自攻螺钉	6.3mm、45号钢镀锌板、塑料帽	密封垫圈	乙丙橡胶垫圈
拉铆钉	铝质抽芯铆钉	密封材料	丙烯酸、硅酮密封膏、丁基密封条
压盖	不锈钢		

2. 施工质量控制

1) 屋面坡度不应小于 1/20，亦不应大于 1/6；在腐蚀环境中屋面坡度不应小于 1/12。

2) 屋面板采用切边铺法时，上下两块板的板峰应对齐；不切边铺法时，上下两块板的板峰应错开一波。铺板应挂线铺设，使纵横对齐，横向搭接不小于一个波，长向(侧向)

搭接，应顺年最大频率风向搭接，端部搭接应顺流水方向搭接，搭接长度不应小于200mm。屋面板铺设从一端开始；往另一端同时向屋脊方向进行。

3）每块金属板材两端支承处的板缝均应用 M6.3 自攻螺栓与檩条固定，中间支承处应每隔一个板缝用 M6.3 自攻螺栓与檩条固定。钻孔时，应垂直不偏斜，将板与檩条一起钻穿，螺栓固定前，先垫好长短边的密封条，套上橡胶密封垫圈和不锈钢压盖一起拧紧。

4）铺板时两板长向搭接间应放置一条通长密封条，端头应放置二条密封条（包括屋脊板、泛水板、包角板等），密封条应连续不得间断。螺栓拧紧后，两板的搭接口处还应用丙烯酸或硅酮密封膏封严。

5）两板铺设后，两板的侧向搭接处还得用拉铆钉连接，所用铆钉均应用丙烯酸或硅酮密封膏封严。

3. 施工质量验收

（1）基本规定

1）本节适用于防水等级为Ⅰ～Ⅲ级的屋面。

2）金属板材屋面与立墙及突出屋面结构等交接处，均应做泛水处理。两板间应放置通长密封条；螺栓拧紧后，两板的搭接口处应用密封材料封严。

3）压型板应采用带防水垫圈的镀锌螺栓（螺钉）固定，固定点应设在波峰上。所有外露的螺栓（螺钉），均应涂抹密封材料保护。

4）压型板屋面的有关尺寸应符合下列要求：

① 压型板的横向搭接不小于一个波，纵向搭接不小于 200mm。

② 压型板挑出墙面的长度不小于 200mm。

③ 压型板伸入檐沟内的长度不小于 150mm。

④ 压型板与泛水的搭接宽度不小于 200mm。

（2）主控项目

1）金属板材及辅助材料的规格和质量，必须符合设计要求。

检验方法：检查出厂合格证和质量检验报告。

2）金属板材的连接和密封处理必须符合设计要求，不得有渗漏现象。

检验方法：观察检查和雨后或淋水检验。

（3）一般项目

1）金属板材屋面应安装平整，固定方法正确，密封完整；排水坡度应符合设计要求。

检验方法：观察和尺量检查。

2）金属板材屋面的搪口线、泛水段应顺直，无起伏现象。

检验方法：观察检查。

第六节 隔热屋面工程

一、施工质量控制

1. 架空隔热屋面

（1）架空隔热屋面应在通风较好的平屋面建筑上采用，夏季风量小的地区和通风差的建筑上适用效果不好,尤其在高女儿墙情况下不宜采用,应采取其他隔热措施。寒冷地区也不宜采用,因为到冬天寒冷时也会降低屋面温度,反而使室内降温。

(2)架空的高度一般在100~300mm,并要视屋面的宽度、坡度而定。如果屋面宽度超过10m时,应设通风屋脊,以加强通风强度。

(3)架空屋面的进风口应设在当地炎热季节最大频率风向的正压区,出风口设在负压区。

(4)铺设架空板前,应清扫屋面上的落灰、杂物,以保证隔热层气流畅通,但操作时不得损伤已完成的防水层。

(5)架空板支座底面的柔性防水层上应采取增设卷材或柔软材料的加强措施,以免损坏已完工的防水层。

(6)架空板的铺设应平整、稳固;缝隙宜采用水泥砂浆或水泥混合砂浆嵌填。

(7)架空隔热板距女儿墙不小于250mm。以利于通风,避免顶裂山墙。

(8)架空隔热制品应铺平垫稳,架空层中不得堵塞,架空板表面应平整,缝隙用水泥砂浆勾填密实。

2. 蓄水屋面

(1)蓄水屋面的防水层,宜采用刚柔结合的防水方案,柔性防水层应是耐腐蚀、耐霉烂、耐穿刺好的涂料或卷材,最佳方案应是涂膜防水层和卷材防水层复合,然后在防水层上浇筑配筋细石混凝土,它既是刚性防水层,又是柔性防水层的保护层。刚性防水层的分格缝和蓄水分区相结合,分格间距一般不大于10m,以便于管理、清扫和维修,缩小蓄水面积,也可防止大风吹起浪花影响周围环境,细石混凝土的分格缝应填密封材料。当蓄水面积较大时,在蓄水区中部还应设置通道板。

(2)蓄水屋面坡度不宜大于0.5%,并应划分为若干蓄水区,每区的边长不宜大于10m;在变形缝两侧,应分成两个互不连通的蓄水区;长度超过40m的蓄水屋面,应做横向伸缩缝一道,分区隔墙可用混凝土,也可用砖砌抹面,同时兼作人行通道。分隔墙间应设可以关闭和开启的连通孔、进水孔、溢水孔。

(3)蓄水屋面的泛水和隔墙应高出蓄水深度100mm,并在蓄水高度处留置溢水口。在分区隔墙底部设过水孔,泄水孔应与水落管连通。

(4)蓄水屋面防水层质量可靠,构造设置合理,如采用柔性防水层复合时,应先施工柔性防水层,再作隔离层,然后浇筑细石混凝土防水层。柔性防水层施工完成后,应进行蓄水检验无渗漏,才能继续下一道工序的施工。柔性防水层与刚性防水层或刚性保护层间应设置隔离层。

(5)蓄水屋面预埋管道及孔洞应在浇筑混凝土前预埋牢固和预留孔洞,不得事后打孔凿洞。

(6)蓄水屋面的细石混凝土原材料和配比应符合刚性防水层的要求,宜掺加膨胀剂、减水剂和密实剂,以减少混凝土的收缩。

(7)每分格区内的混凝土应一次浇完,不得留设施工缝。

(8)防水混凝土必须机械搅拌、机械振捣,随捣随抹,抹压时不得洒水、撒干水泥或加水泥浆。混凝土收水后应进行二次压光,及时养护,如放水养护应结合蓄水,不得再使之干涸,否则就会发生渗漏。

(9)分格缝嵌填密封材料后,上面应做砂浆保护层埋置保护。

(10) 含水屋面的每块盖板间距应留 20～30mm 间缝，以便下雨时蓄水。

3. 种植屋面

(1) 种植屋面的坡度宜为 1%～3%，以利多余水的排除。

(2) 种植屋面的防水层，宜采用刚柔结合的防水方案，柔性防水层应是耐腐蚀、耐霉烂、耐穿刺好的涂料或卷材，最佳方案应是涂膜防水层和卷材防水层复合，柔性防水层上必须设置细石混凝土保护层或细石混凝土防水层，以抵抗种植根系的穿刺和种植工具对它的损坏。

(3) 种植屋面四周应设挡墙，以阻止屋面上种植介质的流失，挡墙下部应留泄水孔，孔内侧放置疏水粗细骨料，或放置聚酯无纺布，以保证多余水的流出而种植介质不会流失。

(4) 根据种植要求应设置人行通道，也可以采用门形预制槽板，作为挡墙和分区走道板。

(5) 种植覆盖层的施工应避免损坏防水层；覆盖材料的表观密度、厚度应按设计的要求选用。

(6) 分格缝宜采用整体浇筑的细石混凝土硬化后用切割机锯缝，缝深为 2/3 刚性防水层厚度，填密封材料后，加聚合物水泥砂浆嵌缝，以减少植物根系穿刺防水层。

二、施工质量验收

1. 架空屋面

(1) 基本规定

1) 架空隔热层的高度应按照屋面宽度或坡度大小的变化确定。如设计无要求，一般以 100～300mm 为宜。当屋面宽度大于 10m 时，应设置通风屋脊。

2) 架空隔热制品支座底面的卷材、涂膜防水层上应采取加强措施，操作时不得损坏已完工的防水层。

3) 架空隔热制品的质量应符合下列要求：

① 非上人屋面的黏土砖强度等级不应低于 MU7.5；上人屋面的黏土砖强度等级不应低于 Mu10。

② 混凝土板的强度等级不应低于 C20，板内宜加放钢丝网片。

(2) 主控项目

架空隔热制品的质量必须符合设计要求，严禁有断裂和露筋等缺陷。

检验方法：观察检查和检查构件合格证或试验报告。

(3) 一般项目

架空隔热制品的铺设应平整、稳固，缝隙勾填应密实；架空隔热制品距山墙或女儿墙不得小于 250mm，架空层中不得堵塞，架空高度及变形缝做法应符合设计要求。

检验方法：观察和尺量检查。

相邻两块制品的高低差不得大于 3mm。

检验方法：用直尺和楔形塞尺检查。

2. 蓄水屋面

(1) 基本规定

1) 蓄水屋面应采用刚性防水层或在卷材、涂膜防水层上面再做刚性防水层，防水层应采用耐腐蚀、耐霉烂、耐穿刺性能好的材料。

2) 蓄水屋面应划分为若干蓄水区，每区的边长不宜大于10m，在变形缝的两侧应分成两个互不连通的蓄水区；长度超过40m的蓄水屋面应做横向伸缩缝一道。蓄水屋面应设置人行通道。

3) 蓄水屋面所设排水管、溢水口和给水管等，应在防水层施工前安装完毕。

4) 每个蓄水区的防水混凝土应一次浇筑完毕，不得留施工缝。

(2) 主控项目

1) 蓄水屋面上设置的溢水口、过水孔、排水管、溢水管，其大小、位置、标高的留设必须符合设计要求。

检验方法：观察和尺量检查。

2) 蓄水屋面防水层施工必须符合设计要求，不得有渗漏现象。

检验方法：蓄水至规定高度观察检查。

3. 种植屋面

(1) 基本规定

1) 种植屋面的防水层应采用耐腐蚀、耐霉烂、耐穿刺性能好的材料。

2) 种植屋面采用卷材防水层时，上部应设置细石混凝土保护层。

3) 种植屋面应有1‰～3‰的坡度。种植屋面四周应设挡墙，挡墙下部应设泄水孔，孔内侧放置疏水粗细骨料。

4) 种植覆盖层的施工应避免损坏防水层；覆盖材料的厚度、质（重）量应符合设计要求。

(2) 主控项目

1) 种植屋面挡墙泄水孔的留设必须符合设计要求，并不得堵塞。

检验方法：观察和尺量检查。

2) 种植屋面防水层施工必须符合设计要求，不得有渗漏现象。

检验方法：蓄水至规定高度观察检查。

第七节　屋面细部构造防水

一、施工质量控制

1. 在檐口、斜沟、泛水、屋面和突出屋面结构的连接处以及水落口四周，均应加铺一层卷材附加层；天沟宜加1～2层卷材附加层；内部排水的水落口四周，还宜再加铺一层沥青麻布油毡或再生胶油毡，如图7-2和图7-3所示。

2. 内部排水的水落口应用铸铁制品，水落口杯应牢固地固定在承重结构上，全部零件应预先除净铁锈，并涂刷防锈漆。

与水落口连接的各层卷材，均应粘贴在水落口杯上，并用漏斗罩。底盘压紧宽度至少为100mm，底盘与卷材间应涂沥青胶结材料，底盘周围应用沥青胶结材料填平。

3. 水落口杯与竖管承口的连接处，用沥青麻丝堵塞，以防漏水。

4. 混凝土檐口宜留凹槽，卷材端部应固定在凹槽内，并用玛琋脂或油膏封严。

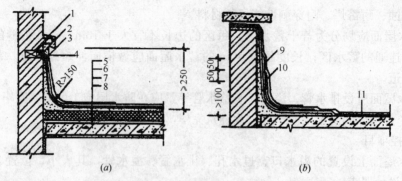

图 7-2 屋面与堵面连接处防水层的做法

1—防腐木砖；2—水泥砂浆或沥青砂浆封；3—20mm×0.5mm 薄钢板压住油毡并钉牢；4—防腐木条；
5—油毡附加层；6—油毡防水层；7—砂浆找平层；8—保温层及钢筋混凝土基层；9—油毡附加层；
10—油毡搭接部分；11—油毡防水层

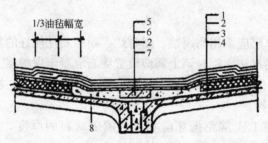

图 7-3 天沟与屋面连接处各层卷材的搭接方法

1—屋面油毡防水层；2—砂浆找平层；3—保温层；4—预制钢筋混凝土屋面板；5—天沟油毡防水层；
6—天沟油毡附加层；7—预制混凝土薄板；8—天沟部分轻混凝土

5. 屋面与突出屋面结构的连接处，贴在立面上的卷材高度应≥250mm。如用薄钢板泛水覆盖时，应用钉子将泛水卷材层的上端钉在预埋的墙上木砖上，泛水上部与墙间的缝隙应用沥青砂浆填平。并将钉帽盖住。薄钢板泛水长向接缝处应焊牢。如用其他泛水时，卷材上端应用沥青砂浆或水泥砂浆封严。

6. 在砌变形缝的附加墙以前，缝口应用伸缩片覆盖，并在墙砌好后，在缝内填沥青麻丝；上部应用钢筋混凝土盖板或可伸缩的镀锌薄钢板盖住。钢筋混凝土盖板的接缝，可用油膏嵌实封严。

二、施工质量验收

1. 基本规定

（1）本节适用于屋面的天沟、檐沟、檐口、泛水、水落口、变形缝、伸出屋面管道等防水构造。

（2）用于细部构造处理的防水卷材、防水涂料和密封材料的质量，均应符合本规范有关规定的要求。

（3）卷材或涂膜防水层在天沟、檐沟与屋面交接处、泛水、阴阳角等部位，应增加卷材或涂膜附加层。

(4) 天沟、檐沟的防水构造应符合下列要求：
1) 沟内附加层在天沟、檐沟与屋面交接处宜空铺，空铺的宽度不应小于 200mm。
2) 卷材防水层应由沟底翻上至沟外槽顶部，卷材收头应用水泥钉固定，并用密封材料封严。
3) 涂膜收头应用防水涂料多遍涂刷或用密封材料封严。
4) 在天沟、檐沟与细石混凝土防水层的交接处，应留凹槽并用密封材料嵌填严密。
(5) 檐口的防水构造应符合下列要求：
1) 铺贴檐口 800mm 范围内的卷材应采取满粘法。
2) 卷材收头应压入凹槽，采用金属压条钉压，并用密封材料封口。
3) 涂膜收头应用防水涂料多遍涂刷或用密封材料封严。
4) 檐口下端应抹出鹰嘴和滴水槽。
(6) 女儿墙泛水的防水构造应符合下列要求：
1) 铺贴泛水处的卷材应采取满粘法。
2) 砖墙上的卷材收头可直接铺压在女儿墙压顶下，压顶应做防水处理；也可压入砖墙凹槽内固定密封，凹槽距屋面找平层不应小于 250mm，凹槽上部的墙体应做防水处理。
3) 涂膜防水层应直接涂刷至女儿墙的压顶下，收头处理应用防水涂料多遍涂刷封严，压顶应做防水处理。
4) 混凝土墙上的卷材收头应采用金属压条钉压，并用密封材料封严。
(7) 水落口的防水构造应符合下列要求：
1) 水落口杯上口的标高应设置在沟底的最低处。
2) 防水层贴入水落口杯内不应小于 50mm。
3) 水落口周围直径 500mm、范围内的坡度不应小于 5%，并采用防水涂料或密封材料涂封，其厚度不应小于 2mm。
4) 水落口杯与基层接触处应留宽 20mm、深 20mm 凹槽，并嵌填密封材料。
(8) 变形缝的防水构造应符合下列要求：
1) 变形缝的泛水高度不应小于 250mm。
2) 防水层应铺贴到变形缝两侧砌体的上部。
3) 变形缝内应填充聚苯乙烯泡沫塑料，上部填放衬垫材料，并用卷材封盖。
4) 变形缝顶部应加扣混凝土或金属盖板，混凝土盖板的接缝应用密封材料嵌填。
(9) 伸出屋面管道的防水构造应符合下列要求：
1) 管道根部直径 500mm 范围内，找平层应抹出高度不小于 30mm 的圆台。
2) 管道周围与找平层或细石混凝土防水层之间，应预留 20mm×20mm 的凹槽，并用密封材料嵌填严密。
3) 管道根部四周应增设附加层，宽度和高度均不应小于 300mm。
4) 管道上的防水层收头处应用金属箍紧固，并用密封材料封严。
2. 主控项目
(1) 天沟、檐沟的排水坡度，必须符合设计要求。
检验方法：用水平仪(水平尺)、拉线和尺量检查。
(2) 天沟、檐沟、檐口、水落口、泛水、变形缝和伸出屋面管道的防水构造，必须符合设计要求。

检验方法：观察检查和检查隐蔽工程验收记录。

第八节 分部工程验收

1. 屋面工程施工应按工序或分项工程进行验收，构成分项工程的各检验批应符合相应质量标准的规定。

2. 屋面工程验收的文件和记录应按表 7-22 要求执行。

屋面工程验收的文件和记录　　　　　　　表 7-22

序号	项　目	文　件　和　记　录
1	防水设计	设计图纸及会审记录、设计变更通知单和材料代用核定单
2	施工方案	施工方法、技术措施、质量保证措施
3	技术交底记录	施工操作要求及注意事项
4	材料质量证明文件	出厂合格证、质量检验报告和试验报告
5	中间检查记录	分项工程质量验收记录、隐蔽工程验收记录、施工检验记录、淋水或蓄水检验记录
6	施工日志	逐日施工情况
7	工程检验记录	抽样质量检验及观察检查
8	其他技术资料	事故处理报告、技术总结

3. 屋面工程隐蔽验收记录应包括以下主要内容：

（1）卷材、涂膜防水层的基层。

（2）密封防水处理部位。

（3）天沟、檐沟、泛水和变形缝等细部做法。

（4）卷材、涂膜防水层的搭接宽度和附加层。

（5）刚性保护层与卷材、涂膜防水层之间设置的隔离层。

4. 屋面工程质量应符合下列要求：

（1）防水层不得有渗漏或积水现象。

（2）使用的材料应符合设计要求和质量标准的规定。

（3）找平层表面应平整，不得有酥松、起砂、起皮现象。

（4）保温层的厚度、含水率和表观密度应符合设计要求。

（5）天沟、檐沟、泛水和变形缝等构造，应符合设计要求。

（6）卷材铺贴方法和搭接顺序应符合设计要求，搭接宽度正确，接缝严密，不得有皱折、鼓泡和翘边现象。

（7）涂膜防水层的厚度应符合设计要求，涂层无裂纹、皱折、流淌、鼓泡和露胎体现象。

（8）刚性防水层表面应平整、压光，不起砂，不起皮，不开裂。分格缝应平直，位置正确。

（9）嵌缝密封材料应与两侧基层粘牢，密封部位光滑、平直，不得有开裂、鼓泡、下塌现象。

（10）平瓦屋面的基层应平整、牢固，瓦片排列整齐、平直，搭接合理，接缝严密，不得有残缺瓦片。

5. 检查屋面有无渗漏、积水和排水系统是否畅通，应在雨后或持续淋水 2h 后进行。有可能作蓄水检验的屋面，其蓄水时间不应少于 24h。

6. 屋面工程验收后，应填写分部工程质量验收记录，交建设单位和施工单位存档。

第九节　屋面工程质量实例

屋面渗漏是当前房屋建筑中较为突出的质量问题。屋面渗漏的原因是多方面的，统计资料表明，因设计方面考虑不周造成屋面渗漏的约占 26%；因施工质量差造成屋面渗漏的约占 47%左右；因材料问题造成渗漏的占 15%；因使用和维护保养不善造成渗漏的约占 12%。现将屋面渗漏的治理方法介绍如下。

1. 精心设计

（1）设计人员要以建筑规范、标准图集和操作规程为依据，结合工程的特点，对屋面防水构造认真进行设计，对有关的技术问题要加以说明和标注，重要部位要有大样详图。

（2）不同部位要选用不同的材料，采取不同的设防层次，以保证整个屋面防水的可靠度。

（3）适当加大屋面的防水坡度，提高屋面的泄水速度，以利于增强屋面的防水能力。

（4）施工图绘制后，还应由防水专业负责人进行审核，技术负责人批准，这样才能真正把好设计关。

2. 精心施工

（1）首先要选择素质高、责任心强、有防水技术人员的防水专业队伍施工，严格执行国标《屋面工程施工质量验收规范》，施工前对结构基层的牢固、平整情况要进行检查，对保温层、找平层进行检查，处理分水线的位置，认真做好每道相邻工序。

（2）加强质量监督。屋面渗漏的关键是施工质量的好坏，主要是施工人员应重视并认真，专门的屋面防水施工人员对工程施工进行认真地监督。

（3）对于造成屋面渗漏的，不论是设计还是施工方面的原因，均不能评定为优良工程，甚至不予验收。

3. 材料的选择

正确的选择和合理使用防水材料，是保证屋面防水工程质量的重要条件。要选用正规厂家生产的、有上级主管部门认证的防水材料。对于进入施工现场的屋面防水材料，不仅要有厂家的产品合格证，还必须有材料进场试验报告，确保其符合标准和设计要求，否则应禁止使用。

4. 使用和维修

屋面的正常使用和维修，也是防止屋面渗漏不容忽视的方面之一。屋面应该有严格的保养制度，根据防水层类别分别制定使用保养的要求。例如建立专门机构专人负责制、定期检查制、定期清扫维修制等，规定小修、中修、大修和返修期限。工程交付使用后，使用单位应定期进行维修管理。如有问题，应及时通知有关单位和人员进行修补。这样，不仅节省投资，还可以延长防水层的使用寿命。

第八章 建筑地面工程施工质量管理实务

第一节 基 本 规 定

1. 建筑施工企业在建筑地面工程施工时，应有质量管理体系和相应的施工工艺技术标准。

2. 建筑地面工程采用的材料应按设计要求和本规范的规定选用，并应符合国家标准的规定；进场材料应有中文质量合格证明文件、规格、型号及性能检测报告，对重要材料应有复验报告。

3. 建筑地面采用的大理石、花岗石等天然石材必须符合国家现行行业标准《天然石材产品放射防护分类控制标准》(JC 518)中有关材料有害物质的限量规定。进场应具有检测报告。

4. 胶粘剂、沥青胶结料和涂料等材料应按设计要求选用，并应符合现行国家标准《民用建筑工程室内环境污染控制规范》(GB 50325)的规定。

5. 厕浴间和有防污要求的建筑地面的板块材料应符合设计要求。

6. 建筑地面下的沟槽、暗管等工程完工后，经检验合格并做隐蔽记录，方可进行建筑地面工程的施工。

7. 建筑地面工程基层(各构造层)和面层的铺设，均应待其下一层检验合格后方可施工上一层。建筑地面工程各层铺设前与相关专业的分部(子分部)工程、分项工程以及设备管道安装工程之间，应进行交接检验。

8. 建筑地面工程施工时，各层环境温度的控制应符合下列规定：

（1）采用掺有水泥、石灰的拌合料铺设以及用石油沥青胶结料铺贴时，不应低于5℃；

（2）采用有机胶粘剂粘贴时，不应低于10℃；

（3）采用砂、石材料铺设时，不应低于0℃。

9. 铺设有坡度的地面应采用基土高差达到设计要求的坡度；铺设有坡度的楼面(或架空地面)应采用在钢筋混凝土板上变更填充层(或找平层)铺设的厚度或以结构起坡达到设计要求的坡度。

10. 室外散水、明沟、踏步、台阶和坡道等附属工程，其面层和基层(各构造层)均应符合设计要求。施工时应按基层铺设中基土和相应垫层以及面层的规定执行。

11. 水泥混凝土散水、明沟，应设置伸缩缝，其延米间距不得大于10m；房屋转角处应做45°缝。水泥混凝土散水、明沟和台阶等与建筑物连接处应设缝处理。上述缝宽度为15～20mm，缝内填嵌柔性密封材料。

12. 建筑地面的变形缝应按设计要求设置，并应符合下列规定：

(1) 建筑地面的沉降缝、伸缩缝和防震缝，应与结构相应缝的位置一致，且应贯通建筑地面的各构造层；

(2) 沉降缝和防震缝的宽度应符合设计要求，缝内清理干净，以柔性密封材料填嵌后用板封盖，并应与面层齐平。

13. 建筑地面镶边，当设计无要求时，应符合下列规定：

(1) 有强烈机械作用下的水泥类整体面层与其他类型的面层邻接处，应设置金属镶边构件；

(2) 采用水磨石整体面层时，应用同类材料以分格条设置镶边；

(3) 条石面层和砖面层与其他面层邻接处，应用顶铺的同类材料镶边；

(4) 采用木、竹面层和塑料板面层时，应用同类材料镶边；

(5) 地面面层与管沟、孔洞、检查井等邻接处，均应设置镶边；

(6) 管沟、变形缝等处的建筑地面面层的镶边构件，应在面层铺设前装设。

14. 厕浴间、厨房和有排水（或其他液体）要求的建筑地面面层与相连接各类面层的标高差应符合设计要求。

15. 检验水泥混凝土和水泥砂浆强度试块的组数，按每一层（或检验批）建筑地面工程不应小于1组。当每一层（或检验批）建筑地面工程面积大于1000m^2时，每增加1000m^2应增做1组试块；小于1000m^2按1000m^2计算。当改变配合比时，亦应相应地制作试块组数。

16. 各类面层的铺设宜在室内装饰工程基本完工后进行。木、竹面层以及活动地板、塑料板、地毯面层的铺设，应待抹灰工程或管道试压等施工完工后进行。

17. 建筑地面工程施工质量的检验，应符合下列规定：

(1) 基层（各构造层）和各类面层的分项工程的施工质量验收应按每一层次或每层施工段（或变形缝）作为检验批，高层建筑的标准层可按每三层（不足三层按三层计）作为检验批；

(2) 每检验批应以各子分部工程的基层（各构造层）和各类面层所划分的分项工程按自然间（或标准间）检验，抽查数量应随机检验不应少于3间；不足3间，应全数检查；其中走廊（过道）应以10延长米为1间，工业厂房（按单跨计）、礼堂、门厅应以两个轴线为1间计算；

(3) 有防水要求的建筑地面子分部工程的分项工程施工质量每检验批抽查数量应按其房间总数随机检验不应少于4间，不足4间，应全数检查。

18. 建筑地面工程的分项工程施工质量检验的主控项目，必须达到《建筑地面工程施工质量验收规范》（GB 50209—2002）规定的质量标准，认定为合格；一般项目80%以上的检查点（处）符合《建筑地面工程施工质量验收规范》（GB 50209—2002）规定的质量要求，其他检查点（处）不得有明显影响使用，并不得大于允许偏差值的50%为合格。凡达不到质量标准时，应按现行国家标准《建筑工程施工质量验收统一标准》（GB 50300—2001）的规定处理。

19. 建筑地面工程完工后，施工质量验收应在建筑施工企业自检合格的基础上，由监理单位组织有关单位对分项工程、子分部工程进行检验。

20. 检验方法应符合下列规定：

(1) 检查允许偏差应采用钢尺、2m靠尺、楔形塞尺、坡度尺和水准仪;

(2) 检查空鼓应采用敲击的方法;

(3) 检查有防水要求建筑地面的基层(各构造层)和面层,应采用泼水或蓄水方法,蓄水时间不得少于24h;

(4) 检查各类面层(含不需铺设部分或局部面层)表面的裂纹、脱皮、麻面和起砂等缺陷,应采用观感的方法。

21. 建筑地面工程完工后,应对面层采取保护措施。

第二节 基层铺设

一、一般规定

1. 本节适用于基土、垫层、找平层、隔离层和填充层等基层分项工程的施工质量检验。

2. 基层铺设的材料质量、密实度和强度等级(或配合比)等应符合设计要求和本规范的规定。

3. 基层铺设前,其下一层表面应干净、无积水。

4. 当垫层、找平层内埋设暗管时,管道应按设计要求予以稳固。

5. 基层的标高、坡度、厚度等应符合设计要求。基层表面应平整,其允许偏差应符合表8-1的规定。

基层表面的允许偏差和检验方法(mm) 表8-1

项次	项目	允许偏差					检验方法
		基土	垫层	找平层	填充层	隔离层	
1	表面平整度	3	3	3	3	3	用2m靠尺和楔形塞尺检查
2	标高	±5	±5	±4	±4		用水准仪检查
3	坡度	不大于房间相应尺寸的2/1000,且不大于30					用坡度尺检查
4	厚度	在个别地方不大于设计厚度的1/10					用钢尺检查

二、基土

1. 材料要求

(1) 填土用土料,可采用砂土和黏性土,过筛除去草皮与杂质。土块的粒径不大于50mm。严禁用淤泥、腐植土、冻土、耕植土、膨胀土和含有有机物质大于8%的土作为填土。

(2) 填土宜控制在最优含水量情况下施工,过干的土在压实前应洒水、湿润,过湿的土应予晾干。每层压实后土的干密度应符合设计要求,填土料的最优含水量和最小干密度可参照表8-2。

填土料的最优含水量和最小干密度　　　　　　　表8-2

土料种类	最优含水量(%)	最小干密度(g/cm³)
砂　　土	8～12	1.8～1.88
粉　　土	9～15	1.85～2.08
粉质黏土	12～15	1.85～1.95
黏　　土	19～23	1.58～1.70

注：1. 表中土的最小干密度应根据现场实际达到的数字为准；
　　2. 一般性的回填可不作此预测。

2. 施工质量控制

(1) 对软弱土层应按设计要求进行处理。

(2) 填土前，其下一层表面应干净、无积水。

(3) 土方回填前应清除基底的垃圾、树根等杂物，抽除坑穴积水、淤泥，验收基底标高。如在耕植土或松土上填方，应在基底压实后再进行。

(4) 对填方土料应按设计要求验收后方可填入。

(5) 填方施工过程中应检查排水措施，每层填筑厚度、含水量控制、压实程度。填筑厚度及压实遍数应根据土质、压实系数及所用机具确定。如无试验依据，应符合有关规定。

3. 施工质量验收

(1) 基本规定

1) 对软弱土层应按设计要求进行处理。

2) 填土应分层压(夯)实，填土质量应符合现行国家标准《地基与基础工程施工质量验收规范》(GB 50202)的有关规定。

3) 填土时应为最优含水量。重要工程或大面积的地面填土前，应取土样，按击实试验确定最优含水量与相应的最大干密度。

(2) 主控项目

1) 基土严禁用淤泥、腐植土、冻土、耕植土、膨胀土和含有有机物质大于8%的土作为填土。

检验方法：观察检查和检查土质记录。

2) 基土应均匀密实，压实系数应符合设计要求，设计无要求时，不应小于0.90。

检验方法：观察检查和检查试验记录。

(3) 一般项目

基土表面的允许偏差应符合表8-1的规定。

检验方法：应按表8-1中的检验方法检验。

三、垫层

1. 灰土垫层

(1) 材料要求

1) 灰土垫层应采用熟化石灰与黏土(或粉质黏土、粉土)的拌合料铺设。

2) 熟化石灰可采用磨细生石灰，亦可采用粉煤灰或电石渣代替，熟化石灰颗粒粒径不得大于5mm。

3)土料采用的黏土(或粉质黏土、粉土)内不得含有有机物质,使用前应过筛,颗粒粒径不得大于15mm。

4)灰土的配合比(体积比)一般为2∶8或3∶7。

(2)施工质量控制

1)建筑地面下的沟槽、暗管等工程完工后,经检验合格并做隐蔽记录,方可进行建筑地面工程的施工。

2)建筑地面工程基层(各构造层)和面层的铺设,均应待其下一层检验合格后可施工上一层。建筑地面工程各层铺设前与相关专业的分部(子分部)工程、分项工程以及设备管道安装工程之间,应进行交接检验。

3)建筑地面工程施工时,各层环境温度的控制应符合设计规定。

4)基层铺设前,其下一层表面应干净、无积水。

5)灰土拌合料应适当控制含水量,铺设厚度不应小于100mm。

6)每层灰土的夯打遍数,应根据设计要求的干密度在现场试验确定。

7)灰土垫层应铺设在不受地下水浸泡的基土上。施工后应有防止水浸泡的措施。

8)灰土垫层应分层夯实,经湿润养护、晾干后方可进行下一道工序施工。

(3)施工质量验收

1)基本规定

①灰土垫层应采用熟化石灰与黏土(或粉质黏土、粉土)的拌设,其厚度不应小于100mm。

②熟化石灰可采用磨细生石灰,亦可用粉煤灰或电石渣代替。

③灰土垫层应铺设在不受地下水浸泡的基土上。施工后应有防止水浸泡的措施。

④灰土垫层应分层夯实,经湿润养护、晾干后方可进行下一道工序施工。

2)主控项目

灰土体积比应符合设计要求。

检验方法:观察检查和检查配合比通知单记录。

3)一般项目

①熟化石灰颗粒粒径不得大于5mm;黏土(或粉质黏土、粉土)内不得含有有机物质,颗粒粒径不得大于15mm。

检验方法:观察检查和检查材质合格记录。

②灰土垫层表面的允许偏差应符合表8-1的规定。

检验方法:应按表8-1中的检验方法检验。

2. 砂垫层和砂石垫层

(1)材料要求

1)砂和天然砂石中不得含有草根等有机杂质,冻结的砂和冻结的天然砂石不得使用。

2)砂应采用中砂。

3)石子的最大粒径不得大于垫层厚度的2/3。

(2)施工质量控制

1)对软弱土层应按设计要求进行处理。

2) 填土前,其下一层表面应干净、无积水。

3) 土方回填前应清除基底的垃圾、树根等杂物,抽除坑穴积水、淤泥,验收基底标高。如在耕植土或松土上填方,应在基底压实后再进行。

4) 对填方土料应按设计要求验收后方可填入。

5) 当垫层、找平层内埋设暗管时,管道应按设计要求予以稳固。

6) 砂垫层厚度不应小于60mm;砂石垫层厚度不应小于100mm。

7) 砂垫层铺平后,应洒水湿润,并宜采用机具振实。

8) 砂石应选用天然级配材料。铺设时不应有粗细颗粒分离现象,压(夯)至不松动为止。

9) 砂垫层施工,在现场用环刀取样,测定其干密度,砂垫层干密度以不小于该砂料在中密度状态时的干密度数值为合格。中砂在中密度状态的干密度,一般为 1.55～1.60g/cm³。

(3) 施工质量验收

1) 基本规定

① 砂垫层厚度不应小于60mm;砂石垫层厚度不应小于100mm。

② 砂石应选用天然级配材料。铺设时不应有粗细颗粒分离现象,压(夯)至不松动为止。

2) 主控项目

① 砂和砂石不得含有草根等有机杂质;砂应采用中砂;石子最大粒径不得大于垫层厚度的2/3。

检验方法:观察检查和检查材质合格证明文件及检测报告。

② 砂垫层和砂石垫层的干密度(或贯入度)应符合设计要求。

检验方法:观察检查和检查试验记录。

3) 一般项目

① 表面不应有砂窝、石堆等质量缺陷。

检验方法:观察检查。

② 砂垫层和砂石垫层表面的允许偏差应符合表8-1的规定。

检验方法:应按表8-1中的检验方法检验。

3. 碎石垫层和碎砖垫层

(1) 材料要求,

1) 碎石的强度应均匀,最大粒径不应大于垫层厚度的2/3。

2) 碎砖不应采用风化、酥松、夹有杂质的砖料。颗粒粒径不应大于60mm。

(2) 施工质量控制

1) 对软弱土层应按设计要求进行处理。

2) 填土前,其下一层表面应干净、无积水。

3) 土方回填前应清除基底的垃圾、树根等杂物,抽除坑穴积水、淤泥,验收基底标高。如在耕植土或松土上填方,应在基底压实后再进行。

4) 对填方土料应按设计要求验收后方可填入。

5) 碎石垫层和碎砖垫层厚度均不应小于100mm。

6）碎（卵）石垫层必须摊铺均匀，表面空隙用粒径为5～25mm的细石子填缝。

7）用碾压机碾压时，应适当洒水使其表面保持湿润，一般碾压不少于3遍，并且到不松动为止，达到表面坚实、平整。

8）如工程量不大，亦可用人工夯实，但必须达到碾压的要求。

9）碎砖垫层每层虚铺厚度应控制不大于200mm，适当洒水后进行夯实，夯实均匀，表面平整密实；夯实后的厚度一般为虚铺厚度的3/4。不得在已铺好的垫层上用锤击方法进行碎砖加工。

（3）施工质量验收

1）基本规定

① 碎石垫层和碎砖垫层厚度不应小于100mm。

② 垫层应分层压（夯）实，达到表面坚实、平整。

2）主控项目

① 碎石的强度应均匀，最大粒径不应大于垫层厚度的2/3；碎砖不应采用风化、酥松、夹有有机杂质的砖料，颗粒粒径不应大于60mm。

检验方法：观察检查和检查材质合格证明文件及检测报告。

② 碎石、碎砖垫层的密实度应符合设计要求。

检验方法：观察检查和检查试验记录。

3）一般项目

碎石、碎砖垫层的表面允许偏差应符含表8-1的规定。

检验方法：应按表8-1中的检验方法检验。

4．三合土垫层

（1）材料要求

1）三合土垫层采用石灰、砂（可掺入少量黏土）与碎砖的拌合料铺设。

2）熟化石灰颗粒粒径不得大于5mm。

3）砂应采用中砂，并不得含有草根等有机物质。

4）碎砖不应采用风化、酥松和含有机杂质的砖料，颗粒粒径不应大于60mm。

5）三合土的配合比（体积比），一般采用1∶2∶4或1∶3∶6（熟化石灰∶砂或黏土∶碎砖）。

（2）施工质量控制

1）三合土垫层厚度不应小于100mm。

2）三合土垫层其铺设方法可采用先拌合后铺设或先铺设碎料后灌砂浆的方法，但均应铺平夯实。

3）三合土垫层应分层夯打并密实，表面平整，在最后一遍夯打时，宜浇浓石灰浆，待表面灰浆晾干后，才可进行下道工序施工。

（3）施工质量验收

1）基本规定

① 三合土垫层采用石灰、砂（可掺入少量黏土）与碎砖的拌合料铺设，其厚度不应小于100mm。

② 三合土垫层应分层夯实。

2) 主控项目

① 熟化石灰颗粒粒径不得大于 5mm；砂应用中砂，并不得含有草根等有机物质；碎砖不应采用风化、酥松和有机杂质的砖料，颗粒粒径不应大于 60mm。

检验方法：观察检查和检查材质合格证明文件及检测报告。

② 三合土的体积比应符合设计要求。

检验方法：观察检查和检查配合比通知单记录。

3) 一般项目

三合土垫层表面的允许偏差应符合表 8-1 的规定。

检验方法：应按表 8-1 中的检验方法检验。

5. 炉渣垫层

(1) 材料要求

1) 采用炉渣或采用水泥与炉渣或采用水泥、石灰与炉渣的拌合料铺设。

2) 炉渣内不应含有有机杂质和未燃尽的煤块，颗粒粒径不应大于 40mm，且颗粒粒径在 5mm 及其以下的颗粒，不得超过总体积的 40%；熟化石灰颗粒粒径不得大于 5mm。

3) 水泥炉渣垫层的配合比（体积比）一般为 1:8（水泥:炉渣）；水泥石灰炉渣垫层的配合比（体积比）一般为 1:1:8（水泥:石灰:炉渣）。

(2) 施工质量控制

1) 炉渣垫层厚度不应小于 80mm。

2) 炉渣或水泥炉渣垫层的炉渣，使用前应浇水闷透；水泥石灰炉渣垫层的炉渣，使用前应用石灰浆或用熟化石灰浇水拌合闷透；闷透时间均不得少于 5d。

3) 铺设前，其下一层应湿润，铺设时应分层压实拍平。垫层厚度如大于 120mm 时，应分层铺设，每层虚铺厚度应大于 160mm。可采用振动器或滚筒、木拍等方法压实。压实后的厚度不应大于虚铺厚度的 3/4，以表面泛浆且无松散颗粒为止。

4) 炉渣垫层施工完毕后应避免受水浸湿，铺设后应养护，待其凝结后方可进行下一道工序施工。

(3) 施工质量验收

1) 基本规定

① 炉渣垫层采用炉渣或水泥与炉渣或水泥、石灰与炉渣的拌合料铺设，其厚度不应小于 80mm。

② 炉渣或水泥炉渣垫层的炉渣，使用前应浇水闷透；水泥石灰炉渣垫层的炉渣，使用前应用石灰浆或用熟化石灰浇水拌合闷透；闷透时间均不得少于 5d。

③ 在垫层铺设前，其下一层应湿润；铺设时应分层压实，铺设后应养护，待其凝结后方可进行下一道工序施工。

2) 主控项目

① 炉渣内不应含有有机杂质和未燃尽的煤块，颗粒粒径不应大于 40mm，且颗粒粒径在 5mm 及其以下的颗粒，不得超过总体积的 40%；熟化石灰颗粒粒径不得大于 5mm。

检验方法：观察检查和检查材质合格证明文件及检测报告。

② 炉渣垫层的体积比应符合设计要求。

检验方法：观察检查和检查配合比通知单。

3）一般项目

① 炉渣垫层与其下一层结合牢固，不得有空鼓和松散炉渣颗粒。

检验方法：观察检查和用小锤轻击检查。

② 炉渣垫层表面的允许偏差应符合表 8-1 的规定。

检验方法：应按表 8-1 中的检验方法检验。

6. 水泥混凝土垫层

（1）材料要求

1）水泥可采用硅酸盐水泥、普通硅酸盐水泥、矿渣硅酸盐水泥、火山灰质硅酸盐水泥和粉煤灰硅酸盐水泥。

2）砂为中粗砂，其含泥量不应大于 3%。

3）水泥混凝土采用的粗骨料，其最大粒径不应大于垫层厚度的 2/3。

4）水宜用饮用水。

（2）施工质量控制

1）水泥混凝土垫层铺设在基土上，当气温长期处于 0℃以下，设计无要求时，垫层应设置伸缩缝。

2）水泥混凝土垫层的厚度不应小于 60mm。

3）垫层铺设前，其下一层表面应湿润。

4）室内地面的水泥混凝土垫层，应设置纵向缩缝和横向缩缝；纵向缩缝间距不得大于 6m，横向缩缝不得大于 12m。

5）垫层的纵向缩缝应做平头缝或加肋板平头缝。当垫层厚度大于 150mm 时可做企口缝。横向缩缝应做假缝。

平头缝和企口缝的缝间不得放置隔离材料，浇筑时应互相紧贴。企口缝的尺寸应符合设计要求，假缝宽度为 5~20mm，深度为垫层厚度的 1/3，缝内填水泥砂浆。

6）检验水泥混凝土和水泥砂浆强度试块的组数，按每一层（或检验批）建筑地面工程不应小于 1 组。当每一层（或检验批）建筑地面工程面积大于 1000m^2 时，每增加 1000m^2 应增做 1 组试块；小于 1000m^2 按 1000m^2 计算。当改变配合比时，亦应相应地制作试块组数。

（3）施工质量验收

1）基本规定

① 水泥混凝土垫层铺设在基土上当气温长期处于 0℃以下，设计无要求时，垫层应设置伸缩缝。

② 水泥混凝土垫层的厚度不应小于 60mm。

③ 垫层铺设前，其下一层表面应湿润。

④ 室内地面的水泥混凝土垫层，应设置纵向缩缝和横向缩缝；纵向缩缝间距不得大于 6m，横向缩缝不得大于 12m。

⑤ 垫层的纵向缩缝应做平头缝或加肋板平头缝。当垫层厚度大于 150mm 时，可做企口缝。横向缩缝应做假缝。

平头缝和企口缝的缝间不得放置隔离材料，浇筑时应互相紧贴。企口缝的尺寸应符合设计要求，假缝宽度为 5~20mm，深度为垫层厚度的 1/3，缝内填水泥砂浆。

⑥ 工业厂房、礼堂、门厅等大面积水泥混凝土垫层应分区段浇筑。分区段应结合变

形缝位置、不同类型的建筑地面连接处和设备基础的位置进行划分,并应与设置的纵向、横向缩缝的间距相一致。

⑦ 水泥混凝土施工质量检验尚应符合现行国家标准《混凝土结构工程施工质量验收规范》(GB 50204)的有关规定。

2)主控项目

① 水泥混凝土垫层采用的粗骨料,其最大粒径不应大于垫层厚度的2/3;含泥量不应大于2%;砂为中粗砂,其含泥量不应大于3%。

检验方法:观察检查和检查材质合格证明文件及检测报告。

② 混凝土的强度等级应符合设计要求,且不应小于C10。

检验方法:观察检查和检查配合比通知单及检测报告。

3)一般项目

水泥混凝土垫层表面的允许偏差应符合表8-1的规定。

检验方法:应按表8-1中的检验方法检验。

四、找平层

1. 材料要求

(1)水泥宜采用硅酸盐水泥、普通硅酸盐水泥,强度等级不低于42.5级(根据GB 175—2007,硅酸盐水泥、普通硅酸盐水泥取消了32.5级)。

(2)砂采用中砂或粗砂,含泥量不大于3%。

(3)采用碎石或卵石的找平层,其颗粒粒径不大于找平层厚度的2/3,含泥量不应大于2%。

(4)沥青采用石油沥青,其软化点按"环球法"试验时宜为50~60℃,且不得大于70℃。

(5)粉状填充料采用磨细的石料、砂或炉灰、页岩灰和其他粉状的矿物质材料。不得采用石灰、石膏、泥岩灰和黏土。粉状填充料中小于0.08mm的细颗粒含量不应少于85%,用振动法使其密实至体积不变时的空隙率不应大于45%,其含泥量不应大于3%。

(6)水泥砂浆配合比(体积比)宜为1∶3。混凝土配合比由计算试验而定,其强度等级应不低于C15。沥青砂浆配合比(质量比)宜为1∶8(沥青∶砂和粉料)。沥青混凝土配合比由计算试验而定。

2. 施工质量控制

(1)铺设找平层前,应将下一层表面清理干净,当找平层下有松散填充料时,应予铺平振实。

(2)用水泥砂浆或水泥混凝土铺设找平层,其下一层为水泥混凝土垫层时,应予湿润。当表面光滑时,应划(凿)毛。铺设时先刷一遍水泥浆,其水灰比宜为0.4~0.5,并应随刷随铺。

(3)板缝填嵌后应养护。混凝土强度等级达到C15时,方可继续施工。

(4)在预制钢筋混凝土楼板上铺设找平层时,其板端间应按设计要求采取防裂的构造措施。

(5)有防水要求的楼面工程,在铺设找平层前,应对立管、套管和地漏与楼板节点之间进行密封处理。应在管的四周留出深度为8~10mm的沟槽,采用防水卷材或防水涂料裹住管口和地漏。

（6）在水泥砂浆或水泥混凝土找平层上铺设防水卷材或涂布防水涂料隔离层时，找平层表面应洁净、干燥，其含水率不应大于9%，并应涂刷基层处理剂。基层处理剂应采用与卷材性能配套的材料或采用同类涂料的底子油。铺设找平层后，涂刷基层处理剂的相隔时间以及其配合比均应通过试验确定。

3. 施工质量验收

（1）基本规定

1）找平层应采用水泥砂浆或水泥混凝土铺设，并应符合整体面层铺设的有关规定。

2）铺设找平层前，当其下一层有松散填充料时，应予铺平振实。

3）有防水要求的建筑地面工程，铺设前必须对立管、套管和地漏与楼板节点之间进行密封处理；排水坡度应符合设计要求。

4）在预制钢筋混凝土板上铺设找平层前，板缝填嵌的施工应符合下列要求：

① 预制钢筋混凝土板相邻缝底宽不应小于20mm；

② 填嵌时，板缝内应清理干净，保持湿润；

③ 填缝采用细石混凝土，其强度等级不得小于C20。填缝高度应低于板面10～20mm，且振捣密实，表面不应压光；填缝后应养护；

④ 当板缝底宽大于40mm时，应按设计要求配置钢筋。

5）在预制钢筋混凝土板上铺设找平层时，其板端应按设计要求做防裂的构造措施。

（2）主控项目

1）找平层采用碎石或卵石的粒径不应大于其厚度的2/3，含泥量不应大于2%；砂为中粗砂，其含泥量不应大于3%。

检验方法：观察检查和检查材质合格证明文件及检测报告。

2）水泥砂浆体积比或水泥混凝土强度等级应符合设计要求，且水泥砂浆体积比不应小于1:3（或相应的强度等级）；水泥混凝土强度等级不应小于C15。

检验方法：观察检查和检查配合比通知单及检测报告。

3）有防水要求的建筑地面工程的立管、套管、地漏处严禁渗漏，坡向应正确、无积水。

检验方法：观察检查和蓄水、泼水检验及坡度尺检查。

（3）一般项目

1）找平层与其下一层结合牢固，不得有空鼓。

检验方法：用小锤轻击检查。

2）找平层表面应密实，不得有起砂、蜂窝和裂缝等缺陷。

检验方法：观察检查。

3）找平层的表面允许偏差应符合表8-1的规定。

检验方法：应按表8-1中的检验方法检验。

五、隔离层

1. 材料要求

（1）沥青：沥青应采用石油沥青，其质量应符合现行的国家标准《建筑石油沥青》（GB 494）或现行的行业标准《道路石油沥青》（SY 1661）的规定。软化点按"环球法"试验时宜为50~60℃，不得大于70℃。

(2) 防水类卷材：采用沥青防水卷材应符合现行的国家标准《石油沥青纸胎油毡、油纸》(CB 326)的规定；采用高聚物改性沥青防水卷材和合成高分子防水卷材应符合现行的产品标准的要求，其质量应按现行国家标准《屋面工程质量验收规范》(GB 50207)中材料要求的规定执行。

(3) 防水类涂料：防水类涂料应符合现行的产品标准的规定，并应经国家法定的检测单位检测认可。采用沥青基防水涂料、高聚物改性沥青防水涂料和合成高分子防水涂料。其质量应按现行国家标准《屋面工程质量验收规范》(GB 50207)中材料要求的规定执行。

2. 施工质量控制

(1) 在铺设隔离层前，对基层表面应进行处理。其表面要求平整、洁净和干燥，并不得有空鼓、裂缝和起砂等现象。

(2) 铺涂防水类材料，宜制定施工操作程序，应先做好连接处节点、附加层的处理后再进行大面积的铺涂，以防止连接处出现渗漏现象。对穿过楼层面连接处的管道四周，防水类材料均应向上铺涂，并应超过套管的上口；对靠近墙面处，防水类材料亦应向上铺涂，并应高出面层200~300mm，或按设计要求的高度铺涂。穿过楼层面管道的根部和阴阳角处尚应增加铺涂防水类材料的附加层的层数或遍数。

(3) 在水泥类基层上喷涂沥青冷底子油，要均匀不露底，小面积亦可用胶皮板刷或油刷人工均匀涂刷，厚度以0.5mm为宜，不得有麻点。

(4) 沥青胶结料防水层一般涂刷两层，每层厚度宜为1.5~2mm。

(5) 沥青胶结料防水层可在气温不低于20℃时涂刷，如温度过低，应采取保温措施。在炎热季节施工时，为防止烈日曝晒引起沥青流淌，应采取遮阳措施。

(6) 防水类卷材的铺设应展平压实，挤出的沥青胶结料要趁热刮去。已铺贴好的卷材面不得有皱折、空鼓、翘边和封口不严等缺陷。卷材的搭接长度，长边不小于100mm，短边不小于150mm。搭接接缝处必须用沥青胶结料封严。

(7) 防水类涂料施工可采用喷涂或涂刮分层分遍进行。喷涂（涂刮）时，应厚薄均匀一致。表面平整；其每层每遍的施工方向宜相互垂直，并须待先涂布的涂层干燥成膜后，方可涂布后一遍涂料。涂刷防水层的端头应用防水涂料多遍涂布或用密封材料封严。在涂刷实干前，不得在防水层上进行其他施工作业，亦不得在其上面直接堆放物品。

(8) 当隔离层采取以水泥砂浆或水泥混凝土找平层作为建筑地面防水要求时，应在水泥砂浆或水泥混凝土中掺防水剂做成水泥类刚性防水层。

(9) 在沥青类(即掺有沥青的拌合料，以下同)隔离层上铺设水泥类面层或结合层前，其隔离层的表面应洁净、干燥，并应涂刷同类的沥青胶结料，其厚度宜为1.5~2.0mm，以提高胶结性能。涂刷沥青胶结料时的温度不应低于160℃，并应随即将经预热至50~60℃的粒径为2.5~5.0mm的绿豆砂均匀撒入沥青胶结料内，要求压入1~1.5mm深度。对表面过多的绿豆砂应在胶结料冷却后扫去。绿豆砂应采用清洁、干燥的砾砂或浅色人工砂粒，必要时在使用前进行筛洗和晒干。

(10) 有防水要求的建筑地面的隔离层铺设完毕后，应作蓄水检验。蓄水深度宜为20~30mm，在24h内无渗漏为合格，并应做好记录后，方可进行下道工序施工。

3. 施工质量验收

(1) 基本规定

1) 隔离层的材料,其材质应经有资质的检测单位认定。

2) 在水泥类找平层上铺设沥青类防水卷材、防水涂料或以水泥类材料作为防水隔离层时,其表面应坚固、洁净、干燥。铺设前,应涂刷基层处理剂。基层处理剂应采用与卷材性能配套的材料或采用同类涂料的底子油。

3) 当采用掺有防水剂的水泥类找平层作为防水隔离层时,其掺量和强度等级(或配合比)应符合设计要求。

4) 铺设防水隔离层时,在管道穿过楼板面四周,防水材料应向上铺涂,并超过套管的上口;在靠近墙面处,应高出面层200~300mm或按设计要求的高度铺涂。阴阳角和管道穿过楼板面的根部应增加铺涂附加防水隔离层。

5) 防水材料铺设后,必须蓄水检验。蓄水深度应为20~30mm,24h内无渗漏为合格,并做记录。

6) 隔离层施工质量检验应符合现行国家标准《屋面工程质量验收规范》(GB 50207)的有关规定。

(2) 主控项目

1) 隔离层材质必须符合设计要求和国家产品标准的规定。

检验方法:观察检查和检查材质合格证明文件、检测报告。

2) 厕浴间和有防水要求的建筑地面必须设置防水隔离层。楼层结构必须采用现浇混凝土或整块预制混凝土板,混凝土强度等级不应小于C20;楼板四周除门洞外,应做混凝土翻边,其高度不应小于120mm。施工时结构层标高和预留孔洞位置应准确,严禁乱凿洞。

检验方法:观察和钢尺检查。

3) 水泥类防水隔离层的防水性能和强度等级必须符合设计要求。

检验方法:观察检查和检查检测报告。

4) 防水隔离层严禁渗漏,坡向应正确、排水通畅。

检验方法:观察检查和蓄水、泼水检验或坡度尺检查及检查检验记录。

(3) 一般项目

1) 隔离层厚度应符合设计要求。

检验方法:观察检查和用钢尺检查。

2) 隔离层与其下一层粘结牢固,不得有空鼓;防水涂层应平整、均匀,无脱皮、起壳、裂缝、鼓泡等缺陷。

检验方法:用小锤轻击检查和观察检查。

3) 隔离层表面的允许偏差应符合表8-1的规定。

检验方法:应按表8-1中的检验方法检验。

六、填充层

1. 材料要求

(1) 松散材料可采用膨胀蛭石、膨胀珍珠岩、炉渣、水渣等铺设。膨胀蛭石粒径一般为3~15mm;膨胀珍珠岩粒径小于0.15mm的含量不大于8%;炉渣应经筛选,炉渣和水渣的粒径一般应控制在5~40mm,其中不应含有有机杂物、石块、土块、重矿渣块和未燃尽的煤块。

(2) 板块材料可采用泡沫料板、膨胀珍珠岩板、膨胀蛭石板、加气混凝土板、泡沫混凝土板、矿物棉板等铺设。其质量要求应符合国家现行的产品标准的规定。

(3) 整体材料可采用沥青膨胀蛭石、沥青膨胀珍珠岩、水泥膨胀蛭石、水泥膨胀珍珠岩和轻骨料混凝土等拌合料铺设，沥青性能应符合有关沥青标准的规定；水泥的强度等级不应低于 32.5；膨胀珍珠岩和膨胀蛭石的粒径应符合松散材料中的规定；轻骨料应符合现行国家标准《粉煤灰陶粒和陶砂》(GB 2838)、《黏土陶粒和陶砂》(GB 2839)、《页岩陶粒和陶砂》(GB 2840)和《天然轻骨料》(GB 2841)的规定。

2. 施工质量控制

(1) 铺设填充层的基层应平整、洁净、干燥，认真做好基层处理工作。

(2) 铺设松散材料填充层应分层铺平拍实，每层虚铺厚度不宜大于 150mm。压实程度与厚度须经试验确定，拍压实后不得直接在填充层上行车或堆放重物，施工人员宜穿软底鞋。

(3) 铺设板状材料填充层应分层，上下板块错缝铺贴，每层应采用同一厚度的板块，其厚度应符合设计要求。

1) 干铺的板状材料，应紧靠在基层表面上，并应铺平垫稳，板缝隙间应用同类材料嵌填密实。

2) 粘贴的板状材料，应贴严、铺平。

3) 用沥青胶结料粘贴板状材料时，应边刷、边贴、边压实。务必使板状材料相互之间及与基层之间满涂沥青胶结料，以便互相粘牢，防止板块翘曲。

4) 用水泥砂浆粘贴板状材料时，板间缝隙应用保温灰浆填实并勾缝。保温灰浆的配合比一般为 1∶1∶10(水泥∶石灰膏∶同类保温材料的碎粒，体积比)。

(4) 铺设整体材料填充层应分层铺平拍实。

1) 水泥膨胀蛭石、水泥膨胀珍珠岩填充层的拌合宜采用人工拌制，并应拌合均匀，随拌随铺。

2) 水泥膨胀蛭石、水泥膨胀珍珠岩填充层虚铺厚度应根据试验确定，铺后拍实抹平至设计要求的厚度。拍实抹平后宜立即铺设找平层。

3) 沥青膨胀蛭石、水泥膨胀蛭石或膨胀珍珠岩的加热温度为 100~120℃。拌合料宜采用机械搅拌，色泽一致，无沥青团。压实程度根据试验确定，厚度应符合设计要求，表面应平整。

(5) 保温和隔声材料一般均为轻质、疏松、多孔、纤维的材料，而且强度较低。因此在贮运和保管中应防止吸水、受潮、受雨、受冻，应分类堆放，不得混杂，要轻搬轻放，以免降低保温、吸声性能，并使板状和制品体积膨胀而遭破坏。亦怕磕碰、重压等而缺棱掉角、断裂损坏，以保证外形完整。

3. 施工质量验收

(1) 基本规定

1) 填充层应按设计要求选用材料，其密度和导热系数应符合国家有关产品标准的规定。

2) 填充层的下一层表面应平整。当为水泥类时，尚应洁净、干燥，并不得有空鼓、裂缝和起砂等缺陷。

3）采用松散材料铺设填充层时，应分层铺平拍实；采用板、块状材料铺设填充层时，应分层错缝铺贴。

4）填充层施工质量检验尚应符合现行国家标准《屋面工程质量验收规范》（GB 50207）的有关规定。

(2) 主控项目

1）填充层的材料质量必须符合设计要求和国家产品标准的规定。

检验方法：观察检查和检查材质合格证明文件、检测报告。

2）填充层的配合比必须符合设计要求。

检验方法：观察检查和检查配合比通知单。

(3) 一般项目

1）松散材料填充层铺设应密实；板块状材料填充层应压实、无翘曲。

检验方法：观察检查。

2）填充层表面的允许偏差应符合表8-1的规定。

检验方法：应按表8-1中的检验方法检验。

第三节 整体面层铺设

一、基本规定

1. 本节适用于水泥混凝土（含细石混凝土）面层、水泥砂浆面层、水磨石面层、水泥钢（铁）屑面层、防油渗面层和不发火（防爆的）面层等面层分项工程的施工质量检验。
2. 铺设整体面层时，其水泥类基层的抗压强度不得小于1.2MPa；表面应粗糙、洁净、湿润并不得有积水。铺设前宜涂刷界面处理剂。
3. 铺设整体面层，应符合设计要求和有关规定。
4. 整体面层施工后，养护时间不应少于7d，抗压强度应达到5MPa后，方准上人行走；抗压强度应达到设计要求后，方可正常使用。
5. 当采用掺有水泥拌合料做踢脚线时，不得用石灰砂浆打底。
6. 整体面层的抹平工作应在水泥初凝前完成，压光工作应在水泥终凝前完成。
7. 整体面层的允许偏差应符合表8-3的规定。

整体面层的允许偏差和检验方法(mm)　　　　表8-3

项次	项目	允许偏差						检验方法
		水泥混凝土面层	水泥砂浆面层	普通水磨石面层	高级水磨石面层	水泥钢(铁)屑面层	防油渗混凝土和不发火(防爆的)面层	
1	表面平整度	5	4	3	2	4	5	用2m靠尺和楔形塞尺检查
2	踢脚线上口平直	4	4	3	3	4	4	拉5m线和用钢尺检查
3	缝格平直	3	3	3	2	3	3	

二、水泥混凝土面层

1. 材料要求

(1) 水泥：水泥采用硅酸盐水泥、普通硅酸盐水泥、矿渣硅酸盐水泥等，其强度等级不应小于32.5(硅酸盐水泥、普通硅酸盐水泥不应小于42.5)。

(2) 粗骨料(石料)：石料采用碎石或卵石，级配应适当，其最大粒径不应大于面层厚度的2/3；当采用细石混凝土面层时，石子粒径不应大于15mm。含泥量不应大于2%。

(3) 细骨料(砂子)：砂应采用粗砂或中粗砂，含泥量不应大于3%。

(4) 水：采用饮用水。

2. 施工质量控制

(1) 对铺设水泥混凝土面层下基层应按要求做好。基层表面应坚固密实、平整、洁净，不允许有凸凹不平和起砂等现象，表面还应粗糙。水泥混凝土拌合料铺设前，应保持基层表面有一定的湿润，但不得有积水，以利面层与基层结合牢固，防止空鼓。

(2) 面层下基层的水泥混凝土抗压强度达到1.2MPa以上时，方可进行面层混凝土拌合料的铺设。

(3) 水泥混凝土的搅拌、运输、浇筑、振捣、养护等一系列的施工要求、质量检查和操作工艺等均应符合现行国家标准《混凝土结构工程施工质量验收规范》(GB 50204—2002)和当地建筑主管部门制定、颁发的建筑安装工程施工技术操作规程的规定。

(4) 混凝土拌制时，应采用机械搅拌。按混凝土配合比投料。各种材料计量要正确，严格控制加水量和混凝土坍落度，搅拌必须均匀，时间一般不得少于1min。

(5) 混凝土铺设前应按标准水平线用木板隔成按需要的区段，以控制面层厚度。

(6) 铺设时，在基层表面上涂一层水灰比为0.4~0.5的水泥浆，并随刷随铺设混凝土拌合料，刮平找平。

(7) 混凝土浇筑时的坍落度不宜大于30mm。摊铺刮平亦采用平板振动器振捣密实或用滚筒压实。以不冒气泡为度，保证面层水泥混凝土密实度和达到混凝土强度等级。

(8) 水泥混凝土面层应连续浇筑，不应留置施工缝。如停歇时间超过允许规定时，在继续浇筑前应对已凝结的混凝土接缝处进行清理和处理，剔除松散石子、砂浆部分，润湿并铺设与混凝土同级配合比的水泥砂浆后再进行混凝土浇筑。应重视接缝处的捣实、压平工作，不应显出接缝。

(9) 水泥混凝土振实后，必须做好面层的抹平和压光工作。

(10) 浇筑钢筋混凝土楼板或水泥混凝土垫层兼面层时，可采用随捣随抹的施工方法，这样做一次性完成面层不仅能节约水泥用量，而且可提高施工质量，加快进度，防止面层可能出现的空鼓、起壳等施工缺陷。

(11) 水泥混凝土面层浇筑完成后，应在24h内加以覆盖并浇水养护，在常温下连续养护不少于7d，使其在湿润的条件下硬化。

(12) 当建筑地面要求具有耐磨性、抗冲击、不起尘、耐久性和高强度时，应按设计要求选用普通型耐磨地面和高强型耐磨地面。

3. 施工质量验收

(1) 基本规定

1) 水泥混凝土面层厚度应符合设计要求。

2) 水泥混凝土面层铺设不得留施工缝。当施工间隙超过允许时间规定时,应对接缝处进行处理。

(2) 主控项目

1) 水泥混凝土采用的粗骨料,其最大粒径不应大于面层厚度的2/3,细石混凝土面层采用的石子粒径不应大于15mm。

检验方法:观察检查和检查材质合格证明文件及检测报告。

2) 面层的强度等级应符合设计要求,且水泥混凝土面层强度等级不应小于C20;水泥混凝土垫层兼面层强度等级不应小于C15。

检验方法:检查配合比通知单及检测报告。

3) 面层与下一层应结合牢固,无空鼓、裂纹。

检验方法:用小锤轻击检查。

空鼓面积不应大于$400cm^2$,且每自然间(标准间)不多于2处可不计。

(3) 一般项目

1) 面层表面不应有裂纹、脱皮、麻面、起砂等缺陷。

检验方法:观察检查。

2) 面层表面的坡度应符合设计要求,不得有倒泛水和积水现象。

检验方法:观察和采用泼水或用坡度尺检查。

3) 水泥砂浆踢脚线与墙面应紧密结合,高度一致,出墙厚度均匀。

检验方法:用小锤轻击、钢尺和观察检查。

局部空鼓长度不应大于300mm,且每自然间(标准间)不多于2处可不计。

4) 楼梯踏步的宽度、高度应符合设计要求。楼层梯段相邻踏步高度差不应大于10mm,每踏步两端宽度差不应大于10mm;旋转楼梯梯段的每踏步两端宽度的允许偏差为5mm。楼梯踏步的齿角应整齐,防滑条应顺直。

检验方法:观察和钢尺检查。

5) 水泥混凝土面层的允许偏差应符合表8-3的规定。

检验方法:应按表8-3中的检验方法检验。

三、水泥砂浆面层

1. 材料要求

(1) 水泥:水泥宜采用硅酸盐水泥、普通硅酸盐水泥,其强度等级不应低于42.5(根据GB 175—2007,硅酸盐水泥、普通硅酸盐水泥取消了32.5级)。严禁混用不同品种、不同强度等级的水泥和过期水泥。

(2) 砂:砂应采用中砂或粗砂,含泥量不应大于3%。

(3) 石屑:石屑粒径宜为1~5mm,其含粉量(含泥量)不应大于3%。

2. 施工质量控制

(1) 对铺设水泥砂浆面层下基层应要求做好,基层表面应密实、平整,不允许有凸凹不平和起砂现象,水泥砂浆铺设前一天即应洒水保持表面有一定的湿润,以利面层与基层结合牢固。垫层表面上的松散焦渣、水泥混凝土、水泥砂浆均应清理干净,如有油污尚应用火碱液清洗干净。

(2) 水泥砂浆宜采用机械搅拌,按配合比投料,计量要正确,严格控制加水量,搅拌时间不应小于2min,拌合要均匀,颜色一致。水泥砂浆的稠度,当铺设在炉渣垫层上时,宜为25～35mm;当铺设在水泥混凝土垫层上时,应采用干硬性水泥砂浆,以手捏成团稍出浆为准。水泥石屑拌合除按上述要求外,水灰比宜控制在0.4,不得任意加水。

(3) 水泥砂浆铺设前。在基层表面涂刷一层水泥浆作粘结层。其水灰比为0.4～0.5,涂刷要均匀。

(4) 摊铺水泥砂浆后,即进行振实,并做好面层的抹平和压光工作。

(5) 当水泥砂浆面层抹压时,其干湿度不适宜时,应采取措施。

(6) 有地漏的房间,应在地漏四周做出不小于5%的泛水坡度,以利流水畅通。

(7) 水泥砂浆面层如遇管线等出现局部面层厚度减薄处在10mm以下时,必须采取防止开裂措施,一般沿管线走向放置钢筋网片,或符合设计要求后方可铺设面层。

(8) 当面层需分格时。即做成假缝,应在水泥初凝后进行弹线分格。分格缝要求平直,深浅一致。大面积水泥砂浆面层,其分格缝的一部分位置应与水泥混凝土垫层的缩缝相应对齐。

(9) 当水泥砂浆面层采用矿渣硅酸盐水泥拌制时,施工中应采取如下措施:

1) 严格控制水灰比,水泥砂浆的稠度不应大于35mm。尽可能采用干硬性或半干硬性水泥砂浆。

2) 精心进行压光工作,一般不应少于三遍。

3) 由于矿渣硅酸盐水泥拌制的水泥砂浆,其早期强度较低,故应适当延长养护时间,特别是要强调早期养护,以防止出现干缩性的表面裂纹。

(10) 水泥砂浆面层铺设好并压光后24h,即应开始养护工作。一般采用满铺湿润材料覆盖浇水养护,在常温下养护5～7d。夏季时24h后养护5d;春秋季节48h后需养护7d,使其在湿润条件下硬化。养护要适时,浇水过早面层易起皮;浇水过晚又不用湿润材料覆盖,面层易造成裂缝或起砂。

(11) 当水泥砂浆面层采用干硬性水泥砂浆铺设时,其干硬性水泥砂浆体积比宜为1∶2.8～1∶3.0(水泥∶砂),水灰比为0.36～0.4;面层洒水泥净浆,水灰比为0.67。

(12) 水泥石屑面层施工时,应重视面层的压光和养护工作,其压光不应少于两遍。

(13) 水泥砂浆面层完成后,应注意成品保护工作。防止面层碰撞和表面沾污,影响美观和使用。对地漏、出水口等部位安放的临时堵口要保护好,以免灌入杂物,造成堵塞。

3. 施工质量验收

(1) 基本规定

水泥砂浆面层的厚度应符合设计要求,且不应小于20mm。

(2) 主控项目

1) 水泥采用硅酸盐水泥、普通硅酸盐水泥,其强度等级不应小于42.5,不同品种、不同强度等级的水泥严禁混用;砂应为中粗砂,当采用石屑时,其粒径应为1～5mm,且含泥量不应大于3%。

检验方法：观察检查和检查材质合格证明文件及检测报告。

2）水泥砂浆面层的体积比（强度等级）必须符合设计要求；且体积比应为1:2，强度等级不应小于M15。

检验方法：检查配合比通知单和检测报告。

3）面层与下一层应结合牢固，无空鼓、裂纹。

检验方法：用小锤轻击检查。

空鼓面积不应大于400cm^2，且每自然间（标准间）不多于2处可不计。

(3) 一般项目

1) 面层表面的坡度应符合设计要求，不得有倒泛水和积水现象。

检验方法：观察和采用泼水或坡度尺检查。

2) 面层表面应洁净，无裂纹、脱皮、麻面、起砂等缺陷。

检验方法：观察检查。

3) 踢脚线与墙面应紧密结合，高度一致，出墙厚度均匀。

检验方法：用小锤轻击、钢尺和观察检查。

局部空鼓长度不应大于300mm，且每自然间（标准间）不多于2处可不计。

4) 楼梯踏步的宽度、高度应符合设计要求。楼层梯段相邻踏步高度差不应大于10mm，每踏步两端宽度差不应大于10mm；旋转楼梯梯段的每踏步两端宽度的允许偏差为5mm。楼梯踏步的齿角应整齐，防滑条应顺直。

检验方法：观察和钢尺检查。

5) 水泥砂浆面层的允许偏差应符合表8-3的规定。

检验方法：应按表8-3中的检验方法检验。

四、水磨石面层

1. 材料要求

(1) 水泥：本色或深色水磨石面层宜采用强度等级不低于32.5的硅酸盐水泥、普通硅酸盐水泥或矿渣硅酸盐水泥，不得使用粉煤灰硅酸盐水泥；白色或浅色水磨石面层应采用白水泥。水泥必须有出厂证明或试验资料，同一颜色的水磨石面层应使用同一批水泥。

(2) 石粒：石粒应用坚硬可磨的岩石（如白云石、大理石等）加工而成。石粒应有棱角、洁净、无杂物，其粒径除特殊要求外，宜为6～15mm。根据设计要求确定配合比，列出石粒的种类、规格和数量。石粒应分批按不同品种、规格、色彩堆放在干净（如席子等）地面上保管，使用前冲洗干净，晾干待用。

(3) 颜料：颜料应采用耐光、耐碱的矿物颜料，不得使用酸性颜料。掺入宜为水泥重量的3%～6%，或由试验确定，超量将会降低面层的强度。同一彩色面层应使用同厂同批颜料。

(4) 分格条：分格条应采用铜条或玻璃条，亦可选用彩色塑料条。铜条必须平直。

2. 施工质量控制

(1) 水磨石面层的施工程序，应从顶层到底层依次进行。在同一楼层中，先做平顶、墙面粉刷，后做水磨石面层和踢脚板，避免磨石浆渗漏，影响下一层平顶和墙面装饰，同

第三节 整体面层铺设

时避免搭设脚手架损坏面层,否则必须有可靠的防止楼面渗水和保护面层的有效措施。

(2) 水磨石面层的配合比和各种彩色,应先经试配做出样板,经认可后即作为施工及验收的依据,并按此进行备料。

(3) 铺设前,应检查基层的标高和平整度,必要时对其表面进行补强,并清刷干净,做好基层处理工作。

(4) 基层处理后,按统一标高线为准确定面层标高。施工时,提前24h将基层面洒水润湿后,满刷一遍水泥浆粘结层,其水泥浆稠度应根据基层面湿润程度而定,一般水灰比以0.4~0.5为宜,涂刷厚度控制在1mm以内。应做到边刷水泥浆、边铺设水泥砂浆结合层,不能让水泥浆干燥而影响粘结。

(5) 铺设水泥砂浆结合层用木抹子搓压平整密实,应做好毛面,以利于与面层粘结牢固,克服空鼓现象。铺好后进行24h养护,应视气温情况确定养护时间和洒水程度。水磨石面层宜在水泥砂浆结合层的抗压强度达到$1.2N/mm^2$后方可进行。

(6) 水磨石面层铺设前,应在水泥砂浆结合层上按设计要求的分格和图案进行弹线分格,但分格间距以1m为宜。面层分格的一部分分格位置必须与基层(包括垫层和结合层)的缩缝相对齐,以适应上下能同步收缩。

(7) 安分格嵌条时,应用靠尺板按分格弹线比齐。分格嵌条应上平一致,接头严密,并作为铺设水磨石面层的标志,也是控制建筑地面平整度的标尺。在水泥浆初凝时,尚应进行二次校正,以确保分格嵌条平直、牢固和接头严密。铜条应事先调直。

分格嵌条稳好后,洒水养护3~4d,再铺设面层的水泥与石粒拌合料。铺设前,尚应严加保护分格嵌条,以防碰弯、碰坏。

(8) 在同一面层上采用几种颜色图案时,应先做深色,后做浅色;先做大面,后做镶边;待前一种水泥石粒拌合料凝结后,再铺后一种水泥石粒拌合料;也不能几种颜色同时铺设,以防窜色。

(9) 水泥与石粒的拌合料调配工作必须计量正确,拌合均匀。采用多种颜色、规格的石粒时,必须事先拌合均匀后备用。

(10) 面层铺设前,在基层表面刷一遍与面层颜色相同的水灰比为0.4~0.5的水泥浆粘结层,随刷随铺设水磨石拌合料。水磨石拌合料的铺设厚度要高出分格嵌条1~2mm,要铺平整,用滚筒滚压密实,待表面出浆后,再用抹子抹平。

(11) 铺完面层严禁行走,1d后进行洒水养护,常温下养护5~7d,低温及冬期施工应养护10d以上。

(12) 开磨前应先试磨,以表面石粒不松动为准,经检查合格后方可开磨,但大粒径石粒面层应不少于15d。

(13) 普通水磨石面层磨光遍数不应少于三遍,高级水磨石面层应增加磨光遍数和提高油石的号数,具体可根据使用要求或按设计要求而确定。

(14) 水磨石面层应使用磨石机分次磨光,先试磨,后随磨随洒水,并及时清理磨石浆。

(15) 水磨石面层上蜡工作,应在不影响面层质量的其他工序全部完成后进行。

(16) 水磨石面层完工后,应做好成品保护,防止碰撞面层。

(17) 磨石机在使用时,应有安全措施,防止漏电、触电等事故发生。开机时,脚线应架空绑牢，配电盘应有漏电掉闸设备。

3. 施工质量验收

(1) 基本规定

1) 水磨石面层应采用水泥与石粒的拌合料铺设。面层厚度除有特殊要求外，宜为12～18mm，且按石粒粒径确定。水磨石面层的颜色和图案应符合设计要求。

2) 白色或浅色的水磨石面层，应采用白水泥；深色的水磨石面层，宜采用硅酸盐水泥、普通硅酸盐水泥或矿渣硅酸盐水泥；同颜色的面层应使用同一批水泥。同一彩色面层应使用同厂、同批的颜料；其掺入量宜为水泥重量的3%～6%或由试验确定。

3) 水磨石面层的结合层的水泥砂浆体积比宜为1∶3，相应的强度等级不应小于M10，水泥砂浆稠度(以标准圆锥体沉入度计)宜为30～50mm。

4) 普通水磨石面层磨光遍数不应少于3遍。高级水磨石面层的厚度和磨光遍数由设计确定。

5) 在水磨石面层磨光后，涂草酸和上蜡前，其表面不得污染。

(2) 主控项目

1) 水磨石面层的石粒，应采用坚硬可磨白云石、大理石等岩石加工而成，石粒应洁净无杂物，其粒径除特殊要求外应为6～15mm；水泥强度等级不应小于32.5；颜料应采用耐光、耐碱的矿物原料，不得使用酸性颜料。

检验方法：观察检查和检查材质合格证明文件。

2) 水磨石面层拌合料的体积比应符合设计要求，且为1∶1.5～1∶2.5(水泥∶石粒)。

检验方法：检查配合比通知单和检测报告。

3) 面层与下一层结合应牢固，无空鼓、裂纹。

检验方法：用小锤轻击检查。

空鼓面积不应大于400cm^2，且每自然间(标准间)不多于2处可不计。

(3) 一般项目

1) 面层表面应光滑；无明显裂纹、砂眼和磨纹；石粒密实，显露均匀；颜色图案一致，不混色；分格条牢固、顺直和清晰。

检验方法：观察检查。

2) 踢脚线与墙面应紧密结合，高度一致，出墙厚度均匀。

检验方法：用小锤轻击、钢尺和观察检查。

局部空鼓长度不应大于300mm，且每自然间(标准间)不多于2处可不计。

3) 楼梯踏步的宽度、高度应符合设计要求。楼层梯段相邻踏步高度差不应大于10mm，每踏步两端宽度差不应大于10mm，旋转楼梯梯段的每踏步两端宽度的允许偏差为5mm。楼梯踏步的齿角应整齐，防滑条应顺直。

检验方法：观察和钢尺检查。

4) 水磨石面层的允许偏差应符合表8-3的规定。

检验方法：应按表8-3的检验方法检验。

五、水泥钢(铁)屑面层

1. 材料要求

(1) 水泥：水泥应采用硅酸盐水泥或普通硅酸盐水泥，其强度等级不应小于 42.5MPa（根据 GB 175—2007，硅酸盐水泥和普通硅酸盐水泥取消了 32.5 级）。

(2) 钢(铁)屑：钢屑应为磨碎的宽度在 6mm 以下的卷状钢刨屑或铸铁刨屑与磨碎的钢刨屑混合使用。其粒径应为 1～5mm，过大的颗粒和卷状螺旋应予破碎，小于 1mm 的颗粒应予筛去。钢(铁)屑中不得含油和不应有其他杂物，使用前必须清除钢(铁)屑上的油脂，并用稀酸溶液除锈，可以清水冲洗后烘干待用。

(3) 砂：砂采用普通砂或石英砂。普通砂应符合现行的行业标准《普通混凝土用砂、石质量及检验方法标准》(JGJ 152)的规定。

2. 施工质量控制

(1) 对铺设水泥钢(铁)屑面层和水泥砂浆结合层下的基层应按要求做好，以利面层(结合层)与基层结合牢固。

(2) 水泥钢(铁)屑面层的配合比应通过试验(或按设计要求)确定，以水泥浆能填满钢(铁)屑的空隙为准。采用振动法使水泥钢(铁)屑密实至体积不变时，其密度不应小于 2000kg/m³。

(3) 按确定的配合比，先将水泥和钢(铁)屑干拌均匀后，再加水拌合至颜色一致，拌合时，应严格控制加水量，稠度要适度，不应大于 10mm。

(4) 铺设前，应在已处理好的基层上刷水泥浆一遍，先铺一层水泥砂浆结合层，其体积比宜为 1∶2(水泥∶砂)，经铺平整后将水泥与钢(铁)屑拌合料按面层厚度要求刮平并随铺随拍实，亦可采用滚筒滚压密实。

(5) 结合层和面层的拍实和抹平工作应在水泥初凝前完成；水泥终凝前应完成压光工作，面层要求压密实，表面光滑平整，无铁板印痕。压光工作应较一般水泥砂浆面层多压 1～2 遍，主要作用是增加面层的密实度，以有效地提高水泥钢(铁)屑面层的强度和硬度以及耐磨损性能。压光时严禁洒水。

(6) 面层铺好后 24h，应洒水进行养护。或用草袋覆盖浇水养护。但不得用水直接冲洗，养护期一般为 5～7d。

(7) 当在水泥钢(铁)屑面层进行表面处理时，可采用环氧树脂胶泥喷涂或涂刷。

(8) 当设计有要求做成耐磨钢(铁)砂浆面时，钢(铁)屑应用 50%磨碎的卷状钢刨屑或铸铁屑与 50%磨碎的钢刨屑混合而成，要求在筛孔为 5mm 的筛上筛余物不多于 8%，在筛孔为 1mm 的筛上筛余物不多于 50%，在筛孔为 0.3mm 的筛上筛余物不多于 80%～90%；砂采用中砂偏粗为宜。

3. 施工质量验收

(1) 基本规定

1) 水泥钢(铁)屑面层应采用水泥与钢(铁)屑的拌合料铺设。

2) 水泥钢(铁)屑面层配合比应通过试验确定。当采用振动法使水泥钢(铁)屑拌合料密实时，其密度不应小于 2000kg/m³，其稠度不应大于 10mm。

3) 水泥钢(铁)屑面层铺设时应先铺一层厚 20mm 的水泥砂浆结合层，面层的铺设应在结合层水泥初凝前完成。

(2) 主控项目

1) 水泥强度等级不应小于 32.5；钢(铁)屑的粒径应为 1～5mm；钢(铁)屑中不应有

其他杂质，使用前应去油除锈，冲洗干净并干燥。

检验方法：观察检查和检查材质合格证明文件及检测报告。

2）面层和结合层的强度等级必须符合设计要求，且面层抗压强度不应小于40MPa；结合层体积比为1:2（相应的强度等级不应小于M15）。

检验方法：检查配合比通知单和检测报告。

3）面层与下一层结合必须牢固，无空鼓。

检验方法：用小锤轻击检查。

(3) 一般项目

1）面层表面坡度应符合设计要求。

检验方法：用坡度尺检查。

2）面层表面不应有裂纹、脱皮、麻面等缺陷。

检验方法：观察检查。

3）踢脚线与墙面应结合牢固，高度一致，出墙厚度均匀。

检验方法：用小锤轻击、钢尺和观察检查。

4）水泥钢（铁）屑面层的允许偏差应符合表8-3的规定。

检验方法：应按表8-3中的检验方法检验。

六、防油渗面层

1. 材料要求

(1) 水泥：水泥应选用泌水性小的水泥品种。宜采用安定性好的硅酸盐水泥或普通硅酸盐水泥，其强度等级为42.5，严禁使用过期水泥，对受潮、结块的水泥亦不得使用，水泥质量应符合(GB 175—2007)的规定。

(2) 石料：碎石应选用花岗石或石英石等岩质，严禁采用松散多孔和吸水率较大的石灰石、砂石等，其粒径宜为5~15mm或5~20mm，最大粒径不应大于25mm；含泥量不应大于1%；空隙率小于42%为宜。其技术要求应符合国家现行行业标准《普通混凝土用砂、石质量及检验方法标准》(JGJ 152—2006)的规定。

(3) 砂：砂应为中砂，其细度模数应控制在2.3~2.6之间，并通过0.5cm筛子筛除泥块杂质，含泥量不应大于1%，洁净无杂物。其技术要求应符合国家现行行业标准《普通混凝土用砂、石质量及检验方法标准》(JGJ 152—2006)的规定。

(4) 水：水应用饮用水。

(5) 外加剂：外加剂一般可选用减水剂、加气剂、塑化剂、密实剂或防油渗剂，以采用SNS防油外加剂为好。SNS防油外加剂是含萘磺酸甲醛缩合物的高效减水剂和呈烟灰色粉状体的硅粉为主要成分组成，属非引气型混凝土外加剂，常用掺量为3%~4%（以水泥用量计）；减水率约10%，抗压强度可提高20%。

(6) 防油渗涂料应具有耐油、耐磨、耐火和粘结性能，其抗拉粘结强度不应小于0.3MPa。

(7) 防油渗混凝土的强度等级不应小于C30。

2. 施工质量控制

(1) 防油渗混凝土面层分区段浇筑时，应按厂房柱网进行划分，其面积不宜大于

$50m^2$。分格缝应设置纵向和横向伸缩缝。纵向分格缝间距宜为3~6m，横向分格缝宜为6m，且应与建筑轴线对齐。

(2) 施工时环境温度宜在5℃以上，低于5℃时需采取必要的技术措施。

(3) 对铺设防油渗面层下基层应按要求做好。基层表面应坚固密实、平整、洁净，不允许有凸凹不平和起砂、裂缝等现象，表面还应粗糙。防油渗混凝土拌合料铺设前，基层表面应润湿，但不得有积水，以利于面层与基层结合牢固，防止空鼓。

(4) 组成材料经检验应符合有关质量要求，计量必须准确。

(5) 防油渗混凝土配合比应按设计要求的强度等级和抗渗性能。

(6) 混凝土的搅拌、运输、浇筑、振捣、养护等一系列的施工要求、质量检验应符合现行国家标准《混凝土结构工程施工质量验收规范》(GB 50204—2002)的规定，操作工艺应按当地建筑主管部门制定、颁布的建筑安装工程施工技术操作规程执行。

(7) 防油渗混凝土拌合料的配合比应正确。外加剂按要求规定的以水泥用量掺入量稀释后掺加。水灰比应根据混凝土坍落度控制，坍落度宜为4~5cm，水灰比应在0.45~0.5之间，不应小于0.5。

(8) 铺设时，在整浇水泥类层(基层)上尚应满刷一层防油渗水泥浆粘结层，并随刷随铺设防油渗混凝土拌合料，刮平找平。

(9) 防油渗水泥浆应按要求配制。

(10) 防油渗混凝土浇筑时，振捣应密实，不得漏振。

(11) 防油渗隔离层的设置，除按设计要求外，还应按有关规定施工。

(12) 防油渗混凝土浇筑后，做好面层的抹平、压光工作。并应根据温度、湿度情况进行养护。

(13) 分格缝的深度为面层的厚度，上下贯通，其宽度为15~20mm。缝内应灌注防油渗胶泥材料，亦可采用弹性多功能聚氨酯类涂膜材料嵌缝，缝内上部留20~25mm，深度应采用膨胀水泥砂浆封缝。

(14) 当防油渗混凝土面层的抗压强度达到5MPa时，应将分格缝内清理干净并应干燥，涂刷一遍同类底子油后，应趁热灌注防油渗胶泥。

(15) 防油渗混凝土中，由于掺入外加剂的作用，初凝前有发生缓凝现象。而初凝后又可能有早强现象，施工过程中应引起注意。

(16) 防油渗混凝土硬化后，必须浇水养护。每天浇水次数应根据具体情况而定，但始终要保持混凝土湿润状态，养护期不得少于7d，有条件应采用蓄水养护。

(17) 凡露出面层的电线管、接线盒、预埋套管、地脚螺栓以及与墙、柱连接处等工程细部均应增强抗油渗措施，应采用防油渗胶泥或环氧树脂进行处理。与墙、柱、变形缝及孔洞等连接处，应做泛水。

(18) 防油渗面层采用防油渗涂料时，其涂料材料应按设计要求选用。涂料的涂刷(喷涂)不得少于三遍，涂层厚度宜为5~7mm。涂料的配比和施工，应按涂料产品的特点、性能等要求进行。

3. 施工质量验收

(1) 基本规定

1) 防油渗面层应采用防油渗混凝土铺设或采用防油渗涂料涂刷。

2) 防油渗面层设置防油渗隔离层(包括与墙、柱连接处的构造)时,应符合设计要求。

3) 防油渗混凝土面层厚度应符合设计要求,防油渗混凝土的配合比应按设计要求的强度等级和抗渗性能通过试验确定。

4) 防油渗混凝土面层应按厂房柱网分区段浇筑,区段划分及分区段缝应符合设计要求。

5) 防油渗混凝土面层内不得敷设管线。凡露出面层的电线管、接线盒、预埋套管和地脚螺栓等的处理,以及与墙、柱、变形缝、孔洞等连接处泛水均应符合设计要求。

6) 防油渗面层采用防油渗涂料时,材料应按设计要求选用,涂层厚度宜为5～7mm。

(2) 主控项目

1) 防油渗混凝土所用的水泥应采用普通硅酸盐水泥,其强度等级应不小于42.5;碎石应采用花岗石或石英石,严禁使用松散多孔和吸水率大的石子,粒径为5～15mm,其最大粒径不应大于20mm,含泥量不应大于1%;砂应为中砂,洁净无杂物,其细度模数应为2.3～2.6;掺入的外加剂和防油渗剂应符合产品质量标准。防油渗涂料应具有耐油、耐磨、耐火和粘结性能。

检验方法:观察检查和检查材质合格证明文件及检测报告。

2) 防油渗混凝土的强度等级和抗渗性能必须符合设计要求,且强度等级不应小于C30;防油渗涂料抗拉粘结强度不应小于0.3MPa。

检验方法:检查配合比通知单和检测报告。

3) 防油渗混凝土面层与下一层应结合牢固、无空鼓。

检验方法:用小锤轻击检查。

4) 防油渗涂料面层与基层应粘结牢固,严禁有起皮、开裂、漏涂等缺陷。

检验方法:观察检查。

(3) 一般项目

1) 防油渗面层表面坡度应符合设计要求,不得有倒泛水和积水现象。

检验方法:观察和泼水或用坡度尺检查。

2) 防油渗混凝土面层表面不应有裂纹、脱皮、麻面和起砂现象。

检验方法:观察检查。

3) 踢脚线与墙面应紧密结合、高度一致,出墙厚度均匀。

检验方法:用小锤轻击、钢尺和观察检查。

4) 防油渗面层的允许偏差应符合表8-3的规定。

检验方法:应按表8-3中的检验方法检验。

七、不发火(防爆的)面层

1. 材料要求

(1) 水泥:水泥应采用普通硅酸盐水泥,其强度等级不应小于42.5级(根据GB 175—2007,普通硅酸盐水泥取消32.5级)。

(2) 石料:石料应选用大理石、白云石或其他石料加工而成,并以金属或石料撞击时不发生火花为合格,应具有不发火性的石料。

(3) 砂:砂应具有不发火性的砂,其质地坚硬、多棱角、表面粗糙并有颗粒级配,粒径为0.15～5mm,含泥量不应大于3%,有机物含量不应大于0.5%。

(4) 分格嵌条：不发火(防爆的)面层分格的嵌条，应选用具有不发火性的材料制成。

2. 施工质量控制

(1) 原材料的加工和配制，应随时检查，不得混入金属细粒或其他易发生火花的杂质。

(2) 铺设不发火(防爆的)面层下基层应按要求做好，以利于面层与基层结合牢固，防止空鼓。

(3) 各水泥类不发火(防爆的)面层的铺设应按同类面层的施工要点进行。

(4) 不发火(防爆的)水泥类面层采用的石料和硬化后的试块。均应在金刚砂轮上作摩擦试验，在试验中没有发现任何瞬时的火花，即认为合格。试验时应按现行国家标准《建筑地面工程施工质量验收规范》(GB 50209—2002)附录"不发生火花(防爆的)建筑地面材料及其制品不发生火性的试验方法"的规定进行。

3. 施工质量验收

(1) 基本规定

1) 不发火(防爆的)面层应采用水泥类的拌合料铺设，其厚度并应符合设计要求。

2) 不发火(防爆的)各类面层的铺设，应符合相应面层的规定。

3) 不发火(防爆的)面层采用石料和硬化后的试件，应在金刚砂轮上做摩擦试验。试验时应符合《建筑地面工程施工质量验收规范》(GB 50209—2002)附录A的规定。

(2) 主控项目

1) 不发火(防爆的)面层采用的碎石应选用大理石、白云石或其他石料加工而成，并以金属或石料撞击时不发生火花为合格；砂应质地坚硬、表面粗糙，其粒径宜为0.15～5mm，含泥量不应大于3%，有机物含量不应大于0.5%；水泥应采用普通硅酸盐水泥，其强度等级不应小于42.5；面层分格的嵌条应采用不发生火花的材料配制。配制时应随时检查，不得混入金属或其他易发生火花的杂质。

检验方法：观察检查和检查材质合格证明文件及检测报告。

2) 不发火(防爆的)面层的强度等级应符合设计要求。

检验方法：检查配合比通知单和检测报告。

3) 面层与下一层应结合牢固，无空鼓、无裂纹。

检验方法：用小锤轻击检查。

空鼓面积不应大于400m²，且每自然间(标准间)不多于2处可不计。

4) 不发火(防爆的)面层的试件，必须检验合格。

检验方法：检查检测报告。

(3) 一般项目

1) 面层表面应密实，无裂缝、蜂窝、麻面等缺陷。

检验方法：观察检查。

2) 踢脚线与墙面应紧密结合、高度一致、出墙厚度均匀。

检验方法：用小锤轻击、钢尺和观察检查。

3) 不发火(防爆的)面层的允许偏差应符合表8-3的规定。

检验方法：应按表8-3中的检验方法检验。

第四节 板块面层铺设

一、一般规定

(1) 铺设板块面层时，其水泥类基层的抗压强度不得小于1.2MPa。

(2) 铺设板块面层的结合层和板块间的填缝采用水泥砂浆，应符合下列规定：

1) 配制水泥砂浆应采用硅酸盐水泥、普通硅酸盐水泥或矿渣硅酸盐水泥；其水泥强度等级不宜小于32.5(硅酸盐水泥、普通硅酸盐水泥不宜小于42.5)；

2) 配制水泥砂浆的砂应符合国家现行行业标准《普通混凝土用砂、石质量及检验方法标准》(JGJ 152)的规定；

3) 配制水泥砂浆的体积比(或强度等级)应符合设计要求。

(3) 结合层和板块面层填缝的沥青胶结材料应符合国家现行有关产品标准和设计要求。

(4) 板块的铺砌应符合设计要求，当设计无要求时，宜避免出现板块小于1/4边长的边角料。

(5) 铺设水泥混凝土板块、水磨石板块、水泥花砖、陶瓷锦砖、陶瓷地砖、缸砖、料石、大理石和花岗石面层等的结合层和填缝的水泥砂浆，在面层铺设后，表面应覆盖、湿润，其养护时间不应少于7d。

当板块面层的水泥砂浆结合层的抗压强度达到设计要求后，方可正常使用。

(6) 板块类踢脚线施工时，不得采用石灰砂浆打底。

(7) 板、块面层的允许偏差应符合表8-4的规定。

板、块面层的允许偏差和检验方法(mm)　　表8-4

项次	项目	允许偏差										检验方法
		陶瓷锦砖面层、高级水磨石板、陶瓷地砖面层	缸砖面层	水泥花砖面层	水磨石板块面层	大理石面层和花岗石面层	塑料板面层	水泥混凝土板块面层	碎拼大理石和花岗石面层	活动地板面层	条石面层	块石面层	
1	表面平整度	2.0	4.0	3.0	3.0	1.0	2.0	4.0	3.0	2.0	10.0	10.0	用2m靠尺和楔形塞尺检查
2	缝格平直	3.0	3.0	3.0	3.0	2.0	3.0	3.0	—	2.5	8.0	8.0	拉5m线和用钢尺检查
3	接缝高低差	0.5	1.5	0.5	1.0	0.5	0.5	1.5	—	0.4	2.0	—	用钢尺和楔形塞尺检查
4	踢脚线上口平直	3.0	4.0	—	4.0	1.0	2.0	4.0	—	1.0	—	—	拉5m线和用钢尺检查
5	板块间隙宽度	2.0	2.0	2.0	2.0	1.0	—	6.0	—	0.3	5.0	—	用钢尺检查

二、砖面层

1. 材料要求

(1) 陶瓷锦砖：陶瓷锦砖的断面分凸面和平面两种，平面者多用于铺设建筑地面。其技术等级、外观质量要求应符合现行国家标准《建筑陶瓷锦砖产品》(JC 201)的规定。锦砖铺贴后的四周边缘与铺帖纸四周边缘的距离不得小于2mm，锦砖的脱纸时间不得大于40min，漏验率不得大于5%。

(2) 缸砖：缸砖的质量要求应符合现行的产品标准的规定。耐压强度大于150MPa，吸收率不应大于2%，表面英氏硬变为6~7，抗冻性好，于-15℃、+15℃，50次循环冻融，不裂，抗机械冲击性能符合要求。

(3) 陶瓷地砖：陶瓷地砖的质量要求应符合现行的产品标准的规定。红色陶瓷地砖吸收率不应大于8%，其他各色陶瓷地砖不应大于4%。冲击强度6~8次以上。陶瓷地砖的平整度，几何角度(方正度)和统一的规格和颜色，表面无裂纹和磕伤。

(4) 水泥花砖：水泥花砖面层带有各种图案，花色品种繁多，其质量要求应符合现行国家标准《水泥花砖》(JC 410)的规定。

(5) 水泥：水泥应采用硅酸盐水泥、普通硅酸盐水泥或矿渣硅酸盐水泥，水泥强度等级不应低于32.5级(硅酸盐水泥、普通硅酸盐水泥不应低于42.5级)。

(6) 砂：砂应采用洁净无有机杂质的中砂或粗砂，含泥量不大于3%。不得使用有冻块的砂。

(7) 水泥砂浆：铺设黏土砖、缸砖、陶瓷地砖、陶瓷锦砖面层时，水泥砂浆采用体积比为1:2，其稠度为25~35mm；铺设水泥花砖面砖时，水泥砂浆采用体积比为1:3，其稠度为30~35mm。

(8) 沥青胶结料：沥青胶结料宜用石油沥青与纤维、粉状或纤维和粉状混合的填充料配置。

(9) 胶粘剂：胶粘剂应为防水、防菌，其选用应根据基层所铺材料和面层的使用要求，通过试验确定，并应符合现行国家标准《民用建筑工程室内环境污染控制规范》(GB 50325)的规定。胶粘剂应存放在阴凉通风、干燥的室内。胶的稠度应均匀，颜色一致，无其他杂质和胶团，超过生产期三个月或保质期产品要取样检验，合格后方可使用。

2. 施工质量控制

(1) 铺设板块面层时，应在结合层上铺设。其水泥类基层的抗压强度不得小于1.2MPa；表面应平整、粗糙、洁净。

(2) 在铺贴前，应对砖的规格尺寸(用套板进行分类)、外观质量(剔除缺楞、掉角、裂缝、歪斜、不平等)、色泽等进行预选，浸水湿润晾干待用。

(3) 砖面层排设应符合设计要求，当设计无要求时，应避免出现砖面小于四分之一边长的边角料。

(4) 铺砂浆前，基层应浇水湿润，刷一道水泥素浆，务必要随刷随铺。铺贴砖时，砂浆饱满、缝隙一致，当需要调整缝隙时，应在水泥浆结合层终凝前完成。

(5) 铺贴宜整间一次完成，如果房间大一次不能铺完，可按轴线分块，须将接槎切齐，余灰清理干净。

(6) 勾缝和压缝应采用同品种、同强度等级、同颜色的水泥，并做养护和保护，湿润养护时间应不少于 7d。

当砖面层的水泥砂浆结合层的抗压强度达到设计要求后，方可正常便用。

(7) 在水泥砂浆结合层上铺贴陶瓷锦砖面层时，砖底面应洁净，每联陶瓷锦砖之间、与结合层之间以及在墙角、镶边和靠墙处，应紧密贴合。在靠墙处不得采用砂浆填补。

3. 施工质量验收

(1) 基本规定

1) 砖面层采用陶瓷锦砖、缸砖、陶瓷地砖和水泥花砖应在结合层上铺设。

2) 有防腐蚀要求的砖面层采用的耐酸瓷砖、浸渍沥青砖、缸砖的材质、铺设以及施工质量验收应符合现行国家标准《建筑防腐蚀工程施工及验收规范》(GB 50212)的规定。

3) 在水泥砂浆结合层上铺贴缸砖、陶瓷地砖和水泥花砖面层时，应符合下列规定：

① 在铺贴前，应对砖的规格尺寸、外观质量、色泽等进行预选，浸水湿润晾干待用；

② 勾缝和压缝应采用同品种、同强度等级、同颜色的水泥，并做养护和保护。

4) 在水泥砂浆结合层上铺贴陶瓷锦砖面层时，砖底面应洁净，每联陶瓷锦砖之间、与结合层之间以及在墙角、镶边和靠墙处，应紧密贴合。在靠墙处不得采用砂浆填补。

5) 在沥青胶结料结合层上铺贴缸砖面层时，缸砖应干净，铺贴时应在摊铺热沥青胶结料上进行，并应在胶结料凝结前完成。

6) 采用胶粘剂在结合层上粘贴砖面层时，胶粘剂选用应符合现行国家标准《民用建筑工程室内环境污染控制规范》(GB 50325)的规定。

(2) 主控项目

1) 面层所用的板块的品种、质量必须符合设计要求。

检验方法：观察检查和检查材质合格证明文件及检测报告。

2) 面层与下一层的结合(粘结)应牢固，无空鼓。

检验方法：用小锤轻击检查。

凡单块砖边角有局部空鼓，且每自然间(标准间)不超过总数的 5% 可不计。

(3) 一般项目

1) 砖面层的表面应洁净、图案清晰、色泽一致，接缝平整，深浅一致，周边顺直。板块无裂纹、掉角和缺楞等缺陷。

检验方法：观察检查。

2) 面层邻接处的镶边用料及尺寸应符合设计要求，边角整齐、光滑。

检验方法：观察和用钢尺检查。

3) 踢脚线表面应洁净、高度一致、结合牢固、出墙厚度一致。

检验方法：观察和用小锤轻击及钢尺检查。

4) 楼梯踏步和台阶板块的缝隙宽度应一致、齿角整齐；楼层梯段相邻踏步高度差不应大于 10mm；防滑条顺直。

检验方法：观察和用钢尺检查。

5) 面层表面的坡度应符合设计要求，不倒泛水、无积水；与地漏、管道结合处应严密牢固，无渗漏。

检验方法：观察、泼水或坡度尺及蓄水检查。

6) 砖面层的允许偏差应符合表 8-4 的规定。

检验方法：应按表 8-4 中的检验方法检验。

三、大理石面层和花岗石面层

1. 材料要求

(1) 大理石：其规格公差、平度偏差、角度偏差、磨光板材的光泽度、外观、色调与花纹、物理—力学性能等应符合国家现行的行业标准《天然大理石建筑板材》（JC 79）的规定。大理石板块材质量应符合相关要求。定型板材为正方形或矩形。其各个品种以其加工磨光后所显示的花色、特征及原料产地而命名。板块材应重视包装、贮存、装卸和运输中的各个环节，浅色大理石不宜用草绳、草帘等捆绑，以防污染；板材宜放在室内贮存，如在室外贮存必须遮盖，以保证产品质量；直立码放宜光面相对，其倾斜度不应大于 75°角；搬运时应轻拿轻放。

(2) 花岗石：其规格公差、平度偏差、角度偏差、磨光板的光泽度、棱角缺陷、裂纹、划痕、色调、色线和色斑等应符合国家现行的行业标准《天然花岗石建筑板材》（JC 205）的规定。花岗石建筑板材的各个品种，以经研磨加工后所湿的花色、特征及原料产地命名，粗磨和磨光板材应存放在库内，室外存放必须遮盖，入库时按品种、规格、等级或工程部位分别贮存。

(3) 水泥：水泥一般采用普通硅酸盐水泥，其强度等级不得小于 42.5。受潮结块的水泥禁止使用。

(4) 砂：砂宜用中砂或粗砂，使用前必须过筛，颗粒要均匀，不得含有杂物，粒径一般不大于 5mm。

2. 施工质量控制

(1) 大理石、花岗石面层采用天然大理石、花岗石（或碎拼大理石、碎拼花岗石）板材应在结合层上铺设。

(2) 铺设大理石面层和花岗石面层时，其水泥类基层的抗压强度标准值不得小于 1.2MPa。

(3) 板块在铺设前，应根据石材的颜色、花纹、图案、纹理等按设计要求，试拼编号。

(4) 板块的排设应符合设计要求，当设计无要求时，应避免出现板块小于四分之一边长的边角料。

(5) 铺设大理石、花岗石面层前，板材应浸水湿润、晾干，在板块试铺时，放在铺贴位置上的板块对好纵横缝后用橡皮锤（或木锤）轻轻敲击板块中间，使砂浆振密实，锤到铺贴高度。板块试铺合板后，搬起板块，检查砂浆结合层是否平整、密实。增补砂浆，浇一层水灰比为 0.5 左右的素水泥浆后，再铺放原板，应四角同时落下，用小皮锤轻敲，用水平尺找平。

(6) 在已铺贴的板块上不准站人，铺贴应倒退进行。用与板块同色的水泥浆填缝，然后用软布擦干净粘在板块上的砂浆，在面层铺设后，表面应覆盖、湿润，其养护时间应不少于 7d。

当板块面层的水泥砂浆结合层的抗压强度达到设计要求后，方可正常使用。

(7) 结合层和板块面层填缝的柔性密封材料应符合现行的国家有关产品标准和设计要求。

(8) 板块类踢脚线施工时，严禁采用石灰砂浆打底。出墙厚度应一致，当设计无规定时，出墙厚度不宜大于板厚且小于20mm。

3. 施工质量验收

(1) 基本规定

1) 大理石、花岗石面层采用天然大理石、花岗石（或碎拼大理石、碎拼花岗石）板材应在结合层上铺设。

2) 天然大理石、花岗石的技术等级、光泽度、外观等质量要求应符合国家现行行业标准《天然大理石建筑板材》(JC 79)、《天然花岗石建筑板材》(JC 205)的规定。

3) 板材有裂缝、掉角、翘曲和表面有缺陷时应予剔除，品种不同的板材不得混杂使用；在铺设前，应根据石材的颜色、花纹、图案、纹理等按设计要求，试拼编号。

4) 铺设大理石、花岗石面层前，板材应浸湿、晾干；结合层与板材应分段同时铺设。

(2) 主控项目

1) 大理石、花岗石面层所用板块的品种、质量应符合设计要求。

检验方法：观察检查和检查材质合格记录。

2) 面层与下一层应结合牢固，无空鼓。

检验方法：用小锤轻击检查。

凡单块板块边角有局部空散，且每自然间（标准间）不超过总数的5%可不计。

(3) 一般项目

1) 大理石、花岗石面层的表面应洁净、平整、无磨痕，且应图案清晰、色泽一致、接缝均匀、周边顺直、镶嵌正确、板块无裂纹、掉角、缺棱等缺陷。

检验方法：观察检查。

2) 踢脚线表面应洁净，高度一致、结合牢固、出墙厚度一致。

检验方法：观察和用小锤轻击及钢尺检查。

3) 楼梯踏步和台阶板块的缝隙宽度应一致、齿角整齐，楼层梯段相邻踏步高度差不应大于10mm，防滑条应顺直、牢固。

检验方法：观察和用钢尺检查。

4) 面层表面的坡度应符合设计要求，不倒泛水、无积水；与地漏、管道结合处应严密牢固，无渗漏。

检验方法：观察、泼水或坡度尺及蓄水检查。

5) 大理石和花岗石面层（或碎拼大理石、碎拼花岗石）的允许偏差应符合表8-4的规定。

检验方法：应按表8-4中的检验方法检验。

四、预制板块面层

1. 材料要求

(1) 混凝土板块：混凝土板块边长250～500mm；板块厚度等于或大于60mm。混凝土强度等级不应小于C20。

(2) 水磨石板块：水磨石板块的质量应符合国家现行建材行业标准《建筑水磨石制品》(JC 507)的规定。

(3) 板块应按规格、颜色和花纹进行分类，有裂缝、掉角、翘曲和表面上有缺陷的板块应予剔除，强度和品种不同的板块不得混杂使用。

(4) 水泥：采用硅酸盐水泥、普通硅酸盐水泥或矿渣硅酸盐水泥，其强度等级不应小于 32.5（硅酸盐水泥、普通硅酸盐水泥不应小于 42.5）。

(5) 砂：采用中砂或粗砂，含泥量不大于 3%。过筛除去有机杂质。填缝用砂需过孔径 3mm 筛。

2. 施工质量控制

(1) 在砂结合层（或垫层兼做结合层）上铺设预制板块面层时，结合层下的基层应平整，当为基土层尚应夯填密实。铺设预制板块面层前，砂结合层应洒水压实，并用刮尺找平而后拉线逐块铺砌。

(2) 在水泥砂浆结合层上铺设预制板块面层时，结合层下的基层应按规定处理好。

(3) 预制板块在铺砌前应先用水浸湿，待表面无明水方可铺设。

(4) 基层处理后，预制板块面层应分段同时铺砌，找好标高，按标准挂线，随浇水泥浆随铺砌。

(5) 对水磨石板块面层的铺砌，应进行试铺，对好纵横缝，用橡皮锤敲击板块中间，振实砂浆，锤击至铺设高度，试铺合适后掀起板块，用砂浆填补空虚处，满浇水泥浆粘结层。再铺板块时要四角同时落下，用橡皮锤轻敲，并随时用水平尺和直线板找平，以达到水磨石板块面层平整、线路顺直、镶边正确。

(6) 已铺砌的预制板块，要用木锤敲打结实，防止四角出现空鼓现象，注意随时纠正。

(7) 预制板块面层的板块间的缝隙宽度，混凝土板块面层缝宽不宜大于 6mm；水磨石板块面层缝宽不应大于 2mm。

(8) 预制板块面层在水泥砂浆结合层上铺砌，2d 内用稀水泥浆或 1:1（水泥:细砂）体积比的稀水泥砂浆灌缝 2/3 高度，再用同色水泥浆擦缝，并用覆盖材料保护，至少养护 3d，待缝内的水泥浆或水泥砂浆凝结后，应将面层清理（擦）干净。

3. 施工质量验收

(1) 基本规定

1) 预制板块面层采用水泥混凝土板块、水磨石板块应在结合层上铺设。

2) 在现场加工的预制板块应按整体面层的有关规定执行。

3) 水泥混凝土板块面层的缝隙，应采用水泥浆（或砂浆）填缝；彩色混凝土板块和水磨石板块应用同色水泥浆（或砂浆）擦缝。

(2) 主控项目

1) 预制板块的强度等级、规格、质量应符合设计要求；水磨石板块尚应符合国家现行行业标准《建筑水磨石制品》(JC 507)的规定。

检验方法：观察检查和检查材质合格证明文件及检测报告。

2) 面层与下一层应结合牢固、无空鼓。

检验方法：用小锤轻击检查。

凡单块板块料边角有局部空鼓，且每自然间(标准间)不超总数的5%可不计。

(3) 一般项目

1) 预制板块表面应无裂缝、掉角、翘曲等明显缺陷。

检验方法：观察检查。

2) 预制板块面层应平整洁净，图案清晰，色泽一致，接缝均匀，周边顺直，镶嵌正确。

检验方法：观察检查。

3) 面层邻接处的镶边用料尺寸应符合设计要求，边角整齐、光滑。

检验方法：观察和钢尺检查。

4) 踢脚线表面应洁净、高度一致、结合牢固、出墙厚度一致。

检验方法：观察和用小锤轻击及钢尺检查。

5) 楼梯踏步和台阶板块的缝隙宽度一致、齿角整齐，楼层梯段相邻踏步高度差不应大于10mm，防滑条顺直。

检验方法：观察和钢尺检查。

6) 水泥混凝土板块和水磨石板块面层的允许偏差应符合表8-4的规定。

检验方法：应按表8-4中的检验方法检验。

五、料石面层

1. 材料要求

(1) 条石：条石应采用质量均匀、强度等级不应小于MU60的岩石加工而成。其形状应接近矩形六面体，厚度宜为80~120mm。

(2) 块石：块石应采用强度等级不小于MU30的岩石加工而成。其形状接近直棱柱体；或有规则的四边形或多边形，其底面截锥体、顶面粗琢平整，底面积不应小于顶面积的60%；厚度宜为100~150mm。

(3) 水泥：水泥应采用硅酸盐水泥、普通硅酸盐水泥或矿渣硅酸盐水泥，其强度等级不应小于32.5。

(4) 砂：砂应采用中砂或粗砂，含泥量不大于3%。过筛除去有机杂质。

(5) 沥青胶结料：沥青胶结料应采用同类沥青与纤维、粉状或纤维和粉状混合的填充料配制。

2. 施工质量控制

(1) 铺设前，应对面层(结合层、垫层、基土层)下的基层进行处理和清理，要求其表面平整、洁净。

(2) 料石面层采用的石料应洁净，在水泥砂浆结合层上铺设时，石料在铺砌前应洒水湿润。

(3) 在料石面层铺设前，应找好标高，按标准放线。铺砌时不宜出现十字缝。条石应按规格尺寸分类，并垂直于行走方向拉线铺砌成行。相邻两行的错缝应为条石长度的1/3~1/2。铺砌时方向和坡度要正确。

(4) 铺砌在砂垫层上的块石面层时，石料的大面应朝上，缝隙要相互错开，通缝不超过两块石料。块石嵌入砂垫层的深度不应小于石料厚度的1/3。

(5) 块石面层铺设后应先夯平，并以 15～25mm 粒径的碎石嵌缝，然后用碾压机碾压，再填以 5～15mm 粒径的碎石，继续碾压至石料不松动为止。

(6) 在砂结合层上铺砌条石面层时，缝隙宽度不宜大于 5mm。石料间的缝隙，当采用水泥砂浆或沥青胶结料嵌缝时，应预先用砂填缝至 1/2 高度，后再用水泥砂浆或沥青胶结料填满缝抹平。

(7) 在水泥砂浆结合层上铺砌条石面层时，石料间的缝隙应采用同类水泥砂浆嵌填满缝抹平，缝隙宽度不应大于 5mm。

(8) 结合层和嵌缝的水泥砂浆应按规定采用。

(9) 在沥青胶结料结合层上铺砌条石面时，其铺砌要求应按要求进行。

(10) 不导电料石面层的石料，应选用辉绿岩石加工制成。嵌缝材料亦应采用辉绿岩石加工的砂进行填嵌。

(11) 耐高温料石面层的石料，应按设计要求选用。

3. 施工质量验收

(1) 基本规定

1) 料石面层采用天然条石和块石应在结合层上铺设。

2) 条石和块石面层所用的石材的规格、技术等级和厚度应符合设计要求。条石的质量应均匀，形状为矩形六面体，厚度为 80～120mm；块石形状为直棱柱体，顶面粗琢平整，底面面积不宜小于顶面面积的 60%，厚度为 100～150mm。

3) 不导电的料石面层的石料应采用辉绿岩石加工制成。填缝材料亦采用辉绿岩石加工的砂嵌实。耐高温的料石面层的石料，应按设计要求选用。

4) 块石面层结合层铺设厚度：砂垫层不应小于 60mm；基土层应为均匀密实的基土或夯实的基土。

(2) 主控项目

1) 面层材质应符合设计要求；条石的强度等级应大于 MU60，块石的强度等级应大于 MU30。

检验方法：观察检查和检查材质合格证明文件及检测报告。

2) 面层与下一层应结合牢固、无松动。

检验方法：观察检查和用锤击检查。

(3) 一般项目

1) 条石面层应组砌合理，无十字缝，铺砌方向和坡度应符合设计要求；块石面层石料缝隙应相互错开，通缝不超过两块石料。

检验方法：观察和用坡度尺检查。

2) 条石面层和块石面层的允许偏差应符合表 8-4 的规定。

检验方法：应按表 8-4 中的检验方法检验。

六、塑料板面层

1. 材料要求

(1) 塑料地板块材的板面应平整、光洁、无裂纹、色泽均匀，厚薄一致，边缘平直，密实无孔，无皱纹，板内不允许有杂物和气泡，并应符合产品的各项技术指标。

(2) 塑料地板在运输过程中，应防止日晒、雨淋、撞击和重压；在贮存时，应堆放在干燥、洁净的仓库内，并距热源 3m 以外，温度不宜超过 32℃。

(3) 胶粘剂的选用应根据基层所铺材料与面层铺贴塑料板名称和使用要求，通过试验确定，并应符合现行国家标准《民用建筑工程室内环境污染控制规范》（GB 50325）的规定。

(4) 胶粘剂应存放在阴凉通风、干燥的室内。胶粘剂的稠度应均匀、颜色一致，无其他杂质和胶团，超过生产期三个月或保质期的产品要取样试验，合格后方可使用。

(5) 焊条选用等边三角形或圆形截面，表面应平整光洁，无孔眼、节瘤、皱纹，颜色均匀一致。焊条成分和性能应与被焊的板相同。

2. 施工质量控制

(1) 塑料地板面层施工时，室内相对湿度不大于 80%。

(2) 在水泥类基层上铺贴塑料地板面层，其基层表面应平整、坚硬、干燥、光滑、洁净无油脂及其他杂质(含砂粒)，表面含水率不大于 9%。如表面有麻面、起砂、裂缝或较大的凹痕现象时，宜采用乳液腻子加以修补好，每次涂刷的厚度不大于 0.8mm，干燥后用 0 号铁砂布打磨，再涂刷第二遍腻子，直至表面平整后，再用水稀释的乳液涂刷一遍以增加基层的整体性和粘结力。基层表面用 2m 直尺检查时允许空隙不应大于 2mm。

(3) 塑料板块在铺贴前，应作预热和除蜡处理，否则会影响粘贴效果，造成日后面层起鼓。预热处理和涂蜡后的塑料板块，应平放在待铺的房间内至少 24h，以适应铺贴环境。

(4) 基层处理后，涂刷一层薄而匀的底胶，以提高基层与面层的粘结强度，同时也可弥补板块由于涂胶量不匀，可能会产生起鼓翘边等质量缺陷。

(5) 底胶干燥后，根据设计要求在基层表面进行弹线、分格、施放中心线、定位线和边线。并距墙边面留出 200～300mm 作为镶边，以保证板块均匀，横竖缝顺直。

(6) 在配塑料板块料时，应考虑房间方正偏差，配制好的每块板块应编号就位，以免粘贴时用错，并在铺贴前先试铺一次。

(7) 塑料板铺贴时，应按弹线位置沿轴线由中央向四周进行。涂刷的胶粘剂必须均匀，并超出分格线约 10mm，涂刷厚度控制在 1mm 以内，塑料板的背面亦应均匀涂刮胶粘剂，铺贴应一次就位准确，粘贴密实。

(8) 塑料板接缝处均应进行坡口处理。

(9) 软质塑料板在基层上粘贴后，缝隙如须焊接，一般须经 48h 后方可施焊，并用热空气焊。

(10) 焊缝间应以斜槎连接，脱焊部分应予补焊，焊缝凸起部分应予修平。

(11) 塑料踢脚线铺贴时，应先将塑料条钉在墙内预留的木砖上，钉距约 40～50cm，然后用焊枪喷烤塑料条，随即将踢脚线与塑料条粘结。

(12) 阴角塑料踢脚板铺贴时，先将塑料板用两块对称组成的木模顶压在阴角处，然后取掉一块木模，在塑料板转折重叠处，划出剪裁线，剪裁试装合适后，再把水平面 45° 相交处的裁口焊好，作成阴角部件，然后进行焊接或粘结。

(13) 阳角踢脚板铺贴时，需在水平转角裁口处补焊一块软板，做成阳角部件，再行焊接或粘结。

3. 施工质量验收

(1) 基本规定

1) 塑料板面层应采用塑料板块材、塑料板焊接、塑料卷材以胶粘剂在水泥类基层上铺设。

2) 水泥类基层表面应平整、坚硬、干燥、密实、洁净、无油脂及其他杂质,不得有麻面、起砂、裂缝等缺陷。

3) 胶粘剂选用应符合现行国家标准《民用建筑工程室内环境污染控制规范》(GB 50325)的规定。其产品应按基层材料和面层材料使用的相容性要求,通过试验确定。

(2) 主控项目

1) 塑料板面层所用的塑料板块和卷材的品种、规格、颜色、等级应符合设计要求和现行国家标准的规定。

检验方法:观察检查和检查材质合格证明文件及检测报告。

2) 面层与下一层的粘结应牢固,不翘边、不脱胶、无溢胶。

检验方法:观察检查和用敲击及钢尺检查。

卷材局部脱胶处面积不应大于 $20cm^2$,且相隔间距不小于 50cm 可不计;凡单块板块料边角局部脱胶处且每自然间(标准间)不超过总数的 5% 者可不计。

(3) 一般项目

1) 塑料板面层应表面洁净,图案清晰,色泽一致,接缝严密、美观。拼缝处的图案、花纹吻合,无胶痕;与墙边交接严密,阴阳角收边方正。

检验方法:观察检查。

2) 板块的焊接,焊缝应平整、光洁,无焦化变色、斑点、焊瘤和起鳞等缺陷,其凹凸允许偏差为 ±0.6mm。焊缝的抗拉强度不得小于塑料板强度的 75%。

检验方法:观察检查和检查检测报告。

3) 镶边用料应尺寸准确、边角整齐、拼缝严密、接缝顺直。

检验方法:用钢尺和观察检查。

4) 塑料板面层的允许偏差应符合表 8-4 的规定。

检验方法:应按表 8-4 中的检验方法检验。

七、活动地板面层

1. 材料要求

(1) 活动地板板块:活动地板块表面要平整、坚实,并具有耐磨、耐污染、耐老化、防潮、阻燃和导静电等特点,板块面层承载力不应小于 7.5MPa,集中荷载下,板中最大挠度应控制在 2mm 以内,板块的导静电性能指标是至关重要的。任何时候都应控制其系统电阻,各项技术性能与技术指标应符合国家现行的有关产品标准的规定。

(2) 支承部分:支承部分由标准钢支柱和框架组成。钢支柱采用管材制作,框架采用轻型槽钢制成。作为活动地板面层配件应包括支架组件和横梁组件。

2. 施工质量控制

(1) 活动地板面层施工时,应待室内各项工程完工和超过地板块承载力的设备进入房间预定位置以及相邻房间内部也全部完工后,方可进行活动地板的安装。不得交叉施工。

亦不可在室内加工活动地板板块和活动地板的附件。

(2) 为使活动地板面层与通过的走道或房间的建筑地面面层连接好，其通过面层的标高应根据所选用金属支架型号，相应的要低于该活动地板面层的标高，否则在入门处应设置踏步或斜坡等形式的构造要求和做法。

(3) 活动地板面层的金属支架应支承在水泥类基层上，水泥混凝土为现浇的，不应采用预制空心楼板。对于小型计算机系统房间，其混凝土强度等级不应小于C30；对于中型计算机系统的房间，其混凝土强度等级不应小于C50。

(4) 基层表面应平整、光洁、干燥、不起灰。安装前清扫干净，并根据需要，在其表面涂刷1~2遍清漆或防尘漆，涂刷后不允许有脱皮现象。

(5) 铺设活动地板面层的标高，应按设计要求确定。当房间平面是矩形时，其相邻墙体应相互垂直，垂直度应小于1/1000；与活动地板接触的墙面的直线度值每米不应大于2mm。

(6) 安装前，应做好活动地板的数量计算的准备工作。

(7) 根据房间平面尺寸和设备情况，应按活动地板模数选择板块的铺设方向。当平面尺寸符合活动地板板块模数，而室内又无控制设备时，宜由里向外铺设；当平面尺寸不符合活动地板模数时，宜由外向里铺设。当室内有控制柜设备且需要预留洞口时，铺设方向和先后顺序应综合考虑选定。

(8) 在铺设活动地板面层前，室内四周的墙面应划出标高控制位置，并按选定的方向和先后顺序设置基准点。在基层表面上按板块尺寸弹线形成方格网，标出地板块的安装位置和高度，并标明设备预留部位。

(9) 先将活动地板各部件组装好，以基准线为准，顺序在方格网交点处安放支架和横梁，固定支架的底座，连接支架和框架。在安装过程中要经常抄平，转动支座螺杆，用水平尺调整每个支座面的高度至全室等高，并尽量使每个支架受力均匀。

(10) 在所有支座柱和横梁构成的框架成为一体后，应用水平仪抄平。然后将环氧树脂注入支架底座与水泥类基层之间的空隙内，使之连接牢固，亦可用膨胀螺栓或射钉连接。

(11) 在横梁上铺放缓冲胶条时，应采用乳液与横梁粘合。当铺设活动地板块时，从一角或相邻的两个边依次向外或另外两个边铺装活动地板。为了铺平，可调换转动活动地板块位置，以保证四角接触处平整、严密，但不得采用加垫的方法。

(12) 对活动地板块切割或打孔时，加工后的边角应打磨平整。

(13) 在与墙边的接缝处，应根据缝的宽窄分别采用木条或泡沫塑料镶嵌。

(14) 安装机柜时，应根据机柜支撑情况处理。

(15) 通风口处，应选用异形活动地板铺装。

(16) 活动地板下面需要装的线槽和空调管道，应在铺设地板块前先放在建筑地面上，以便下步施工。

(17) 活动地板块的安装或开启。应使用吸板器或橡胶皮碗，并做到轻拿轻放。不应采用铁器硬撬。

(18) 在全部设备就位和地下管、电缆安装完毕后，还要抄平一次，调整至符合设计要求，最后将板面全面进行清理。

3. 施工质量验收

(1) 基本规定

1) 活动地板面层用于防尘和防静电要求的专业用房的建筑地面工程。采用特制的平压刨花板为基材，表面饰以装饰板和底层用镀锌板经粘结胶合组成的活动地板块，配以横梁、橡胶垫条和可供调节高度的金属支架组装成架空板铺设在水泥类面层(或基层)上。

2) 活动地板所有的支座柱和横梁应构成框架一体，并与基层连接牢固；支架抄平后高度应符合设计要求。

3) 活动地板面层包括标准地板、异形地板和地板附件(即支架和横梁组件)。采用的活动地板块应平整、坚实，面层承载力不得小于7.5MPa，其系统电阻：A级板为$1.0 \times 10^5 \sim 1.0 \times 10^8 \Omega$；B级板为$1.0 \times 10^5 \sim 1.0 \times 10^{10} \Omega$。

4) 活动地板面层的金属支架应支承在现浇水泥混凝土基层(或面层)上，基层表面应平整、光洁、不起灰。

5) 活动板块与横梁接触搁置处应达到四角平整、严密。

6) 当活动地板不符合模数时，其不足部分在现场根据实际尺寸将板块切割后镶补，并配装相应的可调支撑和横梁。切割边不经处理不得镶补安装，并不得有局部膨胀变形情况。

7) 活动地板在门口处或预留洞口处应符合设置构造要求，四周侧边应用耐磨硬质板材封闭或用镀锌钢板包裹，胶条封边应符合耐磨要求。

(2) 主控项目

1) 面层材质必须符合设计要求，且应具有耐磨、防潮、阻燃、耐污染、耐老化和导静电等特点。

检验方法：观察检查和检查材质合格证明文件及检测报告。

2) 活动地板面层应无裂纹、掉角和缺棱等缺陷。行走无声响、无摆动。

检验方法：观察和脚踩检查。

(3) 一般项目

1) 活动地板面层应排列整齐、表面洁净、色泽一致、接缝均匀、周边顺直。

检验方法：观察检查。

2) 活动地板面层的允许偏差应符合表8-4的规定。

检验方法：应按表8-4中的检验方法检验。

第五节　木、竹面层铺设

一、一般规定

1. 木、竹地板面层下的木搁栅、垫木、毛地板等采用木材的树种、选材标准和铺设时木材含水率以及防腐、防蛀处理等，均应符合现行国家标准《木结构工程施工质量验收规范》(GB 50206)的有关规定。所选用的材料，进场时应对其断面尺寸、含水率等主要技术指标进行抽检，抽检数量应符合产品标准的规定。

2. 与厕浴间、厨房等潮湿场所相邻木、竹面层连接处应做防水(防潮)处理。

3. 木、竹面层铺设在水泥类基层上，其基层表面应坚硬、平整、洁净、干燥、不起砂。

4. 建筑地面工程的木、竹面层搁栅下架空结构层（或构造层）的质量检验，应符合相应国家现行标准的规定。

5. 木、竹面层的通风构造层包括室内通风沟、室外通风窗等，均应符合设计要求。

6. 木、竹面层的允许偏差，应符合表8-5的规定。

木、竹面层的允许偏差和检验方法(mm)　　　　表 8-5

项次	项目	允许偏差				检验方法
		实木地板面层			实木复合地板、中密度（强化）复合地板面层、竹地板面层	
		松木地板	硬木地板	拼花地板		
1	板面缝隙宽度	1.0	0.5	0.2	0.5	用钢尺检查
2	表面平整度	3.0	2.0	2.0	2.0	用2m靠尺和楔形塞尺检查
3	踢脚线上口平齐	3.0	3.0	3.0	2.0	拉5m通线，不足5m拉通线和用钢尺检查
4	板面拼缝平直	3.0	3.0	3.0	3.0	
5	相邻板材高差	0.5	0.5	0.5	0.5	用钢尺和楔形塞尺检查
6	踢脚线与面层的接缝	1.0				楔形塞尺检查

二、实木地板面层

1. 材料要求

（1）搁栅、撑木、垫木经干燥和防腐处理后含水率不大于20%。

（2）地板含水率不大于12%。

（3）实木地板含水率：长条板不超过12%；拼花板不超过10%。

（4）实木踢脚板：含水率应不超过12%，背面满涂防腐剂。

2. 施工质量控制

（1）地垄墙或砖墩的砌筑：地垄墙、墩应采用强度等级为42.5的普通水泥，其顶面应涂刷焦油沥青两道或铺设油毡等做好防潮层。每条地垄墙、内横墙和暖气沟，均需预留120mm×120mm的通风洞2个，且要在一条直线上。暖气沟墙的通风洞口，可采用缸瓦管与外界相通。外墙每隔3000～4000mm应预留不小于180mm×180mm的通风孔洞，洞口下皮距室外地坪标高不小于200mm，洞口安设箅子。如若不宜采用此类通风处理时，则必须做好高架空铺木地板所有架铺构件的防潮防腐处理。

（2）木骨架与地垄墙（墩）的连接：木搁栅与地垄墙或砖墩等砌筑体的连接，通常是采用预埋木楔或铁件的方法进行固定。预埋铁件的做法有多种，较常用的做法是在主搁栅的两侧部位砌体内埋入地脚螺栓，以Ω形铁（或称骑马铁件）直接固定木搁栅或用10～14号镀锌铁丝（铅丝）绑扎。

（3）垫木、沿缘木、剪力撑与木搁栅的组装要求：先将垫木等材料按设计要求做防腐处理。核对四周墙面水平标高线，在沿缘木表面划出木搁栅放置中线，并在木搁栅端头也划出中线，然后把木搁栅对准中线摆好，再依次摆正中间的木搁栅。木搁栅靠墙面应留出不小于30mm的缝隙，以利通风防潮。木搁栅的表面应平直，用2m直尺检查时，尺与木搁栅间的空隙不得超过 3mm。木搁栅上皮不平时，应选用合适厚度的垫板（不准用木楔）找平；也可采用适度刨平；也可对木搁栅底部稍加砍削找平，但砍削深度不要超过 10mm。砍削处须补作防腐处理。

木搁栅安装后，必须用 100mm 长的圆钉从木搁栅两侧中部斜向呈 45°角与垫木钉牢。为防止木搁栅与剪力撑在钉结时走动，应在木搁栅上临时加钉木拉条，使木搁栅相互拉接，然后在木搁栅上按剪力撑间距弹线，依线逐个将剪力撑两端用 2 枚长 70mm 的圆钉与木搁栅钉牢。

(4) 在楼地面上固定木搁栅：对于低架空铺木地板的木搁栅固定，木搁栅的截面尺寸、间距和稳固方法等均应符合设计要求。

应首先检查楼地面平整度，必要时应做水泥砂浆找平层或抹防水砂浆，在平整的楼面基层上可涂刷两遍防水涂料或乳化沥青。对于底层房间的细石混凝土垫层，有的要求涂刷冷底子油并做一毡二油防潮层，具体做法由设计决定。

木搁栅与楼地面固定，传统的做法均采用预埋件，当前使用最多的是在水泥地面或楼板上打入木楔的方法，即用冲击钻在基层上钻洞，洞孔深 40mm 左右，打入木楔（木楔要按要求作防腐处理）。应在楼地面上预先弹出木搁栅位置线，木楔依线定位钻孔打入，间距 800mm 左右，然后用长钉将木搁栅固定在埋入的木楔上。当木搁栅的截面尺寸较大时，宜在木搁栅上先钻出与钉杆直径相同的孔，孔深为搁栅木方高度的 1/3，然后再与木楔钉接。如设计要求在木搁栅间填铺干炉渣时，炉渣应加以夯实。

(5) 木地板面层作双层施工时，加铺一层基面板即称毛地板，可以增强木地板的隔音、防潮作用和提高面层板的铺贴质量。毛地板无需企口，并可采用钝棱料，其宽度不宜大于 120mm，厚度一般为 25mm 左右，在铺钉前应清除毛地板下空间内的刨花等杂物。

毛地板应与搁栅呈 45°或 30°斜向铺排，与周边墙面之间留出 10~20mm 缝隙。毛地板的髓心向上，板条与板条之间的缝隙不应大于 3mm。每块毛地板应在每根木搁栅上各钉 2 颗钉子斜向固定，钉子的长度应为板厚的 2.5 倍。

(6) 铺设木板（企口板）面层时，应先弹线归方，使木板与搁栅成垂直方向，木板必须钉牢固，无松动；板端接头应间隔错开；板与板之间应紧密，个别处的缝隙宽度不得大于 1mm。（如用硬木时缝宽不得大于 0.5mm）木板面层与墙之间应留 8~12mm 的缝隙，并用踢脚线或踢脚条封盖。每块木块钉牢在其下的每根搁栅上。钉子的长度为面层板厚度的 2~2.5 倍，钉帽应砸扁从木板侧面斜向钉入，钉帽不应外露。

(7) 木板面层铺设完毕后，木板表面不平处应顺木纹方向进行刨光。

(8) 采用实木制作的踢脚线，背面应抽槽并做防腐处理。

(9) 与厕浴间、厨房等潮湿场所相邻木面层连接处应做防水（防潮）处理。

3. 施工质量验收

(1) 基本规定

1) 实木地板面层采用条材和块材实木地板或采用拼花实木地板，以空铺或实铺方式在基层上铺设。

2) 实木地板面层可采用双层面层和单层面层铺设，其厚度应符合设计要求。实木地板面层的条材和块材应采用具有商品检验合格证的产品，其产品类别、型号、适用树种、检验规则以及技术条件等均应符合现行国家标准《实木地板块》(GB/T 15036.1~6) 的规定。

3）铺设实木地板面层时，其木搁栅的截面尺寸、间距和稳固方法等均应符合设计要求。木搁栅固定时，不得损坏基层和预埋管线。木搁栅应垫实钉牢，与墙之间应留出30mm的缝隙，表面应平直。

4）毛地板铺设时，木材髓心应向上，其板间缝隙不应大于3mm，与墙之间应留8～12mm空隙，表面应刨平。

5）实木地板面层铺设时，面板与墙之间应留8～12m缝隙。

6）采用实木制作的踢脚线，背面应抽槽并做防腐处理。

（2）主控项目

1）实木地板面层所采用的材质和铺设时的木材含水率必须符合设计要求。木搁栅、垫木和毛地板等必须做防腐、防蛀处理。

检验方法：观察检查和检查材质合格证明文件及检测报告。

2）木搁栅安装应牢固、平直。

检验方法：观察、脚踩检查。

3）面层铺设应牢固；粘结无空鼓。

检验方法：观察、脚踩或用小锤轻击检查。

（3）一般项目

1）实木地板面层应刨平、磨光，无明显刨痕和毛刺等现象；图案清晰、颜色均匀一致。

检验方法：观察、手摸和脚踩检查。

2）面层缝隙应严密；接头位置应错开、表面洁净。

检验方法：观察检查。

3）拼花地板接缝应对齐，粘、钉严密；缝隙宽度均匀一致；表面洁净，胶粘无溢胶。

检验方法：观察检查。

4）踢脚线表面应光滑，接缝严密，高度一致。

检验方法：观察和钢尺检查。

5）实木地板面层的允许偏差应符合表8-5的规定。

检验方法：应按表8-5中的检验方法检验。

三、实木复合地板面层

1. **材料要求**

（1）实木复合地板块的面层应采用不易腐朽、不易变形开裂的天然木材制成，结合各类地板的膨胀率、黏合度等重要指标数据之最优值，使其收缩膨胀率相对实木地板低得多。其宽度不宜大于120mm，厚度应符合设计要求。

（2）木搁栅（木龙骨、垫方）和垫木等用材树种和规格以及防腐处理等均应符合设计要求。

2. **施工质量控制**

（1）实木复合地板面层采用条材和块材实木复合地板或采用拼花实木复合地板，以空铺或实铺方式在基层上铺设。其表面应平整、坚硬、洁净、干燥、不起砂。

(2) 铺设实木复合地板面层时，其木搁栅的截面尺寸、间距和稳固方法等均应符合设计要求。木搁栅固定时，不得损坏基层和预埋管线。木搁栅应垫实钉牢，与墙之间应留出30mm缝隙，表面应平直。

(3) 实木复合地板面层可采用整贴和点贴法施工。粘贴材料应采用具有耐老化、防水和防菌、无毒等性能的材料，或按设计要求选用。

(4) 实木复合地板面层下衬垫的材质和厚度应符合设计要求。

(5) 实木复合地板面层铺设时，相邻板材接头位置应错开不小于300mm距离；与墙之间应留不小于10mm空隙。

(6) 大面积铺设实木复合地板面层时，应分段铺设，分段缝的处理应符合设计要求。

(7) 采用实木踢脚线，按实木地板规定执行。

3. 施工质量验收

(1) 基本规定

1) 实木复合地板面层采用条材和块材实木复合地板或采用拼花实木复合地板，以空铺或实铺方式在基层上铺设。

2) 实木复合地板面层的条材和块材应采用具有商品检验合格证的产品，其技术等级及质量要求均应符合国家现行标准的规定。

3) 铺设实木复合地板面层时，其木搁栅的截面尺寸、间距和稳固方法等均应符合设计要求。木搁栅固定时，不得损坏基层和预埋管线。木搁栅应垫实钉牢，与墙之间应留出30mm缝隙，表面应平直。

4) 毛地板铺设时，按有关规定执行。

5) 实木复合地板面层可采用整贴和点贴法施工。粘贴材料应采用具有耐老化、防水和防菌、无毒等性能的材料，或按设计要求选用。

6) 实木复合地板面层下衬垫的材质和厚度应符合设计要求。

7) 实木复合地板面层铺设时，相邻板材接头位置应错开不小于300mm距离；与墙之间应留不小于10mm空隙。

8) 大面积铺设实木复合地板面层时，应分段铺设，分段缝的处理应符合设计要求。

(2) 主控项目

1) 实木复合地板面层所采用的条材和块材，其技术等级及质量要求应符合设计要求。木搁栅、垫木和毛地板等必须做防腐、防蛀处理。

检验方法：观察检查和检查材质合格证明文件及检测报告。

2) 木搁栅安装应牢固、平直。

检验方法：观察、脚踩检查。

3) 面层铺设应牢固；粘贴无空鼓。

检验方法：观察、脚踩或用小锤轻击检查。

(3) 一般项目

1) 实木复合地板面层图案和颜色应符合设计要求，图案清晰，颜色一致，板面无翘曲。

检验方法：观察、用2m靠尺和楔形塞尺检查。

2) 面层的接头应错开、缝隙严密、表面洁净。

检验方法：观察检查。

3）踢脚线表面光滑，接缝严密，高度一致。

检验方法：观察和钢尺检查。

4）实木复合地板面层的允许偏差应符合表8-5的规定。

检验方法：应按表8-5中的检验方法检验。

四、中密度（强化）复合地板面层

1. 材料要求

（1）中密度（强化）复合地板条（块）材应采用伸缩率低、吸水率低、抗拉强度高的树种做密度板的基材，并使复合地板各复层之间对称平衡，可自行调节消除环境温度、湿度变化，干燥或潮湿引起的内应力以达到耐磨层、装饰层、高密度板层及防水平衡层的自身膨胀系数很接近，避免了实木地板经常出现的弹性变形、振动脱胶及抗承重能力低的缺点。其宽度和厚度应符合设计要求。

（2）木搁栅（木龙骨、垫方）、木工板等用材和规格以及防腐处理等应符合设计要求。

（3）为达到最佳防潮隔声效果，中密度（强化）复合地板应铺设在聚乙烯膜地垫上，而不适合直接铺在水泥类地面上。

（4）胶水应采用防水胶水，杜绝甲醛释放量的危害。

2. 施工质量控制

（1）中密度（强化）复合地板面层下基层表面应符合相关的要求。

（2）基层（楼层结构层）的表面平整度应控制在每平方米为2mm，达不到时必须二次找平，否则中密度（强化）复合地板厚度在8mm及其以下时，铺设后地面将出现架空，使用后不利于地板的整体伸缩，容易导致地板因胶水松脱而出现裂缝。当基层表面平整度超出2mm而不平整时，中密度（强化）复合地板厚度应选用8mm以上，增加了厚度和基材的强度后，大大地消除了架空的感觉，避免地板因胶水松脱而出现裂缝。

（3）铺设前，房间门套底部应留足伸缩缝，门口接合处地下无水管、电管以及离地面离12cm的墙内无电管等。如不符合上述要求，应做好相关处理。

（4）铺设时，应按下列程序进行：

1）基层表面保持洁净、干燥后，应满铺地垫，其接口处宜采用不小于20cm宽的重叠面并用防水胶带纸封好。

2）铺设第一块板材的凹企口应朝墙面，板材与墙壁间插入木（塑）楔，使其间有8mm左右的伸缩缝。为保证工程质量，木（塑）楔应在整体地板拼装12h后拆除，同样最后一块板材也要保持8mm的伸缩缝。

3）为确保地板面层整齐美观，宜用细绳由两边墙面拉直，构成直角，并在墙边用合适的木（塑）楔对每块板条加以调整。

4）将胶水均匀连续地涂在两边的凹企口内，以确保每块地板之间紧密贴结。

5）拼装第二行时，应首先使用第一行锯剩下的那一块板材，为保证整体地板的稳固此块锯剩的板材其长度不得小于20cm。

6）用锤子和硬木块轻敲已拼装好的板材，使之粘紧密实。挤压时拼缝处溢出的多余应立即擦掉，保持地板面层洁净。

7) 铺设中密度(强化)复合地板面层的面积达 70m² 或房间长度太大时, 宜在每间隔8m 宽处放置铝合金条, 以防止整体地板受热变形。

8) 整体地板拼装后, 用木踢脚线封盖地板面层。

9) 中密度(强化)复合地板面层完工后, 应保持房间通风。夏季 24h、冬季 48h 后正式使用。

10) 注意防止雨水或邻接有用水房间的水进入地板面层内, 以免浸泡地板。

3. 施工质量验收

(1) 基本规定

1) 中密度(强化)复合地板面层的材料以及面层下的板或衬垫等材质应符合设计要求, 并采用具有商品检验合格证的产品, 其技术等级及质量要求均应符合国家现行标准的规定。

2) 中密度(强化)复合地板面层铺设时, 相邻条板端头应错开不小于 300mm 距离; 衬垫层及面层与墙之间应留不小于 10mm 空隙。

(2) 主控项目

1) 中密度(强化)复合地板面层所采用的材料, 其技术等级及质量要求应符合设计要求。木搁栅、垫木和毛地板等应做防腐、防蛀处理。

检验方法: 观察检查和检查材质合格证明文件及检测报告。

2) 木搁栅安装应牢固、平直。

检验方法: 观察、脚踩检查。

3) 面层铺设应牢固。

检验方法: 观察、脚踩检查。

(3) 一般项目

1) 中密度(强化)复合地板面层图案和颜色应符合设计要求, 图案清晰, 颜色一致, 板面无翘曲。

检验方法: 观察、用 2m 靠尺和楔形塞尺检查。

2) 面层的接头应错开、缝隙严密、表面洁净。

检验方法: 观察检查。

3) 踢脚线表面应光滑, 接缝严密, 高度一致。

检验方法: 观察和钢尺检查。

4) 中密度(强化)复合木地板面层的允许偏差应符合表 8-5 的规定。

检验方法: 应按表 8-5 中的检验方法检验。

五、竹地板面层

1. 材料要求

(1) 竹地板块的面层应选用不腐朽、不开裂的天然竹材, 经加工制成侧、端面带有凸凹榫(槽)的竹板块材。

(2) 木搁栅(木龙骨、垫方)和垫木等用材树种和规格以及防腐处理等均应符合设计要求。

2. 施工质量控制

(1) 竹地板面层下基层表面应符合相关要求,认真做好楼、地面的清理工作。

(2) 铺设前,应预先在室内墙面上弹好+500mm 的水平标高控制线,以保证面层的平整度。

(3) 空铺式木搁栅的两端应垫实钉牢。当采用地垄墙、墩时,尚应与搁栅固定牢固木搁栅与墙间应留出不小于 30mm 的缝隙。木搁栅的表面应平直,用 2m 直尺检查时,尺与搁栅的空隙不应大于 3mm。搁栅的间距应符合要求,搁栅间应加钉剪刀撑。

(4) 实铺式木搁栅的断面尺寸、间距及稳固方法等均应按设计要求铺设。木搁栅固定时,不得损坏基层和预埋管线。木搁栅应作防腐处理。

(5) 铺设双层竹板面层下层毛地板,应按下列进行:

1) 铺设前必须清除毛地板下空间内的刨花等杂物。

2) 毛地板铺设时,应与搁栅成 30°或 45°斜向钉牢,并使其髓心向上,板间的缝隙大于 3mm。毛地板与墙之间留 10~20mm 的缝隙。每块毛地板与其下的每根搁栅上各用两枚钉固定。

(6) 在水泥类基层(面层)上铺设竹地板面层时,应按下列要求进行:

1) 放线确定木龙骨间距,一般为 250mm。可用 3~4cm 钢钉将刨平的木龙骨钉(锚固在基层上并找平。

2) 每块竹地板宜横跨 5 根木龙骨。采用双层铺设,即在木龙骨上满铺木工板、多层板、中纤板等,后铺钉竹地板。

3) 铺设竹地板面层前,应在木龙骨间撒布生花椒粒等防虫配料,每平方米撒放量控制在 0.5kg。

4) 铺设前,应在竹条材侧面用手电钻钻眼;铺设时,先在木龙骨与竹地板铺设处涂少量地板胶,后用 1.5 寸的螺丝钉钉在木龙骨位置实施拼装。拼装时竹条材不宜太紧。

5) 竹地板面层四周应留 1~1.5cm 的通气孔,然后再安装地角线。

6) 竹条材纵向端接缝的位置应协调,相邻两行的端接缝错开应在 300mm 左右,以显示整体效果。

3. 施工质量验收

(1) 基本规定

1) 竹地板面层的铺设应按实木地板面层的规定执行。

2) 竹子具有纤维硬、密度大、水分少、不易变形等优点。竹地板应经严格选材、硫化、防腐、防蛀处理,并采用具有商品检验合格证的产品,其技术等级及质量要求均应符合国家现行行业标准《竹地板》(LY/T 1573)的规定。

(2) 主控项目

1) 竹地板面层所采用的材料,其技术等级和质量要求应符合设计要求。木搁栅、毛地板和垫木等应做防腐、防蛀处理。

检验方法:观察检查和检查材质合格证明文件及检测报告。

2) 木搁栅安装应牢固、平直。

检验方法:观察、脚踩检查。

3) 面层铺设应牢固;粘贴无空鼓。

检验方法:观察、脚踩或用小锤轻击检查。

(3) 一般项目
1) 竹地板面层品种与规格应符合设计要求，板面无翘曲。
检验方法：观察、用 2m 靠尺和楔形塞尺检查。
2) 面层缝隙应均匀、接头位置错开，表面洁净。
检验方法：观察检查。
3) 踢脚线表面应光滑，接缝均匀，高度一致。
检验方法：观察和用钢尺检查。
4) 竹地板面层的允许偏差应符合表 8-5 的规定。
检验方法：应按表 8-5 中的检验方法检验。

第六节 分部（子分部）工程验收

1. 建筑地面工程施工质量中各类面层子分部工程的面层铺设与其相应的基层铺设的分项工程施工质量检验应全部合格。
2. 建筑地面工程子分部工程质量验收应检查下列工程质量文件和记录：
(1) 建筑地面工程设计图纸和变更文件等；
(2) 原材料的出厂检验报告和质量合格保证文件、材料进场检（试）验报告（含抽样报告）；
(3) 各层的强度等级、密实度等试验报告和测定记录；
(4) 各类建筑地面工程施工质量控制文件；
(5) 各构造层的隐蔽验收及其他有关验收文件。
3. 建筑地面工程子分部工程质量验收应检查下列安全和功能项目：
(1) 有防水要求的建筑地面子分部工程的分项工程施工质量的蓄水检验记录，并抽查复验认定；
(2) 建筑地面板块面层铺设子分部工程和木、竹面层铺设子分部工程采用的天然石材、胶粘剂、沥青胶结料和涂料等材料证明资料。
4. 建筑地面工程子分部工程观感质量综合评价应检查下列项目：
(1) 变形缝的位置和宽度以及填缝质量应符合规定；
(2) 室内建筑地面工程按各子分部工程经抽查分别作出评价；
(3) 楼梯、踏步等工程项目经抽查分别作出评价。

第七节 地面工程质量实例

【案例 1】
某活动中心工程，走廊及卫生间为玻化砖地面，针对玻化砖吸水率较差，容易造成空鼓等质量通病等问题，采取了如下质量管理措施：
1. 地面标高错误：多出现在厕所、浴室、盥洗室等超出设计标高，原因是：
(1) 楼面标高超高；
(2) 防水层过厚；

(3) 粘结层砂浆过厚。

2. 泛水过小或局部倒坡：地漏安装标高过高，基层不平或有凹坑，造成局部存水。由于楼层标高错误减少地面坡度，500mm 水平线不准，或施工时没按水平线施工。要求对 500mm 水平线认真检查无误，水暖及土建施工人员应按水平线下返，尺寸、标高要准确。地面施工时应先冲好筋，以保证坡向正确。

3. 地面铺砖不平，出现高低差：砖厚度不一，没有严格挑选，地砖不平、劈棱窜角或粘结层过厚，上人太早。为解决此问题，首先应选砖，不合规格、不标准的砖不用，铺砖时要拍实，铺好地面后封闭门口，常温 48h 用锯末养护。

板块空鼓：基层清理不净、洒水湿润不透、砖未浸水、早期脱水所致，上人过早，粘结砂浆未达到强度受外力振动，影响粘结强度，形成空鼓。解决办法：认真清理，严格检查，注意上人时间，加强养护。

踢脚板空鼓原因：墙面基层清理不净，尚有余灰没有清刷干净，影响粘结形成空鼓。浇水不透，形成早期脱水，踢脚板后砂浆没有抹到边，造成边角空鼓。解决办法：加强基层清理浇水，粘结踢脚时做到满铺满挤。

4. 踢脚板出墙厚度不一致：由于墙体抹灰垂直度、平整度超出允许偏差，踢脚板镶贴时按水平线控制，所以出墙厚度不一致。因此在镶贴前，先检查墙面平整度，进行处理后再进行镶贴。

5. 板块表面不洁净：主要是做完面层之后，成品保护不够，油漆桶放在地砖上、在地砖上拌合砂浆、刷浆时不覆盖等，都造成面层被污染。

6. 黑边：不足整块砖时，不切割半块砖铺贴，用砂浆补边，形成黑边，影响观感。解决办法：按规矩切割边条补贴。

7. 缝子不直不匀：操作前应挑选陶瓷锦砖，长宽相同，整张锦砖用于同一房间。拨缝时分格缝拉通线，将超线的砖拨顺直。

【案例 2】

某酒店工程，大堂、电梯间、咖啡厅、过门口部分均为石材地面。根据以往施工经验，为了在石材地面质量上体现出该项目施工的水平，使高档石材装饰地面能够体现高档的施工质量，针对易发生的质量问题，施工中采取了如下质量管理措施：

1. 板面与基层空鼓：混凝土垫层清理不干净或浇水湿润不够，刷水泥素浆不均匀或刷完时间过长已风干，找平层用的素水泥砂浆结合层变成了隔离层，石材未浸水湿润等因素都易引起空鼓。因此，必须严格遵守操作工艺要求，基层必须清理干净，找平层砂浆用干硬性的，随铺随刷一层素水泥浆，石材板块在铺砌前必须浸水湿润。

2. 尽端出现大小头：铺砌时操作者未拉通线或不同操作者在同一行铺设时掌握板块之间分缝隙大小不一造成。所以在铺砌前必须拉通线，操作者要根线铺砌，每铺完一行后立即再拉通线检查缝隙是否顺直，避免出现大小头现象。

3. 接缝高低不平、缝隙宽窄不匀：主要原因是板块本身有厚薄、宽窄、窜角、翘曲等缺陷。预先未严格挑选。房间内水平标高线不统一，铺砌时未严格拉通线等因素均易产生接缝高低不平、缝子不匀等缺陷。所以应预先严格挑选板块，凡是翘曲、拱背、宽窄不方正等块材剔出不予使用。铺设标准块后应向两侧和后退方向顺序铺设，并随时用水平尺和直尺找准，缝隙必须拉通线不能有偏差。房间内的标高线要有专人负责引入，且各房间和楼道的标高必须一致。

4. 过门口处石材活动：铺砌时没有及时将铺砌门口石材与相邻的地面相接。在工序安排上，石材地面以外的房间地面应先完成。过门口处石材与地面连续铺砌。

5. 踢脚板出墙高度不一致：在镶贴踢脚板时必须要拉通线加以控制。

【案例3】

某大学办公楼工程，校长室及贵客室均为高档木制地板。木地板的施工质量如较好，能够为室内精装饰效果起到重要作用，但木地板施工过程中，常发生拼缝不严、变形等不易控制的质量问题，因此，该工程木地板的质量管理措施如下，效果较好。

1. 地板铺设不实，有空鼓响声

(1) 原因分析：

地板固定不实，主要是毛板与龙骨、底衬与地板连接数量少。

板材含水率变化引起收缩或胶液不合格。

(2) 防治方法：

严格检验板材含水率、胶粘剂的质量，检验合格后才能使用。

安装时连接不宜过少，并应确保连接牢靠；每安装完一块板，用脚踩，检验无响声后再装下一块，如有响声应即刻返工。

地板龙骨的间距必须以30cm为基数，保证木地板纵向接头，必须搭在龙骨上，不能悬空。

龙骨与地板接触面必须平整，木地板下木龙骨必须刨光。

木地板铺设时需要涂胶固定，安装过程中不允许直接打钉，以免造成地板开裂，木地板扣榫接缝处要求涂胶，这样可以加强地板的稳定性。

2. 地板表面不平

(1) 原因分析：基层不平或地板条变形起拱所致。

(2) 防治方法：

在安装施工时，用水平尺对龙骨表面找平，如果不平应垫垫木调整；

龙骨上应做通风小槽；板边距墙面应留出10mm的通风缝隙；

材料必须干燥，防止木地板受潮后起拱。

木地板表面平整度误差应在1mm以内。

3. 地板铺设拼缝不严

(1) 原因分析：

施工中安装不规范外。

板材的宽度尺寸误差大及企口加工质量差。

(2) 防治方法：

在施工中除认真检验地板质量，安装时企口应平铺，木地板在铺板前调整支架，用模块将地板缝隙调整一致后再安装。

第九章 机电工程施工质量管理实务

第一节 建筑给水排水与采暖工程

一、给水管道安装质量标准

1. 一般规定

(1) 给水管道必须采用与管材相适应的管件。生活给水系统所涉及的材料必须达到饮用水卫生标准。

(2) 管径小于或等于 100mm 的镀锌钢管应采用螺纹连接,套丝扣时破坏的镀锌层表面及外露螺纹部分应做防腐处理;管径大于 100mm 的镀锌钢管应采用法兰或卡套式专用管件连接,镀锌钢管与法兰的焊接处应二次镀锌。

(3) 给水塑料管和复合管可以采用橡胶圈接口、粘接接口、热熔连接、专用管件连接及法兰连接等形式。塑料管和复合管与金属管件、阀门等的连接应使用专用管件连接,不得在塑料管上套丝。

(4) 给水铸铁管管道应采用水泥捻口或橡胶圈接口方式进行连接。

(5) 铜管连接可采用专用接头或焊接,当管径小于 22mm 时宜采用承插或套管焊接,承口应迎介质流向安装;当管径大于或等于 22mm 时宜采用对口焊接。

(6) 给水立管和装有 3 个或 3 个以上配水点的支管始端,均应安装可拆卸的连接件。

(7) 冷、热水管道同时安装应符合下列规定:

1) 上、下平行安装时热水管应在冷水管上方。
2) 垂直平行安装时热水管应在冷水管左侧。

2. 主控项目

(1) 室内给水管道的水压试验必须符合设计要求。当设计未注明时,各种材质的给水管道系统试验压力均为工作压力的 1.5 倍,但不得小于 0.6MPa。

检验方法:金属及复合管给水管道系统在试验压力下观测 10min,压力降不应大于 0.02MPa,然后降到工作压力进行检查,应不渗不漏;塑料管给水系统应在试验压力下稳压 1h,压力降不得超过 0.05MPa,然后在工作压力的 1.15 倍状态下稳压 2h,压力降不得超过 0.03MPa,同时检查各连接处不得渗漏。

(2) 给水系统交付使用前必须进行通水试验并做好记录。

检验方法:观察和开启阀门、水嘴等放水。

(3) 生产给水系统管道在交付使用前必须冲洗和消毒,并经有关部门取样检验,符合国家《生活饮用水标准》方可使用。

检验方法：检查有关部门提供的检测报告。

（4）室内直埋给水管道（塑料管道和复合管道除外）应做防腐处理。埋地管道防腐层材质和结构应符合设计要求。

检验方法：观察或局部解剖检查。

3. 一般项目

（1）给水引入管与排水排出管的水平净距不得小于1m。室内给水与排水管道平行敷设时，两管间的最小水平净距不得小于0.5m；交叉铺设时，垂直净距不得小于0.15m。给水管应铺在排水管上面，若给水管必须铺在排水管的下面时，给水管应加套管，其长度不得小于排水管管径的3倍。

检验方法：尺量检查。

（2）管道及管件焊接的焊缝表面质量应符合下列要求：

1）焊缝外形尺寸应符合图纸和工艺文件的规定，焊缝高度不得低于母材表面，焊缝与母材应圆滑过渡。

2）焊缝及热影响区表面应无裂纹、未熔合、未焊透、夹渣、弧坑和气孔等缺陷。

检验方法：观察检查。

（3）给水水平管道应有2‰～5‰的坡度坡向泄水装置。

检验方法：水平尺和尺量检查。

（4）给水管道和阀门安装的允许偏差应符合表9-1的规定。

管道和阀门安装的允许偏差和检验方法 表9-1

项次	项 目			允许偏差(mm)	检 验 方 法
1	水平管道纵横方向弯曲	钢管	每1m 全长25m以上	1 ≯25	用水平尺、直尺、拉线和尺量检查
		塑料管 复合管	每1m 全长25以上	1.5 ≯25	
		铸铁管	每1m 全长25m以上	2 ≯25	
2	立管垂直度	钢管	每1m 5m以上	3 ≯8	吊线和尺量检查
		塑料管 复合管	每1m 5m以上	2 ≯8	
		铸铁管	每1m 5m以上	3 ≯10	
3	成排管段和成排阀门	在同一平面上间距		3	尺量检查

（5）管道的支、吊架安装应平整牢固，其间距应符合规范的规定。

检验方法：观察、尺量及手扳检查。

（6）水表应安装在便于检修、不受曝晒、污染和冻结的地方。安装螺翼式水表，表前与阀门应有不小于8倍水表接口直径的直线管段。表外壳距墙表面净距为10～30mm；水表进水口中心标高按设计要求，允许偏差为±10mm。

检验方法：观察和尺量检查。

二、排水管道安装质量标准

1. 一般规定

生活污水管道应使用塑料管、铸铁管或混凝土管(由成组洗脸盆或饮用喷水器到共用水封之间的排水管和连接卫生器具的排水短管，可使用钢管)。

雨水管道宜使用塑料管、铸铁管、镀锌和非镀锌钢管或混凝土管等。

悬吊式雨水管道应选用钢管、铸铁管或塑料管。易受振动的雨水管道(如锻造车间等)应使用钢管。

2. 主控项目

(1) 隐蔽或埋地的排水管道在隐蔽前必须做灌水试验，其灌水高度应不低于底层卫生器具的上边缘或底层地面高度。

检验方法：满水15min水面下降后，再灌满观察5min，液面不降，管道及接口无渗漏为合格。

(2) 生活污水铸铁管道的坡度必须符合设计或表9-2的规定。

生活污水铸铁管道的坡度表　　　　　　　　　　　　　　　　表9-2

项次	管径(mm)	标准坡度(‰)	最小坡度(‰)	项次	管径(mm)	标准坡度(‰)	最小坡度(‰)
1	50	35	25	4	125	15	10
2	75	25	15	5	150	10	7
3	100	20	12	6	200	8	5

(3) 生活污水塑料管道的坡度必须符合设计或表9-3的规定。

生活污水塑料管道的坡度　　　　　　　　　　　　　　　　表9-3

项次	管径(mm)	标准坡度(‰)	最小坡度(‰)	项次	管径(mm)	标准坡度(‰)	最小坡度(‰)
1	50	25	12	4	125	10	5
2	75	15	8	5	160	7	4
3	110	12	6				

检验方法：水平尺、拉线尺量检查。

(4) 排水塑料管必须按设计要求及位置装设伸缩节。如设计无要求时，伸缩节间距不得大于4m。

高层建筑中明设排水塑料管道应按设计要求设置阻火圈或防火套管。

检验方法：观察检查。

(5) 排水主立管及水平干管管道均应做通球试验，通球球径不小于排水管道管径的2/3，通球率必须达到100%。

检查方法：通球检查。

3. 一般项目

(1) 在生活污水管道上设置的检查口或清扫口，当设计无要求时应符合下列规定：

1) 在立管上应每隔一层设置一个检查口，但在最底层和有卫生器具的最高层必须设置。如为两层建筑时，可仅在底层设置立管检查口；如有乙字弯管时，则在该层乙字弯管的上部设置检查口。检查口中心高度距操作地面一般为1m，允许偏差±20mm；检查口的朝向应便于检修。暗装立管，在检查口处应安装检修门。

2) 在连接2个及2个以上大便器或3个及3个以上卫生器具的污水横管上应设置清扫口。当污水管在楼板下悬吊敷设时，可将清扫口设在上一层楼地面上，污水管起点的清扫口与管道相垂直的墙面距离不得小于200mm；若污水管起点设置堵头代替清扫口时，与墙面距离不得小于400mm。

3) 在转角小于135°的污水横管上，应设置检查口或清扫口。

4) 污水横管的直线管段，应按设计要求的距离设置检查口或清扫口。

检验方法：观察和尺量检查。

(2) 埋在地下或地板下的排水管道的检查口，应设在检查井内。井底表面标高与检查口的法兰相平，井底表面应有5%坡度，坡向检查口。

检验方法：尺量检查。

(3) 金属排水管道上的吊钩或卡箍应固定在承重结构上。固定件间距：横管不大于2m；立管不大于3m。楼层高度小于或等于4m，立管可安装1个固定件。立管底部的弯管处应设支墩或采取固定措施。

检验方法：观察和尺量检查。

(4) 排水塑料管道支、吊架间距应符合表9-4的规定。

排水塑料管道支、吊架最大间距(单位：m)　　　　　　　　　　　　　　表9-4

管径(mm)	50	75	110	125	160
立管	1.2	1.5	2.0	2.0	2.0
横管	0.5	0.75	1.10	1.30	1.6

检验方法：尺量检查。

(5) 排水通气管不得与风道或烟道连接，且应符合下列规定：

1) 通气管应高出屋面300mm，但必须大于最大积雪厚度。

2) 在通气管出口4m以内有门、窗时，通气管应高出门、窗顶600mm或引向无门、窗一侧。

3) 在经常有人停留的平屋顶上，通气管应高出屋面2m，并应根据防雷要求设置防雷装置。

4) 屋顶有隔热层应从隔热层板面算起。

检验方法：观察和尺量检查。

(6) 安装未经消毒处理的医院含菌污水管道，不得与其他排水管道直接连接。

检验方法：观察检查。

(7) 饮食业工艺设备引出的排水管及饮用水水箱的溢流管，不得与污水管道直接连接，并应留出不小于100mm的隔断空间。

检验方法：观察和尺量检查。

(8) 通向室外的排水管，穿过墙壁或基础必须下返时，应采用45°三通和45°弯头连接，并应在垂直管段顶部设置清扫口。

检验方法：观察和尺量检查。

(9) 由室内通向室外排水检查井的排水管，井内引入管应高于排出管或两管顶相平，并有不小于90°的水流转角，如跌落差大于300mm可不受角度限制。

检验方法：观察和尺量检查。

(10) 用于室内排水的水平管道与水平管道、水平管道与立管的连接，应采用45°三通或45°四通和90°斜三通或90°斜四通。立管与排出管端部的连接，应采用两个45°弯头或曲率半径不小于4倍管径的90°弯头。

检验方法：观察和尺量检查。

(11) 室内排水管道安装的允许偏差应符合表9-5的相关规定。

室内排水和雨水管道安装的允许偏差和检验方法　　　　表9-5

项次	项目			允许偏差(mm)	检验方法
1	坐标			15	
2	标高			±15	
3	横管纵横向弯曲	铸铁管	每1m	≯1	用水准仪（水平尺）、直尺、拉线和尺量检查
			全长(25m以上)	≯25	
		钢管	每1m 管径小于或等于100mm	1	
			每1m 管径大于100mm	1.5	
			全长(25m以上) 管径小于或等于100mm	≯25	
			全长(25m以上) 管径大于100mm	≯308	
		塑料管	每1m	1.5	
			全长25m以上	≯38	
		钢筋混凝土管、混凝土管	每1m	3	
			全长(25m以上)	≯75	
4	立管垂直度	铸铁管	每1m	3	吊线和尺量检查
			全长(5m以上)	≯15	
		钢管	每1m	3	
			全长(5m以上)	≯10	
		塑料管	每1m	3	
			全长(5m以上)	≯15	

三、卫生洁具安装质量标准

(1) 卫生器具的安装应采用预埋螺栓或膨胀螺栓安装固定。

(2) 卫生器具安装高度如设计无要求时，应符合表9-6的规定。

第一节 建筑给水排水与采暖工程

卫生器具的安装高度 表 9-6

项次	卫生器具名称		卫生器具安装高度(mm)		备 注
			居住和公共建筑	幼儿园	
1	污水盆(池)	架空式 落地式	800 500	800 500	自地面至器具上边缘
2	洗涤盆(池)		800	800	
3	洗脸盆、洗手盆(有塞、无塞)		800	500	
4	盥洗槽		800	500	
5	浴盆		≯520		
6	蹲式大便器	高水箱 低水箱	1800 900	1800 900	自台阶面至高水箱底 自台阶面至低水箱底
7	坐式大便器	高水箱	1800	1800	自地面至高水箱底 自地面至低水箱底
		低水箱 外露排水管式 虹吸喷射式	510 470	 370	
8	小便器	挂式	600	450	自地面至下边缘
9	小便槽		200	150	自地面至台阶面
10	大便槽冲洗水箱		≮2000		自台阶至水箱底
11	妇女卫生盆		360		自地面至器具上边缘
12	化验盆		800		自地面至器具上边缘

(3) 卫生器具给水配件的安装高度，如设计无要求时，应符合表 9-7 的规定。

卫生器具给水配件的安装高度 表 9-7

项次	给水配件名称		配件中心距地面高度(mm)	冷热水龙头距离(mm)
1	架空式污水盆(池)水龙头		1000	—
2	落地式污水盆(池)水龙头		800	—
3	洗涤盆(池)水龙头		1000	150
4	住宅集中给水龙头		1000	—
5	洗手盆水龙头		1000	—
6	洗脸盆	水龙头(上配水)	1000	150
		水龙头(下配水)	800	150
		角阀(下配水)	450	—
7	盥洗槽	水龙头	1000	150
		冷热水管其中热水龙头上下并行	1100	150
8	浴盆	水龙头(上配水)	670	150
9	淋浴器	截止阀	1150	95
		混合阀	1150	—
		淋浴喷头下沿	2100	—

续表

项次	给水配件名称		配件中心距地面高度(mm)	冷热水龙头距离(mm)
10	蹲式大便器（从台阶面算起）	高水箱角阀及截止阀	2040	—
		低水箱角阀	250	—
		手动式自闭冲洗阀	600	—
		脚踏式自闭冲洗阀	150	—
		拉管式冲洗阀（从地面算起）	1600	—
		带防污助冲器阀门（从地面算起）	900	—
11	坐式大便器	高水箱角阀及截止阀	2040	—
		低水箱角阀	150	—
12	大便槽冲洗箱截止阀（从台阶面算起）		≤2400	—
13	立式小便器角阀		1130	—
14	挂式小便器角阀及截止阀		1050	—
15	小便槽多孔冲洗管		1100	—
16	实验室化验水龙头		1000	—
17	妇女卫生盆混合阀		360	—

检验方法：用水平尺和尺量检查。

四、给排水工程质量实例

1. 给水管道通水时，阀门处漏水

(1) 现象：

给水系统运行中阀门开关不灵活，关闭不严及出现漏水的现象。

(2) 原因分析：

1) 施工使用的主要材料、设备及制品，缺少符合国家或部颁现行标准的技术质量鉴定文件或产品合格证。

2) 阀门安装前不按规定进行必要的质量检验。

3) 阀门安装方法错误。例如截止阀或止回阀水(汽)流向与标志相反，阀杆朝下安装，水平安装的止回阀采取垂直安装，明杆闸阀或蝶阀手柄没有开、闭空间，暗装阀门的阀杆不朝向检查门。

(3) 预防措施：

1) 给排水及暖卫工程所使用的主要材料、设备及制品，应有符合国家或部颁发现行标准的技术质量鉴定文件或产品合格证；应标明其产品名称、型号、规格、国家质量标准代号、出厂日期、生产厂家名称及地点、出厂产品检验证明或代号。

2) 阀门安装前，应做耐压强度和严密性试验。试验应以每批(同牌号、同规格、同型号)数量中抽查10%，且不少于一个。对于安装在主干管上起切断作用的闭路阀门，应逐个做强度和严密性试验。阀门强度和严密性试验压力应符合《建筑给排水及采暖工程施工质量验收规范》(GB 50242—2002)规定。

3) 严格按阀门安装说明书进行安装,明杆闸阀留足阀杆伸长开启高度,蝶阀充分考虑手柄转动空间,各种阀门杆不能低于水平位置,更不能向下。暗装阀门不但要设置满足阀门开闭需要的检查门,同时阀杆应朝向检查门。

4) 管道系统依据设计要求和施工规范规定进行试验时,除在规定时间内记录压力值或水位变化,特别要仔细检查是否存在渗漏问题。

2. 排水管道滴水,污染吊顶

(1) 现象:

夏季吊顶内排水管道滴水,污染装修吊顶。

(2) 原因分析:

1) 污水、雨水、冷凝水管不做闭水试验便做隐蔽。

2) 隐蔽工程项目不经检查或不合格时,便开始进行下道工序施工。

(3) 预防措施:

1) 闭水试验工作应严格按规范检查验收。地下埋设、吊顶内、管子间等暗装污水、雨水、冷凝水管等要达到确保不渗不漏。

2) 凡是工程中埋地或埋入混凝土的部位,有隔热保温要求的管道或设备,以及安装在人不能进入的管沟、管井和设备层内的管道及附件,都应及时进行隐蔽工程检查,合格后方可进行下道工序施工。

3) 选择满足防结露要求的保温材料,认真检查防结露保温质量,按要求做好保温,保证保温层的严密性。

3. 卫生洁具排水不通畅

(1) 现象:

卫生洁具排水不通畅,发生阻塞时,无法正常清通。

(2) 原因分析:

1) 生活污水立管检查口设置位置和数量不符合施工规范和管道灌水试验要求。

2) 连接两个及两个以上大便器或三个及三个以上卫生器具的污水横管起端处不设置清扫口,或将清扫口安装在楼板下托吊管起点;在污水横管的直线管段或在转角小于135°的污水横管上,不按施工规范规定,设置检查口或清扫口。

3) 排水管道连接用正三通,正四通,弯头用90°弯头,使用零件不符合施工规范要求。造成管道局部阻力加大,重力流速减小,管道中杂物容易在三通、弯头处形成堵塞。

4) 卫生器具安装完毕以后,排水管道不做通水试验。

(3) 预防措施:

1) 污水排水立管应每隔二层设置一个立管检查口,并且在最低层和有卫生器具的最高层必须设置,检查口的朝向应便于修理。当托吊管需进行逐层灌水试验时,应每层设置立管检查口,如果设计有专用透气管,并与污水立管采用H形管件连接时,立管检查口应设置在H形管件的上边。

2) 污水管道当连接两个及两个以上大便器或三个及三个以上卫生器具时应在起端处设置清扫口,同时当污水管在楼板下悬吊敷设时,宜将清扫口设在上一层楼板地面上,方便管道清通工作。在污水横管转角小于135°时,以及污水横管的直线管段上,应按规定设置检查

3）排水管道的横管与横管、横管与立管的连接，应采用45°斜三通、45°斜四通、90°斜三通、90°斜四通，管道90°转变时，应用2个45°弯头或弯曲半径不小于4倍管径的90°弯头连接。

4）排水管道通水试验后应进行通球试验，用不小于管道直径2/3的硬质塑料球，对管道的各立管以及连接立管的水平干管进行通球试验，具体做法是将球在立管顶部或水平干管的起端将球投入，球靠重力或水冲力，在排出口取到球体为合格。

第二节 通风与空调工程

一、风管制作质量标准

1. 主控项目

（1）金属风管的材料品种、规格、性能与厚度等应符合设计和现行国家产品标准的规定。当设计无规定时，应按本规范执行。钢板或镀锌钢板的厚度不得小于表9-8的规定；不锈钢板的厚度不得小于表9-9的规定；铝板的厚度不得小于表9-10的规定。

钢板风管板材的厚度（mm） 表9-8

类别 风管直径D或边长尺寸b	圆形风管	矩形风管		除尘系统
		中压系统	高压系统	
$D(b) \leqslant 320$	0.5	0.5	0.75	1.5
$320 < D(b) \leqslant 450$	0.6	0.6	0.75	1.5
$450 < D(b) \leqslant 630$	0.75	0.6	0.75	2.0
$630 < D(b) \leqslant 1000$	0.75	0.75	1.0	2.0
$1000 < D(b) \leqslant 1250$	1.0	1.0	1.0	2.0
$1250 < D(b) \leqslant 2000$	1.2	1.0	1.2	按设计
$2000 < D(b) \leqslant 4000$	按设计	1.2	按设计	按设计

注：1. 螺旋风管的钢板厚度可适当减少10%～15%。
　　2. 排烟风管钢板厚度可按高压系统。
　　3. 特殊除尘系统风管钢板厚度应符合设计要求。
　　4. 不适用于地下人防与防火隔墙的预埋管。

高、中、低压系统不锈钢板风管板材厚度（mm） 表9-9

风管直径或长边尺寸b	不锈钢板厚度	风管直径或长边尺寸b	不锈钢板厚度
$b \leqslant 500$	0.5	$1120 < b \leqslant 2000$	1.0
$500 < b \leqslant 1120$	0.75	$2000 < b \leqslant 4000$	1.2

中、低压系统铝板风管板材厚度（mm） 表9-10

风管直径或长边尺寸b	铝板厚度	风管直径或长边尺寸b	铝板厚度
$b \leqslant 320$	1.0	$630 < b \leqslant 2000$	2.0
$320 < b \leqslant 630$	1.5	$2000 < b \leqslant 4000$	按设计

检查数量：按材料与风管加工批数量抽查10%，不得少于5件。

检查方法：查验材料质量合格证明文件、性能检测报告，尺量、观察检查。

(2) 非金属风管的材料品种、规格、性能与厚度等应符合设计和现行国家产品标准的规定。当设计无规定时，应按本规范执行。硬聚氯乙烯风管板材的厚度，不得小于表9-11或表9-12的规定；有机玻璃钢风管板材的厚度，不得小于表9-13的规定；无机玻璃钢风管板材的厚度应符合表9-14的规定，相应的玻璃布层数不应少于表9-15的规定，其表面不得出现返卤或严重泛霜。

用于高压风管系统的非金属风管厚度应按设计规定。

中、低压系统硬聚氯乙烯圆形风管板材厚度(mm)　　表9-11

风管直径 D	不锈钢板厚度	风管直径 D	不锈钢板厚度
$D \leqslant 320$	3.0	$630 < D \leqslant 1000$	5.0
$320 < D \leqslant 630$	4.0	$1000 < D \leqslant 2000$	6.0

中、低压系统硬聚氯乙烯矩形风管板材厚度(mm)　　表9-12

风管长边尺寸 b	板材厚度	风管长边尺寸 b	板材厚度
$b \leqslant 320$	3.0	$800 < b \leqslant 1250$	6.0
$320 < b \leqslant 500$	4.0	$1250 < b \leqslant 2000$	8.0
$500 < b \leqslant 800$	5.0		

中、低压系统有机玻璃钢风管板材厚度(mm)　　表9-13

圆形风管直径 D 或矩形风管长边尺寸 b	板材厚度	圆形风管直径 D 或矩形风管长边尺寸 b	板材厚度
$(D)b \leqslant 200$	2.5	$630 < (D)b \leqslant 1000$	4.8
$200 < (D)b \leqslant 400$	3.2	$1000 < (D)b \leqslant 2000$	6.2
$400 < (D)b \leqslant 630$	4.0		

中、低压系统无机玻璃钢风管板材厚度(mm)　　表9-14

风管直径 D 或长边尺寸 b	板材厚度	风管直径 D 或长边尺寸 b	板材厚度
$(D)b \leqslant 300$	2.5～3.5	$1000 < (D)b \leqslant 1500$	5.5～6.5
$300 < (D)b \leqslant 500$	3.5～4.5	$1500 < (D)b \leqslant 2000$	6.5～7.5
$500 < (D)b \leqslant 1000$	4.5～5.5	$(D)b > 2000$	7.5～8.5

中、低压系统无机玻璃钢风管玻璃钢纤维布厚度与层数(mm)　　表9-15

风管直径 D 或长边尺寸 b	风管管体玻璃纤维布厚度		风管法兰玻璃纤维布厚度	
	0.3	0.4	0.3	0.4
	玻 璃 布 层 数			
$(D)b \leqslant 300$	5	4	8	7
$300 < (D)b \leqslant 500$	7	5	10	8
$500 < (D)b \leqslant 1000$	8	6	13	9

续表

风管直径 D 或长边尺寸 b	风管管体玻璃纤维布厚度		风管法兰玻璃纤维布厚度	
	0.3	0.4	0.3	0.4
	玻璃布层数			
$1000<(D)b\leqslant1500$	9	7	14	10
$1500<(D)b\leqslant2000$	12	8	16	14
$(D)b>2000$	14	9	20	16

检查数量：按材料与风管加工批数量抽查10%，不得少于5件。

检查方法：查验材料质量合格证明文件、性能检测报告，尺量、观察检查。

(3) 防火风管的本体、框架与固定材料、密封垫料必须为不燃材料，其耐火等级应符合设计的规定。

检查数量：按材料与风管加工批数量抽查10%，不应少于5件。

检查方法：查验材料质量合格证明文件、性能检测报告，观察检查与点燃试验。

(4) 复合材料风管的覆面材料必须为不燃材料，内部的绝热材料应为不燃或难燃B1级，且对人体无害的材料。

检查数量：按材料与风管加工批数量抽查10%，不应少于5件。

检查方法：查验材料质量合格证明文件、性能检测报告，观察检查与点燃试验。

(5) 风管必须通过工艺性的检测或验证，其强度和严密性要求应符合设计或下列规定：

① 风管的强度应能满足在1.5倍工作压力下接缝处无开裂；

② 矩形风管的允许漏风量应符合以下规定：

低压系统风管 $Q_L \leqslant 0.1056 P^{0.65}$

中压系统风管 $Q_M \leqslant 0.0352 P^{0.65}$

高压系统风管 $Q_H \leqslant 0.0117 P^{0.65}$

式中 Q_L、Q_M、Q_H——系统风管在相应工作压力下，单位面积风管单位时间内的允许漏风量 $[m^3/(h \cdot m^2)]$；

P——指风管系统的工作压力(Pa)。

③ 低压、中压圆形金属风管、复合材料风管以及采用非法兰形式的非金属风管的允许漏风量，应为矩形风管规定值的50%；

④ 砖、混凝土风道的允许漏风量不应大于矩形低压系统风管规定值的1.5倍；

⑤ 排烟、除尘、低温送风系统按中压系统风管的规定，1~5级净化空调系统按高压系统风管的规定。

检查数量：按风管系统的类别和材质分别抽查，不得少于3件及15m²。

检查方法：检查产品合格证明文件和测试报告，或进行风管强度和漏风量测试。

(6) 金属风管的连接应符合下列规定：

① 风管板材拼接的咬口缝应错开，不得有十字型拼接缝。

② 金属风管法兰材料规格不应小于表9-16或表9-17的规定。中、低压系统风管法兰的螺栓及铆钉孔的孔距不得大于150mm；高压系统风管不得大于100mm。矩形风管法兰

的四角部位应设有螺孔。

金属圆形风管法兰及螺栓规格(mm) 表 9-16

风管直径 D	法兰材料规格		螺栓规格
	扁钢	角钢	
D≤140	−20×4	—	M6
140<D≤280	−20×4	—	
280<D≤630	—	L25×3	
630<D≤1250	—	L30×4	M8
1250<D≤2000	—	L40×4	

金属矩形风管法兰及螺栓规格(mm) 表 9-17

风管长边尺寸 b	法兰材料规格(角钢)	螺栓规格
b≤630	25×3	M6
630<b≤1500	30×3	M8
1500<b≤2500	40×4	
2500<b≤4000	50×5	M10

当采用加固方法提高了风管法兰部位的强度时，其法兰材料规格相应的使用条件可适当放宽。

无法兰连接风管的薄钢板法兰高度应参照金属法兰风管的规定执行。

检查数量：按加工批数量抽查5%，不得少于5件。

检查方法：尺量、观察检查。

(7) 非金属(硬聚氯乙烯、有机、无机玻璃钢)风管的连接还应符合下列规定：

① 法兰的规格应分别符合表 9-18～表 9-20 的规定，其螺栓孔的间距不得大于 120mm；矩形风管法兰的四角处，应设有螺孔；

硬聚氯乙烯圆形风管法兰规格(mm) 表 9-18

风管直径 D	法兰规格(宽×厚)	连接螺栓
D≤180	35×6	M6
180<D≤400	35×8	M8
400<D≤500	35×10	
500<D≤800	40×10	
800<D≤1400	45×12	
1400<D≤1600	50×15	M10
1600<D≤2000	60×15	
D>2000	按设计	

硬聚氯乙烯矩形风管法兰规格(mm)　　　　　　　　　　表 9-19

风管边长 b	法兰规格(宽×厚)	连接螺栓
b≤160	35×6	M6
160<b≤400	35×8	M8
400<b≤500	35×10	M8
500<b≤800	40×10	M10
800<b≤1250	45×12	M10
1250<b≤1600	50×15	M10
1600<b≤2000	60×18	M10
b>2000	按设计	

有机、无机玻璃钢风管法兰规格(mm)　　　　　　　　　　表 9-20

风管直径 D 或风管边长 b	法兰规格(宽×厚)	连接螺栓
D(b)≤400	30×4	M8
400<D(b)≤1000	40×6	M8
1000<D(b)≤2000	50×8	M10

② 采用套管连接时，套管厚度不得小于风管板材厚度。

检查数量：按加工批数量抽查5%，不得少于5件。

检查方法：尺量、观察检查。

(8) 复合材料风管采用法兰连接时，法兰与风管板材的连接应可靠，其绝热层不得外露，不得采用降低板材强度和绝热性能的连接方法。

检查数量：按加工批数量抽查5%，不得少于5件。

检查方法：尺量、观察检查。

(9) 砖、混凝土风道的变形缝，应符合设计要求，不应渗水和漏风。

检查数量：全数检查。

检查方法：观察检查。

(10) 金属风管的加固应符合下列规定：

① 圆形风管(不包括螺旋风管)直径大于等于800mm，且其管段长度大于1250mm或总表面积大于 $4m^2$ 均应采取加固措施；

② 矩形风管边长大于630mm、保温风管边长大于800mm，管段长度大于1250mm或低压风管单边平面积大于 $1.2m^2$、中、高压风管大于 $1.0m^2$，均应采取加固措施；

③ 非规则椭圆风管的加固，应参照矩形风管执行。

检查数量：按加工批抽查5%，不得少于5件。

检查方法：尺量、观察检查。

(11) 非金属风管的加固，除应符合 GB 50242—2002 第 4.2.10 条的规定外还应符合下列规定：

① 硬聚氯乙烯风管的直径或边长大于500mm时，其风管与法兰的连接处应设加强板，且间距不得大于450mm；

② 有机及无机玻璃钢风管的加固，应为本体材料或防腐性能相同的材料，并与风管成一整体。

检查数量：按加工批抽查5%，不得少于5件。

检查方法：尺量、观察检查。

(12) 矩形风管弯管的制作，一般应采用曲率半径为一个平面边长的内外同心弧形弯管。当采用其他形式的弯管，平面边长大于500mm时，必须设置弯管导流片。

检查数量：其他形式的弯管抽查20%，不得少于2件。

检查方法：观察检查。

(13) 净化空调系统风管还应符合下列规定：

① 矩形风管边长小于或等于900mm时，底面板不应有拼接缝；大于900mm时，不应有横向拼接缝；

② 风管所用的螺栓、螺母、垫圈和铆钉均应采用与管材性能相匹配、不会产生电化学腐蚀的材料，或采取镀锌或其他防腐措施，并不得采用抽芯铆钉；

③ 不应在风管内设加固框及加固筋，风管无法兰连接不得使用S形插条、直角形插条及立联合角形插条等形式；

④ 空气洁净度等级为1~5级的净化空调系统风管不得采用按扣式咬口；

⑤ 风管的清洗不得用对人体和材质有危害的清洁剂；

⑥ 镀锌钢板风管不得有镀锌层严重损坏的现象，如表层大面积白花、锌层粉化等。

检查数量：按风管数抽查20%，每个系统不得少于5个。

检查方法：查阅材料质量合格证明文件和观察检查，白绸布擦拭。

2. 一般项目

(1) 金属风管的制作应符合下列规定：

① 圆形弯管的曲率半径（以中心线计）和最少分节数量应符合表9-21的规定。圆形弯管的弯曲角度及圆形三通、四通支管与总管夹角的制作偏差不应大于3°；

圆形弯管曲率半径和最少分节数 表9-21

弯曲直径 D(mm)	曲率半径 R	弯曲角度和最少节数							
		90°		60°		45°		30°	
		中节	端节	中节	端节	中节	端节	中节	端节
80~220	≥1.5D	2	2	1	2	1	2	—	2
220~450	D~1.5D	3	2	2	2	1	2	—	2
450~800	D~1.5D	4	2	2	2	1	2	1	2
800~1400	D	5	2	3	2	2	2	1	2
1400~2000	D	8	2	5	2	3	2	2	2

② 风管与配件的咬口缝应紧密、宽度应一致；折角应平直，圆弧应均匀；两端面平行。风管无明显扭曲与翘角；表面应平整，凹凸不大于10mm；

③ 风管外径或外边长的允许偏差：当小于或等于300mm时，为2mm；当大于300mm时，为3mm。管口平面度的允许偏差为2mm，矩形风管两条对角线长度之差不应

大于3mm；圆形法兰任意正交两直径之差不应大于2mm；

④ 焊接风管的焊缝应平整，不应有裂缝、凸瘤、穿透的夹渣、气孔及其他缺陷等，焊接后板材的变形应矫正，并将焊渣及飞溅物清除干净。

检查数量：通风与空调工程按制作数量10%抽查，不得少于5件；净化空调工程按制作数量抽查20%，不得少于5件。

检查方法：查验测试记录，进行装配试验，尺量、观察检查。

(2) 金属法兰连接风管的制作还应符合下列规定：

① 风管法兰的焊缝应熔合良好、饱满，无假焊和孔洞；法兰平面度的允许偏差为2mm，同一批量加工的相同规格法兰的螺孔排列应一致，并具有互换性。

② 风管与法兰采用铆接连接时，铆接应牢固、不应有脱铆和漏铆现象；翻边应平整、紧贴法兰，其宽度应一致，且不应小于6mm；咬缝与四角处不应有开裂与孔洞。

③ 风管与法兰采用焊接连接时，风管端面不得高于法兰接口平面。除尘系统的风管，宜采用内侧满焊、外侧间断焊形式，风管端面距法兰接口平面不应小于5mm。

当风管与法兰采用点焊固定连接时，焊点应融合良好，间距不应大于100mm；法兰与风管应紧贴，不应有穿透的缝隙或孔洞。

④ 当不锈钢板或铝板风管的法兰采用碳素钢时，其规格应符合本节第(6)条有关规定，并应根据设计要求做防腐处理；铆钉应采用与风管材质相同或不产生电化学腐蚀的材料。

检查数量：通风与空调工程按制作数量抽查10%，不得少于5件；净化空调工程按制作数量抽查20%，不得少于5件。

检查方法：查验测试记录，进行装配试验，尺量、观察检查。

(3) 无法兰连接风管的制作还应符合下列规定：

① 无法兰连接风管的接口及连接件，应符合要求。圆形风管的芯管连接应符合要求；

② 薄钢板法兰矩形风管的接口及附件，其尺寸应准确，形状应规则，接口处应严密；薄钢板法兰的折边(或法兰条)应平直，弯曲度不应大于5/1000；弹性插条或弹簧夹应与薄钢板法兰相匹配；角件与风管薄钢板法兰四角接口的固定应稳固、紧贴，端面应平整、相连处不应有缝隙大于2mm的连续穿透缝；

③ 采用C、S形插条连接的矩形风管，其边长不应大于630mm；插条与风管加工插口的宽度应匹配一致，其允许偏差为2mm；连接应平整、严密，插条两端压倒长度不应小于20mm；

④ 采用立咬口、包边立咬口连接的矩形风管，其立筋的高度应大于或等于同规格风管的角钢法兰宽度。同一规格风管的立咬口、包边立咬口的高度应一致，折角应倾角、直线度允许偏差为5/1000；咬口连接铆钉的间距不应大于150mm，间隔应均匀；立咬口四角连接处的铆固，应紧密、无孔洞。

检查数量：按制作数量抽查10%，不得少于5件；净化空调工程抽查20%，均不得少于5件。

检查方法：查验测试记录，进行装配试验，尺量、观察检查。

(4) 风管的加固应符合下列规定：

① 风管的加固可采用楞筋、立筋、角钢(内、外加固)、扁钢、加固筋和管内支撑等形式；

② 楞筋或楞线的加固，排列应规则，间隔应均匀，板面不应有明显的变形；

③ 角钢、加固筋的加固，应排列整齐、均匀对称，其高度应小于或等于风管的法兰

宽度。角钢、加固筋与风管的铆接应牢固、间隔应均匀,不应大于220mm;两相交处应连接成一体;

④ 管内支撑与风管的固定应牢固,各支撑点之间或与风管的边沿或法兰的间距应均匀,不应大于950mm;

⑤ 中压和高压系统风管的管段,其长度大于1250mm时,还应有加固框补强。高压系统金属风管的单咬口缝,还应有防止咬口缝胀裂的加固或补强措施。

检查数量:按制作数量抽查10%,净化空调系统抽查20%,均不得少于5件。

检查方法:查验测试记录,进行装配试验,观察和尺量检查。

(5) 硬聚氯乙烯风管除应标准外,还应符合下列规定:

① 风管的两端面平行,无明显扭曲,外径或外边长的允许偏差为2mm;表面平整、圆弧均匀,凹凸不应大于5mm;

② 焊缝的坡口形式和角度应符合规定;

③ 焊缝应饱满,焊条排列应整齐,无焦黄、断裂现象;

④ 用于洁净室时,还应按有关规定执行。

检查数量:按风管总数抽查10%,法兰数抽查5%,不得少于5件。

检查方法:尺量、观察检查。

(6) 有机玻璃钢风管除应执行标准外,还应符合下列规定:

① 风管不应有明显扭曲、内表面应平整光滑,外表面应整齐美观,厚度应均匀,且边缘无毛刺,并无气泡及分层现象;

② 风管的外径或外边长尺寸的允许偏差为3mm,圆形风管的任意正交两直径之差不应大于5mm;矩形风管的两对角线之差不应大于5mm;

③ 法兰应与风管成一整体,并应有过渡圆弧,并与风管轴线成直角,管口平面度的允许偏差为3mm;螺孔的排列应均匀,至管壁的距离应一致,允许偏差为2mm;

④ 矩形风管的边长大于900mm,且管段长度大于1250mm时,应加固。加固筋的分布应均匀、整齐。

检查数量:按风管总数抽查10%,法兰数抽查5%,不得少于5件。

检查方法:尺量、观察检查。

(7) 无机玻璃钢风管除应执行标准外,还应符合下列规定:

① 风管的表面应光洁、无裂纹、无明显泛霜和分层现象;

② 风管的外形尺寸的允许偏差应符合表9-22的规定;

无机玻璃钢风管外形尺寸(mm)　　　　　　　　表9-22

直径或大边长	矩形风管外表平面度	矩形风管管口对角线之差	法兰平面度	圆形风管两直径之差
≤300	≤3	≤3	≤2	≤3
301~500	≤3	≤4	≤2	≤3
501~1000	≤4	≤5	≤2	≤4
1001~1500	≤4	≤6	≤3	≤5
1501~2000	≤5	≤7	≤3	≤5
>2000	≤6	≤8	≤3	≤5

③ 风管法兰的规定与有机玻璃钢法兰相同。

检查数量：按风管总数抽查10%，法兰数抽查5%，不得少于5件。

检查方法：尺量、观察检查。

(8) 砖、混凝土风道内表面水泥砂浆应抹平整、无裂缝，不渗水。

检查数量：按风道总数抽查10%，不得少于一段。

检查方法：观察检查。

(9) 双面铝箔绝热板风管除应执行标准外，还应符合下列规定：

① 板材拼接宜采用专用的连接构件，连接后板面平面度的允许偏差为5mm；

② 风管的折角应平直，拼缝粘接应牢固、平整，风管的粘结材料宜为难燃材料；

③ 风管采用法兰连接时，其连接应牢固，法兰平面度的允许偏差为2mm；

④ 风管的加固，应根据系统工作压力及产品技术标准的规定执行。

检查数量：按风管总数抽查10%，法兰数抽查5%，不得少于5件。

检查方法：尺量、观察检查。

(10) 铝箔玻璃纤维板风管除应执行标准外，还应符合下列规定：

① 风管的离心玻璃纤维板材应干燥、平整；板外表面的铝箔隔气保护层应与内芯玻璃纤维材料粘合牢固；内表面应有防纤维脱落的保护层，并应对人体无危害。

② 当风管连接采用插入接口形式时，接缝处的粘接应严密、牢固，外表面铝箔胶带密封的每一边粘贴宽度不应小于25mm，并应有辅助的连接固定措施。

当风管的连接采用法兰形式时，法兰与风管的连接应牢固，并应能防止板材纤维逸出和冷桥。

③ 风管表面应平整、两端面平行，无明显凹穴、变形、起泡，铝箔无破损等。

④ 风管的加固，应根据系统工作压力及产品技术标准的规定执行。

检查数量：按风管总数抽查10%，不得少于5件。

检查方法：尺量、观察检查。

(11) 净化空调系统风管还应符合以下规定：

① 现场应保持清洁，存放时应避免积尘和受潮。风管的咬口缝、折边和铆接等处有损坏时，应做防腐处理；

② 风管法兰铆钉孔的间距，当系统洁净度的等级为1~5级时，不应大于65mm；为6~9级时，不应大于100mm；

③ 静压箱本体、箱内固定高效过滤器的框架及固定件应做镀锌、镀镍等防腐处理；

④ 制作完成的风管，应进行第二次清洗，经检查达到清洁要求后应及时封口。

检查数量：按风管总数抽查20%，法兰数抽查10%，不得少于5件。

检查方法：观察检查，查阅风管清洗记录，用白绸布擦拭。

二、风管安装质量标准

1. 主控项目

(1) 在风管穿过需要封闭的防火、防爆的墙体或楼板时，应设预埋管或防护套管，其钢板厚度不应小于1.6mm。风管与防护套管之间，应用不燃且对人体无危害的柔性材料封堵。

检查数量：按数量抽查 20%，不得少于 1 个系统。

检查方法：尺量、观察检查。

(2) 风管安装必须符合下列规定：

① 风管内严禁其他管线穿越；

② 输送含有易燃、易爆气体或安装在易燃、易爆环境的风管系统应有良好的接地，通过生活区或其他辅助生产房间时必须严密，并不得设置接口；

③ 室外立管的固定拉索严禁拉在避雷针或避雷网上。

检查数量：按数量抽查 20%，不得少于 1 个系统。

检查方法：手扳、尺量、观察检查。

(3) 输送空气温度高于 80℃ 的风管，应按设计规定采取防护措施。

检查数量：按数量抽查 20%，不得少于 1 个系统。

检查方法：观察检查。

(4) 风管部件安装必须符合下列规定：

① 各类风管部件及操作机构的安装，应能保证其正常的使用功能，并便于操作；

② 斜插板风阀的安装，阀板必须为向上拉启；水平安装时，阀板还应为顺气流方向插入；

③ 止回风阀、自动排气活门的安装方向应正确。

检查数量：按数量抽查 20%，不得少于 5 件。

检查方法：尺量、观察检查，动作试验。

(5) 防火阀、排烟阀（口）的安装方向、位置应正确。防火分区隔墙两侧的防火阀，距墙表面不应大于 200mm。

检查数量：按数量抽查 20%，不得少于 5 件。

检查方法：尺量、观察检查，动作试验。

(6) 净化空调系统风管的安装还应符合下列规定：

① 风管、静压箱及其他部件，必须擦拭干净，做到无油污和浮尘，当施工停顿或完毕时，端口应封好；

② 法兰垫料应为不产尘、不易老化和具有一定强度和弹性的材料，厚度为 5~8mm，不得采用乳胶海绵；法兰垫片应尽量减少拼接，并不允许直缝对接连接，严禁在垫料表面涂涂料；

③ 风管与洁净吊顶、隔墙等围护结构的接缝处应严密。

检查数量：按数量抽查 20%，不得少于 1 个系统。

检查方法：观察、用白绸布擦拭。

(7) 集中式真空吸尘系统的安装应符合下列规定：

① 真空吸尘系统弯管的曲率半径不应小于 4 倍管径，弯管的内壁应光滑，不得采用褶皱弯管；

② 真空吸尘系统三通的夹角不得大于 45°；四通制作应采用两个斜三通的做法。

检查数量：按数量抽查 20%，不得少于 2 件。

检查方法：尺量、观察检查。

(8) 风管系统安装完毕后，应按系统类别进行严密性检验，漏风量应符合设计与本规范第 4.2.5 条的规定。风管系统的严密性检验，应符合下列规定：

① 低压系统风管的严密性检验应采用抽查，抽检率为 5%，且不得少于 1 个系统。在加工工艺得到保证的前提下，采用漏光法检测。检测不合格时，应按规定的抽检率做漏风量测试。

中压系统风管的严密性检验，应在漏光法检测合格后，对系统漏风量测试进行抽检，抽检率为 20%，且不得少于 1 个系统。

高压系统风管的严密性检验，为全数进行漏风量测试。

系统风管严密性检验的被抽检系统，应全数合格，则视为通过；如有不合格时，则应再加倍抽检，直至全数合格。

② 净化空调系统风管的严密性检验，1～5 级的系统按高压系统风管的规定执行；6～9 级的系统按 GB 50242—2002 第 4.2.5 条的规定执行。

检查数量：按条文中的规定。

检查方法：按 GB 50242—2002 附录 A 的规定进行严密性测试。

(9) 手动密闭阀安装，阀门上标志的箭头方向必须与受冲击波方向一致。

检查数量：全数量检查。

检查方法：观察、核对检查。

2. 一般项目

(1) 风管的安装应符合下列规定：

① 风管安装前，应清除内、外杂物，并做好清洁和保护工作；

② 风管安装的位置、标高、走向，应符合设计要求。现场风管接口的配置，不得缩小其有效截面；

③ 连接法兰的螺栓应均匀拧紧，其螺母宜在同一侧；

④ 风管接口的连接应严密、牢固。风管法兰的垫片材质应符合系统功能的要求，厚度不应小于 3mm。垫片不应凸入管内，亦不宜突出法兰外；

⑤ 柔性短管的安装，应松紧适度，无明显扭曲；

⑥ 可伸缩性金属或非金属软风管的长度不宜超过 2m，并不应有死弯或塌凹；

⑦ 风管与砖、混凝土风道的连接接口，应顺着气流方向插入，并应采取密封措施。风管穿出屋面处应设有防雨装置；

⑧ 不锈钢板、铝板风管与碳素钢支架的接触处，应有隔绝或防腐绝缘措施。

检查数量：按数量抽查 10%，不得少于 1 个系统。

检查方法：尺量、观察检查。

(2) 无法兰连接风管的安装还应符合下列规定：

① 风管的连接处，应完整无缺损、表面应平整，无明显扭曲；

② 承插式风管的四周缝隙应一致，无明显的弯曲或褶皱；内涂的密封胶应完整，外粘的密封胶带，应粘贴牢固、完整无缺损；

③ 薄钢板法兰形式风管的连接，弹性插条、弹簧夹或紧固螺栓的间隔不应大于 150mm，且分布均匀，无松动现象；

④ 插条连接的矩形风管，连接后的板面应平整、无明显弯曲。

检查数量：按数量抽查 10%，不得少于 1 个系统。

检查方法：尺量、观察检查。

(3) 风管的连接应平直、不扭曲。明装风管水平安装，水平度的允许偏差为 3/1000，总偏差不应大于 20mm。明装风管垂直安装，垂直度的允许偏差为 2/1000，总偏差不应大于 20mm。暗装风管的位置，应正确、无明显偏差。

除尘系统的风管，宜垂直或倾斜敷设，与水平夹角宜大于或等于 45°，小坡度和水平管应尽量短。

对含有凝结水或其他液体的风管，坡度应符合设计要求，并在最低处设排液装置。

检查数量：按数量抽查 10%，但不得少于 1 个系统。

检查方法：尺量、观察检查。

(4) 风管支、吊架的安装应符合下列规定：

① 风管水平安装，直径或长边尺寸小于等于 400mm，间距不应大于 4m；大于 400mm，不应大于 3m。螺旋风管的支、吊架间距可分别延长至 5m 和 3.75m；对于薄钢板法兰的风管，其支、吊架间距不应大于 3m。

② 风管垂直安装，间距不应大于 4m，单根直管至少应有 2 个固定点。

③ 风管支、吊架宜按国标图集与规范选用强度和刚度相适应的形式和规格。对于直径或边长大于 2500mm 的超宽、超重等特殊风管的支、吊架应按设计规定。

④ 支、吊架不宜设置在风口、阀门、检查门及自控机构处，离风口或插接管的距离不宜小于 200mm。

⑤ 当水平悬吊的主、干风管长度超过 20m 时，应设置防止摆动的固定点，每个系统不应少于 1 个。

⑥ 吊架的螺孔应采用机械加工。吊杆应平直，螺纹完整、光洁。安装后各副支、吊架的受力应均匀，无明显变形。

风管或空调设备使用的可调隔振支、吊架的拉伸或压缩量应按设计的要求进行调整。

⑦ 抱箍支架，折角应平直，抱箍应紧贴并箍紧风管。安装在支架上的圆形风管应设托座和抱箍，其圆弧应均匀，且与风管外径相一致。

检查数量：按数量抽查 10%，不得少于 1 个系统。

检查方法：尺量、观察检查。

(5) 非金属风管的安装还应符合下列的规定：

① 风管连接两法兰端面应平行、严密，法兰螺栓两侧应加镀锌垫圈；

② 应适当增加支、吊架与水平风管的接触面积；

③ 硬聚氯乙烯风管的直段连续长度大于 20m，应按设计要求设置伸缩节；支管的重量不得由干管来承受，必须自行设置支、吊架；

④ 风管垂直安装，支架间距不应大于 3m。

检查数量：按数量抽查 10%，不得少于 1 个系统。

检查方法：尺量、观察检查。

(6) 复合材料风管的安装还应符合下列规定：

① 复合材料风管的连接处，接缝应平整，无孔洞和开裂。当采用插接连接时，接口应匹配、无松动，端口缝隙不应大于 5mm；

② 采用法兰连接时，应有防冷桥的措施；

③ 支、吊架的安装宜按产品标准的规定执行。

检查数量：按数量抽查10%，但不得少于1个系统。

检查方法：尺量、观察检查。

(7) 集中式真空吸尘系统的安装应符合下列规定：

① 吸尘管道的坡度宜为5/1000，并坡向立管或吸尘点；

② 吸尘嘴与管道的连接，应牢固、严密。

检查数量：按数量抽查20%，不得少于5件。

检查方法：尺量、观察检查。

(8) 各类风阀应安装在便于操作及检修的部位，安装后的手动或电动操作装置应灵活、可靠，阀板关闭应保持严密。

防火阀直径或长边尺寸大于等于630mm时，宜设独立支、吊架。

排烟阀（排烟口）及手控装置（包括预埋套管）的位置应符合设计要求。预埋套管不得有死弯及瘪陷。

除尘系统吸入管段的调节阀，宜安装在垂直管段上。

检查数量：按数量抽查10%，不得少于5件。

检查方法：尺量、观察检查。

(9) 风帽安装必须牢固，连接风管与屋面或墙面的交接处不应渗水。

检查数量：按数量抽查10%，不得少于5件。

检查方法：尺量、观察检查。

(10) 排、吸风罩的安装位置应正确，排列整齐，牢固可靠。

检查数量：按数量抽查10%，不得少于5件。

检查方法：尺量、观察检查。

(11) 风口与风管的连接应严密、牢固，与装饰面相紧贴；表面平整、不变形，调节灵活、可靠。条形风口的安装，接缝处应衔接自然，无明显缝隙。同一厅室、房间内的相同风口的安装高度应一致，排列应整齐。

明装无吊顶的风口，安装位置和标高偏差不应大于10mm。

风口水平安装，水平度的偏差不应大于3/1000。

风口垂直安装，垂直度的偏差不应大于2/1000。

检查数量：按数量抽查10%，不得少于1个系统或不少于5件和2个房间的风口。

检查方法：尺量、观察检查。

(12) 净化空调系统风口安装还应符合下列规定：

① 风口安装前应清扫干净，其边框与建筑顶棚或墙面间的接缝处应加设密封垫料或密封胶，不应漏风；

② 带高效过滤器的送风口，应采用可分别调节高度的吊杆。

检查数量：按数量抽查20%，不得少于1个系统或不少于5件和2个房间的风口。

检查方法：尺量、观察检查。

三、设备安装质量标准

1. 主控项目

(1) 通风机的安装应符合下列规定：
① 型号、规格应符合设计规定，其出口方向应正确；
② 叶轮旋转应平稳，停转后不应每次停留在同一位置上；
③ 固定通风机的地脚螺栓应拧紧，并有防松动措施。
检查数量：全数检查。
检查方法：依据设计图核对、观察检查。
(2) 通风机的传动装置外部位以及直通大气的进、出口，必须装设防护罩（网）或采取其他安全措施。
检查数量：全数检查。
检查方法：依据设计图核对、观察检查。
(3) 空调机组的安装应符合下列规定：
① 型号、规格、方向和技术参数应符合设计要求；
② 现场组装的组合式空气调节机组应做漏风量的检测，其漏风量必须符合现行国家标准《组合式空调机组》（GB/T 14294）的规定。
检查数量：按总数抽查20%，不得少于1台。净化空调系统的机组，1~5级全数检查，6~9级抽查50%。
检查方法：依据设计图核对，检查测试记录。
(4) 除尘器的安装应符合下列规定：
① 型号、规格、进出口方向必须符合设计要求；
② 现场组装的除尘器壳体应做漏风量检测，在设计工作压力下允许漏风率为5%，其中离心式除尘器为3%；
③ 布袋除尘器、电除尘器的壳体及辅助设备接地应可靠。
检查数量：按总数抽查20%，不得少于1台；接地全数检查。
检查方法：按图核对、检查测试记录和观察检查。
(5) 高效过滤器应在洁净室及净化空调系统进行全面清扫和系统连续试车12h以上后，在现场拆开包装并进行安装。
安装前需进行外观检查和仪器检漏。目测不得有变形、脱落、断裂等破损现象；仪器抽检检漏应符合产品质量文件的规定。
合格后立即安装，其方向必须正确，安装后的高效过滤器四周及接口，应严密不漏；在调试前应进行扫描检漏。
检查数量：高效过滤器的仪器抽检检漏按批抽5%，不得少于1台。
检查方法：观察检查、按本规范附录B规定扫描检测或查看检测记录。
(6) 净化空调设备的安装还应符合下列规定：
① 净化空调设备与洁净室围护结构相连的接缝必须密封；
② 风机过滤器单元（FFU与FMU空气净化装置）应在清洁的现场进行外观检查，目测不得有变形、锈蚀、漆膜脱落、拼接板破损等现象；在系统试运转时，必须在进风口处加装临时中效过滤器作为保护。
检查数量：全数检查。
检查方法：按设计图核对、观察检查。

(7) 静电空气过滤器金属外壳接地必须良好。

检查数量：按总数抽查20%，不得少于1台。

检查方法：核对材料、观察检查或电阻测定。

(8) 电加热器的安装必须符合下列规定：

① 电加热器与钢构架间的绝热层必须为不燃材料；接线柱外露的应加设安全防护罩；

② 电加热器的金属外壳接地必须良好；

③ 连接电加热器的风管的法兰垫片，应采用耐热不燃材料。

检查数量：按总数抽查20%，不得少于1台。

检查方法：核对材料、观察检查或电阻测定。

(9) 干蒸汽加湿器的安装，蒸汽喷管不应朝下。

检查数量：全数检查。

检查方法：观察检查。

(10) 过滤吸收器的安装方向必须正确，并应设独立支架，与室外的连接管段不得泄漏。

检查数量：全数检查。

检查方法：观察或检测。

2. 一般项目

(1) 通风机的安装应符合下列规定：

① 通风机的安装，应符合表9-23的规定，叶轮转子与机壳的组装位置应正确；叶轮进风口插入风机机壳进风口或密封圈的深度，应符合技术文件的规定，或为叶轮外径值的1/100；

通风机安装的允许偏差　　　　　　表9-23

项次	项目		允许偏差	检验方法
1	中心线的平面位移		10mm	经纬仪或拉线和尺量检查
2	标高		±10mm	水准仪或水平仪、直尺、拉线和尺量检查
3	皮带轮轮宽中心平面位移		1mm	在主、从动皮带轮端面拉线和尺量检查
4	传动轴水平度		纵向0.2/1000 横向0.3/1000	在轴或皮带轮0°和180°的两个位置上，用水平仪检查
5	联轴器同心度	两轴芯径向位移	0.05mm	在联轴器互相垂直的四个位置上，用百分表检查
		两轴线倾斜	0.2/1000	

② 现场组装的轴流风机叶片安装角度应一致，达到在同一平面内运转，叶轮与筒体之间的间隙应均匀，水平允许偏差为1/1000；

③ 安装隔振器的地面应平整，各组隔振器承受荷载的压缩量应均匀，高度误差应小于2mm；

④ 安装风机的隔振钢支、吊架，其结构形式和外形尺寸应符合设计或设备技术文件的规定；焊接应牢固，焊缝应饱满、均匀。

检查数量：按总数抽查20%，不得少于1台。

检查方法：尺量、观察或检查施工记录。

(2) 组合式空调机组及柜式空调机组的安装应符合下列规定：

① 组合式空调机组各功能段的组装，应符合设计规定的顺序和要求；各功能段之间的连接应严密，整体应平直；

② 机组与供回水管的连接应正确，机组下部冷凝水排放管的水封高度应符合设计要求；

③ 机组应清扫干净，箱体内应无杂物、垃圾和积尘；

④ 机组内空气过滤器（网）和空气热交换器翅片应清洁、完好。

检查数量：按总数抽查20%，不得少于1台。

检查方法：观察检查。

(3) 空气处理室的安装应符合下列规定：

① 金属空气处理室壁板及各段的组装位置应正确，表面平整，连接严密、牢固；

② 喷水段的本体及其检查门不得漏水，喷水管和喷嘴的排列、规格应符合设计的规定；

③ 表面式换热器的散热面应保持清洁、完好。当用于冷却空气时，在下部应设有排水装置，冷凝水的引流管或槽应畅通，冷凝水不外溢；

④ 表面式换热器与围护结构间的缝隙，以及表面式热交换器之间的缝隙，应封堵严密；

⑤ 换热器与系统供回水管的连接应正确，且严密不漏。

检查数量：按总数抽查20%，不得少于1台。

检查方法：观察检查。

(4) 单元式空调机组的安装应符合下列规定：

① 分体式空调机组的室外机和风冷整体式空调机组的安装，固定应牢固、可靠；除应满足冷却风循环空间的要求外，还应符合环境卫生保护有关法规的规定；

② 分体式空调机组的室内机的位置应正确、并保持水平，冷凝水排放应畅通。管道穿墙处必须密封，不得有雨水渗入；

③ 整体式空调机组管道的连接应严密、无渗漏，四周应留有相应的维修空间。

检查数量：按总数抽查20%，不得少于1台。

检查方法：观察检查。

(5) 除尘设备的安装应符合下列规定：

① 除尘器的安装位置应正确、牢固平稳，允许误差应符合表9-24的规定；

除尘器安装允许偏差和检验方法 表9-24

项次	项　目		允许偏差(mm)	检　验　方　法
1	平面位置		≤10	用经纬仪或拉线、尺量检查
2	标高		±10	用水准仪、直尺、拉线和尺量检查
3	垂直度	每米	≤2	吊线和尺量检查
		总偏差	≤10	

② 除尘器的活动或转动部件的动作应灵活、可靠，并应符合设计要求；

③ 除尘器的排灰阀、卸料阀、排泥阀的安装应严密，并便于操作与维护修理。

检查数量：按总数抽查20%，不得少于1台。

检查方法：尺量、观察检查及检查施工记录。

(6) 现场组装的静电除尘器的安装，还应符合设备技术文件及下列规定：

① 阳极板组合后的阳极排平面度允许偏差为 5mm，其对角线允许偏差为 10mm；

② 阴极小框架组合后主平面的平面度允许偏差为 5mm，其对角线允许偏差为 10mm；

③ 阴极大框架的整体平面度允许偏差为 15mm，整体对角线允许偏差为 10mm；

④ 阳极板高度小于或等于 7m 的电除尘器，阴、阳极间距允许偏差为 5mm。阳极板高度大于 7m 的电除尘器，阴、阳极间距允许偏差为 10mm；

⑤ 振打锤装置的固定，应可靠；振打锤的转动，应灵活。锤头方向应正确；振打锤头与振打砧之间应保持良好的线接触状态，接触长度应大于锤头厚度的 0.7 倍。

检查数量：按总数抽查 20%，不得少于 1 台。

检查方法：尺量、观察检查及检查施工记录。

(7) 现场组装布袋除尘器的安装，还应符合下列规定：

① 外壳应严密、不漏，布袋接口应牢固；

② 分室反吹袋式除尘器的滤袋安装，必须平直。每条滤袋的拉紧力应保持在 25~35N/m；与滤袋连接接触的短管和袋帽，应无毛刺；

③ 机械回转扁袋袋式除尘器的旋臂，转动应灵活可靠，净气室上部的顶盖，应密封不漏气，旋转应灵活，无卡阻现象；

④ 脉冲袋式除尘器的喷吹孔，应对准文氏管的中心，同心度允许偏差为 2mm。

检查数量：按总数抽查 20%，不得少于 1 台。

检查方法：尺量、观察检查及检查施工记录。

(8) 洁净室空气净化设备的安装，应符合下列规定：

① 带有通风机的气闸室、吹淋室与地面间应有隔振垫；

② 机械式余压阀的安装，阀体、阀板的转轴均应水平，允许偏差为 2/1000。余压阀的安装位置应在室内气流的下风侧，并不应在工作面高度范围内；

③ 传递窗的安装，应牢固、垂直，与墙体的连接处应密封。

检查数量：按总数抽查 20%，不得少于 1 件。

检查方法：尺量、观察检查。

(9) 装配式洁净室的安装应符合下列规定：

① 洁净室的顶板和壁板（包括夹芯材料）应为不燃材料；

② 洁净室的地面应干燥、平整，平整度允许偏差为 1/1000；

③ 壁板的构配件和辅助材料的开箱，应在清洁的室内进行，安装前应严格检查其规格和质量。壁板应垂直安装，底部宜采用圆弧或钝角交接；安装后的壁板之间、壁板与顶板间的拼缝，应平整严密，墙板的垂直允许偏差为 2/1000，顶板水平度的允许偏差与每个单间的几何尺寸的允许偏差均为 2/1000；

④ 洁净室吊顶在受荷载后应保持平直，压条全部紧贴。洁净室壁板若为上、下槽形板时，其接头应平整、严密；组装完毕的洁净室所有拼接缝，包括与建筑的接缝，均应采取密封措施，做到不脱落，密封良好。

检查数量：按总数抽查 20%，不得少于 5 处。

检查方法：尺量、观察检查及检查施工记录。

(10) 洁净层流罩的安装应符合下列规定：
① 应设独立的吊杆，并有防晃动的固定措施；
② 层流罩安装的水平度允许偏差为1/1000，高度的允许偏差为±1mm；
③ 层流罩安装在吊顶上，其四周与顶板之间应设有密封及隔振措施。
检查数量：按总数抽查20%，且不得少于5件。
检查方法：尺量、观察检查及检查施工记录。

(11) 风机过滤器单元(FFU、FMU)的安装应符合下列规定：
① 风机过滤器单元的高效过滤器安装前应按本规范第7.2.5条的规定检漏，合格后进行安装，方向必须正确；安装后的FFU或FMU机组应便于检修；
② 安装后的FFU风机过滤器单元，应保持整体平整，与吊顶衔接良好。风机箱与过滤器之间的连接，过滤器单元与吊顶框架间应有可靠的密封措施。
检查数量：按总数抽查20%，且不得少于2个。
检查方法：尺量、观察检查及检查施工记录。

(12) 高效过滤器的安装应符合下列规定：
① 高效过滤器采用机械密封时，须采用密封垫料，其厚度为6～8mm，并定位贴在过滤器边框上，安装后垫料的压缩应均匀，压缩率为25%～50%；
② 采用液槽密封时，槽架安装应水平，不得有渗漏现象，槽内无污物和水分，槽内密封液高度宜为2/3槽深。密封液的熔点宜高于50℃。
检查数量：按总数抽查20%，且不得少于5个。
检查方法：尺量、观察检查。

(13) 消声器的安装应符合下列规定：
① 消声器安装前应保持干净，做到无油污和浮尘；
② 消声器安装的位置、方向应正确，与风管的连接应严密，不得有损坏与受潮。两组同类型消声器不宜直接串联；
③ 现场安装的组合式消声器，消声组件的排列、方向和位置应符合设计要求。单个消声器组件的固定应牢固；
④ 消声器、消声弯管均应设独立支、吊架。
检查数量：整体安装的消声器，按总数抽查10%，且不得少于5台。现场组装的消声器全数检查。
检查方法：手扳和观察检查、核对安装记录。

(14) 空气过滤器的安装应符合下列规定：
① 安装平整、牢固，方向正确。过滤器与框架、框架与围护结构之间应严密无穿透缝；
② 框架式或粗效、中效袋式空气过滤器的安装，过滤器四周与框架应均匀压紧，无可见缝隙，并应便于拆卸和更换滤料；
③ 卷绕式过滤器的安装，框架应平整、展开的滤料，应松紧适度、上下筒体应平行。
检查数量：按总数抽查10%，且不得少于1台。
检查方法：观察检查。

(15) 风机盘管机组的安装应符合下列规定：

① 机组安装前宜进行单机三速试运转及水压检漏试验。试验压力为系统工作压力的1.5倍，试验观察时间为2min，不渗漏为合格；

② 机组应设独立支、吊架，安装的位置、高度及坡度应正确、固定牢固；

③ 机组与风管、回风箱或风口的连接，应严密、可靠。

检查数量：按总数抽查10%，且不得少于1台。

检查方法：观察检查、查阅检查试验记录。

(16) 转轮式换热器安装的位置、转轮旋转方向及接管应正确，运转应平稳。

检查数量：按总数抽查20%，且不得少于1台。

检查方法：观察检查。

(17) 转轮去湿机安装应牢固，转轮及传动部件应灵活、可靠，方向正确；处理空气与再生空气接管应正确；排风水平管须保持一定的坡度，并坡向排出方向。

检查数量：按总数抽查20%，且不得少于1台。

检查方法：观察检查。

(18) 蒸汽加湿器的安装应设置独立支架，并固定牢固；接管尺寸正确、无渗漏。

检查数量：全数检查。

检查方法：观察检查。

(19) 空气风幕机的安装，位置方向应正确、牢固可靠，纵向垂直度与横向水平度的偏差均不应大于2/1000。

检查数量：按总数10%的比例抽查，且不得少于1台。

检查方法：观察检查。

(20) 变风量末端装置的安装，应设单独支、吊架，与风管连接前宜做动作试验。

检查数量：按总数抽查10%，且不得少于1台。

检查方法：观察检查、查阅检查试验记录。

四、通风与空调工程质量实例

1. 风管与法兰铆接后，管体扭曲翘角

(1) 现象：

风管表面扭曲、对角线不相等，相邻表面不平行，视觉上管体有扭曲、翘角、不平的感觉。

(2) 危害：

风管产生的扭曲翘角问题，会使风管与风管的连接受力不均匀，法兰连接不严密，加大漏风量，同时也达不到风管系统的平直要求，既影响风管美观又会降低风管的使用功能。

(3) 原因：

风管的板材裁剪的尺寸不准确，剪切后的板材四角不方、风管平、立面相对应的板料的尺寸不一致，风管接口咬口及四角咬口宽度不相等，法兰铆接时没有进行方角及操作场地不平整，运输安装过程中磕碰致使风管变形。

(4) 防治措施：

下料前后认真验尺，对剪切后的板料(成批)的长度及宽度随时进行抽查，把误差控制在允许范围内，板材的咬口留量必须准确，联合角合口时，应用力均匀，合口严密，无变形及明显打击痕迹，铆接法兰时，最好在经过抄平的厚钢板平台上操作，以防止在法兰铆接的过程中因场地不平使风管整体变形，同时在套接法兰后进行方角，以保证法兰与风管不要垂直度，风管制作完成后搬运时应注意风管不要磕碰，每节管件连接前，都应用目测观察管件两端的法兰是否在同一水平面，如有偏差应在安装前调整。

2. 风管安装后管道不平、不直

（1）现象：

风管不平直，有下沉现象，法兰连接处变形。

（2）原因：

吊点间距过大，吊点标高不一致，使风管受力不均，螺栓间距过大，螺栓拧的松紧度不一致，风管法兰与风管铆接不垂直。

（3）危害：

风管安装不平会影响系统的美观，螺栓间距大及螺栓松紧不一致会造成管道安装变形同时还会加大漏风量，吊点间距过大会加重风管的变形及风管吊装的安全性。

（4）防治措施：

1）严格按照规范的要求设置吊点间距，风管安装后认真调整吊点的标高。

2）对称的吊点保证不能错位，在三通、弯头、防火阀等部位，注意补加吊点。吊杆制作前应对圆钢进行调直后再进行加工。

3）按规范要求设置螺栓间距，螺栓一定要均匀的拧紧，法兰螺栓拧紧后外露以10mm为宜，不能超长或过短，螺栓的朝向应一致。

4）对存在质量问题的风管在修改合格前不能安装。

3. 空调机组减振橡胶垫设置不正确

（1）现象：

橡胶垫位置设置不正，橡胶垫被抹灰层覆盖。

（2）危害：

橡胶垫达不到应有的减振功能。

（3）原因：

橡胶垫没有按工艺标准设置，由于施工现场的各种情况影响，在设备基础没达到条件就进行设备安装稳固，土建后抹灰找平造成。

（4）措施：

各种在基础上安装的空调设备（包括水暖设备）应在基础做好找平层、压光，并达到强度要求后再进行设备的安装，并按工艺要求将橡胶减振垫设置到位，如现场条件有困难，也可考虑提前将预埋钢板及槽钢等型钢与基础一起浇筑，型钢平面标高与基础设计标高一致，减振垫置于型钢上面，这样就不会因为土建后抹灰而造成减振垫被抹灰层覆盖。

第三节 建筑电气工程

一、钢管敷设质量标准

1. 一般规定

(1) 建筑电气工程施工现场的质量管理，除应符合现行国家标准《建筑工程施工质量验收统一标准》(GB 50300—2001)的 3.0.1 规定外，尚应符合下列规定：

1) 安装电工、焊工、起重吊装工和电气调试人员等，按有关要求持证上岗；

2) 安装和调试用各类计量器具，应检定合格，使用时在有效期内。

(2) 除设计要求外，承力建筑钢结构构件上，不得采用熔焊连接固定电气线路、设备和器具的支架、螺栓等部件；且严禁热加工开孔。

2. 主控项目

(1) 金属的导管和线槽必须接地(PE)或接零(PEN)可靠，并符合下列规定：

1) 镀锌的钢导管、可挠性导管和金属线槽不得熔焊跨接接地线，以专用接地卡跨接的两卡间连线为铜芯软导线，截面积不小于 $4mm^2$。

2) 当非镀锌钢导管采用螺纹连接时，连接处的两端焊跨接接地线；当镀锌钢导管采用螺纹连接时，连接处的两端用专用接地卡固定跨接接地线；

3) 金属线槽不作设备的接地导体，当设计无要求时，金属线槽全长不少于 2 处与接地(PE)或接零(PEN)干线连接；

4) 非镀锌金属线槽间连接板的两端跨接铜芯接地线，镀锌线槽间连接板的两端不跨接接地线，但连接板两端不少于 2 个有防松螺帽或防松垫圈的连接固定螺栓。

(2) 金属导管严禁对口熔焊连接；镀锌和壁厚小于等于 2mm 的钢导管不得套管熔焊连接。

(3) 防爆导管不应采用倒扣连接；当连接有困难时，应采用防爆活接头，其接合面应严密。

(4) 当绝缘导管在砌体上剔槽埋设时，应采用强度等级不小于 M10 的水泥砂浆抹面保护，保护层厚度大于 15mm。

3. 一般项目

(1) 室外埋地敷设的电缆导管，埋深不应小于 0.7m。壁厚小于等于 2mm 的钢电线导管不应埋设于室外土壤内。

(2) 室外导管的管口应设置在盒、箱内。在落地式配电箱内的管口，箱底无封板的，管口应高出基础面 50～80mm。所有管口在穿入电线、电缆后应做密封处理。由箱式变电所或落地式配电箱引向建筑物的导管，建筑物一侧的导管管口应设在建筑物内。

(3) 电缆导管的弯曲半径不应小于电缆最小允许弯曲半径，电缆最小允许弯曲半径应符合规范的规定。

(4) 金属导管内外壁应防腐处理；埋设于混凝土内的导管内壁应防腐处理，外壁可不防腐处理。

(5) 室内进入落地式柜、台、箱、盘内的导管管口，应高出柜、台、箱、盘的基础面 50～80mm。

(6) 暗配的导管，埋设深度与建筑物、构筑物表面的距离不应小于 15mm；明配的导管应排列整齐，固定点间距均匀，安装牢固；在终端、弯头中点或柜、台、箱、盘等边缘的距离 150～500mm 范围内设有管卡，中间直线段管卡间的最大距离应符合表 9-25 的规定。

管卡最大距离　　　　　　　　　表9-25

敷设方式	导管种类	导管直径(mm)				
		15～20	25～32	32～40	50～65	65以上
		管卡间最大距离(m)				
支架或沿墙明敷	壁厚＞2mm 刚性钢导管	1.5	2.0	2.5	2.5	3.5
	壁厚≤2mm 刚性钢导管	1.0	1.5	2.0	—	—
	刚性绝缘导管	1.0	1.5	1.5	2.0	2.0

(7) 线槽应安装牢固，无扭曲变形，紧固件的螺母应在线槽外侧。

(8) 防爆导管敷设应符合下列规定：

1) 导管间及与灯具、开关、线盒等的螺纹连接处紧密牢固，除设计有特殊要求外，连接处不跨接接地线，在螺纹上涂以电力复合酯或导电性防锈酯；

2) 安装牢固顺直，镀锌层锈蚀或剥落处做防腐处理。

(9) 绝缘导管敷设应符合下列规定：

1) 管口平整光滑；管与管、管与盒（箱）等器件采用插入法连接时，连接处结合面涂专用胶合剂，接口牢固密封；

2) 直埋于地下或楼板内的刚性绝缘导管，在穿出地面或楼板易受机械损伤的一段，采取保护措施；

3) 当设计无要求时，埋设在墙内或混凝土内的绝缘导管，采用中型以上的导管；

4) 沿建筑物、构筑物表面和在支架上敷设的刚性绝缘导管，按设计要求装设温度补偿装置。

(10) 金属、非金属柔性导管敷设应符合下列规定：

1) 刚性导管经柔性导管与电气设备、器具连接，柔性导管的长度在动力工程中不大于0.8m，在照明工程中不大于1.2m；

2) 可挠金属管或其他柔性导管与刚性导管或电气设备、器具间的连接采用专用接头；复合型可挠金属管或其他柔性导管的连接处密封良好，防液覆盖层完整无损；

3) 可挠性金属导管和金属柔性导管不能做接地(PE)或接零(PEN)的接续导体。

(11) 导管和线槽，在建筑物变形缝处，应设补偿装置。

二、管内穿绝缘导线安装质量标准

1. 一般规定

接地(PE)或接零(PEN)支线必须单独与接地(PE)或接零(PEN)干线相连接，不得串联连接。

2. 主控项目

(1) 三相或单相的交流单芯电缆，不得单独穿于钢导管内。

(2) 不同回路、不同电压等级和交流与直流的电线，不应穿于同一导管内；同一交流回路的电线应穿于同一金属导管内，且管内电线不得有接头。

(3) 爆炸危险环境照明线路的电线和电缆额定电压不得低于750V，且电线必须穿于钢导管内。

3. 一般项目

(1) 电线、电缆穿管前，应清除管内杂物和积水。管口应有保护措施，不进入接线盒（箱）的垂直管口穿入电线、电缆后，管口应密封。

(2) 当采用多相供电时，同一建筑物、构筑物的电线绝缘层颜色选择应一致，即保护地线（PE线）应是黄绿相间色，零线用淡蓝色；相线用：A相—黄色、B相—绿色、C相—红色。

(3) 线槽敷线应符合下列规定：

1) 电线在线槽内有一定余量，不得有接头。电线按回路编号分段绑扎，绑扎点间距不应大于2m；

2) 同一回路的相线和零线，敷设于同一金属线槽内；

3) 同一电源的不同回路无抗干扰要求的线路可敷设于同一线槽内；敷设于同一线槽内有抗干扰要求的线路用隔板隔离，或采用屏蔽电线且屏蔽护套一端接地。

三、开关、插座、风扇安装质量标准

1. 一般规定

动力和照明工程的漏电保护装置应做模拟动作试验。

2. 主控项目

(1) 当交流、直流或不同电压等级的插座安装在同一场所时，应有明显的区别，且必须选择不同结构、不同规格和不能互换的插座；配套的插头应按交流、直流或不同电压等级区别使用。

(2) 插座接线应符合下列规定：

1) 单相两孔插座，面对插座的右孔或上孔与相线连接，左孔或下孔与零线连接；单相三孔插座，面对插座的右孔与相线连接，左孔与零线连接；

2) 单相三孔、三相四孔及三相五孔插座的接地（PE）或接零（PEN）线接在上孔。插座的接地端子不与零线端子连接。同一场所的三相插座，接线的相序一致；

3) 接地（PE）或接零（PEN）线在插座间不串联连接。

(3) 特殊情况下插座安装应符合下列规定：

1) 当接插有触电危险家用电器的电源时，采用能断开电源的带开关插座，开关断开相线；

2) 潮湿场所采用密封型并带保护地线触头的保护型插座，安装高度不低于1.5m。

(4) 照明开关安装应符合下列规定：

1) 同一建筑物、构筑物的开关采用同一系列的产品，开关的通断位置一致，操作灵活、接触可靠；

2) 相线经开关控制；民用住宅无软线引至床边的床头开关。

(5) 吊扇安装应符合下列规定：

1) 吊扇挂钩安装牢固，吊扇挂钩的直径不小于吊扇挂销直径，有防振橡胶垫；挂销的防松零件齐全、可靠；

2) 吊扇扇叶距地高度不小于2.5m；

3) 吊扇组装不改变扇叶角度，扇叶固定螺栓防松零件齐全；

4）吊杆间、吊杆与电机间螺纹连接，啮合长度不小于20mm，紧固；

5）吊扇接线正确，当运转时扇叶无明显颤动和异常声响。

(6) 壁扇安装应符合下列规定：

1）壁扇底座采用尼龙塞或膨胀螺栓固定；尼龙塞或膨胀螺栓的数量不少于2个，且直径不小于8mm。固定牢固可靠；

2）壁扇防护罩扣紧，固定可靠，当运转时扇叶和防护罩无明显颤动和异常声响。

3．一般项目

(1) 插座安装应符合下列规定：

1）当不采用安全型插座时，托儿所、幼儿园及小学等儿童活动场所安装高度不小于1.8m；

2）暗装的插座面板紧贴墙面，四周无缝隙，安装牢固，表面光滑整洁、无碎裂、划伤，装饰帽齐全；

3）车间及试（实）验室的插座安装高度距地面不小于0.3m 特殊场所暗装的插座不小于0.15m 同一室内插座安装高度一致；

4）地插座面板与地面齐平或紧贴地面，盖板固定牢固，密封良好。

(2) 照明开关安装应符合下列规定：

1）开关安装位置便于操作，开关边缘距门框边缘的距离0.15～0.2m，开关距地面高度1.3m，拉线开关距地面高度2～3m，层高小于3m时，拉线开关距顶板不小于100mm，拉线出口垂直向下；

2）相同型号并列安装及同一室内开关安装高度一致，且控制有序不错位。并列安装的拉线开关的相邻间距不小于20mm；

3）暗装的开关面板应紧贴墙面，四周无缝隙，安装牢固，表面光滑整洁、无碎裂、划伤，装饰帽齐全。

(3) 吊扇安装应符合下列规定：

1）涂层完整，表面无划痕、无污染，吊杆上下扣碗安装牢固到位；

2）同一室内并列安装的吊扇开关高度一致，且控制有序不错位。

(4) 壁扇安装应符合下列规定：

1）壁扇下侧边缘距地面高度不小于1.8m；

2）涂层完整，表面无划痕、无污染，防护罩无变形。

四、电气工程质量实例

1．电线管（钢管、PVC管）敷设不符合要求

(1) 现象

1）电线管多层重叠，有些地方高出钢筋的面筋。

2）电线管2根或2根以上并排紧贴。

3）电线管埋墙深度太浅，甚至埋在墙体外的粉层中。管子出现死弯、扁折、凹痕现象。

4）电线管进入配电箱，管口在箱内不顺直，露出太长；管口不平整、长短不一；管口不用保护圈；未紧锁固定。

5) 预埋 PVC 电线管时不是用塞头堵塞管口,而是用钳夹扁拗弯管口。
(2) 原因分析
1) 施工人员对有关规范不熟悉,工作态度马虎,贪图方便,不按规定执行。施工管理员管理不到位。
2) 建筑设计布置和电气专业配合不够,造成多条线管通过同一狭窄的平面。
(3) 预防措施
1) 加强对现场施工人员施工过程的质量控制,对工人进行针对性的培训工作;管理人员要熟悉有关规范,从严管理。
2) 电线管多层重叠一般出现在高层建筑的公共通道中。当塔楼的住宅每层有 6 套以上时,建议土建最好采用公共走廊吊顶的装饰方式,这样电专业的大部分进户线可以通过在吊顶之上敷设的线槽直接进入住户。也可以采用加厚公共走道楼板的方式,使众多的电线管得以隐蔽。电气专业施工人员布管时应尽量减少同一点处线管的重叠层数。
3) 电线层不能并排紧贴,如施工中很难明显分开,可用小水泥块将其隔开。
4) 电线管埋入砖墙内,离其表面的距离不应小于 15mm,管道敷设要"横平竖直"。
5) 电线管的弯曲半径(暗埋)不应小于管子外径的 10 倍,管子弯曲要用弯管机或拗棒使弯曲处平整光滑,不出现扁折、凹痕等现象。
6) 电线管进入配电箱要平整,露出长度为 3~5mm,管口要用护套并锁紧箱壳。进入落地式配电箱的电线管,管口宜高出配电箱基础面 50~80mm。
7) 预埋 PVC 电线管时,禁止用钳将管口夹扁、拗弯,应用符合管径的 PVC 塞头封盖管口,并用胶布绑扎牢固。

2. 导线的接线、连接质量和色标不符合要求
(1) 现象
1) 多股导线不采用铜接头,直接做成"羊眼圈"状,但又不搪锡。
2) 与开关、插座、配电箱的接线端连接时,一个端子上接几根导线。
3) 线头裸露、导线排列不整齐,没有捆绑包扎。
4) 导线的三相、零线(N 线)、接地保护线(PE 线)色标不一致,或者混淆。
(2) 原因分析
1) 施工人员未熟练掌握导线的接线工艺和技术。
2) 材料采购员没有按照要求备足施工所需的各种导线颜色及数量,或者施工管理人员为了节省材料而混用。
(3) 预防措施
1) 加强施工人员对规范的学习和技能的培训工作。
2) 多股导线的连接,应用镀锌铜接头压接,尽量不要做"羊眼圈"状,如做,则应均匀搪锡。
3) 在接线柱和接线端子上的导线连接只宜 1 根,如需接两根,中间需加平垫片;不允许 3 根以上的连接。
4) 导线编排要横平竖直,剥线头时应保持各线头长度一致,导线插入接线端子后不应有导体裸露;铜接头与导线连接处要用与导线相同颜色的绝缘胶布包扎。
5) 材料采购人员一定要按现场需要配足各种颜色的导线。

6）施工人员应清楚分清相线、零线（N线）、接地保护线（PE线）的作用与色标的区分，即A相—黄色，B相—绿色，C相—红色；单相时一般宜用红色；零线（N线）应用浅蓝色或蓝色；接地保护线（PE线）必须用黄绿双色导线。

3. 开关、插座的盒和面板的安装、接线不符合要求

（1）现象

1）线盒预埋太深，标高不一；面板与墙体间有缝隙，面板有胶漆污染，不平直。

2）线盒留有砂浆杂物。

3）开关、插座的相线、零线、PE保护线有串接现象。

4）开关、插座的导线线头裸露，固定螺栓松动，盒内导线余量不足。

（2）原因分析

1）预埋线盒时没有牢靠固定，模板胀模，安装时坐标不准确。

2）施工人员责任心不强，对电器的使用安全重要性认识不足，贪图方便。

3）存在不合理的节省材料思想。

（3）预防措施

1）与土建专业密切配合，准确牢靠固定线盒；当预埋的线盒过深时，应加装一个线盒。安装面板时要横平竖直，应用水平仪调校水平，保证安装高度的统一。另外，安装面板后要饱满补缝，不允许留有缝隙，做好面板的清洁保护。

2）加强管理监督，确保开关、插座中的相线、零线、PE保护线不能串接，先清理干净盒内的砂浆。

3）剥线时固定尺寸，保证线头整齐统一，安装后线头不裸露；同时为了牢固压紧导线，单芯线在插入线孔时应拗成双股，用螺丝顶紧、拧紧。

4）开关、插座盒内的导线应留有一定的余量，一般以100～150mm为宜；要坚决杜绝不合理的省料念头。

第十章 工程项目施工质量计划与控制管理

第一节 工程项目施工质量计划

一、工程项目质量计划体系

1. 施工质量计划的编制方法

按照 GB/T 19000 质量管理体系标准，质量计划是质量管理体系文件的组成内容。在合同环境下质量计划是企业向顾客表明质量管理方针、目标及其具体实现的方法、手段和措施，体现企业对质量责任的承诺和实施的具体步骤。

建设工程项目的质量计划，是由项目干系人根据其在项目实施中所承担的任务、责任范围和质量目标，依靠企业有关项目质量的系统管理知识和要求，预先进行周密的计划，包括质量策划、管理体系、岗位设置，把各项质量职能活动，包括作业技术和管理活动建立在有充分能力、条件保证和运行机制的基础上制定的过程，进行编制而形成的质量计划体系。

(1) 施工质量计划的编制主体和范围

建设工程项目施工任务的组织，无论业主方采用平行承发包还是总分包方式，都将涉及到多方参与主体的质量责任。也就是说建筑产品的直接生产过程，是在协同方式下进行的，因此，在工程项目质量控制系统中，按照谁实施谁负责的原则，明确施工质量控制的主体构成及其各自的控制范围。

1) 施工质量计划的编制主体

由自控主体施工企业编制，在总分包模式下，总包编制总包工程范围的施工质量计划、各分包按照总包要求编制各自施工质量计划，总包有权利和责任对分包质量计划进行指导和审核。

2) 施工质量计划的编制范围

编制的范围，从工程项目质量控制的要求，应与施工任务的实施范围相一致，以此保证整个项目建筑安装工程的施工质量总体受控，质量计划的编制范围，应能满足其履行工程承包合同质量责任的要求。

施工质量计划，应在施工程序、控制组织、控制措施、控制方式等方面，形成一个有机的计划系统，确保项目质量总目标和各分解目标的控制能力。

(2) 施工质量计划的方式和内容

1) 施工质量计划的方式

建立质量管理体系的部分施工企业直接采用施工质量计划的方式外，还有工程项目施工组织设计或在施工项目管理实施规划中包含质量计划内容。

现行的施工质量计划有三种方式：
① 施工质量计划；
② 施工组织设计（含施工质量计划）；
③ 施工项目管理实施规划（含施工质量计划）。

这三种方式之所以能发挥施工质量计划的作用，这是因为根据建筑生产的技术经济特点，每个工程项目都需要进行施工生产过程的组织与计划，包括质量、进度、成本、安全等目标设定、控制计划和控制措施的安排等。因此，施工质量计划内容包含于施工组织设计和施工项目管理实施规划中，而且能够充分体现施工项目管理目标QDCS（质量、工期、成本、安全）的关联性、制约性和整体性，也和全面质量管理的思想方法相一致。

2）施工质量计划的基本内容

在已经建立质量管理体系的情况下，质量计划的内容必须全面体现和落实企业质量管理体系文件的要求，编制程序、内容和编制依据要符合本工程的特点，在质量计划中编写专项管理要求。施工质量计划的基本内容一般包括：
① 工程的特点及施工条件分析（合同条件、法规条件和现场条件）；
② 质量目标及其分解目标；
③ 质量管理组织机构和职责、人员及资源配置计划；
④ 确定的施工工艺与操作方法的技术方案和施工任务的流程组织方案；
⑤ 施工材料、设备物资等的质量管理及控制措施；
⑥ 施工质量检验、检测、试验工作的计划安排及其实施方法与接收准则；
⑦ 施工质量控制点及其跟踪控制的方式与要求；
⑧ 记录的要求等。

(3) 施工质量计划的审批程序与执行

施工单位的项目施工质量计划或施工组织设计文件编成后，应按照工程施工管理程序进行审批，包括施工企业内部的审批和项目监理机构的审查。

1）企业内部的审批

施工单位的项目施工质量计划或施工组织设计的编制与审批，应根据企业质量管理程序性文件规定的权限和流程进行。通常是由项目经理部主持编制，报企业组织管理层批准并报项目监理机构核准确认。

施工质量计划或施工组织设计文件的审批过程，是施工企业自主技术决策和管理决策的过程，也是发挥企业职能部门与施工项目管理团队的智慧和经验的过程。

2）监理工程师的审查

实施工程监理的施工项目，按照我国建设工程监理规范的规定，施工承包单位必须填写《施工组织设计（方案）报审表》并附施工组织设计（方案），报送项目监理机构审查。规范规定项目监理机构在工程开工前，总监理工程师应组织专业监理工程师审查承包单位报送的施工组织设计（方案）报审表，提出意见，经总监理工程师审核、签认后报建设单位。

3）审批关系的处理原则

正确执行施工质量计划的审批程序，是正确理解工程质量目标和要求，保证施工部署、技术工艺方案和组织管理措施的合理性、先进性和经济性的重要环节，也是进行施工质量事前预控的重要方法。因此，在执行审批程序时，必须正确处理施工企业内部审批和监理工程师审批的关系，其基本原则如下：

① 充分发挥质量自控主体和监控主体的共同作用，在坚持项目质量标准和质量控制的前提下，正确处理承包人利益和项目利益的关系；施工企业内部的审批首先应从履行工程承包合同的角度，审查实现合同质量目标的合理性和可行性，以项目质量计划向发包方提供信任。

② 施工质量计划在审批过程中，对监理工程师审查所提出的建议、希望、要求等意见是否采纳以及采纳的程度，应由负责质量计划编制的施工单位自主决策。在满足合同和相关法规要求的情况下，确定质量计划的调整、修改和优化，并承担相应执行结果的责任。

③ 经过按规定程序审查批准的施工质量计划，在实施过程如因条件变化需要对某些重要决定进行修改时，其修改内容仍应按照相应程序经过审批后进行。

(4) 施工质量控制点的设置与管理

施工质量控制点的设置是施工质量计划的重要组成内容。施工质量控制点是施工质量控制的重点，凡属关键技术、重要部位、控制难度大、影响大、经验欠缺的施工内容以及新材料、新技术、新工艺、新设备等，均可列为质量控制点，实施重点控制。

1) 质量控制点的设置

施工质量控制点的设置，是根据工程项目施工管理的基本程序，结合项目特点，在制定项目总体质量计划后，列出各基本施工过程对局部和总体质量水平直接影响的项目，作为具体实施的质量控制点。如高层建筑施工质量管理中，基坑支护与地基处理、工程测量与沉降观测、大体积钢筋混凝土施工、工程的防排水、钢结构的制作、焊接及检测、大型设备吊装及有关分部分项工程必须进行重点控制的内容或部位，可列为质量控制点。又如在工程功能的控制程序中，可设立建筑物(构筑物)防雷检测、消防系统调试检测、通风设备系统系统调试检测等专项质量控制点。工程采用的新材料、新技术、新工艺、新设备要有具体的施工方案、技术标准、材料要求、质量检验措施等，也必须列入专项质量控制点的设定，通过设定，质量控制的目标及工作重点就能更加明析。事前质量预控的措施也就更加明确。施工质量控制点的事前质量预控工作。包括：明确质量控制的目标与控制参数；制定技术规程和控制措施，如施工操作规程及质量检测评定标准；确定质量检查检验方式及抽样的数量与方法；明确检查结果的判断标准及质量记录与信息反馈要求等。

2) 质量控制点的实施

施工质量控制点的实施主要是通过控制点的动态设置和动态跟踪管理来实现。所谓动态设置是指一般情况下在工程开工前、设计交底和图纸会审时，可确定一批整个项目的质量控制点，随着工程的展开、施工条件的变化，随时或定期进行控制点范围的调整和更新。动态跟踪是应用动态控制原理，落实专人负责跟踪和记录控制点质量控制的状态和效果，并及时向项目管理组织的高层者反馈质量控制信息，保持施工质量控制点的受控状态。

实施建设工程监理的施工项目，应根据现场工程监理机构的要求，对施工作业质量控制点，按照不同的性质和管理要求，细分为：见证点、待检点进行施工质量的监督和检查。凡属见证点的施工作业，如重要部位、特种作业、专门工艺等，施工方必须在该项作业开始前24h，书面通知现场监理机构到位旁站，见证施工作业的过程；凡属"待检点"的施工作业，如隐蔽工程等，施工方必须在完成施工质量自检的基础上，提前24小时通知项目监理机构进行检查验收之后，才能进行工程隐蔽或下道工序的施工。未经过项目监理机构检查验收合格，不得进行工程隐蔽或下道工序的施工。

2. 全面质量管理（TQC）的思想

TQC即全面质量管理（TotalQualityContr01），是20世纪中期在欧美和日本广泛应用的质量管理理念和方法，我国从20世纪80年代开始引进和推广全面质量管理方法。其基本原理就是强调在企业或组织的最高管理者质量方针的指引下，实行全面、全过程和全员参与的质量管理。

TQC的主要特点是以顾客满意为宗旨；领导参与质量方针和目标的制定；提倡预防为主、科学管理、用数据说话等。在当今国际标准化组织颁布的ISO 9000—2000版质量管理体系标准中，都体现了这些重要特点和思想。建设工程项目的质量管理，同样应贯彻如下三全管理的思想和方法。

(1) 全方位质量管理

建设工程项目的全面质量管理，是指建设工程项目各方干系人所进行工程项目质量管理的总称，其中包括工程质量和工作质量的全面管理。工作质量是产品的保证，直接影响产品质量的形成。业主、监理单位、勘察单位、设计单位、施工总分包单位、材料设备供应商等，任何一方任何环节的怠慢疏忽或质量责任不到位都会造成对建设工程质量的影响。

(2) 全过程质量管理

是指根据工程质量的形成规律，从源头抓起，全过程推进。GB/T 19000强调质量管理的"过程方法"管理原则。因此，必须掌握识别过程和应用"过程方法"进行全程质量控制。主要的过程有：项目策划与决策过程；勘察设计过程；施工采购过程；施工组织与准备过程；检测设备控制与计量过程；施工生产的检验试验过程；工程质量的评定过程；工程竣工验收与交付过程；工程回访维修服务过程等。

(3) 全员参与质量管理

按照全面质量管理的思想，组织内部的每个部门和工作岗位都承担有相应的质量职能，组织的最高管理者确定了质量方针和目标，就应组织和动员全体员工参与到实施质量方针的系统活动中去，发挥自己的角色作用。开展全员参与质量管理的重要手段就是运用目标管理的方法，将组织的质量总目标逐级进行分解，使之形成自上而下的质量目标分解体系和自下而上的质量目标保证体系。发挥组织系统内部每个工作岗位、部门或团队在实现总目标过程中的作用。

二、工程项目质量目标控制原理和方法

1. 工程项目质量目标控制原理

在明确的质量目标和具体的条件下，通过行动方案和资源配置的计划、实施、检查和监督，进行质量目标的事前预控、事中控制和事后纠偏控制，实现预期的质量目标的系统过程。

(1) 计划 P(Plan)

质量管理的计划职能，包括确定或明确质量目标和制定实现质量目标的行动方案两方面。实践表明质量计划的严谨周密、经济合理和切实可行，是保证工作质量、产品质量和服务质量的前提条件。

根据建设单位的项目工程质量计划，确定和论证项目施工的总体质量目标，提出项目质量管理的组织、制度、工作程序、方法和要求。项目其他各方干系人，则根据企业规定的质量标准和责任，在明确质量目标的基础上，要求针对质量控制对象的控制目标、活动条件、影响因素进行周密分析，找出薄弱环节，在有充分能力、条件保证和运行机制的基础上，制定实施相应范围质量管理的行动方案，包括技术方法、规矩集、业务流程、资源配置、检验试验要求、质量记录方式、不合格处理、管理措施等具体内容和做法的质量管理文件，同时亦须对其实现预期目标的可行性、有效性、经济合理性进行分析论证，并按照规定的程序与权限，经过审批后执行。

规矩集定义：是进行质量控制而编制的指导性文件。是在设计图纸、相关规范的基础上，参考工程优秀节点做法，结合施工过程中的丰富经验，针对工程施工的各环节、特别是结构质量的关键环节和控制方法，对结构施工中的节点进行深化设计，并通过大量的专业节点施工图来仔细说明具体的施工方法，着重体现"过程质量精品"的原则。

(2) 实施 D(Do)

实施职能在于将质量的目标值，通过生产要素的投入、作业技术活动和产出过程，转换为质量的实际值。为保证工程质量的产出或形成过程能够达到预期的结果，在各项质量活动实施前，要根据质量管理计划进行行动方案的部署和交底；交底的目的在于使具体的作业者和管理者明确计划的意图和要求，掌握质量标准及其实现的程序与方法。在质量活动的实施过程中，则要求严格执行计划的行动方案，规范行为，把质量管理计划的各项规定和安排落实到具体的资源配置和作业技术活动中去。做到质量活动主体的自我控制和他人监控的控制方式。自我控制是第一位的，即作业者在作业过程中对自己质量活动行为的约束和能力的发挥，完成预定质量目标的作业任务；他人监控是指作业者的质量活动过程和结果，接受来自企业内部管理者和来自企业外部有关方面的检查检验，如工程监理、监督部门等的监控。事中质量控制的目标是确保工序质量合格，杜绝质量事故发生。

由此可知，关键是增强质量意识，发挥操作者自我约束、自我控制，即坚持质量标准是根本的，他人监控是必要的补充，没有前者或用后者取代前者都是不正确的。因此，进行过程质量实施控制，也就在于创造一种过程实施、控制的机制和活力。

(3) 检查 C(Check)

指对计划实施过程进行各种检查，包括作业者的自检、互检和专职管理者专检。各类检查也都包含两大方面：一是检查是否严格执行了计划的行动方案，实际条件是否发生了变化，不执行计划的原因；二是检查计划执行的结果，即产出的质量是否达到标准的要求，对此进行确认和评价，分析原因，采取措施。

(4) 处置 A(Action)

对于质量检查所发现的质量创优、问题或质量不合格,及时进行原因分析,总结。好的加以推广,有问题的采取必要的措施,予以纠正,保持工程质量形成过程的受控状态。处置分纠偏和预防改进两个方面,前者是采取应急措施,解决当前的质量偏差、问题或事故;后者是提出目前质量状况信息,并反馈管理部门,反思问题症结或计划时的不周,确定改进目标和措施,为今后类似问题的质量预防提供借鉴。

2. 工程项目质量目标控制方法

(1) 质量控制的对策主要有:

1) 以人的工作质量确保工程质量;

2) 严格控制投入品的质量;

3) 全面控制施工过程,重点控制工序质量;

4) 严把分项工程质量检验评定关;

5) 贯彻"预防为主"的方针;

6) 严防系统性因素的质量变异。

(2) 施工项目的质量控制的过程是从工序质量到分项工程质量、分部工程质量、单位工程质量的系统控制过程;也是一个由投入原材料的质量控制开始,直到完成工程质量检验为止的全过程的系统过程。

(3) 质量控制的方法

1) 审核有关技术文件和报告。

① 审核有关技术资质证明文件;

② 审核开工报告,并经现场核实;

③ 审核施工方案、施工组织设计、规矩集和技术措施;

④ 审核有关材料、半成品的质量检验报告;

⑤ 审核反映工序质量动态的统计资料或控制图表;

⑥ 审核设计变更、修改图纸和技术核定书;

⑦ 审核有关质量问题的处理报告;

⑧ 审核有关应用新工艺、新材料、新技术、新结构的技术鉴定书;

⑨ 审核有关工序交接检查,分项、分部工程质量检查报告;

⑩ 审核并签署现场有关技术签证、文件等。

2) 直接进行现场质量检验或必要的试验等。

① 现场质量检查的内容

a. 开工前检查;

b. 工序交接检查;

c. 隐蔽工程检查;

d. 停工后复工前的检查;

e. 分项、分部工程完工后,应经检查认可,签署验收记录后,才进行下一工程项目施工;

f. 成品保护检查。

② 现场质量检查的方法

a. 目测法：看、摸、敲、照；
　　b. 实测法；靠、吊、量、套；
　　c. 试验法。

第二节　工程项目施工计划与管理实务

一、工程项目施工质量计划实例

1. 工程质量方针和工程质量目标
（1）质量方针

某公司的质量方针：用我们的承诺和智慧雕塑时代的艺术品。

定义：

我们：指公司的每一位员工。

承诺：诚实服务，守信履约，以有竞争力的产品满足用户的期望和要求。

智慧：先进的技术，科学的管理，严谨的工作作风和超前的创造性。

雕塑：对工程全方位、全过程的精心设计，精心组织和精心施工。

时代的艺术品：指创造当代名牌精品工程，追求高目标，创建筑典范，回报社会，回报人生。

（2）工程质量目标

质量等级"优良"，实现"过程精品"，争创质量奖。

竣工一次交验合格率100%。

分项工程优良率90%以上，不合格点控制在8%以内。

（3）主体内容和使用范围

本质量计划对某工程的质量目标作出具体规定，并描述了质量职能各要素，它适用于本工程施工及相关后援保障系统的工作。

2. 质量计划编制依据和实施
（1）编制依据

1）招标文件

2）设计图纸

3）GB/T 19002—ISO 9002 质量标准

4）国家现行规范：按照国家标准《建筑工程施工质量验收统一标准》(GB 50300—2001)和有关规范标准进行检验。

5）公司《质量保证手册》、《程序文件》及其实施细则、《项目管理手册》以及公司其他相关文件。

6）施工环境、设备环境、劳动力素质、生产技术水平。

（2）实施方式

1）《质量计划》采用施工作业质量的自控和施工作业质量监控的方式实施。

2）专业定义

①"三工序"管理：检查上道工序，保证本工序，服务下道工序，以确保过程施工

质量。

② 物资分类：以其质量的影响程度分为 A、B、C 三类。

A 类：钢材、水泥、砂、石、砖、构件、混凝土外加剂、防水材料、精密仪器设备。

B 类：工程设备、水电材料、木材、模板、焊接材料、保温材料。

C 类：机械配件、工具及低值易耗品等。

（3）质量计划的管理

1）《质量计划》的编写

由项目总工程师负责编写，报公司质量保证部审核后，由项目经理批准签发实施。《质量计划》由项目总工程师负责解释。

2）《质量计划》的管理

由行政部负责统一管理（包括编号、打印、发放、保管等），并对《质量计划》的保管和使用情况实施监控。

3）质量计划的发放范围

《质量计划》由行政部统一编号，分发给公司质量保证部、项目管理部，项目领导班子成员和各部门经理。

4）《质量计划》的移交

《质量计划》不得遗失、拆页，《质量计划》持有者调离工作岗位按规定办理归还移交手续。

5）质量计划的使用

① 项目各级领导和全体员工都要认真学习和理解《质量计划》内容，并应在项目质量管理活动中贯彻始终。

② 为了更好贯彻实施《质量计划》，各职能部门可根据需要制定相应的支撑性文件，其内容必须满足《质量计划》的要求。

③《质量计划》只限于本项目使用，不得复制和转借外单位或其他个人，确需外借的，须经行政部同意，并按规定办理有关借阅手续，借阅人必须按时归还，并负责保管好《质量计划》。

④《质量计划》在执行过程中发生的问题由项目总工程师协调解决，重大问题请示公司有关部门或领导处理。

⑤《质量计划》按受控文件管理，换版更改由项目总工程师负责记录。

⑥《质量计划》新版本颁发后立即收回旧版本，并在旧版本上盖"作废"章。

⑦ 项目经理部解体时由项目行政部统一收回。

（4）质量体系要素

1）组织机构及岗位职责

工程项目质量管理组织机构（见第一章）。

质量职能分配（见第一章）。

2）项目文件化质量体系：

质量计划及其运行记录；

施工组织设计、专项施工方案、工程进度质量检验计划等；

施工图纸、标准图集、规矩集等；

施工规范、规程、验收标准等；
质量策划；
工程创优策划。
3) 质量措施方案：
施工组织总设计；
模板施工方案；
土方施工方案；
脚手架施工方案；
防水施工方案；
冬期施工方案；
雨期施工方案；
塔吊安装、拆除方案；
安全文明施工方案；
测量施工方案；
混凝土施工方案；
钢筋施工方案；
消防施工方案；
临水、临电施工方案；
成品保护方案；
装修施工方案；
机电安装施工方案。
4) 分承包管理系列文件：
分包方质量管理规定；
分包方安全与文明施工管理规定；
分包方物资管理规定；
其他。

3. 合同评审
(1) 总包合同评审程序
1) 合同签订前的评审：项目经理、商务经理参加公司组织的合同评审会，并就其中的工期目标、质量目标、经营策略等重点内容明确记录下来，为项目内部合同交底作准备。
2) 协调评审：合同签订后，由项目经理部主要管理人员会同公司项目管理部组织协调评审，根据工程特点，召开由公司项目管理部、物资设备部、劳务中心、测量分公司等单位负责人参加的评审会。
① 进行合同交底：包括工程性质特点，主要经济技术指标的分析。
② 落实履约和满足质量要求的资源条件，包括混凝土、模板、钢筋、各种施工机具及办公设备等。
③ 落实工作责任和进度计划，确定项目经理部成员的工作责任范围和解决问题的时间，并将项目经理部的总控计划向有关各方通报。

④ 就履约中的理解不一致和业主磋商,一般性问题由项目合约部负责,将最终结果汇报公司项目管理部、合约部,重大问题由项目经理和业主协商。

3) 项目合同交底:由项目合同部将合同中与各部门有关的内容分别筛选、汇总、打印成合同交底书,就其中的重要事项予以明确交代,保证合同的顺利执行。对各部门以合同交底书的形式进行合同交底,记录并保存。

4) 合同更改:当合同发生修订时,若不影响原定施工方案时,由项目组织协调评审,并执行公司合同评审程序。

① 一般的更改可通过洽商和书面签证的方式进行。

② 重大更改应进行评审,经评审就有关问题由项目经理和业主协商一致并签定书面的协议对合同条文进行修改,签署生效,在合同及更改的协议评审中应充分考虑:

更改后对技术满足顾客要求的可行性;

更改后对成本的影响;

更改后对工程质量、工程工期的影响;

更改后对材料供应、施工设备及其他现场条件的影响。

(2) 分包合同管理

1) 分承包方评定:按照公司《分承包方评定程序》由项目主管领导参与分承包方的评定和选择,明确分承包方的必备条件。

2) 分包合同制定:项目商务部根据项目特点及总包合同要求制定分包合同,并保证分包合同满足总包合同的要求。

3) 分包合同交底:项目商务部将合同中与各部门有关的内容分别挑出来,分别汇总、打印成合同交底书,对各部门以合同交底书的形式进行合同交底,记录并保存。

(3) 分承包方考核:项目经理部各部门负责人负责每季度对分承包的工期、质量、安全、资料等方面进行考核,填写考核表格,并将项目考核意见由行政部及时送交工程协力公司。

(4) 项目商务部负责保存合同评审记录。

4. 设计控制

将涉及施工详图设计的部分列入过程控制要素之中。

5. 文件资料和质量记录

(1) 文件的管理:

1) 文件制定:根据需要由项目各部门负责人编制有关的技术类文件、管理办法等文件,并负责解释与督促文件的实施。

2) 文件审批:由项目主管领导审批签署主管部门编制的文件。

3) 文件发放:由项目行政部负责对文件进行打印、收发、复印、登记工作,保证文件处于受控状态及有效。

4) 文件修改、换版:由原文件编制各部门负责人进行修改,项目主管领导审批及换版文件的签发,行政部负责修改、换版文件的通知登记发放。

5) 年度文件资料清单:项目行政部负责将项目各部门的文件资料清单汇总,编制成项目年度文件资料清单。

6) 项目结束后文件资料的处理:项目结束,由项目各部门负责人根据公司总部职能

部门对资料管理的要求,对项目文件资料进行处理,并保证受控文件的及时回收。本项目受控文件包括:

设计图纸;现行国家施工规范、验收标准、工艺标准、材料标准、标准图集、规矩集;各类施工方案、施工组织设计、技术交底、图纸会审记录;工程变更、设计洽商;项目质量计划、工程质量记录、公司质量体系文件。

(2) 项目文件和资料的编制、审核和批准权限见表10-1。

项目文件和资料的编制、审核和批准权限　　　　表 10-1

文件名称	编制	审核	批准(签发)
项目质量计划	经理部各部门	项目总工程师	项目经理
施工组织总设计	技术协调部	项目总工程师	公司总工程师
施工方案	技术协调部	技术协调部经理	项目总工程师
文函	各部门	各部门经理	主管领导
合同	商务部	商务经理	项目经理
采购文件	物资部	物资部经理	项目总工程师

6. 物资管理

(1) 物资采购

1) 执行公司《采购程序》。

2) 所有采购的材料、半成品、工程设备必须符合规范标准及合同规定的质量要求。

3) 采购计划由项目技术部根据进度计划提出,所有材料计划必须经过项目总工程师批准后方能执行。

4) 物资部统一管理采购委托、并编制供料计划。

5) 项目经理部质量总监负责对物资验证和使用过程中物资质量控制进行监督、检查,并作记录。

6) 对分承包方采购物资,必须在物资公司提供的合格分供方处采购。

7) 业主指定的分承包商,采购文件由其自行编制。

8) 物资采购文件由物资部负责管理、存档。

(2) 物资分供方评价

1) 委托物资公司供应的物资,分承包方评价由物资公司进行。

2) 合同规定分包方采购的 A、B 类物资,若供应商不在合格分承包方名册内,评价由项目物资管理部和分包方共同进行,评价程序和内容按照公司《采购程序》进行,评价结果经项目经理审批后,交物资公司备案。

3) 在市场上采购的零星 C 类材料,由物资管理部进行产品质量验证,不进行合格分承包方评价。

(3) 物资验证

1) 公司物资公司提供的物资,由项目物资部根据供料计划进行现场质量验证并记录,质量总监负责监控。

2) 项目自行采购的物资进场后由物资部根据采购计划进行验证并记录。

3) 分承包方采购的 A、B 类物资由项目物资部及质量总监共同进行验证，C 类物资由分承包方验证记录，项目物资部认可备案。

4) 现场验证不合格的物资应设专区堆放，按《不合格品控制程序》的规定处置。

7. 业主提供产品的控制

(1) 业主提供的物资，由项目物资管理部配合监理进行验证，对质量有争议的物资要做复试检验。

(2) 业主提供的物资，需要项目代为保管时，项目要指定地点，单独存放，做好标识，并确保提供场所，保证物资的存储要求。

(3) 业主提供的物资在现场验证和检查中发现的问题，由项目物资管理部报告业主解决。

(4) 对于业主采购的物资，项目的验证不能取代业主对其采购物资的质量责任。

(5) 业主指定的分承包方采购的物资验证，由项目物资部负责，复试取证需在项目指定的单位进行。

8. 产品标识与可追溯性

(1) 产品标识执行公司《产品标识与可追溯性程序》和项目管理部《产品标识实施细则》。

(2) 可追溯性物资：

1) 本项目有可追溯性要求的物资，主要是钢材、水泥、混凝土、防水材料。

2) 以上物资应可以通过查证材质证明、试验报告、施工日记、质量检验评定等资料，追溯到材料的来源、产品形成的进程、产品形成后材料的分布部位，以实现对其不合格进行追溯。

(3) 物资标识：

1) 项目物资标识工作由物资管理部负责。

2) 进场的所有物资都应当有标识，物资标识应注明名称、规格、数量、产地、使用部位、检验状态、标识人、标识时间等内容。

3) 不合格物资的标识：项目物资管理部对进入现场的不合格物资单独堆放，并进行标识。标识应醒目且容易识别，标牌上应有"不合格品待处理"字样。其处置程序执行不合格品控制程序。

4) 现场搬运过程应保证标识完好，丢失或损坏的应立即重新标识。

(4) 过程标识工序标识由项目工程管理部负责。

1) 标识的种类

标签标识：砌筑工程、抹灰工程；

挂牌标识：钢筋工程、模板工程、钢筋加工；

立牌标识：混凝土垫块、预埋件、砂、石、砌块；

记录标识：混凝土工程、机电安装及除标签、挂牌、立牌标识的其他工程。

2) 对不合格部位的标识：对结构施工、安装施工、装饰施工过程中，个别部位出现的不合格，由责任工程师负责标识，加盖红章并记录。

3) 每道过程完成后，责任工程师应通知专职质量检查人员进行检验，检验后进行标识或记录。

4) 未经标识的过程尤其是特殊过程不得进行下道过程的施工。

9. 过程控制

(1) 开工前的过程控制

1) 准备工作计划：项目总工程师负责编制施工组织设计，经公司项目管理部审核，公司总工批准后实施。

2) 图纸会审：接到图纸后，项目工程技术部负责组织，在项目总工程师的主持下，召集有关人员对施工图纸进行会审、记录，并就提出的有关问题和业主达成一致。此过程形成两个记录，内部图纸会审记录和图纸会审记录。

3) 本工程如需项目经理部进行详图设计，项目总工程师组织工程技术部与业主及设计单位共同对详图设计进行探讨达成共识，由项目工程协调部设计小组完成设计。

4) 编制专项施工方案：由技术协调部编制各专项技术方案。对于专业分承包方，施工方案由其自行制定，项目总工程师进行审批执行。

5) 施工现场准备工作质量控制，具体工作如下：

① 项目经理部负责接收红线范围，以及临水、临电、施工道路、施工障碍等的确定。

② 测量公司负责引进设立半永久性基准桩和水准桩点，经北京市勘测院复验批准，记录并保存。

③ 根据《施工组织设计》对人员、设备、材料、和计量器具等进场的规定进行落实与管理。

(2) 施工过程控制

1) 编制过程控制计划：在每一分项工程施工之前根据《施工组织设计》和专项施工方案编制过程控制计划，具体内容包括：工序执行标准、质量控制重点、执行和检查人员的职责，过程控制计划由项目技术协调部编制，批准。

2) 过程能力评定：由项目技术协调部、质量总监、区域责任师共同进行，对施工过程进行评定认可，以确保人员、机具的配置及工艺的可行。

3) 技术交底：分三个层次进行。项目技术协调部根据各项施工方案向现场施工管理人员、分承包负责人交底；责任工程师向操作班组交底；分承包及班组长向工人交底。交底一律书面进行，被交底人需在交底材料上签字明确责任。

4) 实施首检制：各分项分部工程大面积施工之前，确定某代表性的具体部位作为样板，经过"三检"过程和质量监督部、责任工程师的验证，并经监理公司认可后作为标准指导其他部位的施工。

5) 对于本工程的特殊过程、关键过程，实施重点控制，在过程控制计划中作出明确规定，特殊过程的操作人员要经培训合格，持证上岗。

6) 机械管理、维修、保养由提供方负责，工程管理部负责监控，并由设备提供方按时提供必要的记录。

7) 由项目安全总监按照安全操作规程和施工组织设计内安全方面的要求进行交底、监督和核验，并对任一过程的安全整改负有监督检查责任并记录。

10. 检验与试验

(1) 进货检验和试验

1) 物资验证

公司物资公司提供的物资，由项目物资管理部根据供料计划进行现场质量验证并记录，项目总工程师负责监控。

项目自行采购的物资进场后由物资管理部根据采购计划进行验证并记录。

分承包方采购的 A、B 类物资由项目物资管理部及质量总监共同进行验证，C 类物资由分承包方验证记录，项目物资部认可备案。

验证的主要内容：名称、规格、数量、外观、尺寸、重量、材质证明、生产厂家。

物资验收方法按照物资公司发布的《物资验证管理实施细则》执行，若进口物资验证，应按照公司《检验和试验程序》条款执行。

2) 进场物资的试验，由项目技术协调部按照公司《检验和试验程序》5.2 条款及相关地方规定执行。

（2）过程检验和试验

1) 过程检验和试验由项目质量总监按施工进度和部位编制检验计划并按其规定执行。

2) 过程检验和试验的责任人为责任工程师，质量总监负责监督。

3) 施工过程的质量检验，分承包方负责自检、交接检，责任工程师负责分项质量检验评定，分部质量检验评定由项目质量监督部负责。

4) 施工过程试验按规范要求取样，由责任工程师委托试验员进行。

5) 检验、试验要经过审查、批准，并作好记录，检验和试验不合格的过程不得放行。

6) 过程检验和试验记录应及时上报监理公司，经批准后方能进行下道工序。

7) 检验和试验记录：所有检验和试验均应有正式记录，经相关负责人签字并注明检验日期，由专职人员整理归档。

8) 急需放行的物资和例外放行的过程，要进行连续监控，在随后的检验试验中发现不合格，由原放行的直接管理部门负责实施追回，并按《不合格品控制程序》进行处理。急需放行与例外转序执行公司质量保证部《产品及过程急需放行与例外转序监督实施细则》。

（3）最终检验

1) 项目最终检验，应在单位工程所涉及的所有分项、分部工程检验工作进行完毕并合格后，方可进行。

2) 单位工程报竣条件应满足公司《项目工程竣工交付管理实施细则》和公司质量保证部《建筑产品最终检验和试验实施细则》中有关规定。最终验收程序也按此实施细则执行。

11. 检验、测量和试验设备控制

（1）责任：项目工程协调部负责检验、测量和试验设备的检验和试验状态标识。检测量设备的控制责任人为测量分公司。试验设备的控制责任人为中心试验室。项目设置计量设备的控制责任人，分承包方提供的检测设备由其自行管理，项目计量控制责任人负责监控。

（2）实施依据标准：检验、测量和试验设备管理执行公司《检验、测量和试验设备控制程序》、公司项目管理部《计量器具管理实施细则》。

（3）具体实施：所有检验、测量和试验设备或器具，都要按校准和检定周期进行校准和复检，新投入使用的检验、测量和试验设备，使用前必须校准，以保证精确度，并对所有检测设备进行标识,表明其检验状态,保存检验记录。

(4) 失准处理:当发现检验、测量和试验设备失准时,应立即停止使用并进行追溯检验,直到其检验、试验结果符合标准得以确认为止,并记入有关文件。

(5) 不合格处理:未经校准的检验、测量和试验设备不得使用,不合格的检测设备应及时采取措施予以更换。

(6) 建立台账:对检验、测量和试验设备的检测及发放要作出管理台账,由专人统一管理。具体执行参见公司项目管理部《计量器具管理目录》、《计量器具采购品牌评定》。

(7) 外包队伍计量器具管理:执行公司项目管理部《外包队伍计量器具管理办法》。

12. 检验和试验状态

(1) 检验和试验状态的标识有四种:既检验和试验合格状态、不合格状态、待验状态和不确定状态。

(2) 物资状态标识:项目物资管理部负责以物资标识和复试报告来表明物资所处状态(合格还是不合格)。对于不合格的物资要隔离单独存放,并做标识,按照《不合格控制程序》进行处置,并做记录。

(3) 工序状态标识:项目质量总监负责以评定表、检验标签和隐预检记录来表明过程所处状态(合格与否,是否可进入下道过程)。

(4) 状态标识权限:只有检验人员或其授权人才有权更改表示检验状态的标志,如标记、标牌等,检验和试验状态改变后,应立即进新的标识。

(5) 标识用具管理:负责管理标识用具的人员,要妥善保管,需要更换时,应将原印章或标记交回。

13. 不合格品控制

(1) 总则:各类物资、半成品、工程设备、施工过程在使用和施工前均应检查合格标识后记录,防止使用不合格材料、半成品及不合格过程转入下道工序。

(2) 不合格品的评审和处置

1) 进场物资的不合格品评审与处置由项目物资部协同质量总监共同进行。

2) 一般不合格工序的评审与处置由项目质量员负责;严重不合格由公司项目管理部组织工程、技术、物资部门经理(或者授权人)及项目总工程师进行评审,项目总工程师制定方案,公司总工程师批准后处置,并做记录。

3) 按程序规定评审不合格品,具体执行公司质量保证部《质量改进措施跟踪与复验实施细则》,处置通常有如下几种情况:

① 返工,以达到规定的施工过程要求。

② 经补修或不经补修与业主(监理公司)协商作为让步接收。

③ 材料、半成品的降级使用、改做它用或退货。

④ 报废处理。

(3) 返工的项目:返工后按《检验和试验程序》重新进行检验和试验,并记录。

14. 纠正与预防措施

(1) 纠正措施:是防止不合格品再发生的质量改进措施,项目技术协调部根据专业责任师和质量总监提供的质量检查评定和分析资料、有关质量记录和用户意见进行综合分析,制定系统性的纠正措施,报项目总工程师批准执行。

(2) 预防措施：在分项工程开工前制定，经分析对潜在的不合格进行控制而编制的控制措施，项目技术协调部根据同类公寓工程和本工程资源配置状况，制定分项工程预控措施，经总工程师批准后实施。

(3) 纠正和预防措施的实施责任人为专业责任工程师。

(4) 纠正措施的实施情况记录由技术协调部完成。

(5) 项目体系内外审及自查中发现的不符合项，由总工程师制定纠正措施，不符合项纠正措施的实施由被下整改通知单的部门实施，行政部进行监督整改。纠正预防措施涉及更改程序文件的问题需专题报告公司主管部门。

15. 搬运、贮存、包装、防护和交付

(1) 物资搬运、贮存

1) 保证搬运质量

物资及半成品的搬运应按合同责任运输管理，由项目物资部下达搬运作业指导书，并具体指导执行。对易碎、易损、易燃、易散落及有防震、防压、防爆要求的物资（如：防水材料），在二次场地运输中应提供运输保护，并在作业指导书中明确。

现场二次搬运及半成品就位搬运工作，根据技术方案的规定，由区域责任工程师下达搬运指导书，并指导其进行。

搬运应采取相应措施与适当的保护措施，避免损坏、丢失和保存标识完好，具体内容应列入搬运指导书。

2) 保证贮存质量

现场贮存由项目物资部统一管理。

贮存应根据物资保管的技术要求，设立适合的场所和采取相应的防护措施。

现场贮存的物资至少每周检查一次，记录发现的问题并向项目经理提出报告，及时解决。

贮存过程中的物料收发应有记录，保持标识完好，并进行现场验证。

完工后的余料，由物资部负责收回处理并记录。

(2) 防护

1)《施工组织设计》中要明确成品保护方案措施。

2) 施工过程中的工序防护，由专业责任工程师组织实施，交工前的成品防护由项目经理部统一组织实施。

3) 对分承包方负责范围的成品防护要列入分承包合同，并严格执行。

(3) 交付

1) 项目工程管理部具体负责交付工作，领导责任人为现场经理和总工程师。

2) 分项工程的交付必须在分项工程质量评定合格，并经监理验收认可后进行。

3) 分部工程交付必须在分部工程质量评定合格，并经监理签发分部工程认可书后进行。

4) 单位工程的交付工作在最终检验完成，并经政府质量监督部门批准后进行。

5) 对工程交付中出现的问题，由项目经理部工程管理部负责整改，达到合格标准后，记录并报公司项目管理部。

6) 工程交付资料由项目技术协调部负责收集、汇总，交付记录报公司项目管理部。

施工过程中的材料、半成品和工程设备交付，执行材料、工程设备管理办法的规定。

16. 质量记录

（1）按照地方有关规定及公司程序文件要求按期进行技术资料的收集、汇总、编目，由技术协调部专职资料员负责。

（2）常用的工程质量记录包括：

1）主要原材料、成品、半成品、构配件、设备出厂证明、试验报告，见表10-2。

主要材料质量记录 表10-2

名称	出厂合格证	检测报告	准用证	复试报告	三方鉴证取样
防水材料	√	√	√	√	√
混凝土				√	√
钢筋连接	√			√	√
水泥	√	√	√		
砂子				√	
石子				√	
预埋线管	√				

2）施工试验记录：

灰土回填：取样平面图、试验报告；

混凝土：试配申请单、配比申请单、抗压强度报告、强度统计、强度评定；

电气专业接地电阻测试记录；

暖卫专业强度严密性试验；

风管漏风检测记录。

3）施工记录：

定位放线记录；

混凝土浇灌申请记录、混凝土开盘鉴定；

施工测温记录：大体积混凝土测温记录、测点布置图；

电气接地电阻测试记录；

给水管道强度测试记录；

排水管道灌水记录。

4）预检记录：

工程定位测量记录；

基槽验线；

模板；

楼层放线：1米标高线、轴线竖向投测控制线；

混凝土施工缝留置方法、位置、接槎的处理；

防雷接地及引下线；

管道预留孔洞；

通风预留孔洞、坐标位置、几何尺寸；

防雷接地及引下线；

设备基础坐标位置、尺寸。

5）隐检记录：

钢筋隐检；

地下室外墙施工缝、止水带隐检；

过墙套管隐检；

防水基层、防水层隐检；

验槽回填基层隐检；

暗敷管线隐检；

通风管道隐检记录；

电气暗敷管线记录；

保温隐检记录。

6）工程质量检验评定

分项工程质量检验评定；

分部工程质量检验评定。

7）基础、结构验收记录。

8）图纸会审记录、技术交底记录。

9）设计变更洽商。

10）计量管理记录。

(3) 合同评审记录。

(4) 质量体系运行记录：包括纠正与预防措施记录、人员培训考核记录、分承包方评价和有关质量体系运行考核记录、内外审记录、文件和资料记录、统计技术的应用记录等。

(5) 对于竣工资料及其他须作为历史资料保存的，按国家和公司档案室的有关规定，分别送交有关档案室保存。

(6) 对质量保证手册和程序文件，项目解体后若有后续工程，则转入下一项目，否则，交回公司质保部；对于项目其余资料按公司《质量记录程序》文件执行。

(7) 质量资料管理总负责人为总工程师，项目各部门的内部管理资料，各部门按照质量计划的管理规定执行。

17. 质量审核

(1) 项目质量审核一般包括以下几种：

公司组织的内审；

认证机构进行的外审；

业主对其进行的审核；

项目进行的自审；

项目对分包的审核。

(2) 内外审的准备和配合：本项目按照公司的内、外审计划安排，认真作好准备，接受并配合作好内、外审工作，对其开列的不符合项报告，认真分析原因，制定对策，立即进行整改并做好记录。对其提出的建议和观察项，也要认真对待，加以记录，并予以改进提高。

(3) 不符合项的处理：项目体系内外审及自审中发现的不符合项，由总工程师制定纠正措施（直接在不符合项整改通知单上填写），不符合项纠正措施的实施由被下整改通知单的部门实施，行政部进行监督整改。纠正预防措施涉及更改程序文件的问题需专题报告公司主管部门。

(4) 对待业主的审核：若业主提出对本项目进行质量审核，项目要认真对待，热情的欢迎，对其提出的问题要坚决加以改进。并做好记录。

(5) 项目自审：项目各部门要严格按照质量计划运行，质量监督部定期组织进行自审，以生产例会或专题会议的形式，将自审发现的问题提出，责令立即整改，并做好记录。

(6) 项目要对其每个分包队伍进行审核。

1) 审核的主要内容是：

各项资质及人员应具备的岗位证书；

物资采购；

机械管理；

计量管理；

质量控制；

安全管理；

技术管理。

2) 审核的依据是《程序文件》、《管理手册》，项目对分包的有关管理办法及其他有关文件。

3) 审核的方式以日常管理工作审核为主并兼以项目领导组织的专门的审核，审核处置要有记录。

18. 培训

(1) 制定培训计划

项目行政部根据项目岗位设置情况和生产需要编制项目培训计划，送公司人力资源部备案，并存档。

(2) 培训计划的实施

项目各部门根据本部门的实际情况，负责参与公司和行政部组织的岗位培训。组织分承包方进行安全、质量（包括分包质量管理体系的建立）等的培训，并保存培训记录。

(3) 培训记录

项目行政部建立员工培训台账（包括分包的培训记录），根据全年的培训情况进行总结，编制培训总结并报公司人力资源部备案。

19. 服务

(1) 满足业主合同规定的服务要求，并力求做到：

1) 对业主、监理的意见：与监理协调工作中应采取主动服务，对监理提出的意见、建议和要求应及时根据自身的条件能力尽可能给予满足。

2) 主动建议：在服务过程中，主动向监理提供必要的信息、服务和建议。

(2) 本工程交付后的回访及维修由公司用户服务部具体执行。

(3) 业主有其他服务要求时由公司负责签订合同，对所报项目、质量、时间及费用等做出具体规定并贯彻执行。

(4) 竣工后，给业主提供一份用户服务手册，包括水、电、暖、通等管道布置图及结构平面图。

20. 统计技术

(1) 本项目应用的统计技术为因果分析图和方差分析。

(2) 应用的对象：

方差分析：对混凝土试块强度进行统计分析。数据来源：中心试验室提供的混凝土试验报告、试块 28 天标养强度报告。

因果分析图：对工程质量专检中发现的问题。数据和资料来源：项目质量监督部出具的质量检验月报或质量快报

(3) 应用的部门为项目技术协调部。项目技术协调部根据统计资料汇总整理、计算，针对问题分析产生原因，制定纠正措施，加以纠正，并验证纠正措施的可行性。

二、工程项目施工质量管理控制、验收实务

1. 建筑工程应按下列规定进行施工质量控制

(1) 建筑工程采用的主要材料、半成品、成品、建筑构配件、器具和设备应进行现场验收。凡涉及安全、功能的有关产品，应按各专业工程质量验收规范规定进行复验，并应经监理工程师(建设单位技术负责人)检查认可。

(2) 各工序应按施工技术标准进行质量控制，每道工序完成后，应进行检查。

(3) 相关各专业工种之间，应进行交接检验，并形成记录。

2. 工程实例

(1) 背景

某钢筋混凝土框架结构楼工程，地下室含人防工程。

(2) 问题

1) 针对该工程，施工单位应采取哪些质量控制的对策来保证工程质量？施工生产要素的质量如何控制？

2) 为避免以后施工中出现类似质量问题，施工单位应采取何种方法对工程质量进行控制？

3) 简述该建筑施工项目质量控制的过程有哪些？施工过程的作业质量控制有哪些？

4) 针对工程项目的质量问题，现场常用的质量检查的方法有哪些？施工阶段质量控制的主要途径有哪些？

5) 施工单位现场质量检查的内容有哪些？

6) 为了满足质量要求，施工单位进行现场质量检查目测法和实测法有哪些常用手段？

7) 针对该钢筋工程隐蔽验收的要点有哪些？

8) 施工单位未经监理单位许可即进行混凝土浇筑，该做法是否正确？如果不正确，施工单位应如何做？

9) 为了保证该工程质量达到设计和规范要求，施工单位对进场材料应如何进行质量

控制?
10) 简述材料质量控制的要点。
11) 材料质量控制的内容有哪些?
12) 该项目工序质量控制的内容有哪些?
13) 针对该工程的工序质量检验的包括哪些内容?
14) 如何确定该工程的质量控制点?
15) 试述施工工序质量控制的步骤?施工过程质量验收的内容?
16) 试针对该工程的模板工程编制质量预控措施。
17) 该混合结构住宅楼达到什么条件,方可竣工验收?
18) 试述该工程质量验收的基本要求?
19) 试述钢筋分项工程质量如何验收?施工过程质量验收不合格如何处理?
20) 试述该基础工程质量如何验收?
21) 试述该单位工程质量如何验收?
22) 试述单位工程质量验收的内容?
23) 如果该工程创国家优质工程需在哪些方面做好工作?

(3) 分析与答案
1) 质量控制的对策主要有:
① 以人的工作质量确保工程质量;
② 严格控制投入品的质量;
③ 全面控制施工过程,重点控制工序质量;
④ 严把分项工程质量检验评定关;
⑤ 贯彻"预防为主"的方针;
⑥ 严防系统性因素的质量变异。

施工生产要素的质量控制如下:

施工生产要求是施工质量形成的物质基础,包括作为劳动主体的生产人员,即作业者、管理者的素质及其组织效果;作为劳动对象的建筑材料、半成品、工程用品、设备等的质量;作为劳动方法的施工工艺及技术措施的水平;作为劳动手段的施工机械、设备、工具、模具等的技术性能;以及施工环境——现场水文、地质、气象等自然环境,通风、照明、安全等作业环境及协调配合管理环境。

2) 施工单位对工程质量进行控制:
① 劳动主体的控制

劳动主体的质量包括工程各类参与人员的生产技能、文化素养;生理体能、心理行为等方面的个体素质及经过合理组织充分发挥其潜在能力的群体素质。因此,企业应通过择优录用、加强思想教育及技能方面的教育培训、合理组织、严格考核,外辅以必要的激励机制,使企业员工的潜在能力得到最好的组合和充分的发挥,从而保证劳动主体在质量控制系统中发挥主体自控作用。

施工企业必须坚持对所选派的项目领导者、管理者进行质量意识教育和组织管理能力训练;坚持对分包商的资质考核和施工人员的资格考核;坚持工种按规定持证上岗制度。

② 劳动对象的控制

原材料、半成品及设备是构成工程实体的基础。其质量是工程项目实体质量的组成部分。故加强原材料、半成品设备的质量控制，不仅是保证工程质量的必要条件。也是实现工程项目投资目标和进度目标的前提。要优先采用节能降耗的新型建筑材料，禁止使用国家明令淘汰的建筑材料。

对原材料、半成品及设备进行质量控制的主要内容为：控制材料设备性能、标准，经检测与设计文件的相符性。

施工企业应在施工过程中贯彻执行企业质量程序文件中材料设备在封样、采购、进场检验、抽样检测及质保资料提交等方面一系列明确规定的控制标准。

③ 工艺的控制

施工工艺的先进、合理，可靠的施工技术工艺方案，是工程质量控制的重要环节，也直接影响工程的造价及进度。工艺方案的质量控制包括以下内容：

a. 全面正确的分析特征、技术关键及环境条件等资料，明确质量目标，验收标准、控制的重点和难点。

b. 制定合理有效的有针对性的施工技术方案和组织方案，前者包括施工工艺、施工方法，后者包括施工区段划分、施工流向及劳动组织等。

c. 合理选用施工机械设备和施工临时设施，合理布置施工总平面图和各阶段平面图。

d. 选用和设计保证质量与安全的模具、脚手架等施工设备。

e. 编制工程所采用的新材料、新技术、新工艺的专项技术方案和质量管理方案。

④ 施工设备的控制

对施工所用的机械设备，包括起重设备、各项加工机械、专项技术设备、检查测量仪表设备及人货两用电梯等，应根据工程需要，从设备选型、主要性能参数及使用操作要求等方面加以控制。

模板、脚手架等施工设施，除按适用的标准定型选用外，一般需按设计及施工要求进行专项设计，对其设计方案及制作质量的控制及验收应作为重点进行控制。

对现行施工管理制度要求，工程所用的施工机械、模板、脚手架，特别是危险较大的现场安装的起重机械设备，施工单位不仅要履行设计安装方案的审批手续，而且安装完毕启用前必须经专业管理部门的验收，合格后方可使用。同时，在使用过程中尚需落实相应的管理制度，以确保其安全正常使用。

⑤ 施工环境的控制

环境因素主要包括地质水文状况、气象变化及其他不可抗力因素，以及施工现场的通风、照明、安全卫生防护设施等劳动作业环境等内容。环境因素对工程施工的影响一般难以避免。要消除其对施工质量的不利影响，主要是采取预测预防的控制方法。

对地质水文等方面影响因素的控制，应根据设计要求，分析工程地质资料，预测不利因素，并会同设计等方面采取相应的措施，如基坑降水、排水、加固维护等技术控制方案。

对天气气象方面的不利条件，应在施工方案中制定专项施工方案，明确施工措施，落实人员、器材等方面各项准备以紧急应对，从而控制其对施工质量的不利影响。

环境因素造成的施工中断，往往也会对工程质量造成不利影响，必须通过加强管理、调整计划等措施，加以控制。

3）施工质量控制

质量控制的方法，主要是审核有关技术文件和报告，直接进行现场质量检验或必要的试验等。

施工项目的质量控制的过程是从工序质量到分项工程质量、分部工程质量、单位工程质量的系统控制过程；也是一个由投入原材料的质量控制开始，直到完成工程质量检验为止的全过程的系统过程。

质量控制是一个涉及面广泛的系统过程，除了施工质量计划的编制和施工生产要素的质量以外，施工过程的作业工序质量控制，是工程项目实际质量形成的重要过程。

工程项目施工是由一系列相互关联、相互制约的作业过程（工序）构成，因此施工质量控制必须对全部作业过程，即各道工序的施工质量进行控制。从项目管理的立场看，作业控制，首先是质量生产者即作业者的自控，在施工生产要素合格的条件下，作业者能力及其发挥的状况是决定作业质量的关键。其次，是来自作业者外部的各种作业质量检查、验收和对质量行为的监督，也是一种不可缺少的设防和把关的管理措施。

① 施工作业质量的自控

a. 施工作业质量自控的意义

施工作业质量的自控，从经营的层面上说，强调的是作为建筑产品生产者和经营者的施工企业，应全面履行企业的质量责任，向顾客提供质量合格的工程产品；从生产的过程说，强调施工作业者岗位质量责任，向后道工序提供合格的作业成果（中间产品）质量。同理，供货厂商必须按照供货合同约定的质量标准和要求，对施工材料物资的供应过程实施产品质量自控。施工承包方和供应方在施工阶段是质量自控主体，他们不能因为监控主体的存在和监控责任的实施而减轻或免除其质量责任。我国《建筑法》和《建设工程质量管理条例》规定：

建筑施工企业对工程的施工质量负责；建筑施工企业必须按照工程设计要求、施工技术标准和合同约定，对建筑材料、建筑构配件和设备进行检验，不合格的不得使用。

施工方作为工程施工质量的自控主体，既要遵循本企业质量管理体系的要求，也要根据其所在工程项目质量控制系统中的地位和责任，通过具体项目质量计划的编制与实施，有效的实现施工质量的自控目标。

b. 施工作业质量自控的程序

施工作业质量的自控过程是施工作业组织的成员进行的，其基本的控制程序包括：作业的技术交底、作业的活动的实施和作业质量的自检自查、互检互查以及专职管理人员的质量检查等。

② 施工作业技术的交底

技术交底是施工组织设计和施工方案的具体化，施工作业技术交底的内容必须具有可行性和可操作性。

从工程项目的施工组织设计到分部分项工程的施工计划，在实施之前都必须进行技术交底，其目的是使管理者的计划和决策意图为实施人员所理解。施工作业交底是最基层的技术和管理活动，施工总承包方和监理机构都要对进行监督。作业交底的内容包括作业范围、施工依据、作业程序、技术标准和要领、质量目标以及其他与安全、进度、成本、环境等目标管理有关的要求和注意事项。

③ 施工作业活动的实施

施工作业活动是由一系列工序所组成的，为了保证工序质量的受控，首先要对作业条件进行再确认，即按照作业计划检查作业准备状态是否落实到位，其中包括对施工程序和作业工艺顺序的检查确认，在此基础上，严格按作业计划的要求和质量标准展开工序作业活动。

④ 施工作业质量的检验

施工作业的质量检验，是贯穿整个施工过程的最基本的质量控制活动，包括施工组织内部的的工序作业检查；现场监理机构的旁站检查、平行检测等。施工作业质量检验是施工质量验收的基础，已完检验批及分部分项工程的施工质量，必须在施工单位完成质量自检并确认合格之后，才能报送监理机构进行检查验收。

我国实施监理的工程项目，要求施工质量检验应在施工单位自检并合格之后填写《报验申请表》，提请现场施工监理机构检查验收。

前道工序作业质量经验收合格后，才可进入下道工序施工，未经验收合格不得进入下道工序施工。

⑤ 施工作业质量自控的要求

工序作业质量是直接形成工程质量的基础，为达到对工序作业质量控制的效果，在加强工序管理和质量目标控制方面应坚持以下要求。

a. 预防为主

严格按照施工质量计划的要求，进行针对分部分项施工作业的部署。同时，根据施工作业的内容、范围和特点，制定施工作业计划，明确作业质量目标和作业技术要领，认真进行技术交底，落实各项作业技术组织措施。

b. 重点控制

在施工作业计划中，一方面要认真贯彻实施施工质量计划中的质量点的控制措施。

同时，要根据作业活动的实际需要，进一步建立工序作业控制点，深化工序作业的重点控制。

c. 坚持标准

工序作业人员在工序作业过程严格进行质量自检，通过自检不断改善作业，并创造条件开展作业质量互检，通过互检加强技术与经验的交流；对已完工序作业产品，即检验批或分部分项工程，应严格坚持质量标准。对不合格的施工作业质量，不得进行验收签证，必须按照规定的程序进行处理。

建筑工程施工质量验收统一标准及配套使用的专业工程质量验收规范，是施工质量自控的合格标准。企业或项目经理部应结合自己的条件编制高于国家标准或工程项目内控标准；建设合同对采用标准有明确规定，都要列入质量计划中，作为质量验收依据，提升工程质量水平。

d. 记录完整

施工图纸、质量计划、作业指导书、材料质保书、检验试验及检测报告、质量验收记录等，是形成可追溯性的质量保证依据，也是工程竣工验收所不可缺少的质量控制资料。因此，对工序作业质量的记录，应有计划、有步骤地按照施工管理规范的要求进行填写记载，做到及时、准确、完整、有效，并具有可追溯性。

4）施工作业质量自控的有效制度

施工作业质量自控的有效制度有：

质量例会制度、质量会诊制度、每月质量讲评制度；

样板制度；

挂牌制度。

针对工程项目的质量问题，现场常用的质量检查的方法有目测法、实测法和试验法三种。

施工阶段质量控制的主要途径有：

建设工程项目施工质量的控制途径，分别通过事前预控、过程控制和事后控制的相关途径进行质量控制。因此，施工质量控制的途径包括预控途径、事中控制途径和事后控制途径。

① 施工质量的事前预控途径

事前预控途径是以施工准备工作为核心，包括开工前的施工准备、作业活动前的施工准备和特殊施工准备等工作质量的控制。就整个建设工程项目而言，施工质量的事前预控途径如下。

a. 施工条件的调查和分析

包括合同条件、法规条件和现场条件；做好施工条件的调查和分析，发挥其重要的质量预控作用。

b. 施工图纸会审和设计交底

理解设计意图和对施工的要求，明确质量控制的重点、要点和难点，以及消除施工图纸的差错等。因此，严格进行设计交底和图纸会审，具有重要的事前预控作用。

c. 施工组织设计文件的编制与审查

施工组织设计文件是直接指导现场施工作业技术活动和管理工作的纲领性文件。工程项目施工组织设计是以施工技术方案为核心，统盘考虑施工程序，施工质量、进度、成本和安全目标的要求。科学合理的施工组织设计对于有效地配置合格的施工生产要素，规范施工作业技术活动行为和管理行为，将起到重要的导向作用。

d. 工程测量定位和标高基准点的控制

施工单位必须按照设计文件所确定的工程测量定位及标高的引测依据，建立工程测量基准点，自行做好技术复核，并报告项目监理机构进行监督检查。

e. 施工分包单位的选择和资质的审查

对分包商资格与能力的控制是保证工程施工质量的重要方面。确定分包内容、选择分包单位及分包方式既直接关系到施工总承包方的利益和风险，更关系到建设工程质量的保证问题。因此，施工总承包企业必须有健全有效的分包选择程序，同时按照我国现行法规的规定，在订立分包合同前，施工单位必须将所联络的分包商情况，报送项目监理机构进行资格审查。

f. 材料设备和部品采购质量控制

建筑材料、构配件、部品和设备是直接构成工程实体的物质，应从施工备料开始控制，包括对供货厂商的评审、询价、采购计划与方式的控制等。因此，施工承包单位必须有键全有效的采购控制程序，同时，按我国现行法规规定，主要材料设备采购前将采购计划报送工程监理机构审查，实施采购质量预控。

g. 施工机械设备及工器具的配置与性能控制

施工机械设备、设施、工器具等施工生产手段的配置及其性能，对施工质量、安全、进度和施工成本有重要的影响，应在施工组织设计过程根据施工方案的要求确定，施工组织设计批准之后应对其落实的状态进行检查控制，以保证技术预案的质量能力。

② 施工质量的事中控制途径

在建设工程项目施工中展开过程质量控制，如前所述，这是最基本的控制途径。此外，必须抓好与作业工序质量形成相关的配套技术与管理工作。其主要途径有：

a. 施工技术复核

施工技术复核是施工过程中保证各项技术基准正确性的重要措施，凡属轴线、标高、配方、样板、加工图等用作施工依据的技术工作，都要进行严格复核。

b. 施工计量管理

施工过程计量工作包括投料计量、检测计量等，其正确性与可靠性直接关系到工程质量的形成和客观的效果评价。因此，施工全过程必须坚持对计量人员资格、计量程序和计量器具的准确性等进行控制。

c. 见证取样送检

为了保证建设工程质量，我国规定对工程所使用的主要材料、半成品、构配件以及施工过程留置的试块、试件等应实行现场见证取样送检。见证人员由建设单位及工程监理机构中有相关专业知识的人员担任；送检的试验室应具备经国家或地方工程检验检测主管部门批准的相关资质；见证取样送检必须严格执行规定的程序进行，包括取样见证并记录，样本、编号、填单、封箱，送试验室，核对、交接、试验检测、报告。

d. 技术核定和设计变更

在建设工程项目施工过程，因施工方对施工图纸的某些要求不甚明白，或图纸内部的某些矛盾，或施工配料调整与代用、改变建筑节点构造、管线位置或走向等，需要通过设计单位明确或确认的，施工方必须以技术核定单的方式向监理工程师提出，报送设计单位核准确认。

在施工期间无论是建设单位、设计单位或施工单位提出，需要进行局部设计变更的内容，都必须按照规定的程序，先将变更意图或请求报送监理工程师，经设计单位审核认可并签发《设计变更通知书》后，由监理工程师下达《变更指令》。

e. 隐蔽工程验收

凡被后续施工所覆盖的施工内容，如地基基础工程、钢筋工程、预埋管线等均属隐蔽工程，加强隐蔽工程质量验收，是施工质量控制的重要环节。其程序要求施工方首先应完成自检并合格后填写专用的《隐蔽工程验收单》，单列的验收内容应与已完的隐蔽工程实物相一致，事先通知监理机构及有关方面，按约定时间进行验收；验收合格的隐蔽工程由各方共同签署记录；验收不合格的隐蔽工程，应按验收意见进行整改后重新验收。严格隐蔽工程质量验收和记录，对于预防工程质量隐患，提供可追溯的质量记录具有重要作用。

f. 其他

长期施工管理实践过程形成的质量控制途径和方法，如批量施工先行样板示范，现场施工质量例会，QC小组活动，质量控制资料管理等，也是施工过程质量控制的工作途径。

③ 质量的事后控制途径

质量的事后控制，主要是进行已完施工的成品保护、质量验收和不合格的处理，以保证最终验收的建设工程质量。

施工过程质量验收作为事后质量控制的途径，强调按照施工质量验收统一标准规定的质量验收划分，从施工作业工序开始，依次做好检验批、分项工程、分部工程及单位工程的施工质量验收。通过多层次的设防把关，严格验收，控制建设工程项目的质量目标。

5) 内容：

① 开工前检查；

② 工序交接检查；

③ 隐蔽工程检查；

④ 停工后复工前的检查；

⑤ 分项、分部工程完工后，应经检查认可，签署验收记录后，才允许进行下一工程项目施工；

⑥ 成品保护检查。

6) 施工现场目测法的手段可归纳为看、摸、敲、照四个字；实测检查法的手段归纳为靠、吊、量、套四个字。

7) 钢筋隐蔽验收要点：

① 按施工图核查纵向受力钢筋，检查钢筋品种、直径、数量、位置、间距、形状；

② 检查混凝土保护层厚度，构造钢筋是否符合构造要求；

③ 钢筋锚固长度，箍筋加密区及加密间距；

④ 检查钢筋接头：如绑扎搭接，要检查搭接长度，接头位置和数量（错开长度、接头百分率）；焊接接头或机械连接，要检查外观质量，取样试件力学性能试验是否达到要求，接头位置（相互错开）数量（接头百分率）。

8) 施工单位未经监理许可即进行筏基混凝土浇筑的做法是错误的。

正确做法：施工单位运进水泥前，应向项目监理机构提交《工程材料报审表》，同时附有水泥出厂合格证、技术说明书、按规定要求进行送检的检验报告，经监理工程师审查并确认其质量合格后，方准进场。

9) 材料质量控制方法主要是严格检查验收，正确合理的使用，建立管理台账，进行收、发、储、运等环节的技术管理，避免混料和将不合格的原材料使用到工程上。

10) 进场材料质量控制要点：

① 掌握材料信息，优选供货厂家；

② 合理组织材料供应，确保施工正常进行；

③ 合理组织材料使用，减少材料损失；

④ 加强材料检查验收，严把材料质量关；

⑤ 要重视材料的使用认证，以防错用或使用不合格的材料；

⑥ 加强现场材料管理。

11) 主要有：材料的质量标准，材料的性能，材料取样、试验方法，材料的适用范围和施工要求等。

12）主要有：

① 严格遵守工艺规程；

② 主动控制工序活动条件的质量；

③ 及时检查工序活动效果的质量；

④ 设置工序质量控制点。

13）检验内容：标准具体化、度量、比较、判定、处理、记录。

14）质量控制点设置的原则，是根据工程的重要程度，即质量特性值对整个工程质量的影响程度来确定。设置质量控制点时，首先要对施工的工程对象进行全面分析、比较，以明确质量控制点；而后进一步分析所设置的质量控制点在施工中可能出现的质量问题、或造成质量隐患的原因，针对隐患的原因，相应地提出对策措施用以预防。

15）施工工序质量控制的步骤：实测、分析、判断。

施工过程质量验收的目的和内容

施工过程质量验收作为事后质量控制的途径，强调按照施工质量验收统一标准规定的质量验收划分，从施工作业工序开始，依次做好检验批、分项工程、分部工程及单位工程的施工质量验收。通过多层次的设防把关，严格验收，控制建设工程项目的质量目标。

16）质量预控措施

① 绘制关键性轴线控制图，每层复查轴线标高一次，垂直度以经纬仪检查控制；

② 绘制预留、预埋图，在自检基础上进行抽查，看预留、预埋是否符合要求；

③ 回填土分层夯实，支撑下面应根据荷载大小进行地基验算、加设垫块；

④ 重要模板要经过设计计算，保证有足够的强度和刚度；

⑤ 模板尺寸偏差按规范要求检查验收。

17）验收条件

① 完成建设工程设计和合同规定的内容；

② 有完整的技术档案和施工管理资料；

③ 有工程使用的主要建筑材料、建筑构配件和设备的进场试验报告；

④ 有勘查、设计、施工、工程监理等单位分别签署的质量合格文件；

⑤ 按设计内容完成，工程质量和使用功能需符合工程施工质量验收统一标准；专业工程施工质量验收规范；建设法律、法规、管理标准和技术标准等标准、规范规定的要求，并按合同规定完成了协议内容。

18）基本要求

① 质量应符合统一标准和砌体工程及相关专业验收规范的规定；

② 应符合工程勘察、设计文件的要求；

③ 参加验收的各方人员应具备规定的资格；

④ 质量验收应在施工单位自行检查评定的基础上进行；

⑤ 隐蔽工程在隐蔽前应由施工单位通知有关单位进行验收，并形成验收文件；

⑥ 涉及结构安全的试块、试件以及有关材料，应按规定进行见证取样检测；

⑦ 检验批的质量应按主控项目和一般项目验收；

⑧ 对涉及结构安全和使用功能的重要分部工程应进行抽样检测；

⑨ 承担见证取样检测及有关结构安全检测的单位应具有相应资质；

⑩ 工程的观感质量应由验收人员通过现场检查，并应共同确认。

19）钢筋分项工程应由监理工程师（建设单位项目负责人）组织施工单位项目专业质量（技术）负责人进行验收。

施工过程的质量验收是以检验批的施工质量为基本验收单元。检验批质量不合格可能是由于使用的材料不合格，或施工作业质量不合格、或质量控制资料不完整等原因所致，按照《建筑工程施工质量验收统一标准》（GB 50300—2001）的规定，其处理方法有：

① 在检验批验收时，对严重的缺陷应推倒重来，一般的缺陷通过翻修或更换器具、设备予以解决后重新进行验收；

② 个别检验批发现试件强度等不满足要求等难以确定是否验收时，应请有资质的法定检测单位检测鉴定，当鉴定结果能够达到设计要求时，应通过验收；

③ 当检测鉴定达不到设计要求、但经原设计单位核算仍能满足结构安全和使用功能的检验批，可予以验收；

④ 严重质量缺陷或超过检验批范围内的缺陷，经法定检测单位检测鉴定以后，认为不能满足最低限度的安全储备和使用功能，则必须进行加固处理，虽然改变外形尺寸，但能满足安全使用要求，可按技术处理方案和协商文件进行验收，责任方应承担经济责任；

⑤ 通过返修或加固后处理仍不能满足安全使用要求的分部工程、单位（子单位）工程，严禁验收。

20）基础工程应由总监理工程师（建设单位项目负责人）组织施工单位项目负责人和技术、质量负责人、勘察、设计单位工程项目负责人和施工单位技术、质量部门负责人进行工程验收。

21）该住宅楼完工后，施工单位应自行组织有关人员按照合同规定的施工范围和质量标准完成施工任务后，分包单位对所承包工程项目检查评定，总包派人参加，分包完成后，将资料交给总包；经质量自检并合格后，向现场监理机构（或建设单位）提交工程竣工申请报告，要求组织工程竣工验收。施工单位的竣工验收准备，包括工程实体的验收准备和相关工程档案资料的验收准备，使之达到竣工验收的要求，其中设备及管道安装工程等，应经过试压、试车和系统联动试运行检查记录。做好自我评定，并向监理单位提交工程验收报告，监理机构收到施工单位的工程竣工申请报告后，应就验收的准备情况和验收条件进行初步验收。对工程实体质量及档案资料存在的缺陷，及时提出整改意见，并与施工单位协商整改清单，确定整改要求和完成时间。建设工程竣工验收应具备下列条件：

① 完成建设工程设计和合同约定的各项内容；

② 有完整的技术档案和施工管理资料；

③ 有工程使用的主要建筑材料、构配件和设备的进场试验报告；

④ 有工程勘察、设计、施工、工程监理等单位分别签署的质量合格文件；

⑤ 有施工单位签署的工程保修书。

当初步验收检查结果符合竣工验收要求时，监理工程师应将施工单位的竣工申请报告报送建设单位，着手组织勘察、设计、施工、监理等单位和消防、环保、人防等单位（项目）负责人组成竣工验收小组并制定验收方案。

建设单位需在工程正式竣工验收前7个工作日将验收时间、地点、验收组名单通知该工程质量监督机构。建设单位组织竣工验收会议。正式验收过程的主要工作有：

① 建设、勘察、设计、施工、监理单位分别汇报工程合同履约情况及工程施工各环节施工满足设计要求，质量符合法律、法规和强制性标准的情况；

② 检查审核设计、勘察、施工、监理单位的工程档案资料及质量验收资料；

③ 实地检查工程外观质量，对工程的使用功能进行抽查；

④ 对工程施工质量管理各环节工作、对工程实体质量及质保资料情况进行全面评价，形成经验收组人员共同确认签署的工程竣工验收意见；

⑤ 竣工验收合格，建设单位应及时提出工程竣工验收报告。验收报告还应附有工程施工许可证、设计文件审查意见、质量检测功能性试验资料、工程质量保修书等法规所规定的其他文件；

⑥ 工程质量监督机构应对工程竣工验收工作进行监督。

当参加验收各方对工程质量验收不一致时，可请当地建设行政主管部门或工程质量监督机构协调处理；单位工程质量验收合格后，建设单位应在规定时间内将工程竣工验收报告和规划、公安消防、环保等部门出具的认可文件或准许使用文件报建设行政管理部门备案。备案部门在收到备案文件资料后在规定时间内，对文件资料进行审查，符合要求的工程，在验收备案表上加盖"竣工验收备案专用章"，并将一份退建设单位存档。如审查中发现建设单位在竣工验收过程中，有违反国家有关建设工程质量管理规定行为的，责令停止使用，重新组织竣工验收。建设单位有下列行为之一的，责令改正，处以工程合同价款百分之二以上百分之四以下的罚款；造成损失的依法承担赔偿责任：

① 未组织竣工验收，擅自交付使用的；

② 验收不合格，擅自交付使用的；

③ 对不合格的建设工程按照合格工程验收的。

22）单位工程验收内容：

① 单位（子单位）工程所含分部（子分部）工程的质量均应验收合格。

② 质量控制资料应完整。

③ 单位（子单位）工程所含分部工程有关安全和功能的检测资料应完整。

④ 主要功能项目的抽查结果应符合相关专业质量验收规范的规定。

⑤ 观感质量验收应符合要求。

23）如果该工程创国家优质工程需在以下方面做好工作：

① 地基与基础工程

地基基础工程是关系到单位工程安全性、耐久性的重要分部工程，应通过对工程主体进行较细致地观察，以确定是否有因地基与基础质量问题而引起工程主体出现裂缝、倾斜等较明显变形。同时应查看地基基础周围回填土是否有沉陷，是否造成散水坡破坏情况。

复查以下技术资料：

a. 工程地质勘察报告；

b. 桩基的单桩承载力及桩体缺陷的检测记录；

c. 沉降观测记录（记下沉降值及相对沉降差值）；

d. 回填土密实度检验记录（路桥工程、场道工程）；

e. 地基与基础工程使用的材料质量证明文件及进场复验记录，混凝土及砌筑砂浆强度检验记录；

  f. 隐蔽工程检查验收记录；

  g. 重大设计变更记录（如加层、改变平面等）；

  h. 分部、分项工程质量检验评定记录。

 ② 主体工程

  主体工程应查看是否存有影响主体结构安全的较大裂缝、倾斜、变形等不安全的隐患情况。

  复查以下技术资料：

  a. 主体工程使用的材料、构件的出厂质量证明及进场的复验记录；

  b. 主体工程的混凝土与砌筑砂浆强度检验记录及强度评定记录，钢筋接头试验记录；

  c. 主体工程中隐蔽工程的检查验收记录；

  d. 主体工程的测量记录（如高层建筑的垂度偏差值等）；

  e. 主体工程的重大设计变更记录；

  f. 分部、分项工程质量检验评定记录。

 ③ 防水工程（屋面、浴厕间、地下室与墙体）

  防水工程关系到建筑工程的基本使用功能，是建筑工程质量复查的重点。应查看是否存有渗漏现象或痕迹，是否存有产生渗漏的隐患；屋面是否有积水现象或痕迹、防水层起鼓等现象。

  复查以下技术资料：

  a. 防水工程所使用的材料质量证明及进场复验记录；

  b. 屋面、浴厕间等部位的施工方案、试验、检测记录；

  c. 分部、分项工程质量检验评定记录。

 ④ 门窗工程

  查看外墙门窗安装的水平与垂直度（目测）及内外深度。对塑钢门窗、铝合金门窗、彩板门窗查看安装是否牢固，打胶是否符合规范要求，并满足防水及美观的要求；查看门窗成品有无被污染情况。

  室内木门安装应查看缝隙是否均匀，小五金安装是否细腻，油漆目测与手感的质量状况。

  复查以下技术资料：

  a. 门窗出厂质量证明；

  b. 分部、分项工程质量检验评定记录。

 ⑤ 装饰工程

  实物质量查看内容列出以下几项，复查组可根据工程装饰内容增加查看内容：

  a. 内外墙装饰板材的色泽、拼缝与平整度、操作工艺是干挂或湿作业粘贴，湿作业粘贴有无花脸情况；

  b. 内外墙柱梁的装饰的线角水平度与垂直度、墙面与顶棚的平整度、石膏板顶棚有无裂缝、门窗洞口是否方正挺拔；

  c. 细木工程的制作与安装是否细腻；

  d. 涂料色泽均匀度、有无裂缝、空鼓、压花是否均匀；

e. 块体饰材及饰面砖在镶贴之前是否经过预排或装饰施工设计，墙面的净洁度及缝子的均匀度是否上乘、精致；
　　f. 幕墙工程要重点查看：
　　幕墙框架与主体连接方法是否符合规范及设计的有关要求；
　　幕墙制作质量和安装质量；
　　打胶厚度及宽度是否符合标难或设计要求；
　　幕墙防水是否符合规范要求。
　　复查以下技术资料：
　　各种原材料的质量证明及进场复试报告；
　　玻璃幕墙工程资料查看：
　　承建设计与制作、安装企业有无承建玻璃幕墙的资质(含等级是否对应)有无计算书；
　　使用的材料质量证明文件；
　　三性试验报告(气密、水密、风压)及相容性检验报告等检测资料；
　　幕墙的制作质量证明及安装质量检验评定记录；
　　分部、分项工程质量检验评定记录。
　　⑥ 楼地面工程
　　a. 地面的平整度、色泽及缝子均匀度；
　　b. 块状磨光大理石地面地接缝处是否有再次加磨的情况；
　　c. 整体地面是否有空鼓裂缝、水磨石地面的石子分布均匀及分格条显露状况、色泽是否一致。
　　复查技术资料：
　　分部、分项工程质量检验评定记录。
　　⑦ 水、暖、燃气工程
　　实物质量状况：
　　a. 查看水、暖、燃气管道及器具安装质量情况，管道是否横平竖直，排水管道坡向是否合理，支吊架固定牢固，器具安装细腻，保温、防腐是否符合要求；
　　b. 查看管道及接口有无渗漏；
　　c. 查看运行中有无显露的不安全隐患；
　　d. PVC管道的配件是否配套和符合标准要求。
　　复查以下技术资料：
　　a. 使用的材料及器具的质量证明，阀门的强度试验记录；
　　b. 给水、消防系统的冲洗、试压、通水记录，排水系统的通水、通球记录；
　　c. 隐蔽工程检查验收记录；
　　d. 分部、分项工程质量检验评定记录。
　　⑧ 电气安装工程
　　实物质量状况：
　　a. 电气明装线管敷设及器具安装质量状况；
　　b. 配电箱、柜的安装及内部接线是否符合规范要求。
　　c. 线路敷设及器具安装是否有不清、混用及不接地等质量问题；

d. 防雷设施的质量是否符合规范要求。
复查以下技术资料:
a. 主要材料的质量证明;
b. 接地电阻检测记录;
c. 绝缘电阻检测记录;
d. 隐蔽工程检查验收记录;
e. 防雷接地电阻检测记录。
⑨ 通风空调工程
实物质量状况:
a. 查看成组设备安装质量状况;
b. 查看管道保温隔热敷设情况(含耐腐);
c. 通风运行中的噪声是否低于设计值;
d. 有无滴漏情况。
复查以下技术资料:
a. 主要设备的质量证明;
b. 系统的功能质量检测记录;
c. 分部、分项工程质量检验评定记录。
⑩ 电梯工程
实物质量状况:
a. 电梯运行是否达到设计要求,能否保持正常运行;
b. 安装电梯的单位是否具有相应的资质;
c. 劳动部门是否检验同意进入使用运行。
复查以下技术资料:
a. 电梯制造质量证明;
b. 电梯工程质量检验评定及验收记录。
⑪ 工程技术管理资料
a. 开工手续(报告、施工证等);
b. 工程竣工验收证明(包括消防、人防、城建档案、卫生等验收);
c. 施工组织设计;
d. 重要分部、分项工程的施工方案;
e. 技术、质量、安全交底;
f. 施工日记。

申报优质工程需附照片20张5寸照片,其中工程全貌4张,基础施工3张,结构施工3张,主体设备安装照片3张,竣工后照片4张,工程重要和独具特色的部位2张以上。

3. 施工质量验收

根据建筑工程施工质量验收统一标准,施工质量验收分为检验批、分项工程、分部(子分部)工程、单位(子单位)工程的质量验收,即把一个单项建筑工程分为9个分部工程、67个子分部工程、419个分项工程,并规定了与之配合使用的各专业工程施工质量验收规范。在其中每一个专业工程施工质量验收规范中,又明确规定了各分项工程的施工质量的基本要求,规定了分项工程检验批量的抽查办法和抽查数量,规定了对主控项目、一般项目的检查内容和允许偏差,检验方法,规定了各分部工程验收的方法和需要的技术资料等,同时对涉及人民生命财产安全、人身健康、环境保护和公共利益的内容以及强制性条文作出规定,要求必须坚决、严格遵照执行。

检验批和分项工程是质量验收的基本单元,分部工程是在所含全部分项工程验收的基础上进行验收的,它们是在施工过程中、随完工,随验收,并留下完整的质量验收记录和资料。单位工程作为具有独立使用功能的完整的建筑产品,进行竣工质量验收。

(1) 检验批的质量验收

所谓检验批是指按同一生产条件或按规定的方式汇总起来供检验用的,由一定数量样本组成的检验体,检验批可根据施工及质量控制和专业验收需要按楼层、施工段、变形缝等进行划分。

1) 检验批应由监理工程师(建设单位项目技术负责人)组织施工单位项目专业质量(技术)负责人等进行验收。

2) 检验批合格质量应符合下列规定:

① 主控项目和一般项目的质量经抽样检验合格;

② 具有完整的施工操作依据、质量检查记录。

主控项目指建筑工程中对安全、卫生、环境保护和公众利益起决定性作用的检验项目。因此,主控项目的验收必须从严要求,不允许有不符合要求的检验结果,主控项目的验收必须从严要求,不允许有不符合要求的检验结果,主控项目的检查具有否决权。除主控项目以外的检验项目称为一般项目。

(2) 分项工程质量验收

按照国家标准《建筑工程施工质量验收统一标准》(GB 50300—2001)规定:分项工程应按主要工种、材料、施工工艺、设备类别等进行划分。

1) 分项工程可由一个或若干检验批组成,分项工程应由监理工程师(建设单位项目技术负责人)组织施工单位项目专业质量(技术)负责人进行验收。

2) 分项工程质量验收合格应符合下列规定:

① 分项工程所含的检验批均应符合合格质量的规定;

② 分项工程所含的检验批的质量验收记录应完整。

(3) 分部工程质量验收

按照国家标准《建筑工程施工质量验收统一标准》(GB 50300—2001)规定:分部工程的划分应按专业性质、建筑部位确定;当分部工程较大或较复杂时,可按材料种类、施工特点、施工程序、专业系统及类别等分为若干子分部工程。

1) 分部工程应由总监理工程师(建设单位项目负责人)组织施工单位项目负责人和技术、质量负责人等进行验收;地基与基础、主体结构分部工程的勘察、设计单位工程项目负责人和施工单位技术、质量部门负责人也应参加相关分部工程验收。

2) 分部(子分部)工程质量验收合格应符合下列规定:

① 所含分项工程的质量均应验收合格;

② 质量控制资料应完整;

③ 地基与基础、主体结构和设备安装等9个分部工程有关安全及功能的检验和抽样检测结果应符合有关规定；

④ 观感质量验收应符合要求。

必须注意的是，由于分部工程所含的各分项工程性质不同，因此它并不是在所含分项验收基础上的简单相加，即所含分项验收合格且质量控制资料完整，只是分部工程质量验收的基本条件，还必须在此基础上对涉及安全和使用功能的地基基础、主体结构、有关安全及重要使用功能的安装分部工程进行见证取样试验或抽样检测。而且需要对其观感质量进行验收，并综合给出质量评价，观感差的检查点应通过返修处理等补救。

3) 基础工程应由总监理工程师(建设单位项目负责人)组织施工单位项目负责人和技术、质量负责人、勘察、设计单位工程项目负责人和施工单位技术、质量部门负责人进行工程验收。

(4) 单位工程验收

1) 单位(子单位)工程所含分部(子分部)工程的质量均应验收合格。

2) 质量控制资料应完整。

3) 单位(子单位)工程所含分部工程有关安全和功能的检测资料应完整。

4) 主要功能项目的抽查结果应符合相关专业质量验收规范的规定。

5) 观感质量验收应符合要求。

4. 施工质量验收实例

某住宅楼完工后，施工单位应自行组织有关人员按照合同规定的施工范围和质量标准完成施工任务后，分包单位对所承包工程项目检查评定，总包派人参加，分包完成后，将资料交给总包；经质量自检并合格后，向现场监理机构(或建设单位)提交工程竣工申请报告，要求组织工程竣工验收。施工单位的竣工验收准备，包括工程实体的验收准备和相关工程档案资料的验收准备，使之达到竣工验收的要求，其中设备及管道安装工程等，应经过试压、试车和系统联动试运行检查记录。做好自我评定，并向监理单位提交工程验收报告，监理机构收到施工单位的工程竣工申请报告后，应就验收的准备情况和验收条件进行初步验收。对工程实体质量及档案资料存在的缺陷，及时提出整改意见，并与施工单位协商整改清单，确定整改要求和完成时间。建设工程竣工验收应具备下列条件：

完成建设工程设计和合同约定的各项内容；

有完整的技术档案和施工管理资料；

有工程使用的主要建筑材料、构配件和设备的进场试验报告；

有工程勘察、设计、施工、工程监理等单位分别签署的质量合格文件；

有施工单位签署的工程保修书。

当初步验收检查结果符合竣工验收要求时，监理工程师应将施工单位的竣工申请报告报送建设单位，着手组织勘察、设计、施工、监理等单位和消防、环保、人防等单位(项目)负责人组成竣工验收小组并制定验收方案。

建设单位需在工程正式竣工验收前7个工作日将验收时间、地点、验收组名单通知该工程质量监督机构。建设单位组织竣工验收会议。正式验收过程的主要工作有：

建设、勘察、设计、施工、监理单位分别汇报工程合同履约情况及工程施工各环节施工满足设计要求，质量符合法律、法规和强制性标准的情况；

检查审核设计、勘察、施工、监理单位的工程档案资料及质量验收资料；

实地检查工程外观质量，对工程的使用功能进行抽查；

对工程施工质量管理各环节工作、对工程实体质量及质保资料情况进行全面评价，形成经验收组人员共同确认签署的工程竣工验收意见；

竣工验收合格，建设单位应及时提出工程竣工验收报告。验收报告还应附有工程施工许可证、设计文件审查意见、质量检测功能性试验资料、工程质量保修书等法规所规定的其他文件；

工程质量监督机构应对工程竣工验收工作进行监督。

当参加验收各方对工程质量验收不一致时，可请当地建设行政主管部门或工程质量监督机构协调处理；单位工程质量验收合格后，建设单位应在规定时间内将工程竣工验收报告和规划、公安消防、环保等部门出具的认可文件或准许使用文件报建设行政管理部门备案。备案部门在收到备案文件资料后在规定时间内，对文件资料进行审查，符合要求的工程，在验收备案表上加盖"竣工验收备案专用章"，并将一份退建设单位存档。如审查中发现建设单位在竣工验收过程中，有违反国家有关建设工程质量管理规定行为的，责令停止使用，重新组织竣工验收。建设单位有下列行为之一的，责令改正，处以工程合同价款百分之二以上百分之四以下的罚款；造成损失的依法承担赔偿责任：

未组织竣工验收，擅自交付使用的；

验收不合格，擅自交付使用的；

对不合格的建设工程按照合格工程验收的。

第三节 质量问题管理实务

一、质量问题处理实务

【案例1】

（1）背景

某办公楼采用现浇钢筋混凝土框架结构，地面采用细石混凝土，施工过程中，发现房间地坪质量不合格，因此对该质量问题进行了调查，发现地面有普遍起砂现象。

（2）问题

1）该工程质量问题会造成什么危害？

2）试分析造成该质量通病的原因及采取的防治措施。

（3）分析与答案

1）危害：破坏地面的使用功能，不能正常使用。

2）原因：

① 细石混凝土水灰比过大，坍落度过大；

② 地面压光时机掌握不当；

③ 养护不当；

④ 细石混凝土地面尚未达到足够强度就上人或机械等进行下道工序，使地面表层遭受摩擦等作用导致地面起砂；

⑤ 冬施保温差;
⑥ 使用不合格的材料。
3) 防治措施:
① 严格控制水灰比;
② 正确掌握压光时间;
③ 地面压光后,加强养护;
④ 合理安排工序流程,避免上人过早;
⑤ 在冬施条件下做地面应防止早期受冻,要采取有效保温措施;
⑥ 不得使用过期、受潮水泥。

【案例 2】
(1) 背景
某办公楼采用现浇钢筋混凝土框架结构,主体结构二层地面混凝土采用 C35 混凝土,在主体结构施工过程中,二层混凝土地面未经表面压抹处理,混凝土试块满足要求,业主要求对实际强度进行测试论证,是否能够达到要求。
(2) 问题
1) 该质量问题是否需要处理,如业主坚持进行测试论证,费用由哪方付给,为什么?
2) 如果该混凝土强度经测试论证达不到要求,需要进行处理,可采用什么处理方法,如何处理?处理后应满足哪些要求?
(3) 分析与答案
1) 二层混凝土地面未经表面压抹处理,属观感问题,该质量问题可不作处理。原因是混凝土试块强度满足检验要求,如业主坚持进行测试论证,经测试论证后能够达到要求,费用由业主方付给,如不满足要求,其采取处理的费用由施工方承担。
2) 对该质量问题可采取的处理方案有:封闭防护、结构卸荷、加固补强、限制使用、拆除重建等。

不符合要求的处理:
① 经返工重做,应重新进行验收;
② 经有资质的检测单位检测鉴定能够达到设计要求的检验批,应予以验收;
③ 经有资质的检测单位检测鉴定达不到设计要求,但经原设计单位核算认可能够满足结构安全和使用功能的检验批,可予以验收;
④ 经返修或加固处理的分项、分部工程,虽然改变外形尺寸但仍能满足安全使用要求,可按技术处理方案和协商文件进行验收;
⑤ 通过返修或加固处理仍不能满足安全使用要求的分部工程、单位(子单位)工程,严禁验收。

处理的基本要求是:
① 处理应达到安全可靠、不留隐患、满足生产和使用要求、施工方便、经济合理的目的。
② 重视消除事故原因。
③ 注意综合治理。
④ 正确确定处理范围。

⑤ 正确选择处理时间和方法。
⑥ 加强事故处理的检查验收工作。
⑦ 认真复查事故的实际情况。
⑧ 确保事故处理期的安全

二、重大质量事故处理实务

【案例 3】 某钢筋混凝土框架结构楼工程，地下室含人防工程。

(1) 背景

某现浇框架结构工程，柱距 4m×9m，4m×5m，共两跨，首层标高为 8.5m，其余为 4m，采用梁式满堂钢筋混凝土基础，在浇筑 9m 跨度二层肋梁楼板时，因模板支撑系统失稳，使二层楼板全部倒塌，造成直接经济损失 300 万元。

(2) 问题

1) 造成垮塌的原因主要有哪些？

2) 根据事故的性质及严重程度，工程质量事故可分为哪两类？该质量事故属于哪一类？为什么？

3) 对该质量事故的处理应遵循什么程序？

(3) 分析与答案

1) 造成垮塌的原因主要有：

① 违背国家建设工程的有关规范规定，违背科学规律；

② 未加固处理好模板支撑体系；

③ 模板支撑设计体系计算设计问题；

④ 施工和管理问题。

2) 按事故的性质及严重程度划分，工程质量事故分为一般事故和重大事故。该事故属于重大事故。因为楼板倒塌属于建筑工程的主要结构倒塌，且经济损失超过 300 万元。

3) 处理程序：

① 进行事故调查：了解事故情况，并确定是否需要采取防护措施；

② 分析调查结果，找出事故的主要原因；

③ 确定是否需要处理，若需处理，施工单位确定处理方案；

④ 事故处理；

⑤ 检查事故处理结果是否达到要求；

⑥ 事故处理结论；

⑦ 提交处理方案。

第十一章 工程项目法规及相关知识

第一节 工程项目质量管理法规相关知识

熟悉并理解掌握《建设工程质量管理条例》（该条例于 2000 年 1 月 30 日实施）、《建筑法》、《标准化法》、《环境保护法》、《消防法》、《档案法》，严格依法办事，满足竣工验收交付使用要求。为加强对建设工程质量的管理，我国《建筑法》及《建设工程质量管理条例》明确政府行政主管部门设立专门机构对建设工程质量行使监督职能，其目的是保证建设工程质量，保证建设工程的使用安全及环境质量。国务院建设行政主管部门对全国建设工程质量实行统一监督管理，国务院铁路、交通、水利等有关部门按照规定的职责分工，负责对全国有关专业建设工程质量的监督管理。

各级政府质量监督机构对建设工程质量监督的依据是国家、地方和各专业建设管理部门颁发的法律、法规及各类规范和强制性标准。其监督的职能包括两大方面：

监督工程建设的各方主体（包括建设单位、施工单位、材料设备供应单位、设计勘察单位和监理单位等）的质量行为是否符合国家法律法规及各项制度的规定；查处违法违规行为和质量事故。

监督检查工程实体的施工质量，尤其是地基基础、主体结构、专业设备安装等涉及结构安全和使用功能的施工质量。

第二节 工程技术标准

一、按工程建设标准的级别分

《标准化法》按照标准的级别不同，把标准分为国家标准、行业标准、地方标准和企业标准。

1. 国家标准

《标准化法》第 6 条规定，对需要在全国范围内统一的技术标准，应当制定国家标准。《工程建设国家标准管理办法》规定了应当制定国家标准的种类。

2. 行业标准

《标准化法》第 6 条规定，对没有国家标准而又需要在全国某个行业范围内统一的技术要求，可以制定行业标准。《工程建设行业标准管理办法》规定了可以制定行业标准的种类。

3. 地方标准

《标准化法》第 6 条规定，对没有国家标准和行业标准而又需要在省、自治区、直辖市范围内统一的工业产品的安全、卫生要求，可以制定地方标准。

4. 企业标准

《标准化法实施条例》第17条规定，企业生产的产品没有国家标准、行业标准和地方标准的，应当制定相应的企业标准，作为组织生产的依据。

二、按工程建设标准的执行程度分

工程建设标准按执行程度分为工程建设强制性标准和推荐性标准。强制性标准，必须执行。推荐性标准，国家鼓励企业自愿采用。

根据《标准化法》第7条的规定，国家标准、行业标准分为强制性标准和推荐性标准。保障人体健康，人身、财产安全的标准和法律、行政法规规定强制执行的标准是强制性标准，其他标准是推荐性标准。省、自治区、直辖市标准化行政主管部门制定的工业产品的安全、卫生要求的地方标准，在本行政区域内是强制性标准。与上述规定相对应，工程建设标准也分为强制性标准和推荐性标准。

1. 根据《工程建设国家标准管理办法》第3条的规定，下列工程建设国家标准属于强制性标准：

(1) 工程建设勘察、规划、设计、施工(包括安装)及验收等通用的综合标准和重要的通用的质量标准；

(2) 工程建设通用的有关安全、卫生和环境保护的标准；

(3) 工程建设通用的术语、符号、代号、量与单位、建筑模数和制图方法标准；

(4) 工程建设重要的通用的试验、检验和评定方法等标准；

(5) 工程建设重要的通用的信息技术标准；

(6) 国家需要控制的其他工程建设通用的标准。

2. 根据《工程建设行业标准管理办法》第3条的规定，下列工程建设行业标准属于强制性标准：

(1) 工程建设勘察、规划、设计、施工(包括安装)及验收等行业专用的综合性标准和重要的行业专用的质量标准；

(2) 工程建设行业专用的有关安全、卫生和环境保护的标准；

(3) 工程建设重要的行业专用的术语、符号、代号、量与单位和制图方法等标准；

(4) 工程建设重要的行业专用的试验、检验和评定方法等标准；

(5) 工程建设重要的行业专用的信息技术标准；

(6) 行业需要控制的其他工程建设标准。

为了更加明确必须严格执行的工程建设强制性标准，《实施工程建设强制性标准监督规定》进一步规定，"工程建设强制性标准是指直接涉及工程质量、安全、卫生及环境保护等方面的工程建设标准强制性条文。国家工程建设标准强制性条文由国务院建设行政主管部门会同国务院有关行政主管部门确定。"据此，自2000年起，国家建设行政主管部门对工程建设强制性标准进行了全面的改革，严格按照《标准化法》的规定，把现行工程建设强制性国家标准、行业标准中必须严格执行的直接涉及工程安全、人体健康、环境保护和公众利益的技术规定摘编出来，以工程项目类别为对象，编制完成了包括城乡规划、城市建设、房屋建筑、工业建筑、水利工程、电力工程、信息工程、水运工程、公路工程、铁道工程、石油和化工建设工程、矿业工程、人防工程、广播电影电视工程和民航机场工程在内的《工程建设标准强制性条文》。同时，对于新批准发布的，除明确其必须执行的强制性条文外，已经不再确定标准本身的强制性或推荐性。

三、按标准内容分

1. 设计类；
2. 勘察类；
3. 施工质量验收类；
4. 鉴定加固类；
5. 工程管理类。

四、监督管理

针对建筑市场各方主体的质量责任，就各方主体按照《建设工程质量管理条例》规定执行。

监督机构：当地建委和工程建设标准批准部门。

第三节 工程项目现场管理相关法规节选

一、《中华人民共和国建筑法》（节选）

第一章 总则
第三条 建筑活动应当确保建筑工程质量和安全，符合国家的建筑工程安全标准。
第二章 建筑许可
第一节 建筑工程施工许可
第八条 申请领取施工许可证，应当具备下列条件：
（六）有保证工程质量和安全的具体措施；
第二节 从业资格
第十四条 从事建筑活动的专业技术人员，应当依法取得相应的执业资格证书，并在执业资格证书许可的范围内从事建筑活动。
第三章 建筑工程发包与承包
第一节 一般规定
第二节 发包
第二十四条 提倡对建筑工程实行总承包，禁止将建筑工程肢解发包。
第三节 承包
第二十九条 建筑工程总承包单位可以将承包工程中的部分工程发包给具有相应资质条件的分包单位；但是，除总承包合同中约定的分包外，必须经建设单位认可。施工总承包的，建筑工程主体结构的施工必须由总承包单位自行完成。
第四章 建筑工程监理
第三十二条 建筑工程监理应当依照法律、行政法规及有关的技术标准、设计文件和建筑工程承包合同，对承包单位在施工质量、建设工期和建设资金使用等方面，代表建设单位实施监督。

工程监理人员认为工程施工不符合工程设计要求、施工技术标准和合同约定的，有权要求建筑施工企业改正。

工程监理人员发现工程设计不符合建筑工程质量标准或者合同约定的质量要求的，应当报告建设单位要求设计单位改正。

第五章 建筑安全生产管理

第三十七条 建筑工程设计应当符合按照国家规定制定的建筑安全规程和技术规范，保证工程的安全性能。

第五节 建筑工程质量管理

第五十二条 建筑工程勘察、设计、施工的质量必须符合国家有关建筑工程安全标准的要求，具体管理办法由国务院规定。

有关建筑工程安全的国家标准不能适应确保建筑安全的要求时，应当及时修订。

第五十三条 国家对从事建筑活动的单位推行质量体系认证制度。从事建筑活动的单位根据自愿原则可以向国务院产品质量监督管理部门或者国务院产品质量监督管理部门授权的部门认可的认证机构申请质量体系认证。经认证合格的，由认证机构颁发质量体系认证证书。

第五十四条 建设单位不得以任何理由，要求建筑设计单位或者建筑施工企业在工程设计或者施工作业中，违反法律、行政法规和建筑工程质量、安全标准，降低工程质量。

建筑设计单位和建筑施工企业对建设单位违反前款规定提出的降低工程质量的要求，应当予以拒绝。

第五十五条 建筑工程实行总承包的，工程质量由工程总承包单位负责，总承包单位将建筑工程分包给其他单位的，应当对分包工程的质量与分包单位承担连带责任。分包单位应当接受总承包单位的质量管理。

第五十六条 建筑工程的勘察、设计单位必须对其勘察、设计的质量负责。勘察、设计文件应当符合有关法律、行政法规的规定和建筑工程质量、安全标准、建筑工程勘察、设计技术规范以及合同的约定。设计文件选用的建筑材料、建筑构配件和设备，应当注明其规格、型号、性能等技术指标，其质量要求必须符合国家规定的标准。

第五十七条 建筑设计单位对设计文件选用的建筑材料、建筑构配件和设备，不得指定生产厂、供应商。

第五十八条 建筑施工企业对工程的施工质量负责。

建筑施工企业必须按照工程设计图纸和施工技术标准施工，不得偷工减料。工程设计的修改由原设计单位负责，建筑施工企业不得擅自修改工程设计。

第五十九条 建筑施工企业必须按照工程设计要求、施工技术标准和合同的约定，对建筑材料、建筑构配件和设备进行检验，不合格的不得使用。

第六十条 建筑物在合理使用寿命内，必须确保地基基础工程和主体结构的质量。

建筑工程竣工时，屋顶、墙面不得留有渗漏、开裂等质量缺陷；对已发现的质量缺陷，建筑施工企业应当修复。

第六十一条 交付竣工验收的建筑工程，必须符合规定的建筑工程质量标准，有完整的工程技术经济资料和经签署的工程保修书,并具备国家规定的其他竣工条件。

建筑工程竣工经验收合格后,方可交付使用;未经验收或者验收不合格的,不得交付使用。

第六十二条　建筑工程实行质量保修制度。

建筑工程的保修范围应当包括地基基础工程、主体结构工程、屋面防水工程和其他土建工程,以及电气管线、上下水管线的安装工程,供热、供冷系统工程等项目;保修的期限应当按照保证建筑物合理寿命年限内正常使用,维护使用者合法权益的原则确定。具体的保修范围和最低保修期限由国务院规定。

第六十三条　任何单位和个人对建筑工程的质量事故、质量缺陷都有权向建设行政主管部门或者其他有关部门进行检举、控告、投诉。

第六节　法律责任

第七十条　违反本法规定,涉及建筑主体或者承重结构变动的装修工程擅自施工的,责令改正,处以罚款;造成损失的,承担赔偿责任;构成犯罪的,依法追究刑事责任。

第七十四条　建筑施工企业在施工中偷工减料的,使用不合格的建筑材料、建筑构配件和设备的,或者有其他不按照工程设计图纸或者施工技术标准施工的行为的,责令改正,处以罚款;情节严重的,责令停业整顿,降低资质等级或者吊销资质证书;造成建筑工程质量不符合规定的质量标准的,负责返工、修理,并赔偿因此造成的损失;构成犯罪的,依法追究刑事责任。

第七十五条　建筑施工企业违反本法规定,不履行保修义务或者拖延履行保修义务的,责令改正,可以处以罚款,并对在保修期内因屋顶、墙面渗漏、开裂等质量缺陷造成的损失,承担赔偿责任。

第八十条　在建筑物的合理使用寿命内,因建筑工程质量不合格受到损害的,有权向责任者要求赔偿。

二、《建设工程质量管理条例》(节选)

第一章　总则

第二条　凡在中华人民共和国境内从事建设工程的新建、扩建、改建等有关活动及实施对建设工程质量监督管理的,必须遵守本条例。

本条例所称建设工程,是指土木工程、建筑工程、线路管道和设备安装工程及装修工程。

第三条　建设单位、勘察单位、设计单位、施工单位、工程监理单位依法对建设工程质量负责。

第四章　施工单位的质量责任和义务

第二十五条　施工单位应当依法取得相应等级的资质证书,并在其资质等级许可的范围内承揽工程。

禁止施工单位超越本单位资质等级许可的业务范围或者以其他施工单位的名义承揽工程。禁止施工单位允许其他单位或者个人以本单位的名义承揽工程。

施工单位不得转包或者违法分包工程。

第二十六条　施工单位对建设工程的施工质量负责。

施工单位应当建立质量责任制,确定工程项目的项目经理、技术负责人和施工管理负责人。

建设工程实行总承包的,总承包单位应当对全部建设工程质量负责;建设工程勘察、设计、施工、设备采购的一项或者多项实行总承包的,总承包单位应当对其承包的建设工程或者采购的设备的质量负责。

第二十七条　总承包单位依法将建设工程分包给其他单位的,分包单位应当按照分包合同的约定对其分包工程的质量向总承包单位负责,总承包单位与分包单位对分包工程的质量承担连带责任。

第二十八条　施工单位必须按照工程设计图纸和施工技术标准施工,不得擅自修改工程设计,不得偷工减料。

施工单位在施工过程中发现设计文件和图纸有差错的,应当及时提出意见和建议。

第二十九条　施工单位必须按照工程设计要求、施工技术标准和合同约定,对建筑材料、建筑构配件、设备和商品混凝土进行检验,检验应当有书面记录和专人签字;未经检验或者检验不合格的,不得使用。

第三十条　施工单位必须建立、健全施工质量的检验制度,严格工序管理,作好隐蔽工程的质量检查和记录。隐蔽工程在隐蔽前,施工单位应当通知建设单位和建设工程质量监督机构。

第三十一条　施工人员对涉及结构安全的试块、试件以及有关材料,应当在建设单位或者工程监理单位监督下现场取样,并送具有相应资质等级的质量检测单位进行检测。

第三十二条　施工单位对施工中出现质量问题的建设工程或者竣工验收不合格的建设工程,应当负责返修。

第三十三条　施工单位应当建立、健全教育培训制度,加强对职工的教育培训;未经教育培训或者考核不合格的人员,不得上岗作业。

第六章　建设工程质量保修

第三十九条　建设工程实行质量保修制度。

建设工程承包单位在向建设单位提交工程竣工验收报告时,应当向建设单位出具质量保修书。质量保修书中应当明确建设工程的保修范围、保修期限和保修责任等。

第四十条　在正常使用条件下,建设工程的最低保修期限为:

(一)基础设施工程、房屋建筑的地基基础工程和主体结构工程,为设计文件规定的该工程的合理使用年限;

(二)屋面防水工程、有防水要求的卫生间、房间和外墙面的防渗漏,为5年;

(三)供热与供冷系统,为2个采暖期、供冷期;

(四)电气管线、给排水管道、设备安装和装修工程,为2年。

其他项目的保修期限由发包方与承包方约定。

建设工程的保修期,自竣工验收合格之日起计算。

第八章　罚则

第六十条　违反本条例规定,勘察、设计、施工、工程监理单位超越本单位资质等级承揽工程的,责令停止违法行为,对勘察、设计单位或者工程监理单位处合同约定的勘察费、设计费或者监理酬金1倍以上2倍以下的罚款;对施工单位处工程合同价款2%以上

4%以下的罚款，可以责令停业整顿，降低资质等级；情节严重的，吊销资质证书；有违法所得的，予以没收。

未取得资质证书承揽工程的，予以取缔，依照前款规定处以罚款；有违法所得的，予以没收。

以欺骗手段取得资质证书承揽工程的，吊销资质证书，依照本条第一款规定处以罚款；有违法所得的，予以没收。

第六十一条　违反本条例规定，勘察、设计、施工、工程监理单位允许其他单位或者个人以本单位名义承揽工程的，责令改正，没收违法所得，对勘察、设计单位和工程监理单位处合同约定的勘察费、设计费和监理酬金1倍以上2倍以下的罚款；对施工单位处工程合同价款2%以上4%以下的罚款；可以责令停业整顿，降低资质等级；情节严重的，吊销资质证书。

第六十二条　违反本条例规定，承包单位将承包的工程转包或者违法分包的，责令改正，没收违法所得，对勘察、设计单位处合同约定的勘察费、设计费25%以上50%以下的罚款；对施工单位处工程合同价款0.5%以上1%以下的罚款；可以责令停业整顿，降低资质等级；情节严重的，吊销资质证书。

第六十四条　违反本条例规定，施工单位在施工中偷工减料的，使用不合格的建筑材料、建筑构配件和设备的，或者有不按照工程设计图纸或者施工技术标准施工的其他行为的，责令改正，处工程合同价款2%以上4%以下的罚款；造成建设工程质量不符合规定的质量标准的，负责返工、修理，并赔偿因此造成的损失；情节严重的，责令停业整顿，降低资质等级或者吊销资质证书。

第六十五条　违反本条例规定，施工单位未对建筑材料、建筑构配件、设备和商品混凝土进行检验，或者未对涉及结构安全的试块、试件以及有关材料取样检测的，责令改正，处10万元以上20万元以下的罚款；情节严重的，责令停业整顿，降低资质等级或者吊销资质证书；造成损失的，依法承担赔偿责任。

第六十六条　违反本条例规定，施工单位不履行保修义务或者拖延履行保修义务的，责令改正，处10万元以上20万元以下的罚款，并对在保修期内因质量缺陷造成的损失承担赔偿责任。

第六十九条　违反本条例规定，涉及建筑主体或者承重结构变动的装修工程，没有设计方案擅自施工的，责令改正，处50万元以上100万元以下的罚款；房屋建筑使用者在装修过程中擅自变动房屋建筑主体和承重结构的，责令改正，处5万元以上10万元以下的罚款。

有前款所列行为，造成损失的，依法承担赔偿责任。

第七十条　发生重大工程质量事故隐瞒不报、谎报或者拖延报告期限的，对直接负责的主管人员和其他责任人员依法给予行政处分。

第七十三条　依照本条例规定，给予单位罚款处罚的，对单位直接负责的主管人员和其他直接责任人员处单位罚款数额5%以上10%以下的罚款。

第七十四条　建设单位、设计单位、施工单位、工程监理单位违反国家规定，降低工程质量标准，造成重大安全事故，构成犯罪的，对直接责任人员依法追究刑事责任。

三、《中国建筑工程鲁班奖(国家优质工程)评选办法》(节选)

第一章　总则

第二条　鲁班奖是我国建筑行业工程质量的最高荣誉奖。评选对象为我国建筑施工企业在我国境内承包,已经建成并投入使用的各类工程,获奖单位分为主要承建单位和主要参建单位。鲁班奖的评选工作由中国建筑业协会组织实施。

第二章　评选工程范围

第五条　公共建筑为3万座以上的体育场;5000座以上的体育馆;1500座以上(或多功能)的影剧院;300间以上客房的饭店、宾馆;建筑面积2万平方米以上的办公楼、写字楼、综合楼、营业楼、候机楼、铁路站房、教学楼、图书馆、地铁车站等。住宅工程为建筑面积5万平方米以上(含)的住宅小区或住宅小区组团;非住宅小区内的建筑面积为2万平方米以上(含)的单体高层住宅。

第六条　下列工程不列入评选工程范围:我国建筑施工企业承建的境外工程;境外企业在我国境内承包并进行施工管理的工程;竣工后被隐蔽难以检查的工程;保密工程;有质量隐患的工程;已参加过鲁班奖评选而未被评选上的工程。

第三章　申报条件

第七条　申报鲁班奖的工程应具备以下条件:(一)工程设计先进、合理,符合国家和行业设计标准、规范。(二)工程施工符合国家和行业施工技术规范及有关技术标准要求,质量(包括土建和设备安装)优良,达到国内同类型工程先进水平。(三)建设单位已对工程进行验收。(四)工程竣工后经过一年以上的使用检验,没有发现质量问题和隐患。(五)住宅小区工程除符合本条(一)至(四)款要求外,还应具备以下条件:1.小区总体设计符合城市规划和环境保护等有关标准、规定的要求;2.公共配套设施均已建成;3.所有单位工程质量全部达到优良。(六)住宅工程应达到基本入住条件,且入住率在40%以上。

第八条　申报鲁班奖的主要承建单位,应具备以下条件:(一)在安装工程为主体的工业建设项目中,承担了主要生产设备和管线、仪器、仪表的安装;在以土建工程为主体的工业建设项目中,承担主厂房和其他与生产相关的主要建筑物、构筑物的施工。(二)在公共建筑和住宅工程中,承担了主体结构和部分装修装饰的施工。

一项工程允许有三家建筑施工企业申请作为鲁班奖的主要参建单位。主要参建单位应具备以下条件:(一)与总承包企业签定了分包合同。(二)完成的工作量占工程总量的10%以上。(三)完成的单位工程或分部工程的质量全部达到优良。

两家以上建筑施工企业联合承包一项工程,并签定有联合承包合同,可以联合申报鲁班奖。住宅小区或小区组团如果由多家建筑施工企业共同完成,应由完成工作量最多的企业申报。如果多家企业完成的工作量相同,可由小区开发单位申报。

一家建筑施工企业在一年内只可申报一项鲁班奖工程。

发生过重大质量事故,受到省、部级主管部门通报批评或资质降级处罚的建筑施工企业,三年内不允许申报鲁班奖。

第四章　申报程序

第十五条　申报资料的内容和要求:(一)内容:1.申报资料总目录,并注名各种资料的份数;2.《鲁班奖申报表》一式两份;3.工程项目计划任务书的复印件1份;4.工程设计水平合理、先进的证明文件(原件)或证书复印件1份；5.工程概况和施工质量情况的文字资料一式两份；6.评选为省、部级优质工程或省、部范围内质量最优工程的证件复印件一份；7.工程竣工验收资料复印件一份；8.总承包合同或施工合同书复印件1份；9.主要参建单位的分包合同和主要分部工程质量等级和验资料复印件各一份；10.反映工程概貌并附文字说明的工程各部位彩照和反转片各1份；11.有解说词的工程录象带一盒(或多媒体光盘)。(二)要求：1.必须使用由中国建筑业协会统一印制的《鲁班奖申报表》，复印的《鲁班奖申报表》无效。表内签署意见的各栏，必须写明对工程质量的具体评价意见。对未签署具体评价意见的，视为无效；2.申报资料中提供的文件、证明和印章等必须清晰，容易辨认；3.申报资料必须准确、真实，并涵盖所申报工程的全部内容。资料中涉及建设地点、投资规模、建筑面积、结构类型、质量评定、工程性质和用途等数据和文字必须与工程一致。如有差异，要有相应的变更手续和文件说明；4.工程录象带的内容应包括：工程全貌，工程竣工后的各主要功能部位，工程施工中的基坑开挖、基础施工、结构施工、门窗安装、屋面防水、管线敷设、设备安装、室内外装修的质量水平介绍，以及能反映主要施工方法和体现新技术、新工艺、新材料、新设备的措施等。

第五章 工程复查

第十七条 工程复查的内容和要求：(一)听取承建单位对工程施工和质量的情况介绍。主要介绍工程特点、难点，施工技术及质量保证措施，各分部分项工程质量水平和质量评定结果。(二)实地查验工程质量水平。凡是复查小组要求查看的工程内容和部位，都必须予以满足，不得以任何理由回避或拒绝。(三)听取使用单位对工程质量的评价意见。复查小组与使用单位座谈时，主要承建单位和主要参建单位的有关人员应当回避。(四)查阅工程有关的内业资料：1.立项审批资料，包括工程立项报告、有关部门的审批文件、工程报建批复文件等(上述资料应是原件)；2.全部技术与质量资料；3.全部管理资料。有关技术、质量和管理资料中，按照有关规定，应该是原件的必须提供原件。(五)复查小组对工程复查的有关情况进行现场讲评。(六)复查小组向评审委员会提交书面复查报告。

参 考 文 献

1. 卜振华、吴之昕．施工项目质量控制．北京：中国建筑工业出版社，2003
2. 全国建筑业企业项目经理培训教材编写委员会．施工项目质量与安全管理．第二版．北京：中国建筑工业出版社，2002
3. 全国二级建造师执业资格考试用书编写委员会．房屋建筑工程管理与实务．第二版．北京：中国建筑工业出版社，2007
4. 《建筑施工手册(第四版)》编写组．建筑施工手册．第四版．北京：中国建筑工业出版社，2003
5. 本书编委会．建筑工程施工质量监控与验收实用手册．北京：中国建材工业出版社，2004
6. 建筑工程施工质量验收统一标准 GB 50300—2001．北京：中国建筑工业出版社，2001
7. 建筑地基基础工程施工质量验收规范 GB 50202—2002．北京：中国计划出版社，2002
8. 砌体工程施工质量验收规范 GB 50203—2002．北京：中国建筑工业出版社，2002
9. 混凝土结构工程施工质量验收规范 GB 50204—2002．北京：中国建筑工业出版社，2002
10. 建筑装饰装修工程质量验收规范 GB 50210—2002．北京：中国建筑工业出版社，2002
11. 屋面工程质量验收规范 GB 50207—2002．北京：中国建筑工业出版社，2002
12. 建筑地面工程施工质量验收规范 GB 50209—2002．北京：中国计划出版社，2002
13. 建筑给水排水及采暖工程施工质量验收规范 GB 50242—2002．北京：中国建筑工业出版社，2002
14. 建筑电气工程施工质量验收规范 GB 50303—2002．北京：中国计划出版社，2002
15. 《建设工程项目管理规范》GB/T 50326—2006．北京：中国建筑工业出版社，2006